KB158859

〈개정증보판〉

실전 용접기술사

이진희 · 윤강중 · 유 일 · 조희철 · 원영휘

 21세기사

평생직장의 시대가 지나가고 평생직업의 시대가 도래하면서 전문가로서 스스로의 입지를 세우고자 노력하는 사람들이 늘어가고 있고, 그런 전문가의 길중에 기술사가 본인의 역량과 건강만 유지되면 평생의 안정적인 직업의 길을 제시할 수 있기에 많은 사람들에게 큰 도전 목표가 되고 있다.

용접기술사는 건축, 토목, 플랜트 등 우리 주변의 많은 산업 현장에서 비교적 쉽게 접하게 되는 분야이기에 그런 도전 목표중에 상대적으로 쉽게 다가갈 수 있는 종목이 되고 있으며 익숙함을 핑계로 많은 분들이 약간은 편한 마음으로 도전하게 된다. 하지만 매년 소수의 인원만이 합격의 영광을 차지하게 되는 현실 앞에서 일부는 스스로 도전의 의지를 꺾게 되는 아쉬움도 있었다.

하지만 많은 도전자들이 접하게 되는 가장 어려운 점은 무엇을 어떻게 공부해야 하는지를 모르고 있다는 점이며, 학습 방향제시 뿐만 아니라 충실한 참고서 역할을 할 수 있는 제대로 된 교재의 부족으로 어려움을 겪는 것이 현실이다.

시중에 많은 참고 서적이 있지만 일부 교재는 너무 학문적인 얘기만을 적어 놓고 있으며, 체계적인 전문성과 다양한 학문적인 견해 및 현장의 경험을 망라하는 내용이 부족하다 보니 선배 합격자의 정리 노트를 찾게 되고, 스스로 학습에 많은 어려움을 겪게 되는 상황을 보게 된다.

또한 내용이 알찬 교재는 대부분 영문으로 된 원서이기에 현업의 엔지니어들이 바쁜 시간을 쪼개어 접근하기에는 어려움이 있었던 것이 현실이며, 일부 한글로 번역된 교재들에서 발견되는 기술적인 오류나 현업의 특성을 반영하지 못한 한계 상황을 접하게 되면서 공부의 방향성을 잡지 못하는 것이 인정하고 싶지 않은 우리 주변의 여건이다.

2001년 처음 서울에서 용접기술사 강좌를 시작한 이래 다수의 합격자를 배출하였으며, 2010년부터는 서울과 부산에서 주말을 이용하여 진행되는 강좌를 통해 보다 많은 합격자 및 전문성을 갖춘 교육 프로그램을 제공하기 위해 노력하고 있다. 지난 시간의 성과로 최근 합격자의 약 60% 이상이 본 강좌를 통해서 배출된 전문인력이며 합격자 숫자로는 70여명 이상의 기술사들이 배출되고 있다.

본 교재는 합격자들이 스스로 자신이 가장 강점을 가진 분야의 학습 요령을 정리하여 후배 기술사 지원자들에게 작은 도움이라도 드리고자 정리한 것이다.

2014년 처음 합격자들 중심으로 각자 제일 잘 할 수 있는 영역을 중심으로 원고를 모아서 첫 출간을 했고, 이후 기술적 보완과 최신 출제 문제 해설을 보완하여 3년만에 다시금 새로운 편제로 기술사 합격을 희망하는 많은 지원자들에게 학습방향 제시는 물론이고 가능한 많은 도표와 그림 및 자세한 해설을 통해 이론적인 개념뿐만 아니라 실무적인 감각까지도 간접적으로 익힐 수 있도록 노력하였다.

　　따라서 모범 답안을 제시해 드리기 보다는 무엇을 그리고 어떻게 공부해야 하는지에 대해 길을 제시해 드리고자 한다. 가장 원론적이고 기본적인 내용에 충실하게 공부하시면 이 책을 통해 공부하시는 모든 분들이 어렵지 않게 목표를 달성하실 수 있을 것으로 믿고 추천한다.

　　가능한 많은 도표와 그림 및 자세한 해설을 통해 이론적인 개념뿐만 아니라 실무적인 감각까지도 간접적으로 익힐 수 있도록 노력하였다. 합격자 여러분들이 모여서 각자 원고를 쓰고 내용을 정리하다 보니 제출된 원고의 편집과 각자의 눈높이를 맞춰가는 과정에서 많은 어려움이 있었다. 현업의 바쁜 일정속에서 시간을 내서 원고를 작성하고 교정에 많은 시간을 노력해 준 후배이자 친구인 윤강중 기술사, 어려운 계산 문제 때문에 고민하는 후배들에게 도움을 주고자 자원해서 함께 참여해 주신 원영휘 교수님 그리고 제출된 원고들 사이의 난이도를 조정해 가면서 전체적인 완성도를 높이기 위해 노력해 준 유일 기술사와 조희철 기술사에게 깊은 감사의 인사를 전한다.

2017년 봄

대표저자 이진희 드림

우리는 자신의 경쟁력 확보, 바쁜 일상의 탈출, 불확실한 미래에 대한 준비와 더불어 자신의 능력을 시험하기 위해 용접기술사에 도전합니다.

어느 순간 다양한 서적과 논문, 선배 기술사들이 작성한 노트는 기술사가 되기 위한 방향만을 제시해 줄 뿐이지, 준비하는 과정에서 부딪치는 한계를 극복하기에는 무엇인가 부족하다고 인지하게 됩니다.

몇 번의 고배를 마시고 혼자서는 갈 수 없는 길이라고 느껴 매너리즘에 빠지는 시기에 와 있다면 동아대학교 용접기술단과대학 용접기술사 강좌를 추천합니다.

같은 목표를 향해 달려가는 동료가 주는 신선한 자극과 교수님, 강사님들의 열정적인 강의를 통해 언제 끝날 지 모르는 답답한 현실 속에서 나만의 이정표를 찾게 될 것입니다. 다양한 자료와 해석은 남들과 차별이 될 수 있는 "플러스 알파"라는 나 만의 강력한 무기를 얻게 될 것이며, 단순히 기술사가 되는 위한 방법 보다는 진정한 용접 엔지니어가 무엇인지 고심하는 기회가 될 것입니다.

다양성과 전문성이 요구되는 세상에서 자신의 꿈을 공부라는 매개체로 실현하고자 하는 분들께 동아대학교 용접기술사 강좌가 함께 하기를 소망합니다.

제 93회 합격자 오은종 기술사 |두산중공업|

용접기술사 시험준비를 처음에 독학으로 하였으며, 3번째 도전으로 필기는 합격하였으나 또 면접시험이라는 새로운 난관에 봉착하였습니다. 1차 면접 시험에서 정확한 질문의 요지 파악도 못하고 우물쭈물 답변하게 되었습니다. 면접에서 불합격하고 어떻게 해야 이 어려운 관문을 헤쳐 나갈 수 있을까 고민하던 과정에 접하게 된 용접 기술사 강좌는 저에게 용접에 대한 기초 이론을 재 정립 하는 기회가 되었습니다. 처음 이진희 박사님의 강의를 들으면서 "아 정말 용접의 원리가 정말 쉽고 재미 있구나" 하고 느꼈으며,

그 다음 토요일에는 또 어떤 것을 배울 수 있을까 하는 기대로 한 주를 보냈었습니다.

제 98회 합격자 전정구 기술사 |대창기계|

총 16주간의 용접 기술사 강좌를 통하여 지도 교수님들의 열정과 많은 노하우 그리고 전문적이고 체계적인 용접 전문가로 거듭나는 계기가 될 수 있었습니다.

그리고 용접기술사란 자격증을 알게 된지 몇 년 만에 드디어 최고의 기술자격을 획득하게 되었습니다. 제가 용접이란 학문을 공부할 때는 조그마한 점을 찍었다면 부산에서 진행된 용접 기술사 강좌는 용접이란 학문이 이런 것이구나 하는 큰 원을 그리는데 밑거름이 되었던 것 같습니다. 기술사 자격을 취득하고 싶고 용접이란 학문을 한 단계 업그레이드 시키시길 원한다면 주저하지 마시고 본 기술사 강좌를 강력히 추천 합니다.

제 98회 합격자 진윤근 기술사 |현대중공업|

금속을 전공하고도 학교에서 배운 이론적인 부분과 현장의 실무를 연계하지 못해 어려움을 겪었던 제게 부산의 용접기술사 강좌는 용접기술사의 소양을 갖추게 도와준 소중한 과정입니다. 용접기술사를 취득하기 위해 상기 강좌를 3기부터 5기까지 3번 수강하였고, 강좌 교재를 10번 이상 정독하였습니다. 다양한 동영상 자료 및 총 3,000페이지 이상의 PPT로 구성된 방대한 강좌 교재는 현재도 업무시 참조용으로 계속 소중하여 활용하고 있습니다.

제 98회 합격자 윤강중 기술사 |SK 이노베이션|

용접기술사라는 자격을 취득하기 위해 공부를 하던 중 저의 가장 큰 고민은 용접기술사를 준비는 상세한 과정 및 방법에 대한 것이었습니다. 이런 고민을 하던 중 동아대학교에서 진행중인 용접기술사 강좌를 알게 되었고, 강좌를 들으면서 이런 고민들이 적절하게 해소되었고, 더불어 심적인 안정감과 함께 기술사공부를 진행하는 내내 집중해서 공부를 할 수 있었던 거 같습니다. 방향성을 찾지 못해 고민하시는 분들께 꼭 추천해 드리고 싶은 교육과정입니다.

제 98회 합격자 김영복 기술사 |조선선재|

좋은 목표를 정하고 매진하여 그에 따른 성과를 얻는 것 또한 삶의 행복한 과정이라 생각합니다. 금속 전반에 대한 기초지식 없이 현업에서 용접기법에 대해서만 주목하던 저에게, 용접기술사라는 고지는 너무나도 먼 경지였습니다. '용접기술사 강좌'를 통하여 탄탄한 이론과, 최고수준의 강사님들이 전달하여 주시는 다방면의 실무경험을 체계적으로 배울수 있어 최종합격에 이를수 있었습니다. 이 글을 읽으시는 예비합격자님들 그리고 여러 선후배님들께서도 좋은 목표, 그리고 성취하시기를 기원 드립니다.

제 96회 합격자 조희철 기술사 |SK건설|

직장에서 매일 똑 같은 일에 지쳐 인생에서 나태해지기 쉬운 시기에 명예와 자기개발의 두 마리 토끼를 잡고자 하는 분들은 용접기술사에 도전해 보십시오. 많은 용접기술사를 배출하신 이진희박사님의 합격 노하우(Know-how)와 출제 경향에 맞춘 심도 있고 전문성을 가미한 전문 교재는 시험에서 계속 어려움을 겪고 계신 분들과 용접과 금속 관련 회사 업무 중 문의할 곳이 없어 고생하시는 분들에게 큰 도움이 될 것입니다. 도전하는 욕망이 있으신 분들께 이 강좌를 꼭 추천합니다.

제 95회 합격자 이성국 기술사 |두산중공업|

이 기술사 강좌는 용접기술사 시험을 준비하는 수험생뿐만 아니라 용접 현업에 종사하는 모든 엔지니어에게도 탁월한 성과와 열정을 이끌어낼 것이다. 각 용접분야 전문가와 교수진의 풍부한 경험 및 이론을 통해 실질적이고 총체적인 도움이 제시되고, 특히 혼자 용접기술사 시험을 준비하고 있는 수험생들에게는 오랜 가뭄 끝에 만난 단비와 같은 최고의 용접전문 강좌이다.

제 98회 합격자 오도원 기술사 |현대종합금속|

16주 간의 짧은 기간이지만, 교수님들의 열정적인 강의와 기술사가 되려는 목마름으로 이론과 실무를 잘 정리할 수 있었고, 기술사 자격 취득을 이룰 수 있었습니다.
다양한 경험을 가진 용접 엔지니어들의 배움의 장으로 정보를 교류하고, 서로 의지할 수 기회였습니다. 앞으로도 배움의 기회를 제공하면서, 국내 최고의 강좌로 성장하였으면 합니다.

제 95회 합격자 박영진 기술사 |삼성중공업|

용접기술사를 향한 도전은 쉽지 않은 과정입니다. 자칫 기술사폐인이 될 수도 있는 위험한 도전이기도 합니다. 제가 늦깎이 공부를 시작해서 기술사가 되기까지는 부산 동아대에서 진행되는 용접기술사 강좌가 있었습니다. 강좌를 통해 최고의 전문가분들과 함께 했고, 용접기술사로서 필수 분야인 재료, 설계, 시공, 검사 등의 각 영역이 강좌가 거듭 될수록 한데 어우러지면서 감칠맛과 쫄깃함이 더해지는 그런 행복한 시간이었습니다. 모쪼록 용접기술사를 준비하는 모든 분들의 가정에 평화와 함께 목표 성취 하시길 기원합니다.

제 99회 합격자 전원식 기술사 |대우조선해양|

조선소의 연구소에서 용접 실무 경험을 많이 해서 자부심이 컸지만 그만큼 떨어지는 두려움이 컸기에 용접기술사는 늘 미뤄지는 숙제였다. 그런 와중에 직장 선배가 테크노넷에서 주최하는 용접기술사 강좌를 듣고 바로 합격하는 것을 보고 이듬해에 강좌를 등록하였습니다.

강좌를 들으면서 현업의 경험이 종합적으로 정리되는 것을 느낄 수 있었으며, 원리를 이해하고 다양한 동영상 자료등을 통해 직접 보지 못하는 다양한 간접 경험을 체계적으로 하게 된 것이 큰 도움이 되었습니다. 학습 내용을 정리하여 분류하고 스스로 모범 답안을 작성했던 노력이 좋은 결실을 얻을 수 있는 원동력이 되었습니다.

좋은 강좌를 통해 학습의 길을 열어주시고 전문가로서 새로운 길을 제시해 주신 테크노넷과 한국맥케이용재㈜에 감사의 인사를 전합니다.

제 102회 합격자 박진형 기술사 |삼성엔지니어링|

종합술정보망 테크노넷(www.technonet.co.kr)은 한국맥케이용재(주)와 협력하여 서울과 부산에서 주말을 이용하여 기술사 강좌를 진행하고 있으며, 최근 기술사 최종 합격자의 60% 이상을 배출하고 있습니다.

또한 주기적인 기술세미나와 전국적인 규모의 합격자 교류를 통해 재취업 알선 및 선진 기술력 확보와 공유에 노력하고 있습니다.

Contents

● 머 리 말

● 합격수기

I
용접기술사 소개

1 용접기술사   37

   1.1. 개요   37
   1.2. 변천과정   37
   1.3. 수행직무   37
   1.4. 진로 및 전망   38
   1.5. 과거 응시 및 합격률   38

2 시험 준비   39

   2.1. 공부해야할 내용   39
     2.1.1. 금속재료 일반(Welding Metallurgy)   39
     2.1.2. 강종별 용접성(Welding of Material)   40
     2.1.3. 용접기법(Welding Process)   40
     2.1.4. 용접부 결함 및 변형(Welding Deformation and Defect)   40
     2.1.5. 용접 설계와 절차서(Welding Procedure and Design)   41
     2.1.6. 용접부 파괴 및 비파괴검사(Welding DT and NDT)   41
     2.1.7. 용접 안전 관리(Welding Safety)   41
   2.2. 공부 방법   41
   2.3. 추천 학습 자료   42

II
재료 강도와 파괴 역학

1 응력-변형률 선도   45

1.1. 문제 유형   45
1.2. 기출 문제   45
1.3. 문제 풀이   46
    1.3.1. 응력, 변형률의 정의   46
    1.3.2. 응력-변형률 곡선(Stress-Stain Curve)   47
    1.3.3. 탄성변형 구역   47
    1.3.4. 소성변형 구역   50
1.4. 추가 공부 사항   50
    1.4.1. 금속재료의 항복점 현상   50
    1.4.2. 변형시효   51

2 재료의 강도   54

2.1 문제 유형   54
2.2 기출문제   54
2.3 문제 풀이   54
    2.3.1. 하중의 종류   54
    2.3.2. 재료의 기계적 성질   55
    2.3.3. 기기의 안전설계   55
    2.3.4. 재료의 파손   57

3 금속재료의 강화기구   60

3.1. 문제 유형   60
3.2. 기출 문제   60
3.3. 문제 풀이   60
    3.3.1. 고용강화   62
    3.3.2. 석출강화(Precipitation)와 분산(Despersion)강화   63
    3.3.3. 결정립계에 의한 강화(입자 미세화 강화)   65
    3.3.4. 가공경화(Work Hardening)   67
3.4. 추가 공부 사항   69
    3.4.1. 금속의 결정구조   69
    3.4.2. 바우싱거(Bauschinger) 효과   69
    3.4.3. 알루미늄의 금속강화 형태   69

4 Creep(크리프) 변형   70

4.1. 문제 유형   70
4.2. 기출 문제   70
4.3. 문제 풀이   70

4.3.1. 크리프   70

4.3.2. 크리프 변형의 기구   72

4.3.3. 크리프 저항재료   76

4.4. 추가 공부 사항   76

4.4.1.강종별 Creep에 따른 사용 제한 온도   76

5   파괴   77

5.1. 문제 유형   77

5.2. 기출 문제   77

5.3. 문제 풀이   77

5.3.1. 파괴   77

5.3.2. 연성파괴   79

5.3.3. 취성파괴   82

5.4. 추가 공부 사항   84

5.4.1. 피로파면의 형상과 특성   84

5.4.2. 부식파면의 형상 및 특성   84

6   용접부 피로 설계   85

6.1. 기출 문제   85

6.2. 문제 풀이   86

6.2.1. 피로의 일반적 특성   86

6.2.2. 저주기(Low Cycle Fatigue)와 고주기 피로(High Cycle Fatigue)   86

6.2.3. 피로수명과 피로한도   88

6.2.4. 피로수명 영향 인자   89

6.2.5. 피로강도 향상 방안   91

6.3. 추가 공부 사항   92

6.3.1. 피로파면의 형상과 특성   92

6.3.2. 저주기 피로시험법   92

7   파괴시험   93

7.1. 문제 유형   93

7.2. 기출 문제   93

7.3. 문제 풀이   93

7.4. 추가 공부 사항   98

8   파괴인성 평가   99

8.1. 문제 유형   99

8.2. 기출 문제   99

8.3. 문제 풀이   99

8.3.1. 파괴인성   99

8.3.2. 파괴인성 시험   104

8.3.3. 평면 변형률 파괴인성(K_{1C}) 사용의 한계   105

8.4. 추가 공부 사항   108

III

용접 야금

1 Fe-Fe₃C 평형상태도 이해   109

1.1. 문제 유형   109
1.2. 기출 문제   109
1.3. 문제 풀이   109
    1.3.1. Fe-Fe₃C의 준안정평형 상태도   110
    1.3.2. Fe-Fe₃C 상태도의 주요 변태선과 반응   110
    1.3.3. 아공석강과 과공석강   111
1.4. 추가 공부 사항   114

2 용접부 응고와 성장   115

2.1. 문제 유형   115
2.2. 기출 문제   115
2.3. 문제 풀이   115
    2.3.1. 용접부 결정립 미세화   115
    2.3.2. 조성적 과냉정도에 따른 응고조직의 변화   115
    2.3.3. 용접부 핵생성 기구   119
2.4. 실제 용접시 주의 사항   122
    2.4.1. 용접속도에 따른 용접부 조직   122
2.5. 추가 공부해야 할 내용   123
    2.5.1. 등축 성장(Epitaxial Growth)   123
    2.5.2. 비등축 성장(Non-Epitaxial Growth)   124
    2.5.3. 경쟁 성장(Competitive Growth)   124

3 용접부 대류 현상   125

3.1. 문제 유형   125
3.2. 기출 문제   125
3.3. 문제 풀이   125
    3.3.1. 용탕 대류 현상의 구동력   125
    3.3.2. 대류의 영향   128
3.4. 추가 공부 사항   129

4 용접부 조직 특성   130

4.1. 문제 유형   130
4.2. 기출 문제   130
4.3. 문제 풀이   130
    4.3.1. 용접부 조직   130
    4.3.2. 용접금속(Weld Metal)   131
    4.3.3. 열영향부(HAZ; Heat Affected Zone)   131

4.4. 추가 공부 사항   134

   4.4.1. 부분용융 영역(PMZ)   134

   4.4.2. 다층용접부에서의 열영향부   135

IV
용접부 결함과 변형

1 **잔류응력의 영향과 변형**   137

1.1. 문제 유형   137

1.2. 기출 문제   137

1.3. 문제 풀이   138

2 **용접 전 열처리(예열, Preheat)**   145

2.1. 문제 유형   145

2.2. 기출 문제   145

2.3. 문제 풀이   145

   2.3.1. 용접균열지수(P_C)   146

   2.3.2. 용접부에 확산성 수소량(Hydrogen)의 증가   150

   2.3.3. 모재의 두께(T) 및 용접부의 구속도(K) 증가   150

2.4. 추가 공부 사항   152

3 **용접 후 열처리(PWHT)**   153

3.1. 문제 유형   153

3.2. 기출 문제   153

3.3. 문제 풀이   153

   3.3.1. 탄소강의 후열처리 온도   154

   3.3.2. 저합금강의 후열처리 온도   155

3.4. 추가 공부 사항   156

4 **저온균열**   157

4.1. 문제 유형   157

4.2. 기출 문제   157

4.3. 문제 풀이   157

   4.3.1. 오스테나이트 및 페라이트 조직의 특성   157

   4.3.2. 용접부 수소의 유입 인자(Source)   159

   4.3.3. 용접부내의 수소의 거동   159

   4.3.4. 수소 균열의 방지 대책   161

   4.3.5. 수소 균열의 민감도 Test 방법   163

5 확산성 수소 측정   165

5.1. 문제 유형   165
5.2. 기출 문제   165
5.3. 문제 풀이   165
    5.3.1. 확산성 수소의 정의   165
    5.3.2. 확산성 수소 측정   166
5.4. 추가 공부 사항   169

6 고온균열   170

6.1. 문제 유형   170
6.2. 기출 문제   170
6.3. 문제 풀이   170
    6.3.1. 편석기구   172
    6.3.2. 인(P)과 황(S)의 편석 현상과 응고 균열   172
    6.3.3. 응고 균열의 종류 및 Test   173
    6.3.4. 응고 균열의 방지 대책   175
6.4. 추가 공부 사항   175
    6.4.1. 탄소(C) 농도에 따른 탄소강의 응고균열   175
    6.4.2. 응고 균열의 민감도 Test 방법   177

7 재열균열   178

7.1. 문제 유형   178
7.2. 기출 문제   178
7.3. 문제풀이   178
    7.3.1. 재열균열 개요   178
    7.3.2. 재열균열 발생기구   179
    7.3.3. 재열균열의 형상   179
    7.3.4. 재열균열의 방지책   180

8 라멜라 균열(Lamellar Tearing)   181

8.1. 문제 유형   181
8.2. 기출 문제   181
8.3. 문제 풀이   181
    8.3.1. 라멜라 균열(Lamellar Tearing)   181
    8.3.2. 라멜라 균열 영향 인자   182
    8.3.3. 라멜라 균열 형성 기구   183
    8.3.4. 방지책   185

9 운봉 기법 및 토치 각도   188

9.1. 문제 유형   188
9.2. 기출 문제   188

9.3. 문제 풀이 188
    9.3.1. 전진법(Forehand Welding) 189
    9.3.2. 후진법(Backhand Welding = Drag Welding) 190
9.4. 추가 공부 사항 190
    9.4.1. 스패터(Spatter) 발생량 감소와 관련한 연구 190

10 용접결함 191

10.1. 문제 유형 191
10.2. 기출 문제 191
10.3. 문제 풀이 191
    10.3.1. 슬래그 혼입 191
    10.3.2. 기공(Porosity) 193
    10.3.3. 언더컷(Under Cut) 195
    10.3.4. 용융불량(Incomplete Fusion) 196
    10.3.5. 용입불량(Incomplete Penetration) 198
    10.3.6. 오버랩(Over Lap) 199
    10.3.7. 스패터(Spatter) 200
    10.3.8. 균열(Crack) 201
10.4. 추가 공부 사항 204

11 용접기법별 결함 종류와 방지법 205

11.1. 문제 유형 205
11.2. 기출 문제 205
11.3. 문제 풀이 205
    11.3.1. 용접 Process 별 결함원인 및 방지대책 205
11.4. 추가 공부 사항 210
    11.4.1. 용접 전류, 아크 길이 그리고 용접속도에 따른 용접품질 210

V
강종별 용접성

1 탄소강 & 저합금강(Carbon & Low Alloy Steel) 211

1.1. 문제 유형 211
1.2. 기출 문제 211
1.3. 문제 풀이 212
    1.3.1. 확산 변태와 무확산 변태 213
    1.3.2. 조대(Coarse) 및 미세(Fine) 펄라이트 214
    1.3.3. 상부 베이나이트(Upper Bainite) 217
    1.3.4. 하부 베이나이트(Lower Bainite) 217
    1.3.5. 마르텐사이트(Martensite) 218

1.3.6. 침상 페라이트(Acicular Ferrite)   218
1.4. 추가 공부 사항   221

2   Cast Iron(주철)   222

2.1. 문제 유형   222
2.2. 기출 문제   222
2.3. 문제 풀이   222
2.3.1. 현업에서 주철에 용접시공이 적용되는 사유   223
2.3.2. 주철이 용접시공시 적합한 품질을 얻기 곤란한 이유   223
2.3.3. 주철 용접시공간 주요 고려사항   223
2.4. 추가 공부 사항   226
2.4.1. 주철의 종류 및 특성   226
2.4.2. 주철의 보수용접법 적용되는 스터드법, 비녀장법, 버터링법, 로킹법   227
2.4.3. 주물(Iron Casting)과 주강(Steel Casting)의 차이점 및 용접시 주의사항   227

3   스테인리스강의 용접부의 δ-페라이트   228

3.1. 문제 유형   228
3.2. 기출 문제   228
3.3. 문제 풀이   228
3.3.1. 오스테나이트 및 페라이트 조직의 특성   228
3.3.2. 델타 페라이트와 응고 균열   229
3.3.3. 델타 페라이트와 취성(Embrittlement)과의 관계   231
3.4. 추가 공부 사항   233

4   스테인리스강의 응고 모드와 페라이트   234

4.1. 문제 유형   234
4.2. 기출 문제   234
4.3. 문제 풀이   234
4.3.1. A Mode   235
4.3.2. AF Mode   236
4.3.3. FA Mode   237
4.3.4. F Mode   238
4.3.5. 스테인리스강 Type 310의 응고 Mode   238

5   델타페라이트의 측정과 관리   240

5.1. 문제 유형   240
5.2. 기출 문제   240
5.3. 문제 풀이   240
5.3.1. 델타 페라이트의 함유 목적   241
5.3.2. 델타 페라이트의 역할   241
5.3.3. 일반적 권장 델타 페라이트 함량   242
5.3.4. 델타 페라이트의 측정방법   242

5.4. 추가 공부 사항   245

6   Weld Decay & Knife Line Attack   246

6.1. 문제 유형   246

6.2. 기출 문제   246

6.3. 문제 풀이   246

     6.3.1. Fe Carbide 분해 및 탄소(C)의 생성   247

     6.3.2. Cr Carbide($Cr_{23}C_6$) 생성   247

     6.3.3. 예민화   247

     6.3.4. 예민화 방지 방법   249

     6.3.5. 예민화의 종류   252

6.4. 추가 공부 사항   254

7   스테인리스강 열처리   255

7.1. 문제 유형   255

7.2. 기출 문제   255

7.3. 문제 풀이   255

     7.3.1. 마르텐사이트계 스테인리스강   255

     7.3.2. 페라이트계 스테인리스강   256

     7.3.3. 오스테나이트계 스테인리스강   257

     7.3.4. 이종 재질의 용접   258

7.4. 추가 공부 사항   259

8   스테인리스강 용접부 오염   260

8.1. 문제 유형   260

8.2. 기출 문제   260

8.3. 문제 풀이   260

     8.3.1. 아연 침입시 문제점   260

     8.3.2. 아연 오염 방지 대책   261

     8.3.3. 아연의 검출 방법 및 판정   261

     8.3.4. 아연 오염 제거방법   262

8.4. 추가 공부 사항   263

9   Duplex Stainless Steel의 용접성   264

9.1. 문제 유형   264

9.2. 기출 문제   264

9.3. 문제 풀이   264

9.3.1. 이상 스테인리스강(Duplex Stainless Steel)   264

9.3.2. 이상 스테인리스강의 용접시 주요 문제점   266

9.4. 추가 공부 사항   268

9.4.1. 슈퍼듀플렉스 스테인리스강(Super Duplex Stainless Steel)의 예열과 후열처리에 대해 설명하시오. 268

10　Aluminum(알루미늄) & Aluminum 합금　269

10.1. 문제 유형　269
10.2. 기출 문제　269
10.3. 문제 풀이　269
　10.3.1. 알루미늄 합금의 특성　269
　10.3.2. 알루미늄 합금 특성에 따른 용접 특성　270
　10.3.3. 주요 용접 결함 및 대책　271
10.4. 추가 공부 사항　276

11　TMCP강　277

11.1. 문제 유형　277
11.2. 기출 문제　277
11.3. 문제 풀이　277
　11.3.1. TMCP강의 개요　277
　11.3.2. 열영향부(HAZ) 연화　278
　11.3.3. TMCP강의 인성 저하 방지　278
11.4. 추가 공부 사항　279
　11.4.1. TMCP강 제조공법　279
　11.4.2. TMCP강의 결정크기(Grain Size) 변화 추이　281

12　무예열 용접　282

12.1. 문제 유형　282
12.2. 기출 문제　282
12.3. 문제 풀이　282

13　형상 기억합금　284

13.1. 형상 기억 합금의 용접　284
　13.1.1. 형상기억합금(Nitinol; Ni-Ti 석출경화합금)　284

14　이종 용접　286

14.1. 문제 유형　286
14.2. 기출 문제　286
14.3. 문제 풀이　286
　14.3.1. Type 308 용접봉　288
　14.3.2. Type 310 용접봉　289
　14.3.3. Type 309 용접봉　289
14.4. 추가 공부 사항　290

VI

아크 용접 원론

1 자기불림(Arc Blow)   291

1.1. 문제 유형   291
1.2. 기출 문제   291
1.3. 문제 풀이   291
     1.3.1. 핀치효과(Pinch Effect)   291
     1.3.2. 자기 불림(Arc Blow)   292
1.4. 추가 공부 사항   295
     1.4.1. 아크(Arc)   295

2 정전류 및 정전압 특성   296

2.1. 문제 유형   296
2.2. 기출 문제   296
2.3. 문제 풀이   296
     2.3.1. 전류와 전압의 의미   296
     2.3.2. 정전류 특성 및 정전압 특성   298
     2.3.3. 정전압 특성 용접기의 자기제어 성질   299
     2.3.4. 정전류 및 정전압 특성의 활용   300
2.4. 추가 공부 사항   300

3 용적의 이행 모드(Metal Transfer)   301

3.1. 문제 유형   301
3.2. 기출 문제   301
3.3. 문제 풀이   301
     3.3.1. 단락이행(Short Circuiting Transfer)   302
     3.3.2. 입상 이행(Globular Transfer)   303
     3.3.3. 스프레이 이행(Spray Transfer)   303

VII

아크 용접법

1 SMAW(Shield Metal Arc Welding)   307

1.1. 문제 유형   307
1.2. 기출 문제   307
1.3. 문제 풀이   308
     1.3.1. SMAW용접봉의 분류   308
     1.3.2. 피복제 기능과 성분   311

2 용접봉의 보관 312

2.1. 문제 유형 312
2.2. 문제 풀이 312
    2.2.1. 저수소계 용접봉 312
    2.2.2. 비저수소계 용접봉 314

3 피복제 및 플럭스의 염기도와 용접특성 315

3.1. 문제 유형 315
3.2. 기출 문제 315
3.3. 문제풀이 315
    3.3.1. 플럭스의 역할 315
    3.3.2. 염기도(Basicity Index) 316
    3.3.3. 플럭스의 흡습과 건조 318
3.4. 추가 공부 사항 319

4 GTAW 전원 320

4.1. 문제 유형 320
4.2. 기출 문제 320
4.3. 문제 풀이 320
    4.3.1. GTAW의 원리 320
    4.3.2. 자유전자 방출 유형에 따른 용접법별 특징 321
    4.3.3. 직류역극성(DCEP)의 표면 청정(Cleaning) 효과 322
4.4. 추가 공부 사항 323
    4.4.1. Pulsed GTAW의 원리 및 특징 323

5 GTAW 특성 325

5.1. 문제 유형 325
5.2. 기출 문제 325
5.3. 문제 풀이 325
    5.3.1. 아크 스타트(Arc Start) 326
5.4. 추가 공부 사항 328

6 GTAW 용접 전극봉 329

6.1. 문제 유형 329
6.2. 기출 문제 329
6.3. 문제 풀이 329
    6.3.1. 극성에 따른 에너지 전달 특성 329
    6.3.2. 극성에 따른 전극봉 선정 330

7 PAW(Plasma Arc Welding) 333

7.1. 문제 유형 333

7.2. 기출 문제 333

7.3. 문제 풀이 333

    7.3.1. PAW 원리 333

    7.3.2. GTAW대비 PAW 장단점 335

7.4. 추가 공부 사항 336

    7.4.1. PAW의 용접 전원 연결 방법에 따른 분류 336

    7.4.2. 비이행(Non-transferred) 아크 용접 337

8 GMAW 자기제어 특성 339

8.1. 문제 유형 339

8.2. 기출 문제 339

8.3. 문제 풀이 339

    8.3.1. 용접기의 전원특성 339

    8.3.2. 아크의 자기제어(Self-regulation) 340

8.4. 추가 공부 사항 341

9 GMAW 금속이행(Metal Transfer) 342

9.1. 문제 유형 342

9.2. 기출 문제 342

9.3. 문제 풀이 342

    9.3.1. 금속 이행 모드(Metal Transfer Mode)의 종류 343

    9.3.2. 이행모드(Transfer Mode)에 미치는 보호 가스의 특성 348

9.4. 추가 공부 사항 349

10 GMAW Narrow Gap 용접 350

10.1. 문제 유형 350

10.2. 기출 문제 350

10.3. 문제 풀이 350

    10.3.1. 개요 350

    10.3.2. 적용 용접법 351

    10.3.3. 협 개선(Narrow Gap) 용접의 특징 353

10.4. 추가 공부 사항 354

11 FCAW 용접 특성 355

11.1. 문제 유형 355

11.2. 기출 문제 355

11.3. 문제 풀이 355

    11.3.1. FCAW 기공 발생 과정 355

    11.3.2. 기공 발생 원인 356

11.4. 추가 공부 사항 357

VIII
|||||||||||||||||||||||||||||||
대입열 용접법

1 SAW(Submerged Arc Welding) 359

1.1. 문제 유형 359
1.2. 기출 문제 359
1.3. 문제 풀이 359
    1.3.1. 서브머지드 아크 용접법(SAW)의 개요 359
    1.3.2. 서브머지드 아크 용접법(SAW)의 특징 361
    1.3.3. 용접제어 362
    1.3.4. 용제(Flux) 367
1.4. 추가 공부 사항 370

2 ESW(Electro Slag Welding, ESW) 371

2.1. 문제 유형 371
2.2. 기출 문제 371
2.3. 문제 풀이 371
    2.3.1. 일렉트로 슬래그 용접(ESW)의 원리 371
    2.3.2. ESW의 특징 372
    2.3.3. ESW의 현장 적용 373
2.4. 추가 공부 사항 375

3 EGW(Electro Gas Welding, EGW) 376

3.1. 문제 유형 376
3.2. 기출 문제 376
3.3. 문제 풀이 376
    3.3.1. 일렉트로 가스 용접(EGW)의 원리 376
    3.3.2. EGW의 특징 377
3.4. 추가 공부 사항 378

IX
|||||||||||||||||||||||||||||||
저항 용접법

1 저항 용접 종류 379

1.1. 문제 유형 379
1.2. 기출 문제 379
1.3. 문제 풀이 379
    1.3.1. 저항용접의 개요 379

1.3.2. 저항 용접법의 종류   380
1.4. 추가 공부 사항   **383**

2   저항 용접원리   **385**

2.1. 문제 유형   **385**
2.2. 기출 문제   **385**
2.3. 문제 풀이   **385**
2.3.1. 저항 점 용접 개요   386
2.3.2. 주요 공정 변수   387

3   로브 곡선(Lobe Curve)   **389**

3.1. 문제 유형   **389**
3.2. 기출 문제   **389**
3.3. 문제 풀이   **389**

4   연속 타점 수명   **392**

4.1. 문제 유형   **392**
4.2. 기출 문제   **392**
4.3. 문제 풀이   **392**
4.3.1. 진동 용접성 그래프(Oscillating Weldability Graph)   392
4.3.2. 표면처리강판의 연속 타점 수명   393

5   션트 효과(Shunt Effect)   **395**

5.1. 문제 유형   **395**
5.2. 기출문제   **395**
5.3. 문제 풀이   **395**
5.3.1. 모서리 거리   395
5.3.2. 겹치기 간극   396
5.3.3. 용접 점 사이의 거리   396
5.4. 추가 공부 사항   **396**

6   재질별 점 용접 특성   **397**

6.1. 문제 유형   **397**
6.2. 기출 문제   **397**
6.3. 문제 풀이   **397**
6.3.1. 저항용접 조건의 영향   397
6.3.2. 아연도금 강판의 문제점   398
6.3.3. 저합금강(박판)   400
6.3.4. 고장력강 판재   402
6.4. 추가 공부 사항   **404**

7 스터드 용접(Stud Welding) 405

　7.1. 문제 유형 405
　7.2. 기출 문제 405
　7.3. 문제 풀이 405
　　7.3.1. 스터드 용접의 개요 405
　　7.3.2. 아크 스터드 용접(Arc Stud Welding) 406
　　7.3.3. 커패시터 방전 스터드 용접(Capacitor Discharge Stud Welding) 407
　7.4. 추가 공부 사항 408

8 고주파 전기저항 용접 409

　8.1. 문제 유형 409
　8.2. 기출 문제 409
　8.3. 문제 풀이 409
　　8.3.1. 고주파 용접 종류 409
　　8.3.2. 고주파 용접 장단점 410
　　8.3.3. 고주파 용접 원리 411
　8.4. 추가 공부 사항 412

X
기타 용접법

1 산소-아세틸렌 용접 413

　1.1. 문제 유형 413
　1.2. 기출 문제 413
　1.3. 문제 풀이 413
　　1.3.1. 산소-아세틸렌(C_2H_2) 용접이란? 413
　　1.3.2. 불꽃의 구성 415
　　1.3.3. 불꽃의 종류 416
　1.4. 추가 공부 사항 417

2 가스절단 418

　2.1. 문제 유형 418
　2.2. 기출 문제 418
　2.3. 문제 풀이 418
　　2.3.1. 가스 절단 원리 418
　　2.3.2. 가스 절단 조건 419
　　2.3.3. 분말 절단(Powder Cutting)법 420

3 Kerf와 Drag   422

3.1. 문제 유형   422
3.2. 기출 문제   422
3.3. 문제 풀이   422
3.4. 추가 공부 사항   425

4 브레이징(Brazing)   426

4.1. 문제 유형   426
4.2. 기출 문제   426
4.3. 문제 풀이   426
    4.3.1. 브레이징(Brazing), 솔더링(Soldering), 용접(Welding) 차이점   427
    4.3.2. 접합과정   427
    4.3.3. 브레이징(Brazing)의 특성   428
    4.3.4. 삽입금속 특성   428
    4.3.5. 삽입금속 종류   430
    4.3.6. 플럭스 & 분위기   431
4.4. 추가 공부 사항   432

5 용사법(Thermal Spraying Process)   433

5.1. 문제 유형   433
5.2. 기출 문제   433
5.3. 문제 풀이   433
    5.3.1. 가스식 용사법(Combustion Process)   434
    5.3.2. 전기식 용사법(Electrical Process)   436
    5.3.3. 용사피막   438
5.4. 추가 공부 사항   439
    5.4.1. 저온분사법(Cold Sparying Process)   439

6 확산 용접(Diffusion Welding)   441

6.1. 문제 유형   441
6.2. 기출 문제   441
6.3. 문제 풀이   441
    6.3.1. 고상접합   441
    6.3.2. 접합기구   442
    6.3.3. 액상 확산 접합(Liquid Diffusion Bonding)   443
    6.3.4. 열간등방압가압법(HIP, Hot Isostatic Pressing)   444
6.4. 추가 공부 사항   445

7 전자빔 용접(Electron Beam Welding)   446

7.1. 문제 유형   446
7.2. 기출 문제   446

7.3. 문제 풀이 **446**
    7.3.1. EBW(Electron Beam Welding) 개요 446
    7.3.2. EBW의 특징 448
    7.3.3. 용접결함과 방지법 449
    7.3.4. EBW 분류 450
7.4. 추가 공부 사항 **452**
    7.4.1. 고밀도 에너지 용접 452

8 레이저 빔 용접(Laser Beam Welding) **454**

8.1. 문제 유형 **454**
8.2. 기출 문제 **454**
8.3. 문제 풀이 **454**
    8.3.1. 레이저(Laser)의 기본 특성 454
    8.3.2. 레이저 용접의 원리 455
    8.3.3. 레이저빔 용접 종류 457
    8.3.4. 레이저 용접의 특징 460
8.4. 추가 공부 사항 **461**
    8.4.1. 레이저빔 이송방법 461

9 레이저 하이브리드 용접(Laser Hybrid Welding) **462**

9.1. 문제 유형 **462**
9.2. 기출 문제 **462**
9.3. 문제 풀이 **462**
    9.3.1. 레이저 하이브리드 용접 개요 462
    9.3.2. 레이저 하이브리드 용접 원리 463
    9.3.3. 레이저 하이브리드 용접 특성 464
9.4. 추가 공부 사항 **464**

10 마찰교반용접(FSW) **465**

10.1. 문제 유형 **465**
10.2. 기출 문제 **465**
10.3. 문제 풀이 **465**
    10.3.1. 마찰교반용접의 원리 465
    10.3.2. 마찰교반용접의 장점 466
    10.3.3. 마찰교반용접의 단점 467
    10.3.4. 마찰교반용접 툴(Tool) 재질 467
    10.3.5. 적용사례(TWI에서 소개된 사례) 469
    10.3.6. 최근기술 동향 469
10.4. 추가 공부 사항 **470**

XI
용접 설계

1 용접구조 및 이음 설계 471

1.1. 문제 유형 471

1.2. 기출 문제 471

1.3. 문제 풀이 471

    1.3.1. 설계압력 472

    1.3.2. 설계온도 472

    1.3.3. 주요치수(Demension) 472

    1.3.4. 부식여유(Corrosion Allowance) 472

    1.3.5. 허용응력(Allowance Stress) 472

    1.3.6. 맞대기 용접 이음효율(Joint Efficiency) 473

1.4. 추가 공부 사항 474

    1.4.1. 용접기호 474

2 용접설계 강도 계산 476

2.1. 용접설계 강도 계산 문제 1 476

    2.1.1. 기출 문제 476

    2.1.2. 문제 풀이 476

2.2. 용접설계 강도 계산 문제 2 477

    2.2.1. 기출 문제 477

    2.2.2. 문제 풀이 477

2.3. 용접설계 강도 계산 문제 3 478

    2.3.1. 기출 문제 478

    2.3.2. 문제 풀이 478

2.4. 용접설계 강도 계산 문제 4 480

    2.4.1. 기출 문제 480

    2.4.2. 문제 풀이 480

2.5. 용접설계 강도 계산 문제 5 480

    2.5.1. 기출 문제 480

    2.5.2. 문제 풀이 481

2.6. 용접설계 강도 계산 문제 6 482

    2.6.1. 기출문제 482

    2.6.2. 문제 풀이 482

2.7. 용접설계 강도 계산 문제 7 483

    2.7.1. 기출 문제 483

    2.7.2. 문제 풀이 484

2.8. 용접설계 강도 계산 문제 8 484

    2.8.1. 기출 문제 484

    2.8.2. 문제 풀이 485

2.9. 용접설계 강도 계산 문제 9 486

    2.9.1. 기출 문제 486

2.9.2. 문제 풀이 486

2.10. 용접설계 강도 계산 문제 10 487
2.10.1. 기출 문제 487
2.10.2. 문제 풀이 488

2.11. 용접설계 강도 계산 문제 11 489
2.11.1. 기출 문제 489
2.11.2. 문제 풀이 489

2.12. 용접설계 강도 계산 문제 12 490
2.12.1. 기출 문제 490
2.12.2. 문제 풀이 490

2.13. 용접설계 강도 계산 문제 13 491
2.13.1. 기출 문제 491
2.13.2. 문제 풀이 491

2.14. 추가 공부 사항 492
2.14.1. 용접 이음 설계시 주요 고려사항 492

3 용접부 피로 설계 493

3.1. 기출 문제 493
3.2. 문제 풀이 493

4 WPS와 용접부 변수 495

4.1. 문제 유형 495
4.2. 기출 문제 495
4.3. 문제 풀이 495
4.3.1. WPS 개요 495
4.3.2. WPS 작성하기 절차 497
4.3.3. 용접 변수(Welding Variable) 497
4.4. 추가 공부 사항 500

5 용접시험과 승인 501

5.1. 문제 유형 501
5.2. 기출 문제 501
5.3. 문제 풀이 501
5.3.1. KS B ISO 15607에 따른 용접 절차의 정립과 승인 501
5.3.2. 용접절차 시험에 의한 승인 개요 502
5.3.3. 용접절차 시험의 시험재 준비 및 용접 502
5.3.4. 용접절차 시험의 검사 및 시험 502
5.3.5. 용접절차 확인 기록서(WPAR) 작성 503
5.4. 추가 공부 사항 504

6 용접 시험쿠폰과 시험편 505

6.1. 문제 유형 505

6.2. 기출 문제 505

6.3. 문제 풀이 505

    6.3.1. 시험쿠폰(Test Coupon) 505

    6.3.2. 시험편(Test Piece) 505

6.4. 추가 공부 사항 506

    6.4.1. Plate 용접부 PQ에서 인장시험편 치수가공 506

---

7 모재의 구분 507

7.1. 문제 유형 507

7.2. 기출 문제 507

7.3. 문제 풀이 507

7.3.1. WPS에서 모재번호 P No. 507

7.3.2. Group No. 509

7.4. 추가 공부 사항 509

---

8 용접 시공 510

8.1. 용접 시공 문제 풀이 1 510

    8.1.1. 기출 문제 510

    8.1.2. 문제 풀이 510

8.2. 용접 시공 문제 풀이 2 511

    8.2.1. 기출 문제 511

    8.2.2. 문제 풀이 512

8.3. 용접 시공 문제 풀이 3 512

    8.3.1. 기출 문제 512

    8.3.2. 문제 풀이 512

8.4. 용접 시공 문제 풀이 4 513

    8.4.1. 기출 문제 513

    8.4.2. 문제 풀이 513

---

9 보수용접 515

9.1. 문제 유형 515

9.2. 기출 문제 515

9.3. 문제 풀이 515

    9.3.1. 결함이나 손상의 원인 도출 517

    9.3.2. 결함의 제거 및 확인 517

    9.3.3. 보수용접 계획 및 절차 518

    9.3.4. 보수용접 후 건전성 확인 519

    9.3.5. 서류화 520

9.4. 추가 공부 사항 520

10 **용접 비용** 521

10.1. 문제 유형 521
10.2. 기출 문제 521
10.3. 문제 풀이 521
    10.3.1. 용착금속 비용 522
    10.3.2. 인건비 522
    10.3.3. 전력요금 523
    10.3.4. 감가상각비 및 유지보수비 523
    10.3.5. 그외 용접비용에 영향을 미치는 요소들 523
10.4. 추가 공부 사항 525

11 **용접품질 향상** 526

11.1. 문제 유형 526
11.2. 기출 문제 526
11.3. 문제 풀이 526
    11.3.1. 용접품질의 개념 526
    11.3.2. 용접 품질 관리 대상 527
    11.3.3. 용접 품질 관리 4 Step 527
    11.3.4. 용접 품질 향상을 위한 구체적인 대상 관리의 방법 528
    11.3.5. 국내 용접품질관리의 현황, 과제 및 기대 효과 531
11.4. 추가 공부 사항 532

XII

비파괴 검사 & 안전

1 **RT와 UT 검사** 533

1.1. 문제 유형 533
1.2. 기출 문제 533
1.3. 문제 풀이 534
    1.3.1. RT 특성 534
    1.3.2. UT 특성 534
1.4. 추가 공부 사항 536

2 **증감지와 투과도계** 537

2.1. 문제 유형 537
2.2. 기출 문제 537
2.3. 문제 풀이 537
    2.3.1. 방사선 투과시험 537

2.3.1. 증감지   537
2.3.3. 투과도계(IQI)   538
2.4. 추가 공부 사항   541

3 방사선 시험으로 확인되는 결함   542

3.1. 문제 유형   542
3.2. 기출 문제   542
3.3. 문제 풀이   542
   3.3.1. 비파괴 검사의 정의 및 목적   542
   3.3.2. 방사선투과 검사 원리   542
   3.3.3. 방사선투과 검사 결함 분류   543
   3.3.4. 작은 동그라미의 흰점 결함   545
3.4. 추가 공부 사항   545

4 X선과 γ (감마선)의 적용기준   547

4.1. 문제 유형   547
4.2. 기출 문제   547
4.3. 문제 풀이   547
   4.3.1. X선과 γ 선 일반   547
   4.3.2. X선과 γ 선 특성   548
4.4. 추가 공부 사항   548

5 피폭 선량계   549

5.1. 문제 유형   549
5.2. 기출 문제   549
5.3. 문제 풀이   549
   5.3.1. TLDs(Thermoluminescent Dosimeters)   549
   5.3.2. 필름뱃지(Film Badge)   550
   5.3.3. 포켓도시메타   551
   5.3.4. 최근 추세   552
5.4. 추가 공부 사항   552
   5.4.1. 방사선량 구분   552
   5.4.2. 선량한도   553
   5.4.3. 허용작업시간   553

6 방사선 피폭의 영향   554

6.1. 문제 유형   554
6.2. 기출 문제   554
6.3. 문제 풀이   554
   6.3.1. 방사선 일반   554
   6.3.2. 주요 용어 및 단위   554
   6.3.3. 외부 피폭 예방의 3원칙   556

6.3.4. 방사선 피폭의 영향 557

6.4. 추가 공부 사항 558

7 초음파 검사 559

7.1. 문제 유형 559

7.2. 기출 문제 559

7.3. 문제 풀이 560

7.3.1. UT 일반 560

7.3.2. UT의 이점 560

7.3.3. UT의 단점 561

7.4. 추가 공부 사항 561

7.4.1 UT의 주요 용어에 대해 설명하시오. 561

7.4.2 카이저 효과(Kaiser Effect)와 펠리시티(Felicity Effect) 562

8 MT와 PT 563

8.1. 문제 유형 563

8.2. 기출 문제 563

8.3. 문제 풀이 563

8.3.1. 자분탐상시험(Magnetic Particle Testing) 563

8.3.2. 침투탐상시험(Liquid Penetrant Testing) 565

8.3.3. 자분탐상시험과 침투탐상시험의 비교 567

8.4. 추가 공부 사항 567

8.4.1. 자분탐상시험에서 극간법과 Prod법 567

8.4.2. 침투탐상시험(PT) 순서 568

9 육안 검사 569

9.1. 문제 유형 569

9.2. 기출 문제 569

9.3. 문제 풀이 569

9.3.1. 육안검사 569

9.3.2. 육안검사 기기 570

9.3.3. 칫수 형상 결함 571

9.4. 추가 공부 사항 574

10 음향방출시험(A.E, Acoustic Emission Test) 575

10.1. 문제 유형 575

10.2. 기출 문제 575

10.3. 문제 풀이 575

10.3.1. AE Test의 특성 575

10.3.2. UT와 AE Test의 비교 576

10.3.3. AET 장점 576

11 표면복제법(Replication Method) 578

11.1. 문제 유형 578
11.2. 기출 문제 578
11.3. 문제 풀이 578
  11.3.1. 레플리카(Replica) 채취순서 579
11.4. 추가 공부 사항 582
  11.4.1. 설퍼프린트 시험방법(Sulfur Print Test) 582

12 안 전 584

12.1. 문제 유형 584
12.2. 기출 문제 584
12.3. 문제 풀이 585
  12.3.1. 용접작업의 안전 585
  12.3.2. 전기충격(전격)에 의한 재해(감전) 585
  12.3.3. 아크 빛에 의한 재해 587
  12.3.4. 용접 Fume에 의한 재해 588
  12.3.5. 스패터 및 슬래그의 비산에 의한 재해 589
  12.3.6. 화재 폭발에 의한 재해 590
  12.3.7. 용접 작업자의 보호구 591
12.4. 추가 공부 사항 593
  12.4.1. 개로전압 및 전격방지기 593

13 용접 흄(Hume) 595

13.1. 문제 유형 595
13.2. 기출 문제 595
13.3. 문제 풀이 595
  13.3.1. 개요 595
  13.3.2. 용접 흄의 분류 595
  13.3.3. 용접 흄의 특성 596
  13.3.4. 흄 생성기구 596
  13.3.5. 작업장 내 발생가능한 가스 물질 597
  13.3.6. 결론 597

부 록

1 용어 정리 599

1.1. Weldability(용접성) 599
1.2. Hardenability(경화능) 599
1.3. 질량효과(Mass Effect) 600

1.4. Mould Effect 600
1.5. 금속간 화합물(Intermetallic Compand) 600
1.6. 초전도재료(Superconductive Material) 601
1.7. 초소성(Superplasticity) 602
1.8. 수소저장용 합금(Hydrogen Storing Alloy) 602
1.9. 안전율 603
1.10. 허용응력 603
1.11. 마모의 종류 604
    1.11.1. Adhesive Wear(응착마모) 604
    1.11.2. Abrasive Wear(연마모)와 Cutting(절삭마모) 604
    1.11.3. Corrosion Wear(부식마모) 605
    1.11.4. Surface Fatigue(표면피로) 605
    1.11.5. Erosion(에로전) 605
1.12. Weld Cycle(용접회로) 605
1.13. 역류(Contra Flow) 605
1.14. 역화(Back Fire) 606
1.15. 인화(Flash Back) 606
1.16. Pipe Seam용접이란 606
    1.16.1. EFW Pipe 607
    1.16.2. ERW Pipe 607
1.17. 원주(Girth) 용접이란 607
1.18. GTAW Hot Wire 608
    1.18.1. 장점과 단점 608
    1.18.2. 와이어(Wire) 가열 609
1.19. Deep Drawing 611
1.20. Hot Stamping 611
1.21. 마이크로 솔더링(Mocro Soldering) 612
1.22. CMT(Cold Metal Transfer) 용접법 612
    1.22.1. 개요 612
    1.22.2. CMT 용접의 특징 613
    1.22.3. 용적이행과 와이어 송급의 관계 613
    1.22.4. 일반 GMAW와 CMT Process의 비교 613
1.23. 연강-티타늄 클래드강의 용접법 614
    1.23.1. 개요 614
    1.23.2. 용접시공 방법 614
    1.23.3. 결론 616
1.24. 알루미늄과 동의 이종 용접 616
    1.24.1. 이종 용접 개요 616
    1.24.2. Al-Cu 이종 용접 616
1.25. 크레이터(Creator) 617

2 면접 기출 문제 619
2.1. 금속재료 619
2.2. 용접재료 620

2.3. 용접방법(Process) 620

2.4. WPS & PQR 621

2.5. 용접 결함 622

2.6. 검사 622

2.7. 기타 623

I
용접기술사 소개

1 용접기술사

1.1. 개요

　용접은 조선, 기계, 자동차, 전기, 전자 및 건설 등의 산업에서 제품이나 설비의 제조, 조립, 설치, 보수 등에 이르기까지 광범위하게 사용되고 있다. 용접기술사는 용접분야에 관한 고도의 전문지식과 실무경험을 바탕으로 부품의 설계 및 제조과정에서 용접공정에 대한 신기술을 계획, 연구, 설계, 분석하고, 금속 및 비금속의 특성에 따른 접합기술을 개발, 시험, 운영, 평가하며, 이에 관한 지도, 감리 등의 기술업무 수행하는 것으로 그 업무를 정의한다. 즉 설계 감리, 시공 감리, 그리고 사후 감리에 대한 전문 기술자로의 역할이 부여되고 있다. 이에 1983년도에 처음으로 용접기술에 관한 공학적 이론을 바탕으로 공정, 기계 및 기술과 관련된 직무를 수행할 전문적인 지식과 풍부한 실무경험을 갖춘 기술인 배출을 위해 자격을 제정 하였다.

1.2. 변천과정

　1983년 기계기술사(용접)로 신설되어 1991년 용접기술사로 변경

1.3. 수행직무

　용접분야에 관한 고도의 전문지식과 실무경험을 바탕으로 부품의 설계 및 제조과정에서 용접공정에 대한 신기술을 계획, 연구, 설계, 분석하고, 금속 및 비금속의 특성에 따른

접합기술을 개발, 시험, 운영, 평가하며, 이에 관한 지도, 감리 등의 기술업무 수행한다.

1.4. 진로 및 전망

조선, 기계, 자동차, 전기, 전자, 건설 등 산업 전반에 걸쳐 진출하고 있으며, 이외에도 행정분야, 학계, 연구소 등으로도 진출할 수 있다.

「건설기술관리법」 에 의한 감리전문회사의 특급감리원이나 「건설산업기본법」 에 의한 철도·궤도공사업, 가스시설공사업의 기술인력으로 고용될 수 있다.

용접의 활용범위와 소재가 날로 광범위해지고 자동화, 로봇화되면서 용접의 고강도화, 고탄성화, 고정밀화, 용접변형의 극소화가 이루어지고 있으며, 극한 환경아래에서도 용접이 가능한 무인화가 추진되고 있다.

이에 따라 향후 신소재에 대한 용접기술 및 차세대 신용접, 접합기법의 개발이 요구되기 때문에 용접분야 기술인력에 대한 수요는 꾸준히 증가할 전망이다.

1.5. 과거 응시 및 합격률

과거 시험의 응시 및 합격률은 아래와 같으나, 실제로 현장에서 느껴지는 합격률은 대략 응시자 전체 인원의 약 3~4% 정도로 인식된다.

[표 I-1] 용접기술사 년도별 응시인원 및 합격률

연도	필 기			실 기		
	응시	합격	합격률(%)	응시	합격	합격률(%)
2016	116	14	12.1%	23	11	47.8%
2015	111	6	5.4%	16	6	37.5%
2014	119	9	7.6%	26	11	42.3%
2013	101	11	10.9%	20	6	30.0%
2012	89	10	11.2%	22	9	40.9%
2011	91	15	16.5%	17	11	64.7%
2010	74	4	5.4%	17	13	76.5%
2009	91	10	11%	32	10	31.3%
2008	74	9	12.2%	30	7	23.3%
2007	82	9	11%	21	5	23.8%
2006	112	9	8%	20	7	35%

2005	99	6	6.1%	23	9	39.1%
2004	100	17	17%	26	12	46.2%
2003	86	13	15.1%	14	7	50%
2002	86	4	4.7%	9	5	55.6%
2001	90	11	12.2%	23	12	52.2%
1984~2000	1,098	154	14%	199	147	73.9%
소계	2,172	271	12.4%	453	254	56.1%

2 시험 준비

　많은 분들이 시험을 준비하면서 이미 합격되신 분들의 정리 노트를 참고하거나 다른 사람들이 써 놓은 요약물을 기준으로 공부를 진행하곤 한다. 하지만 이렇게 공부를 해서는 제대로 된 성과를 얻기 어려우며, 특히 용접기법(Welding Process)을 중심으로 공부를 하시는 분들은 답안의 작성과 논리 전개는 물론이고 만약에 합격을 하더라도 이후 현업에서 문제 발생 상황에 대한 기술적인 접근과 대안 창출에 많은 어려움에 봉착하게 된다. 제대로 된 공부를 하기 위해서는 기본적으로 용융하여 접합하고자 하는 금속의 특성을 먼저 알아야 하고, 이들 금속을 녹여서 접합하기 위한 용융기술인 용접기법(Welding Process)를 그 다음으로 공부해야 한다. 더불어서 단순히 각종 용접기법의 특징과 장단점을 단순 암기식으로 외워서는 너무 많은 분량으로 인해 학습의욕 저하와 능률저하의 현실적인 어려움에 직면하게 된다. 우선적으로 전류와 전압의 개념을 이해하고 여기에 추가되는 각종 플럭스(Flux) 및 보호가스(Shielding Gas)의 역할과 특징에 대한 이해가 필요하다.

　이하에서는 기술사 준비를 위해 꼭 알아야 할 내용을 과목별로 구분하여 소개하고 그 학습에 필요한 참고 자료도 함께 소개한다.

2.1. 공부해야할 내용

2.1.1. 금속재료 일반(Welding Metallurgy)

　금속재료의 구조재로서의 일련의 특성을 좌우하게 되는 조직학과 응고조직에 대한 이해를 기반으로 좀더 나은 기계적 및 화학적 특성을 확보하기 위한 열처리와 가공에 대한 기본적인 이해를 필요로 한다.

- 강도학, 조직학, 용접부 응고조직의 이해
- 잔류응력의 발생, 열처리, 표면처리

2.1.2. 강종별 용접성(Welding of Material)

각 금속재료별로 열을 가했을 때에 조직의 변화 및 기계적, 물리적, 화학적 특성의 변화를 이해하고 이를 기반으로 용접성을 평가하며 현장 용접에 적합한 최적의 조건에 대한 이해를 추구한다.

- 철강 재료(주철, 탄소강, 저합금강, 스테인레스강 등)
- 비철 재료(니켈합금, 알루미늄합금, 구리합금, 티타늄, 지르코늄, 마그네슘 등)
- 비금속 재료(플라스틱, 고무 등)

2.1.3. 용접기법(Welding Process)

물리적, 화학적 에너지를 가해서 금속을 접합하기 쉬운 상태로 만드는 과정이다. 이 과정에 대한 이해는 현장의 용접조건을 분석하고 평가하여 문제 발생시에 대안을 제시할 수 있는 기반이 된다. 전류와 전압에 대한 이해 그리고 보호가스와 플럭스의 역할 및 종류별 특징에 대한 이해가 반드시 필요하다.

- 용접기 전원 특성
- 용접기법별 특성과 적용

2.1.4. 용접부 결함 및 변형(Welding Deformation and Defect)

금속 재료는 열을 받게 되면 팽창하고 용융과 응고의 과정을 거치면서 팽창과 수축을 경험하게 되고 이 과정에서 변형과 잔류응력이 남게 된다. 또한 각종 결함의 발생원리와 예방법에 대한 기본 지식이 수반되어야 제작 현장 및 사용과정에서 발생하는 각종 문제점을 해결할 수 있다.

- 용접부 품질 관리, 결함의 종류와 원인
- 변형의 원인과 대책

2.1.5. 용접 설계와 절차서(Welding Procedure and Design)

제대로 된 용접설계와 이를 정리하여 체계화한 절차서는 현장 용접관리의 가장 기본이 되는 접근이다. 설계를 분석하고 평가하여 보다 나은 용접설계를 제공하는 것은 생산성 및 제품의 품질 확보를 위한 기본적인 노력이다.

- WPS & PQR의 작성과 검증
- 용접부 강도 계산과 설계 기준 이해
- 용접사 인증 및 관리

2.1.6. 용접부 파괴 및 비파괴검사(Welding DT and NDT)

완성된 용접금속의 결함 유무와 기계적, 화학적 특성의 평가 방법에 대한 이해는 제품의 품질과 특성 파악에 있어서 필수적인 내용이다. 다양한 파괴 및 비파괴 검사 기법에 대한 이해를 바탕으로 현장에 적합한 품질 관리 방안을 제시해야한다.

- 금속재료의 기계적 시험, 화학적 시험
- 용접부 파괴 및 비파괴 검사

2.1.7. 용접 안전 관리(Welding Safety)

종종 발생하는 용접현장의 화재 및 폭발사고를 예방하고 작업자의 안전을 확보하고 재화의 손실을 예방하는 적극적인 현장 관리는 시공 감리자의 필수 덕목중에 하나이다.

- 용접 현장 화재, 폭발, 열 및 자외선 등의 안전 관리

2.2. 공부 방법

공부에 왕도는 없다고 하지만 왕도를 찾기 전에 어떻게 공부하면 좀더 잘할 수 있을지에 대한 방법론은 쉽게 찾을 수 있다. 많은 수험생들이 도전의 과정에서 합격자의 정리된 노트를 참고하거나 기존에 시중에 출간된 문제 풀이 형식의 참고서적을 찾게 되지만, 이런 노력은 제발 피해달라고 주문하고 싶다. 가장 좋은 공부 방법은 자신의 현재 실력을 확인하는 것부터 시작된다. 주말에 시험 시간과 같은 환경을 만들어 놓고 기출문제를 스스로 풀어보면 A4 용지의 절반을 넘기기 어려운 상황을 대부분 경험하게 된다. 그러한 경험을 기반으로 스스로의 실력을 확인하고 부족한 부분을 메워나가는 노력이

필요하다. 본인 스스로 자신의 부족한 부분을 인지할 수만 있다면 그걸 채워나가기 위한 참고 서적이나 주변의 도움은 그리 어렵지 않게 얻을 수 있다.

또한 학회지 등을 통해 최신 용접기술에 대한 이해를 넓히고 수험생 주변의 용접 현장에 대한 이해를 갖추어야 한다. 전원 특성을 열심히 공부하면서도 정작 본인이 근무하는 현장의 용접기가 직류인지 교류인지 혹은 직류 정극성인지 아니면 역극성인지를 알지 못한다면 애써 외운 지식이 현업과 무관한 수험용 암기 과목이 될 수 있고, 더 나아가 현장의 문제점을 해결할 수 없게 된다.

- 스스로 자신의 능력과 실력을 먼저 확인
- 스스로 기출 문제를 대상으로 모의 시험
- 올바른 교재와 참고 자료를 수집
- 합격자 정리 Note 활용 자제
- 인터넷 자료 참고 선택에 신중
- 학회지 등의 최신 자료 활용
- 주변의 용접 현장에 대한 이해

2.3. 추천 학습 자료

용접기술사 공부를 위한 추천 학습자료는 현재 진행중인 용접기술사 강좌의 교재를 손꼽을 수 있으나, 강좌를 수강하지 않는 분들이라면 아래의 책들을 참고하시길 추천한다.

거듭 강조하지만 시중에 나와 있는 문제풀이 형식의 참고 서적은 본인이 어느 정도 학습의 목표를 달성했다고 느끼는 시점 이후에 보시길 추천한다. 처음부터 합격자의 정리된 노트나 문제 풀이 형식의 참고 서적을 기반으로 공부하게 되면 합격자 혹은 저자의 시야에서만 문제를 바라보게 되고 좀더 폭넓은 지식을 쌓을 기회를 스스로 놓치게 되는 아쉬움이 있다.

금속재료에 대한 기본지식이 부족하거나 영어에 아쉬움이 있으신 분들이라면 산업인력공단의 교재 중에서 용접과 금속재료에 대한 참고 서적을 추천한다. 이들 자료는 가격도 싸고 인터넷으로도 어렵지 않게 구매가 가능하기에 금속이나 재료공학을 전공하지 않은 분들에게도 학습의 어렵지 않게 깊이 있는 학습의 기반을 제공해 준다.

- AWS Welding Handbook
- 재료와 용접 / 이진희 저

- TWI(The Welding Institute, www.twi.co.uk)
- Lincoln, ESAB등의 Technical Bulletin/Journal
- Welding Metallurgy / Sindo Kou 저
- 그림으로 설명하는 금속재료 / 이승평 저
- AWS Welding Journal, 용접학회지
- 용접 접합 편람 / 대한용접접합학회
- 한국산업인력공단 교재
- 재료과학과 공학 / Willian D.Callister
- API RP 577(American Petroleum Institute, Welding Inspection and Metallurgy)
- ASME Section IX(American Society of Mechanical Engineers)
- 기계설계학 / 만철기, 이옥배, 이호근 저

종합기술정보망 테크노넷(www.technonet.co.kr)과 한국맥케이용재㈜가 공동주관으로 매년 봄과 가을에 진행하는 용접기술사 강좌에 참여하면, 위에서 언급한 학습 과정과 각 과정의 학습에 체계적으로 정리된 필요한 교재를 받아 볼 수 있다.

최근 합격자의 최소 60% 이상이 본 과정을 통해 배출된 전문인력들이며, 많은 합격자들이 기술자격과 체계적으로 학습한 전문 지식을 바탕으로 좀더 나은 직장으로 이직도 하고 있다.

II

재료 강도와 파괴 역학

1 응력-변형률 선도

1.1. 문제 유형

- 연강의 용접부 인장시험 및 그 결과를 분석하는 방법을 설명하고, 진응력-진변형률 곡선 및 공칭응력-공칭변형률 곡선을 비교 설명하시오.

1.2. 기출 문제

- 108회 1교시 : 오스테나이트계 스테인리스강(austenitic stainless steel)을 이용한 용접부의 인장시험에서 기계적 성질을 나타내는 항목 3가지와 항복점(yield point)의 결정방법에 대하여 그림을 그리고 설명하시오.
- 96회 4교시 : 연강의 응력-변형률 곡선을 도시하고, 공칭응력과 진응력의 관계를 설명하시오.
- 83회 1교시 : 연강의 인장시험시 얻어지는 ε(변형률) - σ(응력)곡선을 그리고 다음을 구체적으로 설명하시오.
  - 항복강도
  - 인장강도
  - 연신율과 단면수축률
  - 연신율을 구할 때 시편에 표점거리(Gage Length)를 사용한다. 표준표점거리(예, 50mm)보다 짧게 설정하면 연신율은 어떻게 변화되는지 설명하시오.

1.3. 문제 풀이

1.3.1. 응력, 변형률의 정의

인장시험에서는 대개 시편을 일정한 속도로 잡아당겨 변형 량을 증가시켜 이에 필요한 하중을 로드셀(Load sell)을 이용하여 측정하며, 이로부터 하중(Load)-변형(Deformation)의 곡선이 얻어진다. 이 하중-변형곡선으로부터 시편의 크기에 영향을 받지 않는 일정한 응력(Stress)-변형률(Strain)곡선을 구하여 인장시험의 결과를 나타낸다.

일반적으로 응력-변형률곡선은 공칭응력(Norminal Stress. σ_n)과 공칭변형률 (Nomainal Elongation, ε_n)으로 나타낸다. 공칭응력 σ_n는 시험편에 작용하는 하중 F를 시험편의 초기 단면적(A_0)으로 나눈 값으로 정의한다.

$$\sigma_n = F / A_0$$

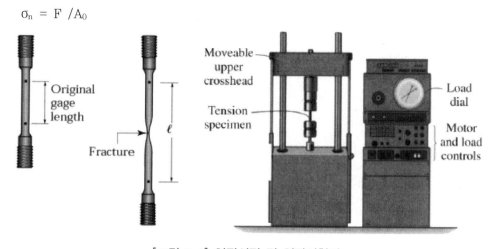

[그림 II-1] 인장시편 및 인장시험기

공칭변형률(ε_n)는 시편의 변화 ΔL(변형후 시편의 표점거리 L-초기표점거리 L_0)을 L_0로 나눈값으로 정의한다.

$$\varepsilon_n = (L-L_0) / L_0 = \Delta L / L_0$$

그러나 실제로는 변형이 증가함에 따라 시편의 단면적이 점차 감소한다. 하중 F를 받고 있을 때의 시편의 단면적을 A라고 하면 그 시편에 작용되는 실제 응력은 다음과 같다.

$$\sigma_t = F / A$$

이때 응력(σ_t)를 진응력(True Stress) 이라고 한다. 참고로 탄성영역내에서는 A_o와 A 는 차이가 거의 없다. 정의된 변형률은 ΔL이 매우 적은 탄성 변형의 경우는 만족스러우나 변형이 심한 소성변형시에는 진변형률(True Strain)을 사용하는 것이 바람직하다.

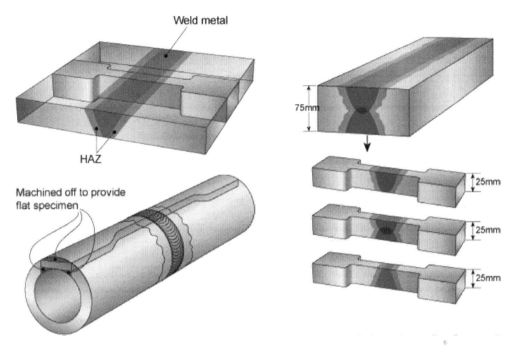

[그림 ||-2] 용접부의 인장시험 시편

1.3.2. 응력-변형률 곡선(Stress-Stain Curve)

일반적으로 인장시험시의 단계는 탄성변형구역, 소성변형구역으로 구분할 수 있다. 금속의 인장시험에서 나타나는 일반적인 응력-변형률 곡선을 통해 인장시험시의 단계별 특징 및 이와 관련 된 특성치에 대해 설명하고자 한다.

1.3.3. 탄성변형 구역

인장시험의 초기에 재료는 탄성변형을 한다. 즉 하중을 제거시키면 시편의 원래 길이로 회복되게 된다. 탄성영역에서는 응력과 변형률 사이에 직선관계(비례)가 성립되며 이것을 보통 Hooke의 법칙(Hooke's Law)이라고도 한다.

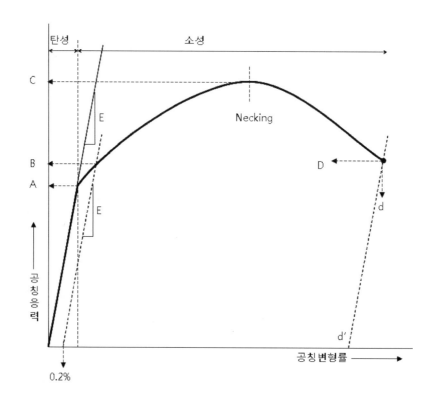

[그림 II-3] 응력-변형률 곡선

응력-변형률 곡선에서 A 탄성한계 응력, B 항복응력, C 인장응력, D 파괴응력, d 파단변형률(실제 시험시는 탄성이 회복된 d'가 파단변형률이며, 탄성회복을 Spring Back 이라고 함.)이라고 할때, 인장응력 C점에서 단면의 일부분이 급격히 작아지는 넥킹(necking) 현상이 발생하고 공칭응력은 줄어들지만 단위 면적당의 응력이라고 할 수 있는 진응력은 계속 상승하게 된다.

탄성계수 E는 그림 II-3에서 나타낸 바와 같이 응력-변형률 곡선의 탄성영역에서의 기울기에 해당된다. 일반적으로 금속재료의 최대 탄성 변형률은 0.5% 이하인 것이 보통이다.

하중을 점차적으로 증가시키면 소성변형이 시작되는데, 소성변형없이 최대한 지탱할 수 있는 능력을 탄성한계라 하고, 편의상 일정한 변형률에서의 응력으로 결정한다.

그림 II-3과 같이 상항복점이 명확히 나타나지 않는 경우 0.2% 의 소성변형을 일으키는 응력, 즉 0.2% Off Set 응력을 항복응력(Yield Stress)으로 규정한다.

금속재료의 성질에 따라 응력-변형률 곡선의 형태를 그림 II-4에 세 가지로 구분하였다.

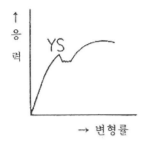

(a) 상항복점과 하항복점
이 나타나는 형태

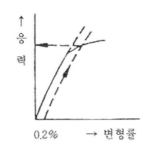

(b) 직선부분이 나타나다
가 상항복점없이 소성
이 나타나는 형태

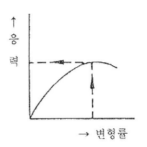

(c) 초기부터 직선부분이
나타나지 않음

[그림 II-4] 응력-변형률 곡선의 유형

저탄소강과 같은 재료는 그림 II-4(a) 와 같이 상항복점을 나타낸다. 항복(Yielding)
은 상항복점에서 시작되며 그 후 응력은 감소되어 하항복점과 비슷한 응력에서 변형이
지속된다.

이후 어느 정도 변형이 계속된 후 다시 응력이 증가한다. 이러한 거동은 불균일한 변
형 때문이며 이런 변형은 시편의 물림부 근처의 응력 집중점에서 시작되어 시편 전체로
전파되는데 이때 형성되는 시편표면의 밴드모양의 변형 자국을 뤼더스 띠(Luders
Band)라고 한다. 또한 상항복점과 하항복점사이에 변형된 연신률을 항복 연신률이라고
한다.

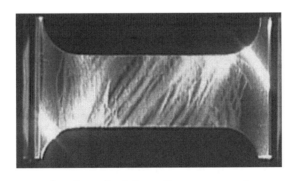

[그림 II-5] 뤼더스 띠(Luders Band)

1.3.4. 소성변형 구역

재료를 탄성한계 이상으로 인장하면 하중을 제거하더라도 원래의 길이로 돌아오지 않는 소형변형을 하게 된다. 재료를 더욱 인장하면 응력이 계속 증가하게 되며 이것을 가공 경화라고 부른다. 응력이 최대치에 이르면 그 순간부터 시편은 넥킹(Necking) 즉 시편 중심부 가까이에서 국부적으로 단면적이 줄어드는 현상이 일어나며 이 부분에 변형이 집중되게 된다. 넥킹(Necking)이 일어난 후에는 변형률 커짐에도 응력은 오히려 감소되며 드디어는 파단이 일어난다.

응력이 최고치에 이르게 되는 이 최고 응력을 인장강도(Tensile Strength)라고 하며 파단시의 응력을 파단강도(Fracture Strength)라고 한다. 넥킹(Necking)이 일어나는 재료의 경우는 파단강도가 인장강도보다 작은 값을 갖는다. 또한 이와같은 강도 특성이 외에 응력-변형률 곡선에서는 재료의 인성(Toughness)에 대한 정보를 얻게 된다. 재료의 인성이란 재료가 파괴될 때까지 흡수되는 에너지로 응력-변형률 곡선의 총면적으로 나타낸다.

1.4. 추가 공부 사항

1.4.1. 금속재료의 항복점 현상

많은 금속 특히 저탄소강의 인장시험곡선은 그림 II-6과 같은 유동곡선을 나타낸다.

그림 II-6에서 탄성변형에 따라 응력이 증가하다가 갑자기 떨어져 대략 일정한 응력에서 파동하다가 다시 증가한다. 갑자기 떨어질 때의 응력을 상부항복점이라 하고 일정한 응력을 하부항복점이라 한다. 일정한 응력에서의 연신율을 항복점연신율이라 한다.

항복점 연신율에서 일어나는 변형은 불균일하다. 상부항복점에서는 육안으로도 쉽게 볼 수 있는 변형된 금속의 불연속띠가 응력집중부에서 나타나며 이 때의 형성과 동시에 응력이 하부항복점으로 떨어진다. 이 띠는 시편의 길이를 따라 전파하며 항복점연신이 일어난다.

여러 개의 띠가 여러 개의 응력집중점에서 형성되며 인장축과 약 45°를 이루는 것이 보통이다. 이 띠를 뤼더스 띠(Luders Band 또는 Hartmann 선 또는 스트레처 스트레인이라고도 함)라고 하며, 이러한 형태의 변형을 피봇(Piobert) 효과라고도 한다. 여러 개의 뤼더스 띠가 형성될 때 항복점 연신율에서의 유동곡선이 톱니모양이 되는데 하나의 이가 하나의 뤼더스 띠의 형성에 대응한다. 뤼더스 띠가 시편 전체를 덮게 되면 유동곡선이 보통처럼 변형에 따라 응력이 증가한다. 이렇게 하여 항복점 연신이 끝나게 된다.

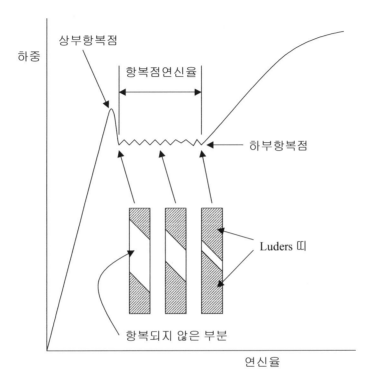

[그림 II-6] 응력(하중)-연신율 곡선

이러한 항복점 현상은 연강에서뿐만 아니라 다결정 Mo, Ti, Al합금, 단결정 Fe, Cd, Zn, α황동, β황동, Al에서도 관찰된다. 이러한 항복점은 소량의 침입형 또는 치환형 불순물과 관련이 있다. 예를 들면 저탄소강으로부터 탄소(C)와 질소(N2)를 거의 완전히 제거하면 항복점현상이 나타나지 않는다. 그러나 이러한 원소가 0.001% 만 첨가되어도 항복점현상이 나타난다.

1.4.2. 변형시효

변형시효는 항복점현상과 관련된 거동의 일종으로, 냉간가공 후 비교적 저온에서 가열할 때 금속의 강도가 증가하고 연성이 감소하는 현상이다. 이러한 거동은 그림 II-7에서 잘 설명 된다. 그림 II-7은 변형시효가 저탄소강의 유동곡선에 미치는 영향을 나타낸다.

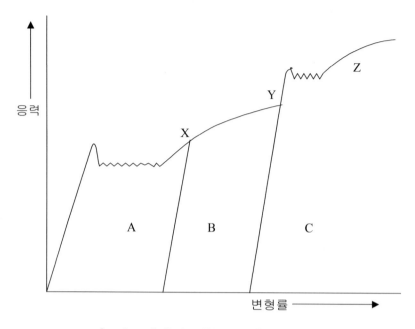

[그림 II-7] 응력-변형률 곡선(변형시효)

그림 II-7의 영역 A는 저탄소강을 항복점 연신을 거쳐 점 X에 해당하는 변형률까지 소성 변형시켰을 때의 응력-변형률 곡선이다. 이 시편에 가한 하중을 제거한 후 상당 기간 동안 유지하거나 열처리를 하지 않고 다시 하중을 가하면 영역 B를 얻게 된다. 이 영역에서는 항복점 현상이 일어나지 않는다. 왜냐하면 전위가 탄소나 질소 원자의 분위기에서 벗어나 있기 때문이다. 이 시편을 다시 점Y까지 변형시키고 하중을 제거하였다가 실온에서 수일 동안 또는 약간 높은 온도(예를 들면 150℃)에서 수시간 시효를 시킨 후 하중을 다시 가하면 항복점이 다시 나타날 것이다. 더욱이 시효처리로 항복점이 Y에서 Z로 증가할 것이다. 항복점의 재출현은 탄소와 질소원자가 시효기간중 전위로 확산하여 전위 주위에 이들 분위기를 형성하여 전위의 이동을 방해하기 때문이다. 이때 항복점의 재출현에 필요한 활성화에너지가 α철에서의 탄소의 확산에 필요한 활성화에너지와 잘 일치한다. 특히 질소가 탄소보다 철의 변형시효에 더 큰 영향을 준다고 보고되고 있다. 이는 질소의 용해도와 확산계수가 탄소의 경우보다 더 크고 서냉하는 동안 석출이 덜 일어나기 때문인것으로 이해된다.

심한 냉간 변형이 발생하는 Deep Drawing 강을 이용하여 제품을 생산하는 경우 변형시효를 제거하는 것이 중요하다. 그 이유는 항복점이 다시 나타나면 국한된 불균일 변형으로 인한 뤼더스 띠(Luders Bend)가 생길 우려가 높기 때문이다. 변형시효를 제어하기 위해서는 고용되어 있는 탄소나 질소를 안정한 탄화물이나 질화물로 만들어 그 고용된 양을 줄이는 것이 바람직하다. 이러한 목적으로 Al, V, Ti, Nb(Cb), B 등을 첨가한다. 변형시효를 어느 정도 제어할 수 있지만 변형시효가 전혀 없는 공업용 저탄소강은 없다. 이 문제를 공업적으로 해결하는 보통의 방법은 조질압연을 하여 금속을 그림 Ⅱ-7의 점 X에 해당할 만큼 변형시키고 그것이 시효되기 전에 사용하는 것이다. 이렇게 함으로써 항복점이 없는 상태에서 소성가공이 되기 때문에 뤼더스 띠의 발생을 막을 수 있다.

변형시효의 발생은 금속에서는 꽤 보편적인 현상이다. 변형시효가 일어나면 상항복점과 하항복점 현상이 재현되고 항복응력이 증가하고 연성이 감소하는것 외에도, 변형속도 감도(Strain Rate Sensitivity, m)의 값도 작아진다.

합금의 용질원자의 확산속도가 충분히 크면 변형 중에도 전위가 용질원자에 묶이고 변형을 계속하기 위하여 새로이 전위가 생기는 과정이 반복되어 응력-변형 곡선에 톱니 모양이 나타난다. 이 현상을 동적변형시효 또는 Pertevin Le Chatelier 효과라 한다.

동적 변형시효는 시편의 변형속도와 용질의 확산계수(또는 온도)에 따라 결정된다. 저탄소강의 경우 10^{-6}/초 의 변형속도에서는 상온에서도 동적 변형시효가 일어나고 보통 인장시험조건(10^{-4}/초)에서는 100~300℃에서, 충격변형인 10~300/초에서는 400~670℃에서도 톱니모양의 유동곡선이 얻어진다. 온도가 너무 높으면 전위주위의 용질분위기가 확산되어 없어지기 때문에 톱니모양의 유동곡선이 얻어지지 않는다. 변형곡선의 톱니 하나하나는 뤼더스 띠의 전파와 관계가 있다. 탄소강의 경우 불안정항복은 230~370℃ 범위의 온도에서 일어난다. 이 온도영역에서는 강의 인장연성이 감소하고 충격값이 감소하기 때문에 이 온도영역을 청열취성영역이라 한다. 이 온도영역은 강의 변형속도감소가 최소이고 변형시효속도가 최대인 영역이기도 하다. 이러한 사실들로 보아 청열취성은 별개의 현상이 아니고 가속된 변형시효에 불과하다고 할 수 있다.

변형시효와 저탄소강의 퀜치시효를 혼동해서는 안된다. 퀜치시효는 페라이트내의 탄소와 질소의 최대용해온도로부터 Quenching할 때 생기는 순수한 석출경화의 일종이다. Quenching된 강을 실온이나 실온보다 약간 높은 온도에서 시효를 시키면 Al 합금의 시효경화에서처럼 경화와 항복강도가 증가한다. 퀜치시효를 시키기 위하여 소성변형이 필요한 것은 아니다.

2

재료의 강도

2.1 문제 유형

- 용접구조물의 설계조건을 검토한 후 응력의 종류, 강도계산 및 안전율 등을 계산한다.

2.2 기출문제

- 110회 2교시 5번 : 아래 그림과 같이 무게 P = 84 kN 의 강구조물을 들어 올리기 위해 리프팅 러그(Lifting Lug)를 무게중심에 용접하려고 할 때 리프팅 러그의 최소길이(L)를 계산하시오.

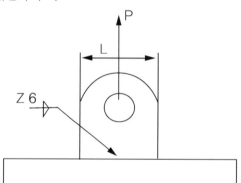

단 용접효율 100%, 안전율 3, 용접부의 허용인장응력 150 N/mm², 허용전단응력 100 N/mm², 러그 두께 10 mm, $\dfrac{1}{\sqrt{2}}$ = 0.7 이다.

- 102회 4교시 5번 : 판두께 25mm, 폭 200mm의 완전용입 맞대기용접이음부에서 용접금속의 강도가 400kgf/mm²일 경우, 허용응력을 8kgf/mm² 으로 했을 때 허용되는 인장하중과 안전율을 계산하시오.

2.3 문제 풀이

2.3.1. 하중의 종류

외부로부터 하중이 작용할 때 재료에는 다양한 형태의 하중으로 작용하게 된다. 이때 기기는 하중에 충분히 견딜 수 있는 강도(Strength) 및 강성(Stiffness)을 가지도록 설계 하여야 한다. 기기의 강도와 강성은 하중이 작용한 상태에 따라 변화하므로 강도설계나 강성설계에 있어서 우선 하중의 종류를 알아야 한다.

하중의 종류는 하중의 분포상태에 따라 집중하중과 분포하중으로 구분되며, 시간의 경과에 대하여 하중의 크기가 일정한 정하중(Static Load)과 시간에 따라 하중의 크기가 변하는 동하중(Dynamic Load)으로 구분되며, 동하중은 다시 충격하중, 반복하중, 변동하중 및 이동하중 등으로 구분된다.

2.3.2. 재료의 기계적 성질

재료에 하중이 작용할 때 나타나는 하중과 변형량과의 상관관계 등을 재료의 기계적성질(Mechanical Property)이라 한다. 기계적 시험에는 인장시험(Tensile Test), 압축시험(Compressive Test), 비틀림시험(Torsion Test), 충격시험(Impact Test) 등의 표준시험방법이 있으며 이를 통해 여러가지 기계적 성질을 측정할 수 있다.

일반적으로 재료에 하중을 제거하면 변형이 남지 않는 탄성변형과 변형이 남는 소성변형이 있으며, 탄성변형은 하중과 변위가 비례하는 선형 탄성체(Linear Elastic Body)가 있으며 그렇지 않은 비선형 탄성체(Nonlinear Elastic Body)가 있다.

하중과 변형량의 경우 하중의 반복성, 작용시간, 작용온도, 부식특성 등 주위여건 등에 따라 대응 관계가 다를 수 있다. 이에 대한 내용으로 저온취성, 피로응력, 고온 Creep, 응력부식균열 등을 추가로 고려하여 설계에 반영한다.

재료에 대한 특성으로 동질의 성분으로 구성되는 균질성(Homogenuity), 성분이 서로 다른 성분으로 구성되는 비균질성(Inhomogenuity)이 있으며, 균질성의 경우는 다시 재료의 방향에 무관한 등방성(Isotropy)과 방향에 따라 성질이 변하는 이방성(Anisotropy)이 있다.

2.3.3. 기기의 안전설계

1) 사용응력과 허용응력

기기가 적정 사용기간동안 영구변형 및 파괴가 없이 강성(Stiffness)을 유지하려면 부재 내부에 발생하는 사용응력이 탄성한도를 초과하지 않아야 한다. 일반적으로 하중의 종류, 부품의 가공상태, 재료 자체의 균일성 등이 탄성한도 이내에 있도록 설계되어야 한다.

이러한 조건들 하에서 절대적으로 안전한 재료의 강도, 즉 재료가 허용할 수 있는 최대 한도의 응력을 허용응력(Allowable Stress, σ_a)이라 하며, 앞에 언급한 기계나 각 구조물의 각 부분에 작용하는 하중에 따라 발생하는 응력을 사용응력(Working Stress, σ_w)이라 한다.

2) 허용응력의 결정

허용응력의 값은 재료와 하중의 종류에 따라 기계나 구조물의 실물실험 또는 모형시험한 결과로 결정하지만, 실제 사용상태에서 실물시험은 대부분의 경우 불가능하며 경제적으로 손실도 커서, 일반적으로 다음의 사항들을 고려하여 허용응력을 결정하는데 기초가 되는 기준강도를 정한다.

- 연성재료에 정하중이 작용하는 경우 항복강도를 기준강도로 한다. 예 : Y.P. / 1.5
- 취성재료에 정하중이 작용하는 경우 인장강도를 기준강도로 한다. 예 : T.S. / 3.5
- 피로파괴를 일으키는 교번하중일 때는 피로한도를 기준강도로 한다. 반복하중에서는 반복피로한도, 임의 평균하중이 존재하는 경우 내구선도로부터 응력진폭, 최대응력, 최소응력 들을 기준강도로 한다. 유한수명의 파괴에선 필요반복수에 대한 시간강도를 이용한다.
- 고온에서 정하중이 작용하는 경우 Creep 한도를 기준강도로 한다. 참고로 ASME Sec. II Part D 의 경우 Time-dependent Properties 는 값은 별도의 Typeface 로 표기되어 있으며, 이 경우 최대 사용시간은 100,000 시간을 기준으로 한다.
- 저온이나 천이온도 이하에선 저온취성을 고려하여 기준강도를 정한다. 참고로 ASME Sec. VIII 기준 설계시 저온의 경우 허용응력을 ASME Sec. II Pard D 에 주어진 응력중 가장 낮은 온도에서의 응력을 기준으로 하되, 최저 사용온도 또는 발주처에서 요구한 온도에서 충격시험을 실시하여 주어진 충격값을 만족시키면 그 온도에서 사용이 가능한 것으로 한다.
- 기둥이나 편심하중의 경우 좌굴응력(Buckling Stress)을 기준강도로 한다.
- 소성설계와 극한설계(Limit Design)에서는 붕괴하지 않는 최대하중에 대한 응력을 기준강도로 한다.

3) 안전율(Safety Factor)

재료의 극한강도(기준강도, σ_a)를 허용강도(σ_w)로 나눈것을 안전율 이라고 한다. 즉 극한강도를 안전율로 나누면 허용응력값이 된다.

$$S(안전율) = \frac{극한응력(기준응력, \sigma u)}{허용응력(\sigma a)} \quad -----------(1)$$

허용응력을 결정할 때 여러가지 조건을 고려한 것과 같이, 안전율을 결정할 때도 다음과 같은 사항들을 참고로 한다.

- 재질 및 모양의 불균일
- 하중의 종류에 따른 응력의 성질
- 하중과 응력계산의 정확성
- 공작방법, 조립의 정밀도 및 잔류응력
- 부재의 형상 및 사용장소
- 온도, 마멸, 부식, 침식, 진동, 마모 등의 영향과 작동조건

2.3.4. 재료의 파손

인장이나 압축과 같은 단순응력상태하의 재료시험을 통하여 구해진 재료의 기계적 성질들을 이용하여 실제 설계상 고려되는 다양한 조합 응력 상태에 대한 강도계산을 하므로, 어떠한 조합응력 상태에서 재료가 파손되는지를 미리 예측할 필요가 있다.

재료의 파손에 대한 여러 가지 학설이 있으나, 널리 알려진 것은 다음 5가지가 있다.

1) 응력집중

(1) 응력집중계수

구멍, 홈, 단붙임 등 단면적이 급변하는 부분을 지닌 부품 또는 구조물에 하중이 작용할 때 단면에 나타나는 응력분포 상태는 아래 그림과 같이 매우 불규칙하고 특히 노치부분에는 최대응력(σ_{max})이 발생한다.

이와 같이 노치부분의 응력의 증가를 응력집중(Stress Concentration)이라 하며, 응력집중의 정도를 응력집중계수(Stress Concentration Factor) 또는 형상계수(Form Factor) α 로 다음과 같이 표시한다.

$$\alpha = \frac{\sigma_{max}}{\sigma_n} = \frac{노치(구멍)부의 \ 최대응력}{노치(구멍)가 \ 없는 \ 단면의 \ 공칭응력}$$

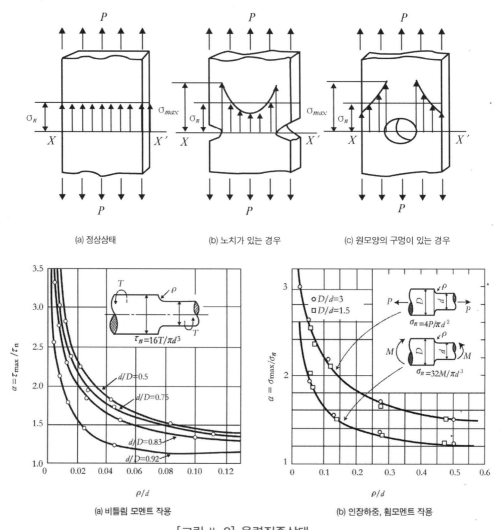

[그림 II-8] 응력집중상태

α 의 크기는 동일한 탄성한도 내에선 부재의 크기나 재질과는 무관하며, 노치의 형상과 하중의 종류에 의해 결정된다.

(2) 응력집중의 경감대책

기기의 표면과 내부의 불연속성으로 인해 발생하는 응력집중현상은 파손의 직접적인 원인이 되므로 공정과정에서 응력집중을 완화 시키도록 주의해야 한다. 일반적으로 응력집중을 경감시키는 방법은 다음과 같다.

- 단이 발생하는 부분의 곡률 반지름을 크게 하거나 경사지도록 하여 단면의 변화

를 완만 하도록 한다.
- 제2, 제3의 단면변화 부분을 설치하여 응력의 흐름을 완만하게 한다.
- 보강재를 사용하여 단면 변화로 인한 부분의 응력집중을 완화 시킨다.
- 쇼트피이닝(Shot Peening), 압연 또는 고주파 열처리 등을 실시 하여 표면강도를 강화 시키거나 표면 거칠기를 향상시킨다.

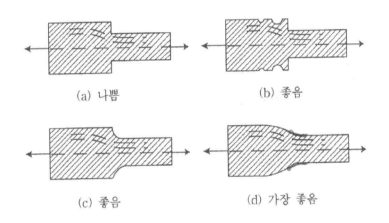

(a) 나쁨   (b) 좋음

(c) 좋음   (d) 가장 좋음

[그림 II-9] 응력집중상태

(3) 균열의 응력상태

기기에 용접결함이나 재료결함 등 피할 수 없는 결함이 존재하므로 결함이나 균열을 갖는 부재의 응력을 평가하는 것이 중요하다. 이처럼 균열을 갖는 재료내의 응력을 계산하는 데 파괴역학(Fracture Mechanics)의 지식이 활용된다. 노치 끝의 곡률반지름이 무한히 작은 균열에서는 그 첨단의 응력은 무한대가 되므로 균열의 거동이나 파괴강도를 논하는 경우의 응력집중과는 다르다. 낮은응력에서도 균열첨단에서는 약간의 소성역이 생기고, 이 소성역이 작을 때는 균열첨단의 탄소성 변형은 응력확대계수(Stress Intensity Factor) K 로 나타낼 수 있다. 응력확대계수는 물제의 형상, 크기 및 하중에 따라 달라진다.

기기에 부분적으로 작용하는 응력이 항복응력 이상으로 과다하게 작용하는 경우, 연성 재료는 국부적인 변형발생하므로 응력집중이 완화되므로 계속적인 균열이 성장 않으나 취성재료는 이와 같은 현상을 기대할 수 없어 응력 집중에 각별한 주의가 필요하다.

3 금속재료의 강화기구

3.1. 문제 유형

- 금속재료가 강도를 얻을 수 있는 방법을 설명하시오.

3.2. 기출 문제

- 101회 1교시 : 금속재료 자체의 결정립(Grain)을 미세화 시키는 방법을 설명하시오.
- 92회 2교시 : 금속재료의 강화기구(Strengthening Mechanism)의 기본원리 및 방법을 5가지 이상 설명하시오

3.3. 문제 풀이

금속재료가 강하다 혹은 그렇지 않다는 표현을 다르게 표현하면, 변형에 대하여 저항성을 갖느냐 혹은 그렇지 않느냐는 것이다. 그러므로 금속재료의 강도를 설명하기 위하여는 금속재료가 어떻게 변형되는가에 대하여 살펴보아야 한다. 많은 금속재료에서의 변형이란 결정격자로 이루어진 금속재료의 원자 조밀면에서의 전위의 움직임으로 설명될 수 있다.

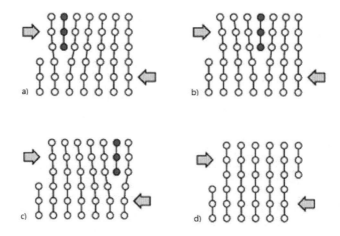

[그림 II-10] 칼날전위의 이동

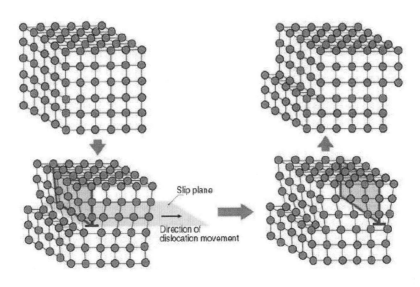

[그림 Ⅱ-11] 나사전위의 이동

금속재료에서 흔한 결함의 일종인 전위 주위에는 응력장(Stress Field)이 형성되게 되며, 전위가 움직인다는 것은 전위 주변의 응력장이 얼마나 방해받지 않느냐 하는 것과 밀접한 관계가 있다. 따라서 금속재료 내부에 어떤 응력장이 어느 만큼 있느냐가 금속재료의 강화기구를 설명하는 중요한 인자가 된다.

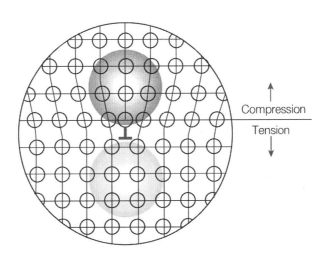

[그림 Ⅱ-12] 전위주위의 응력장

3.3.1. 고용강화

일반적으로 용매원자가 규칙적으로 배열되어 있는 격자에 용질원자가 고용되면 순금 속도 강한 합금이 된다. 고용체를 형성하면 그것이 치환형 고용체이건, 침입형 고용체이 건 상관 없이 규칙적인 격자에 뒤틀림이 생기고, 용질원자의 근처에 응력장(Stress Field)이 형성된다.

이 용질원자에 의한 응력장이 움직이는 전위의 응력장과 상호작용을 하여 전위의 이 동을 방해하여 재료가 강화되는 것을 고용강화라고 한다.

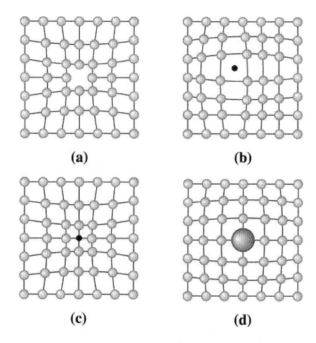

(a)　　　　　　**(b)**

(c)　　　　　　**(d)**

[그림 II-13] 점결함 a) Vacancy, (b) Interstitial Atom,
(c) Small Substitutional Atom, (d) Large Substitutional Atom

전위가 직선이고, 용질원자가 완전한 불규칙도를 갖는다고 가정하면, 전위가 움직일 때 전위에 가해지는 힘은 전위와 용질원자의 상대적인 위치에 의하여 결정되며, 직선의 전위와 완전한 불규칙도를 갖는 용질원자의 분포에서는 전위에 가해지는 힘은 영(0)이 된다.

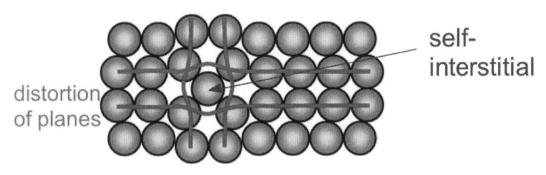

[그림 II-14] 침입형 원소에 의한 전위의 변형

그러나 실제적으로는 용질원자가 완전한 불규칙도를 이루지 못하고, 전위가 직선을
유지하고 있지 못하고 휘어지기 쉽기 때문에 전위에 힘을 작용하여 전위의 이동을 억제
시켜 결과적으로 금속이 강화된다.

3.3.2. 석출강화(Precipitation)와 분산(Despersion)강화

금속은 기지에 미세하게 분산된 불용성의 제 2상에 의하여 효과적으로 강화된다.

제 2상이 어떤 방법에 의하여 분산되었느냐에 따라 석출강화와 분산강화로 구별하여
부르고 있다. 석출강화란 제 2상이 과포화된 고용체로부터 석출에 의하여 형성될 경우의
강화현상을 말하는 것이고, 분산강화란 제 2상이 고용체로부터의 석출이 아닌 다른 과정
(내부산화법이나 분말야금 등)에 의해 형성될 경우의 강화현상으로 좀 더 일반적인 용어
라고 할 수 있다.

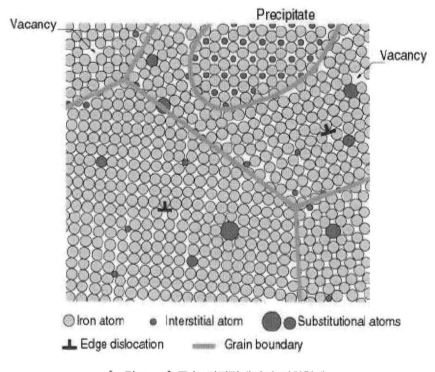

[그림 II-15] 금속 결정립에서의 강화형태

석출강화가 일어나기 위해서는 온도에 따른 고용도의 차이가 있어야 한다. 고온에서는 제 2상이 용해되어 있어야 하고, 온도가 감소함에 따라 제 2상의 고용도가 감소하여야 한다.

그러나 분산강화에서는 제 2상의 고용도가 고온에서도 매우 작다. 따라서 재료가 고온에서 유지될 때 석출강화 합금에서는 제 2상이 기지 중에 재용해되어 강화인자가 소멸됨에 의하여 연화현상이 발생하지만, 분산강화 합금에서는 고온에서도 제 2상이 기지 중에 용해하지 않으므로 고온에서도 우수한 기계적 성질을 유지할 수 있다.

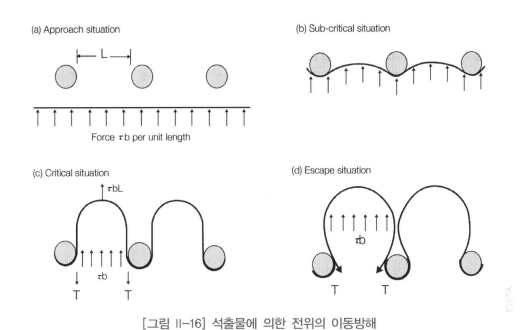

[그림 II-16] 석출물에 의한 전위의 이동방해

3.3.3. 결정립계에 의한 강화(입자 미세화 강화)

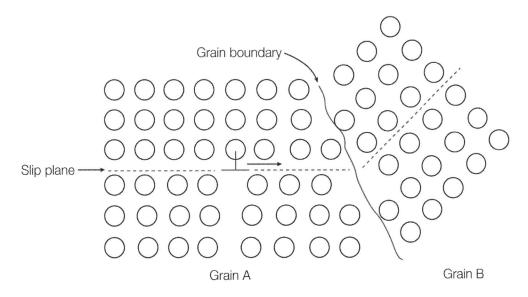

[그림 II-17] 결정립계에 의한 전위의 이동방해

　일반적으로 다결정 재료에서 결정립계 그 자체는 고유의 강도를 갖지는 않고, 결정립계에 의한 강화는 결정립내의 전위의 이동에 의해 일어나는 슬립(Slip)을 상호 간섭함에 의해 일어난다고 알려져 있다. 따라서 결정립계가 많아질수록 재료의 강도는 증가한다. 결정의 입도가 작아지면 결정립계 면적이 커지므로 결정의 입도가 미세해질수록 강화된다.

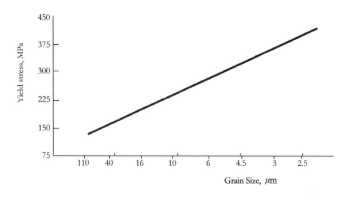

[그림 II-18] 강의 결정입자크기와 항복강도의 관계

　강도와 결정립의 크기사이의 상관관계에 대한 이론에는 2가지의 모델이 있다.

　그 하나는, 결정립계가 전위의 이동에 대한 장애물로 작용한다는 개념이다. 전위는 결정립계에 의하여 슬립면상에서 집적(pile-up)한다. 결정립계에 집적된 전위 중 선두에 있는 전위는 외부에서 가한 전단응력뿐만 아니라 집적된 다른 전위와는 상호작용에 의한 힘도 받는다.

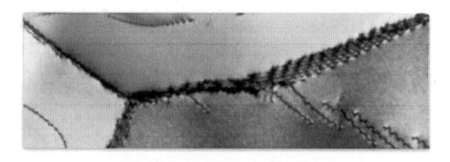

[그림 II-19] 결정립계에서의 전위의 집적

3.3.4. 가공경화(Work Hardening)

가공경화는 탄소 & 합금강으로 재질의 Rod 와 Wire등의 제작 공정간 추가적인 합금 원소의 첨가 없이 강도(Strength) 향상에 이용되는 유용한 금속강화의 한 방법이다.

그림 II-20은 응력-변형률 곡선상에서 가공경화영역을 도시한 것이다.

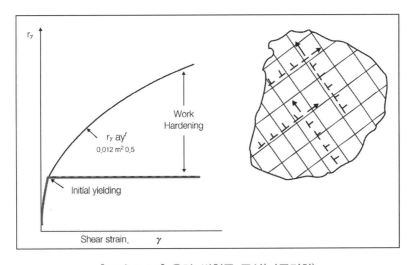

[그림 II-20] 응력-변형률 곡선(가공경화)

초기 응력이 주어지는 단계는 결정이 가공경화를 거의 일으키지 않아 전위가 장애물을 만나지 않고 비교적 큰 거리를 이동할 수 있다. 이후 가공경화가 급격히 증가하게 되는데 이 단계에서의 큰 가공경화는 Seeger와 Friedel의 주장에 의하면 Cottrell-Lomer 장벽 같은 강한 장벽에서의 전위 집적 때문이라고 하였고, Mott는 전위의 반응으로 생긴 조그(Jog) 때문에 전위의 이동이 방해 받아 강화속도가 커진다고 제안하였다.

상기에서 설명한 바와 같이 가공경화 또는 냉간가공은 열처리에 의하여 강화시킬 수 없는 금속이나 합금을 강화시키는 공업적으로 중요한 공정이다.

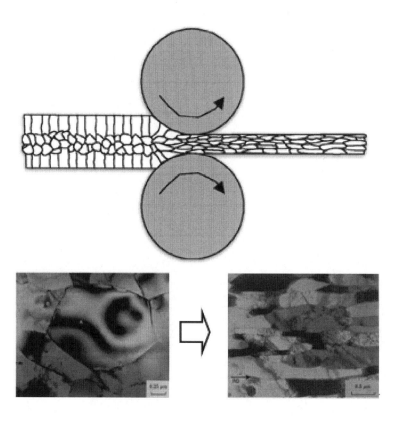

[그림 II-21] Rolling에 의한 가공경화

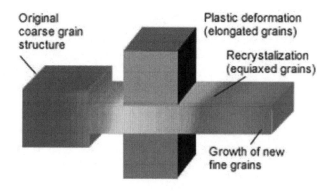

[그림 II-22] Forging에 의한 가공경화

3.4. 추가 공부 사항

3.4.1. 금속의 결정구조

3.4.2. 바우싱거(Bauschinger) 효과

3.4.3. 알루미늄의 금속강화 형태

4 Creep(크리프) 변형

4.1. 문제 유형

- 크리프 저항성에 대하여 설명하시오.

4.2. 기출 문제

- 104회 1교시 : 용접이음부의 피로 및 크리프강도 향상 방법에 대하여 설명하시오.
- 90회 2교시 : 고온에서 용접 시험편에 일정한 인장 하중을 부가하는 경우 발생되는 변형도와 시간의 관계를 크리프 곡선으로 설명하시오.

4.3. 문제 풀이

4.3.1. 크리프

재료가 고온환경(절대용점의 약 $\frac{1}{3}$ 이상)에 노출된 경우, 항복강도보다 훨씬 작은 정하중에서도 변형이 발생할 수 있으며 장시간 운전으로 이어지는 경우 결국 파괴로 이어질 수 있다. 이는 상온환경에서와는 달리 고온에서는 재료의 인장성질이 변형속도와 시험시간에 따라 크게 달라지는 것이 원인이며, 인장시험 결과의 재현성을 얻기위해 표준변형속도에서의 시험이 요구된다.

재료가 고온에서 일정한 응력을 받고 천천히 변형하는 현상을 크리프(Creep)이라 한다. 금속의 크리프 곡선을 결정하기 위하여 일정한 온도로 유지되고 있는 인장시편에 일정한 하중을 가하며 이로 인한 시편의 변형을 시간의 함수로 나타낸다. 시험에 걸리는 시간은 수개월에서 10년 이상의 경우도 있다. 크리프 곡선의 이상적인 형태는 그림 II-23과 같다.

크리프 곡선의 기울기를 크리프 속도라 하며, 크리프 곡선은 일반적으로 3개 영역으로 나누는 것이 보통이다.

크리프의 첫 단계를 제 1기 크리프 또는 천이 크리프라 하며, 크리프 속도가 시간에 따라 감소하는 영역이다. 이 영역에서는 소성변형이 일어날 때 전위가 움직이며 증식되고 서로 작용하여 가공경화가 일어나게 되어 크리프 속도가 감소한다. 저온, 소응력에서는 제 1기 크리프가 주된 크리프 과정이다.

둘째 단계는 제 2기 크리프이라 하는데 가공경화와 전위의 소멸 및 재배열에 의한 회복의 균형에 의하여 크리프 속도가 거의 일정한 영역이다. 이 때문에 제 2기 크리프를 정상상태 크리프이라고도 한다. 제 2기 크리프의 크리프 속도의 평균값을 최소 크리프 속도라 한다. 재료는 수명의 대부분을 정상상태에서 보내므로 이 영역에서의 크리프 속도가 구조물의 수명을 결정하는데 지배적 요인이 된다.

세 번째 단계의 크리프, 즉 제 3기 크리프 또는 가속 크리프는 주로 고온, 고응력에서 일정하중으로 시험할 경우에 생긴다. 국부수축 또는 내부 기공형성 등의 사유로 단면적의 실질적 감소가 있을 경우에 제 3기 크리프가 일어난다. 제 3기 크리프는 석출물입자의 조대화, 재결정, 상의 확산변화 같은 조직변화와 관계가 있을 때가 있다.

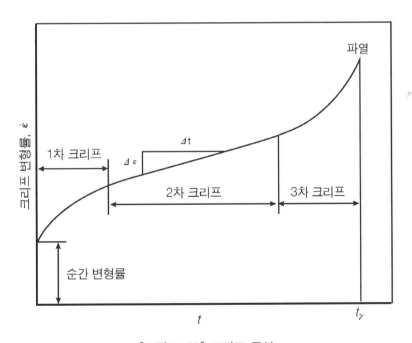

[그림 II-23] 크리프 곡선

최소 크리프 속도는 크리프 곡선에서 얻어지는 가장 중요한 설계자료이다. 이것에 대한 두 가지 규격이 사용되고 있는데, (1) 시간당 0.0001% 의 크리프 속도가 얻어지게 하는 응력 또는, (2) 시간당 0.00001% 의 크리프 속도가 얻어지게 하는 응력이다. 첫 번째 규격은 제트엔진 합금의 요건에 적용되고, 후자의 규격은 증기터빈과 이것과 유사한 장비에 사용된다.

크리프 시험은 보통 낮은 응력에서 행하여지기 때문에 시험시간도 길며(2,000~10,000시간) 최소 크리프 속도를 결정하기 위하여 변형을 정확히 결정하는데 중점을 두는 반면, 하중을 크게 하여 재료가 파괴될 때까지 시험할 경우가 있는데 이를 응력-파단시험이라 한다.

크리프시험에서는 총변형률이 0.5% 이하인데 반하여 응력-파단시험에서는 총변형률이 약 50% 이며 시험시간도 짧아서 보통 1000시간에 끝난다. 이 때문에 응력-파단시험이 많이 활용되고 있다.

4.3.2. 크리프 변형의 기구

크리프 변형의 기구로는 슬립에 의한 변형, 아결정립 형성, 입계 미끄럼, 공공의 확산 등이 있으며, 이들 과정 중 어느 것이 주로 변형을 일으키는가는 시험조건, 특히 작용응력 및 변형온도에 따라 달라진다. 크리프는 응력과 관계가 있고 또 열적 활성과정이므로 온도가 높아지거나 인가응력이 커지면 가속하게 된다.

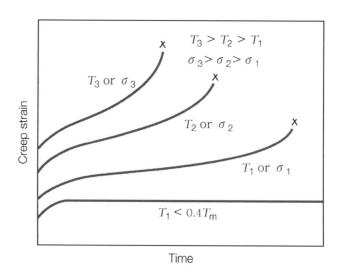

[그림 II-24] 크리프의 거동: 응력과 온도와의 상관관계

1) 슬립에 의한 변형

고온에서는 실온에서 작용하지 않는 슬립계도 작용할 수 있다. 일례로 알루미늄(Al)은 250℃ 이상에서는 {111} {100} {211}면에서 슬립이 일어난다. 체심입방정과 조밀육방정에서도 저온에서보다 많은 슬립계가 가동된다. 이와 같이 고온, 저변형속도에서는 많은 슬립계가 작용하여 슬립이 크리프변형의 주기구이다. 고온 크리프에서의 슬립은 많은 면에서 짧은 거리만큼 일어난다. 이 이유는 저온에서 인접 루프의 전위사이에 서로 척력이 작용하기 때문에 작용하지 못하던 전위원이 고온에서는 많이 작용하기 때문이다. 고온에서는 루프가 상승할 수 있고, 서로 작용하여 서로 없어지게 될 수 있기 때문에 많은 전위원으로부터 새로운 전위가 계속 생길 수 있다.

2) 아결정립 형성

크리프변형은 아주 불균일하며 격자 굽힘이 일어날 기회가 많은데, 입계에서 특히 그러하다. 굽힘이 일어나면 같은 부호의 전위가 과잉으로 형성되며 전위상승이 고온에서 쉽게 일어날 수 있기 때문에 전위가 소경각입계로 배열된다. 소경각입계의 아결정립의 형성에 대하여 X-선, 현미경법, 전자현미경법 등으로 연구 되어 왔으며, 아결정립망의 전위밀도가 제 1기 크리프과정에서 증가하다가 제 2기 크리프과정에서는 일정한 값에 머문다.

아결정립의 크기는 응력과 온도에 따라 달라진다. 온도가 높고 응력이 작거나 크리프 속도가 작으면 큰 아결정립이 생긴다. 아결정립의 형성은 적층결함에너지가 큰 금속에서 가장 쉽게 일어난다. 적층결함 에너지가 작은 금속에서는 제 1기 크리프변형 중 아결정립이 형성되기 보다는 재결정되는 경향이 있고, 아결정립의 입계가 덜 규칙적이고 명확하지 못하다. 그러므로 이러한 아결정립은 전위의 이동을 방해하는 장벽으로서의 효과가 적다.

3) 입계 미끄럼

입계 미끄럼은 이웃하는 두 결정립자가 공유하는 입계면을 따라 입계와 평행한 방향으로 서로 미끄러짐으로써 만들어지는 매우 불균일한 전단변형이다. 여기에서 경계면을 통한 전단응력은 가한 응력에 기인한다. 이러한 형태의 변형은 낮은 응력과 고온에서만 중요하게 된다. 온도가 증가할수록 변형속도가 감소할수록 입계 미끄럼과정이 잘 일어난다.

전체 변형에 대한 입계 미끄러짐의 기여도는 결정립 크기가 작아질수록 증가한다. 왜냐하면 입도가 작아질수록 단위 부피당 입계 면적이 커지기 때문이다. 일반적으로 입자내의 전위이동은 입계 미끄러짐을 수반한다. 이것은 대부분의 입자가 불규칙한 형태를 갖기 때문이고, 또한 입계 미끄러짐이 일어날 때 조직에 커다란 기공(Void)이 생기지 않게 하기 위해서는 전위이동을 통하여 입자가 변형되어야만 하기 때문이다. 입계 미끄럼에 의한 변형은 금속과 시험조건에 따라 다르지만, 총 변형의 30% 정도가 보통이다 (수% 에서 80% 까지 이르는 경우도 있다).

총 입계 미끄럼 거리와 총 변형률 사이에는 비례관계가 있고, 총 변형률은 결정립 내의 슬립에 의한 변형률과 입계 미끄럼에 의한 변형률의 합과 같으므로 미끄럼 거리와 총 변형률 사이의 긴밀한 관계로부터, 결정학적 슬립과 입계 미끄럼 사이에는 밀접한 관계가 있음을 알 수 있다. 입계 미끄럼으로 입계파괴가 일어날 수 있다. 이러한 입계균열이 발생하지 않고 입계미끄럼이 일어나려면 3개의 결정립이 만나는 꼭지점에서 주름(Fold)이 형성되는 것이다.

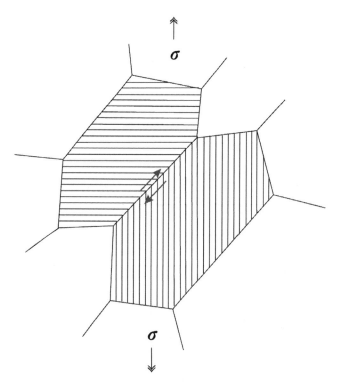

[그림 II-25] 입계 미끄럼 형상

또 다른 방법은 입계이동이다. 입계이동이란 전단응력 하에서 입계가 입계 자신에 수직방향으로 이동하여 변형집중이 제거되는 과정이다. 고온 크리프 변형중 생기는 꾸불꾸불한 입계는 불균일한 입계변형과 입계이동에 의해 생긴 것이다. 이 꾸불꾸불한 입계로 인하여 고온에서 입계미끄럼의 기여도가 줄어들 것이다.

4) 공공의 확산(방향성 확산 크리프 변형)

응력경사에서 원자공공의 확산이 우선 방향으로 일어날 수 있는 가능성도 있다. 예를 들면, 1축응력하에서 응력축에 수직인 입계는 원자공공의 발생원으로 작용하고 응력축에 평행한 입계는 공공의 흡수처로 작용한다. 이러한 방법으로 공공이 충분히 확산하기 쉬운 온도에서 작용응력의 방향으로 결정립의 연신이 늘어날 것이다. 그러나 이 과정의 정량적인 해석에 의하면 융점 근처의 온도와 극히 작은 응력에서만 이 과정을 측정할 수 있을 정도이므로 실질적으로는 무시할 수 있다. 이 과정이 입계미끄럼 및 입계이동과 관계가 있다.

융해온도의 약 0.8배 보다 높은 고온(0.8 Tm 이상)과 전위 이동을 위한 임계값보다 낮은 응력에서 결정은 공공(Vacancy)의 방향성 확산에 의하여 변형이 가능하다. 공공이 한쪽 방향으로 이동해가는 것은 원자가 반대방향으로 이동하는 것과 같다고 할 때 이에 따라 거시적인 변형을 일으킬 수 있다. 이 과정에 대한 구동력(Driving Force)은 가한 응력이 일을 하여 변형이 일어남으로써 계의 전반적인 에너지를 감소시키도록 하는 것이다. 공공은 공공 근원(vacancy Source)과 공공 침하(Vacancy Sink, 다결정질의 경우 입계, 단결정에서는 자유표면) 사이를 이동한다.

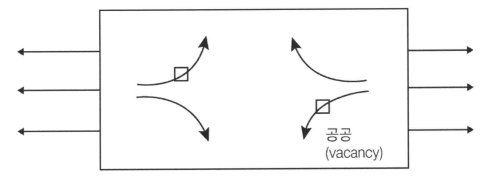

[그림 II-26] 공공의 확산

4.3.3. 크리프 저항재료

일반적으로 금속의 융점이 높을수록 크리프 저항이 증가한다. 이는 주어진 온도에서 자기확산속도가 느리기 때문이다. 전위가 장애물을 피하는 중요한 방법이 전위의 교차슬립이기 때문에 교차슬립이 일어나기 어려운 금속이 큰 크리프 저항을 갖는다. 적층 결함에너지가 작으면 확장분해전위가 생겨 교차슬립이 어렵게 된다. 따라서 적층 결함에너지가 작은 금속이 큰 크리프 저항을 갖는다. 고용합금원소를 첨가하는 것이 적층 결함에너지를 감소시키는 가장 효과적인 방법이다. 고용합금원소를 첨가하여 강도가 증가하는 기구는 다음과 같다.

- 적층 결함에 용질의 편석(Suzuki 효과)
- 용질원자와 움직이고 있는 전위의 탄성작용으로 인한 Peierls-Nabarro 응력의 증가
- 공공과 전위조그의 작용
- 입계에 용질이 편석하여 입계미끄럼과 입계이동에 영향을 미침
- 고용원소 첨가 외에 석출물, 분산상의 분산

크리프 현상은 두가지 형태로 일어날수있다. 하나는 소성변형이 시간에 대해 대수적으로 변하는 저온 크리프, 혹은 대수적 크리프고, 다른 하나는 소성변형이 초기 과도단계를 지난 후에는 시간에 대해 선형적으로 변하는 고온 크리프 혹은 정상상태 크리프다. 저온 크리프는 대개 0.5 Tm 이하의 온도에서 일어나며, 고온 크리프는 그 온도 이상에서 일어난다.

4.4. 추가 공부 사항

4.4.1. 강종별 Creep에 따른 사용 제한 온도

⑤ 파괴

5.1. 문제 유형

- 용접구조물이 사용중 취성파괴된 것으로 판명되었다. 파단면의 특징에 대하여 설명하시오.

5.2. 기출 문제

- 108회 3교시 : 강 용접구조물이 파단사고가 일어난 경우, 그 원인을 규명하기 위하여 파단면 검사를 한다. 아래의 파괴형태에 대한 파단면의 미세(micro)특징을 쓰고 설명하시오.
  가) 취성 파괴   나) 연성파괴   다) 피로파괴
- 89회 1교시 : 용접구조물의 파괴시험 후 마이크로 관찰(Micrography)에 의한 취성 파괴의 특징에 대하여 설명하시오.
- 83회 2교시 : 용접 열영향부는 종종 취성파괴를 초래하기 때문에 인성개선을 위한 많은 연구가 수행되었다. 열영향부의 인성을 개선하는 기구 또는 방법에 대하여 설명하시오
- 81회 1교시 : 용접시험편의 파괴시험 수행 후 연성(Ductility) 파면의 특징을 설명하시오.

5.3. 문제 풀이

5.3.1. 파괴

금속에서 파괴란 하나였던 금속재료가 불연속면을 형성하여 분리되는 현상이다. 궁극적으로는 원자간 결합이 단절되어 일어나는 현상으로 파단면은 동시에 형성되지 않고, 매우 복합하게 형성된다. 다결정체인 금속재료에서는 거시적 형태로 구분하여 취성파괴와 연성파괴로 나누어진다.

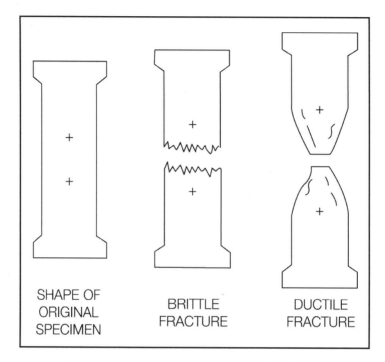

[그림 II-27] 시험편의 연성파괴, 취성파괴 형상

연성파괴는 파괴가 될 때까지 소성변형이 크고, 파괴 전에 국부적인 단면 수축이 생겨 그 위치에서 파단되며, 취성파괴는 단면 수축이 전혀 없이 돌연 파괴되면서 분리된다.

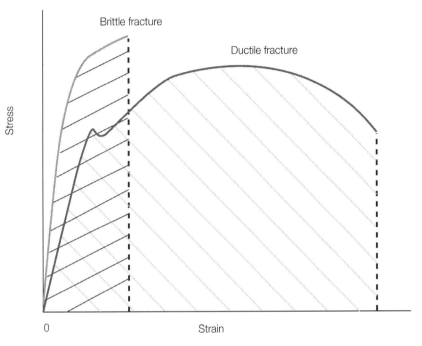

[그림 II-28] 응력-변형률 도표에서의 연성파괴와 취성파괴

5.3.2. 연성파괴

연성파괴는 실온에서 정적 하중을 가하면 소성변형을 일으킨 후 파단 하는 것이다. 연성파괴는 균열의 성장에 소성변형에너지를 필요로 하므로 외력의 증가가 요구된다. 따라서 연성은 급속한 파괴방식인 취성파괴 보다 안전하다고 할 수 있다. 연성파괴의 단계별로 나누면 다음과 같다.

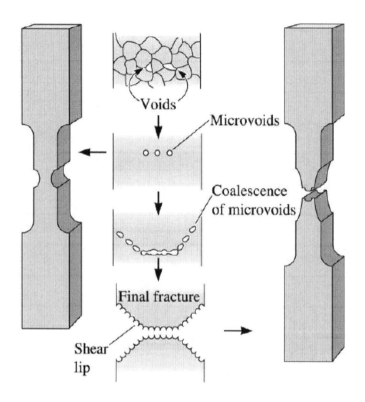

[그림 II-29] 인장시편의 연성파괴 형태

그림 II-29은 연성파괴의 특성을 가지는 금속시편에 인장응력을 가하는 경우 초기 넥킹(Necking)과 국부수축으로 인한 기공이 형성되고, 이들 기공이 성장, 합체하여 균열이 형성되는 단계에 이른다. 이어 균열이 증식하여 인장축과 45° 이루는 방향에서 표면으로 전파하여 최종 파단에 이르게 모습을 보여주고 있다.

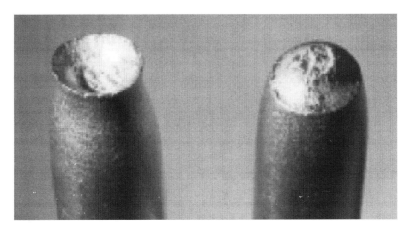

[그림 Ⅱ-30] 알루미늄, 연성파괴: 거시적 관찰

거시적 관점에서 연성파괴에 의하여 생기는 연성파면의 특징은 Shear Lip이 생기고, Cup and Cone 모양의 파괴가 발생한다. 또한 미시적 관점에서 연성파면의 특징적 모양은 딤플(Dimple)이라 할 수 있다.

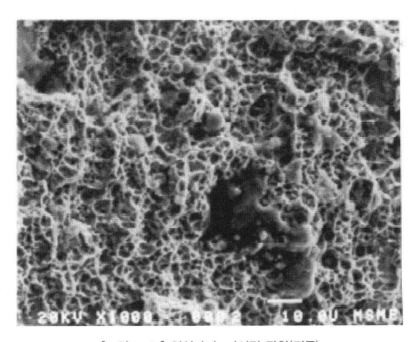

[그림 Ⅱ-31] 연성파괴: 미시적 관찰(딤플)

딤플의 크기는 소성변형량과 비례한다. 따라서 연성이 높을수록 딤플의 크기가 크지만 일반적으로 딤플의 크기는 균일하지 않고 크고 작은 딤플이 함께 존재하는 경우가 많다. 이는 커다란 개재물(Inclusions), 석출물(Precipitation), 제2상입자(Particles) 등을 핵으로 하는 기공(Void) 사이에 작은 기공이 있고, 상기에서 설명한 바와 같이 이들 기공들이 각자 성장하고 서로 연결되어 최종 파단에 도달하기 때문인 것으로 설명할 수 있다.

따라서 개재물, 석출물, 제2상입자 등의 평균간격이 작을수록 기공의 합체가 용이하므로 결국 작은 딤플이 차지하는 면적율이 클수록 연성, 인성은 저하하게 된다고 표현할 수 있다.

또한 딤플의 깊이가 시험온도의 저하와 함께 감소하는 것으로 재료의 연성이 재료의 깊이와도 관련이 있음을 알 수 있다.

5.3.3. 취성파괴

취성파괴에 의하여 생기는 파단면의 특징은 파단면 부근에서 소성변형이 거의 없고 파단면이 인장응력에 작용하는 방향과 수직이라는 것이다.

[그림 II-32] Mild Steel, 취성파괴: 거시적 관찰

또한 파면에서 갈매기(Chevron) 모양의 무늬를 관찰할 수 있고, 파괴의 시작 부근에서는 파면이 비교적 매끄럽고 마지막 파면은 거칠다.

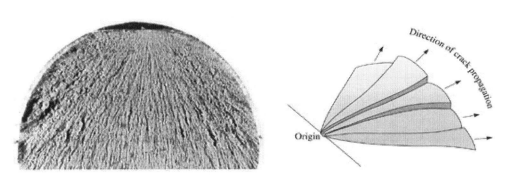

[그림 II-33] 취성파면에서의 Chevron Pattern

취성파괴된 재료의 단면은 일정면을 따라서 파괴되는 벽개파괴와 취약한 입계를 따라서 파괴되는 입계파괴가 있다.

1) 벽개 파괴(Cleavage Fracture)
특정의 결정면(벽개면)에 수직인 인장응력의 작용 때문에 벽개면에서 분리파괴가 일어나며 벽개면은 입상(Granular)으로 광택이 있고 인장응력방향에 수직이다.

2) 입계파괴(Integranular Fracture)
일례로 고온에서 장기간 부하되어 석출물등에 의해 입계가 취화된 경우 벽개파면대신 결정입계를 따라 성장하여 파괴된다.

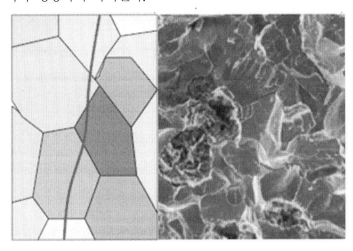

[그림 II-34] 벽개파면: 미시적 관찰

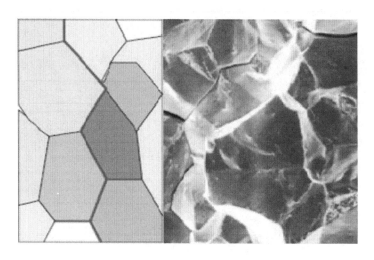

[그림 II-35] 입계파면: 미시적 관찰

　　취성파괴는 재료 내부의 특성에 기인하는 것과 사용시 하중이나 분위기 조건과 같은 외적 요인에 의하여 발생할 수 있다. 내부요인으로는 결정립크기, 석출강화나 결정학적인 취화요건과 같은 예를 들 수 있다. 외적요인은 사용시의 하중이나 분위기 조건 등이 있다. 특히, 다축 응력 상태, 낮은 온도, 높은 변형 및 응력속도에서 사용되는 부품은 취성파괴의 가능성이 높다.

　　취성파괴의 원인으로는 변형시효 취성, 경화시효 취성, 청열취성, 템퍼취성, 260℃ 취성, 450℃ 취성, 시그마상 취성, 흑연화, 금속간 화합물 취성, 중성자조사 취성, 수소취성, 응력부식균열, 용융금속 취성 등 여러 가지가 있다.

5.4. 추가 공부 사항

5.4.1. 피로파면의 형상과 특성

5.4.2. 부식파면의 형상 및 특성

용접부 피로 설계

6.1. 기출 문제

- 110회 1교시: 저변태 온도 용접재료를 이용한 용접이음부의 피로강도 향상을 위한 용접시공법에 대해 설명하시오.

- 108회 4교시: 강 구조물의 용접부위는 피로파손의 원인이 되는 인자들이 많이 포함된다. 이러한 피로파손을 방지하기 위하여 현장용접 후에 피로강도를 향상시키는 방법 3가지를 쓰고 설명하시오.

- 105회 1교시: 강 용접부의 열피로파괴(Thermal fatigue fracture)에 대하여 설명하시오.

- 104회 4교시: 동일한 소재의 모재로 그림과 같이 용접된 2개((b)와(c))의 용접시험편과 용접 안 된 모재 시험편(a)을 이용하여 피로시험을 하였을 때 얻어지는 응력-수명(S-N) 곡선을 도식적으로 제시하고 서로 다른 이유를 설명하시오.

- 104회 1교시: 용접이음부의 피로 및 크리프 강도 향상 방법에 대하여 설명하시오.

- 98회 3교시: 강구조물 용접부에서의 피로파손 원인과 대책을 설명하시오.

- 98회 3교시: 피로시험법에서 저사이클 피로시험과 고사이클 피로시험의 특성에 대하여 설명하시오.

- 98회 3교시: TMCP 강재 용접부에서 연화현상이 무엇인지, 그리고 이러한 연화현상이 실제 대형철구조물의 설계 기준인 인장강도와 피로강도에 미치는 영향을 설명하시오.

- 96회 4교시: 반복하중을 받는 용접이음의 강도 즉 ①피로강도에 영향을 주는 인자를 나열하고, ②맞대기 이음용접에서 덧붙이(Reinforcement) 각도(높이)가 피로강도에 미치는 영향에 대해서 설명하시오.

6.2. 문제 풀이

6.2.1. 피로의 일반적 특성

- 피로파괴는 반복 하중을 받는 재료에서 일어나며, 대부분의 기기나 구조물은 본질적으로 반복하중을 받는 경우가 많기 때문에 대부분의 파손은 직/간접적으로 피로 파괴에 기인함
- 반복되는 응력진폭이 정적 파괴응력보다 훨씬 낮은 값 또는 탄성한계 이하에서도 파괴를 유발 시킬 수 있음
- 반복하중이 비교적 작으면 연성재료라도 파괴가 될때까지 거시적인 소성변형이 나타나지 않는 경우가 많음
- 피로파괴시 까지의 하중 반복수와 하중진폭은 일정한 관계식이 성립됨
- 철강류에서는 특정 하중진폭 이하에서 무한히 되풀이 하여도 재료가 파괴하지 않는 한계가 존재하는데, 이를 피로한도라 함
- 피로에 의한 파단면에는 피로 특유의 거시적, 미시적 특정이 있음
- 피로파단면의 특징으로부터 파괴 원인, 파괴 발생위치, 부하 하중의 크기 등을 개략적으로 추정할 수 있음
- 반복하중에서는 재료표면의 슬립면에서 돌출하거나, 슬립면을 따라 들어간 부분 등이 관찰됨(일정방향 응력시험에서는 이 현상이 관찰되지 않음)

6.2.2. 저주기(Low Cycle Fatigue)와 고주기 피로(High Cycle Fatigue)

강재의 피로 강도를 확인하기 위해 가장 많이 사용하는 방법이 피로시험을 다음의 그림과 같이 S-N 선도로 정리하는 것이다. S-N은 Stress(응력)-Number of Cycle(주기)의 의미로, 세로축에 피로응력을 대표하는 응력진폭이나 응력범위를 가로축에는 피로 주기로 두고 피로시험 값을 정리하게 된다.

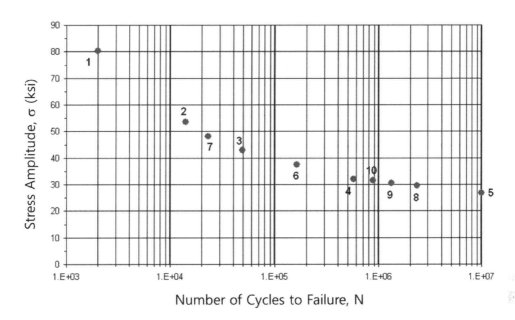

[그림 II-36] 강재의 S-N 선도

피로시험에서 시험편이 어느 정도 주기에서 파손되었냐에 따라 고주기 피로와 저주기 피로로 구분할 수 있다. 그림 II-36의 S-N 선도와 같이 피로응력이 높아지면 피로파단까지의 주기수는 감소하고, 역으로 피로응력이 낮아지면 피로파단까지의 주기수는 증가하게 된다. 고주기 피로는 10^5주기, 즉 10만 주기 이상에서 파단이 일어나는 것인데, 피로응력이 항복응력보다 훨씬 낮기 때문에 전체적으로는 탄성변형이 일어나는데, 국부적으로 소성변형이 일어날 수 있다. 하지만 소성변형이 작아 균열발생이 어려워 피로 수명은 균열발생에 의해 주로 지배를 받는다. 산업에서 볼수 있는 고주기 피로는 항공기 동체나 펌프와 같이 지속적으로 빠른 반복주기로 진동하는 부분에서 걸리는 파손으로 탄성 영역의 낮은 응력이 작용하므로 통상 고강도 재료가 유리하다.

저주기 피로는 10^4주기, 즉 1만 주기 이하에서 파단이 일어나는 것으로 피로응력이 항복응력을 넘는 영역에 해당하는 경우가 많아 소성변형이 크게 일어난다. 따라서 저주기 피로를 소성피로라고 하는 경우도 있다. 피로응력이 항복응력을 넘고 있으므로 S-N곡선의 경사가 매우 완만하여, 응력진폭이 약간만 변해도 수명이 크게 바뀐다. 소성변형이 크기 때문에 피로균열은 매우 빠른 시기에 발생한다. 그래서 피로수명은 균열진전 기간에 의해 지배된다. 산업에서 볼수 있는 저주기 피로는 항공기 엔진의 열적인 응력 변화, 교반기, 발전설비의 고온용 부품과 같이 가동상의 열응력 변화 혹은 비교적 느린 반복주기의 반복하중이 걸리는 부분에 작용한다. 저주기 피로는 통상 고강도 재료보다는 고연성 재료가 파손 방지에 유리하다.

6.2.3. 피로수명과 피로한도

1) 피로수명

피로수명은 다음과 같이 나눌 수 있다.
- 균열생성 수명 : 피로응력이 국부적인 영역에 집중돼 균열이 생성
- 균열성장 수명 : 생성된 균열이 안정된 상태에서 진전함
- 최종파단 수명 : 단일 하중에 의해 급격한 파손 일어남

상기에서 최종파단 수명은 잔존단면이 하중을 지탱하지 못하여 파단하는 단계로, 불완전 파괴에 의해 아주 짧은 시간에 발생하기 때문에 전체 피로수명에 비해 아주 작다. 그래서 피로수명은 균열생성 수명 + 균열성장 수명이라고 정의할 수 있다.

피로에서 균열생성은 매우 국부적으로 일어나기 때문에 피로수명은 재료의 비균질성에 영향을 받는데, 균열발생에 영향을 미치는 인자가 많기 때문에 피로시험시 피로수명의 산포도가 크다. 반면 균열성장에 영향을 미치는 인자는 기하학적 형상이나 부하하중 조건 정도로 많지 않아 피로수명의 산포도가 크지 않다. 균열성장은 저주기 피로에서 중요한 고려 요소 이다.

2) 피로한도(Fatigue Limit)

다음 S-N 선도에서 위쪽에 있는 선이 철강류(Typical Steel)인데, 10^7주기가 넘어가면 피로응력 또는 피로강도가 한점에 수렴하는 것을 알 수 있다. 즉, 이지점 이하의 피로응력에서 주기가 무한해도 피로파괴가 생기지 않는다. 이렇게 무한히 응력을 반복해도 파단하지 않는 응력진폭의 최대치를 피로한도(Fatigue Limit) 또는 내구한도(Endurance Limit)라고 한다.

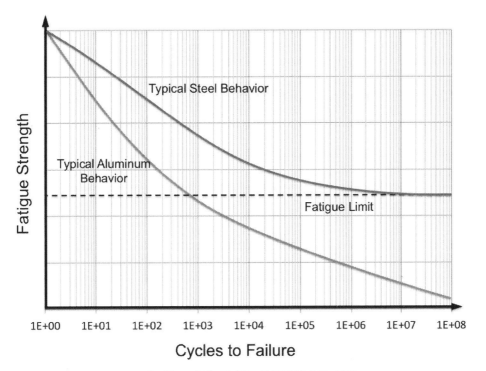

[그림 II-37] 철계와 비철계의 S-N 선도

철강류는 $10^6 \sim 10^7$ 주기에서 피로한도가 나타나는데, 알루미늄(Aluminium)과 같은 비철재료에서는 그림 II-37의 아래쪽과 같이 피로한도가 나타나지 않고, 주기가 반복될수록 피로강도는 떨어지게 된다. 그래서 5×10^8 주기에서의 피로강도를 피로한도로 정하고 설계를 하게 된다.

6.2.4. 피로수명 영향 인자

1) 금속학적 영향

재료에 용접을 하게 되면 용접금속과 열영향부가 형성되는데, 이들은 모재 대비 조직적으로 불균질하기 때문에 일종의 국부적인 응력집중부가 형성된다고 생각할 수 있다. 특히 열영향부의 경우 경도변화도 급격한 경우가 많기 때문에 더욱 취약하다.

2) 표면상태

일반적으로 재료의 표면은 변형하기 쉬운 자유상태가 되어 있는 경우가 많아 피로하중을 받으면 재료표면에서 먼저 소성변형에 의한 균열이 발생하는 경우가 많다. 그렇기 때문이 표면의 상태에 따라 피로수명에 큰 영향을 주게 되는데, 가령 표면에 불연속부가 있으면 노치 작용에 의해 응력 집중부가 형성되고 피로강도가 떨어지게 된다. 결과적으로 표면 불연속부가 없고, 표면거칠기가 작으면 피로강도가 좋아진다고 할 수 있다.

표면의 잔류응력 상태로 피로강도에 영향을 미치는데, 인장잔류 응력이 있으면 피로강도를 떨어뜨리고, 압축잔류 응력이 있으면 피로강도를 향상 시키게 된다.

3) 하중 형식

하중 형식은 축하중(인장·압축), 굽힘하중, 비틀림 응력을 의미한다. 굽힘하중의 피한도를 기준으로 축하중 피로한도는 80%, 비틀림 피로한도는 60% 정도를 나타낸다.

4) 치수

일반적으로 강재의 치수가 크면 응력 기울기의 영향과 조직, 가공도, 잔류응력 등의 차이가 발생하기 때문에 치수가 작은 강재 대비 피로강도가 저하한다. 따라서 소형 시험편에 의한 피로강도 데이터를 사용하여 실제 치수가 큰 부품을 설계하면 위험 가능성이 있으므로 실제 설계시에는 이 치수효과를 고려해야 한다.

5) 분위기

피로시험은 일반적으로 공기중에서 실시하는데, 사용되는 구조물은 다양한 환경에 노출될 수 있다. 특히 부식환경에 노출시 피로강도가 크게 저하할 수 있는데, 부식성 분위기에서는 기계적, 화학적 작용이 동시에 일어나면서 복잡한 현상이 벌어진다. 강재가 부식 환경에 노출되면 피로강도가 떨어질 뿐만 아니라 피로한도가 존재하는 재질도 피로한도가 존재하지 않는 유한 수명 관계가 된다.

6) 온도

통상 온도가 낮아지면 소성변형이 어려워져 피로강도가 높아지고, 온도가 높아지면 소성변형이 쉬워 피로강도가 낮아진다.

6.2.5. 피로강도 향상 방안

1) 설계

- 진동 및 공명이 발생하는 위치는 되도록 피함
- 급격한 두께 변화가 있는 곳에는 가급적 이음부 설계를 하지 말 것
- 급격한 두께 변화가 있는 곳에 이음부 설계를 해야한다면, 테이퍼를 줘서 두께 변화를 완만하게 해줘야 함

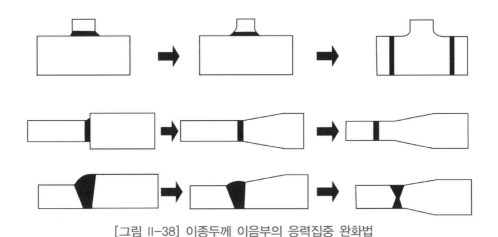

[그림 II-38] 이종두께 이음부의 응력집중 완화법

2) 시공

- 모재와 용가재, 용접공정을 바르게 선택해서 충분한 용접품질을 확보해야 함
- 본용접전 그루브 형상과 표면 준비를 철지히 함
- 작업자의 숙련도를 사전에 검정함

3) 후처리(용접비드 선단의 기하학적 형상 개선)

- 토우(Toe) 그라인딩으로 슬래그, 언더컷 등의 용접비드 선단의 결함을 제거하고, 동시에 형상 완화에 따른 응력집중 축소
- GTAW을 이용해 토우부를 재용융시켜 토우 선단의 결함제거 및 형상 개선
- 특수용접을 이용해 용접 시공시 비드형상을 요구사항대로 구현

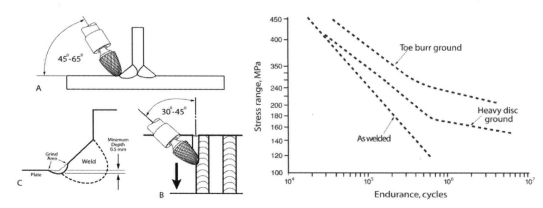

[그림 II-39] 토우 그라인딩과 피로강도 향상

4) 후처리(잔류응력 개선)

- 피닝으로 용접부 표면에 압축잔류응력 부여하고, 적절한 작업시 비드 선단의 기하학적 형상 개선도 가능
- PWHT로 잔류 응력 제거

6.3. 추가 공부 사항

6.3.1. 피로파면의 형상과 특성

6.3.2. 저주기 피로시험법

파괴시험

7.1. 문제 유형

- 재료의 인성에 대하여 설명하고 현업에서 대표적으로 이용되고 있는 파괴시험에 대하여 서술하시오.

7.2. 기출 문제

- 107회 3교시 : 용접부의 저온균열 시험방법 대하여 열거하고 설명하시오.
- 105회 1교시 : 강 용접부의 모서리 및 T형 용접부에서 발생하는 라멜라 티어 (Lamella Tear)의 시험방법에 대해 설명하시오.
- 96회 3교시 : 겹침 저항용접부의 시험시 현장에서 설비 등의 이유로 정식시험을 실시하기 어려운 경우에 쉽게 실시할 수 있는 파괴시험방법의 종류를 제시하고 그 방법을 설명하시오.
- 84회 1교시 : Charpy충격시험에 의해 구할 수 있는 천이온도의 정의와, 천이온도를 결정하는 일반적인 2가지 방법을 설명하시오.

7.3. 문제 풀이

재료의 인성은 중요한 기계적 특성이다. 재료의 인성은 파괴를 일으키는데 필요한 단위체적당 일의 척도로서 인장시험에서 구해진 응력-변형률 곡선의 면적으로부터 구할 수 있다.

인성이 높은 물질은 비교적 높은 강도와 연성을 가지며 응력-변형률 곡선이 최대 면적을 가진다. 일례로 강도가 가장 큰 물질이 파괴를 일으키는데 필요한 에너지, 즉 파괴에 가장 강한 것은 아니다. 강도값만 크고 연성이 작은 재료는 응력-변형률 곡선의 면적이 적어 인성이 작다라고 할수있다. 이러한 이유로 다이아몬드는 극강의 파괴응력을 가지고 있으나, 망치로 치면 쉽게 부서짐을 설명할수 있다. 아래 그림 II-40에 이 관계를 도식화 시켜 놓았다.

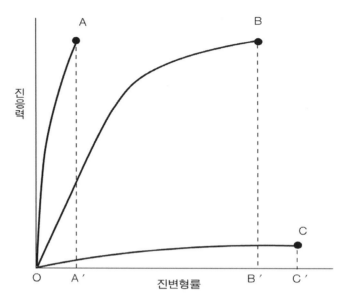

[그림 II-40] 응력-변형률곡선에서의 인성을 결정하는 방법

- A, B, C 재료의 인성은 각각 면적 OAA', OBB', OCC'이라고 할 수 있다.
- A, C는 인성이 낮고, B는 인성이 높다.

모든 구조물은 여러 가지 종류의 결함(개재물, 균열 등)을 가지고 있는데, 설계과정에서 생기는 뾰족한 모서리나 단면과 같은 것도 있고, 용접시 발생한 결함과 같이 우발적으로 생긴 것도 있으며, 국부적인 부식에 의하여 발생한 것도 있다. 이러한 모든 결함들은 구조물이 응력을 받게 될 경우 응력을 집중시키는 역할을 하기 때문에 정상적인 항복강도 이하의 응력을 가하더라도 재료가 파괴에 이르게 하는 원인이 된다.

그림 II-41은 노치-인성 재료와 노치-취성 재료에서 균열의 존재가 인장파괴강도에 미치는 영향을 보여주고 있다. 노치-인성 재료에서의 균열은 하중지지면적을 감소시키는 것 이외에는 별다른 영향을 주지는 않고 있어, 하중지지능력은 별로 감소시키지 않고 있다. 그러나 취약한 재료에서는 균열이 커짐에 따라 하중지지능력이 급격히 감소하고 있다. 이러한 하중지지능력을 파괴강도라고 하며, 재료에 따라 균열과 같은 결함이 파괴강도에 미치는 영향을 도시하고 있다.

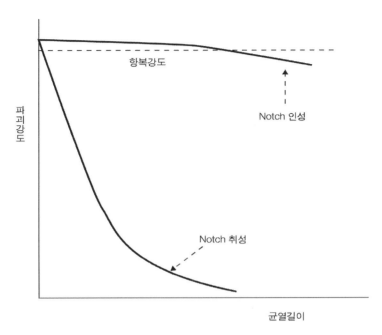

[그림 II-41] 파괴강도에 대한 균열과 같은 결함 크기의 영향

인성은 진응력-진변형률 곡선의 면적으로 정의되며, 균열 선단부에서의 응력과 변형을 계산하거나 측정하기가 쉽지 않기 때문에 균열이 있는 재료의 파괴특성을 예측하는 데에는 효과적이지 않다.

인성을 측정하는데는 2가지 방법이 있다. 하나는 길이가 다른 균열이 있는 시편들의 파괴강도를 각각 측정하여 위 그림과 같이 도식하고 파괴강도와 균열과의 관계를 통하여 구하는 방법으로, 파괴강도가 균열길이의 제곱근에 반비례하는 결과로부터 파괴인성이라고 하는 매개변수를 도입한다. 다른 하나는 노치가 있는 표준크기의 시편을 부러뜨리는데 사용되는 에너지의 양을 측정하는 것이다.

샤르피(Charpy) 충격시험에서는 그림 II-42와 같이 해머(Hammer)로 노치가 있는 시편을 쳐서 시편을 파괴하는데 필요한 에너지를 기록한다.

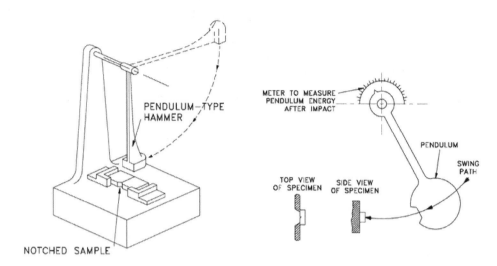

[그림 II-42] 샤르피(Charpy) 충격시험

충격에너지 값이 작으면 파괴인성이 낮고, 노치에 매우 민감하다는 것을 알게 해준다.
온도에 따른 충격에너지의 변화 형태는 그림 II-43과 같다.

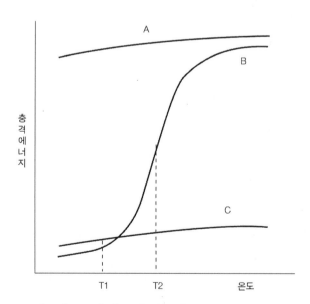

[그림 II-43] 온도에 따른 충격에너지의 변화

대부분의 강도가 낮고 연성이 좋은 면심입방구조(FCC)의 금속은 모든 온도에 걸쳐 인성이 높다. 이에 비해 상온에서 강도가 상대적으로 높은 체심입방구조(BCC)금속은 온도가 상승함에 따라 취약상태에서 질긴 상태로 천이현상을 나타낸다. 이러한 재료는 높은 온도에서는 질긴 성질이 있으나, 온도가 낮아지면 취약하게 된다.

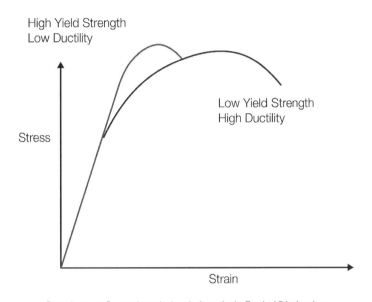

[그림 II-44] 고강도강과 저강도강의 충격시험치 비교

천이온도는 그림 II-43에서 충격에너지 최대값과 최소값 차이의 1/2인 T_2점을 말한다. 이러한 천이온도는 파괴안전설계에서 매우 중요한 요소이다. 재료가 사용되는 최저온도가 천이온도보다 높으면 취성파괴는 문제가 되지 않으나, 재료가 사용되는 온도가 천이온도보다 낮게 되면 인성이 매우 낮아서 균열이 있으면 파괴강도가 항복강도 이하일 수 있고, 사용중 파괴가 일어날 수 있다. 일례로 고온에서 가동중인 터빈 로터가 추운 겨울날 갑작스럽게 정지하면서 파괴된 사례가 있다.

7.4. 추가 공부 사항

- 샤르피 충격시험법과 아이조드 충격시험법

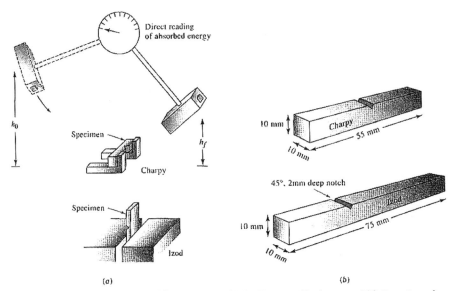

The impact test: (a) the Charpy and Izod tests, and (b) dimensions of typical specimens.

[그림 II-45] 비교: 샤르피충격시험법과 아이조드 충격시험법

8 파괴인성 평가

8.1. 문제 유형

- 현업간 적용하고 있는 금속재료에서 K_{IC} 값을 정확하게 측정하지 못하는 이유를 설명하고, 대용으로 사용할 수 있는 파괴인성 평가법을 설명하시오.

8.2. 기출 문제

- 110회 4교시 : 다층 용접 열영향부의 CTOD(Crack Tip Opening Displacement) 파괴인성 향상방안을 강재 제조 측면에서 설명하시오.
- 105회 3교시 : 강 용접부에서 노치인성(Notch toughness)에 대한 개선방법을 2가지 설명하시오.
- 87회 : Stress Intensity Factor인 K값이 유효한 값이 될 수 있는 기본적인 세가지 조건을 열거하고, 현대의 구조용강에서는 소형 시험편으로 정확한 K_{IC}값을 측정할 수 없는 이유를 설명하시오.
- 84회 : 파괴인성 값인 K_C와 K_{IC}의 차이를 설명하시오.
- 84회 : 용접부의 인성을 평가하는 방법은 크게 파괴역학에 기본을 두는 방법과 그렇지 않은 방법으로 분류할 수 있다. 샤르피(Charpy) 충격시험, DWTT 시험, NRL 낙중시험, CTOD시험의 4가지 시험방법 중 파괴역학 개념에 근거하는 시험방법을 택하고, 특징을 설명하시오.

8.3. 문제 풀이

8.3.1. 파괴인성

실제로 금속은 내부에 전위가 있으므로 완전한 결정의 이론적인 전단강도보다 훨씬 낮은 응력에서 소성변형이 발생할 수 있다.

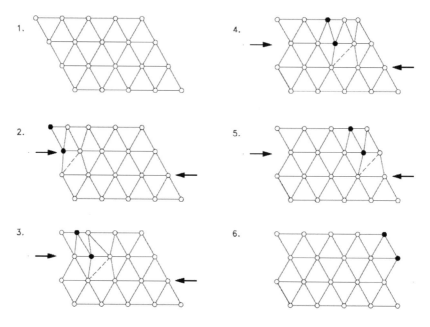

[그림 II-46] 전위의 이동: 슬립(Slip)

　슬립(Slip)과 같이 실제적인 파괴강도가 이론값에 비해 훨씬 낮다는 사실은 결정 내에 결함이 틀림없이 존재한다는 것을 명백히 해준다. 이러한 결함은 미세기공, 노치, 균열 등의 원인이 될 수 있다.

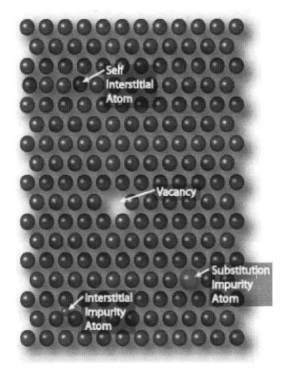

[그림 Ⅱ-47] 점결함(Point Defect)

이와 같이 모든 재료에는 고유의 미세한 균열이 존재한다는 가정하에 파괴는 이를 기점으로 발생하며, 파괴발생은 균열성장에 의해 해방되는 탄성변형에너지와 파면형성에 소요되는 표면에너지의 대소관계에 의해 결정된다.(Griffith 이론)

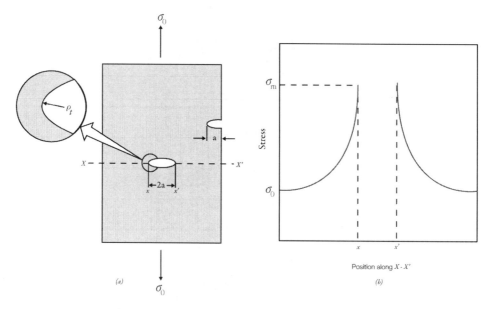

[그림 II-48] 개구부가 있는 시편에서의 응력분포

그림 II-48은 균열이 존재하는 탄성체에 응력이 가해지면 균열선단에 큰 응력집중이 발생함을 보여주고 있다.

선형탄성학(Liner-Elastic Fracture Mechanism)에 의해 균열선단으로부터의 거리 r 에서의 응력분포를 표현하면 아래와 같다.

- $\sigma_y = \dfrac{K}{\sqrt{2\pi r}}$

여기서, K는 균열선단 근처의 응력분포 세기를 좌우하는 파괴역학 매개변수로서 응력확대계수라고 한다.(K는 부하응력, 균열체, 균열형상/크기에 영향을 받는다.)

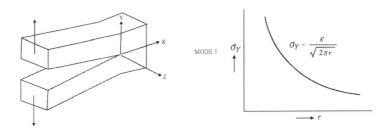

[그림 II-49] 균열선단에서의 응력분포: 균열개구형(Mode I)

여기에서 응력확대계수(K)의 임계값을 파괴인성(K$_c$)라고 하고 응력확대계수(K)가 파괴인성(K$_c$)보다 같거나 클 때 파괴가 일어난다고 할 수 있다. 따라서 파괴인성(K$_c$)란 균열전파에 대한 재료의 저항력을 의미한다고 할 수 있다.

응력확대계수 측면에서의 파괴인성치는 그림 II-50과 같이 두께가 두꺼울수록 평면변형률 상태, 즉 균열선단에서의 소성영역이 작아져 K$_c$가 감소하다가 일정한 수렴값을 가진다. 일정하게 수렴된 K$_c$값을 평면변형률 파괴인성 K$_{1c}$ 또는 파괴인성치라고 한다.

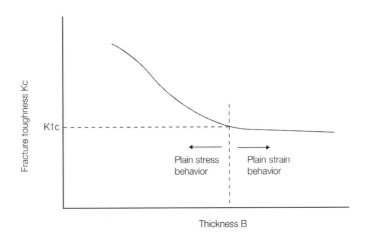

[그림 II-50] 시험편 두께에 따른 응력확대계수의 변화

8.3.2. 파괴인성 시험

일례로 ASTM E1820 시험 방법은 피로 예비균열을 갖고 있는 시험편에 하중을 가하면서 측정된 하중 − 노치 열림 변위 곡선에서 초기 선형부의 기울기를 2%(또는 보다 작게) 편향시켜, 곡선과 만나는 점에서 균열 진전에 상응하는 하중값을 구하고, 특정 유효성 조건이 만족한다면 이 하중으로부터 평면변형률 파괴인성 K_{1C}값을 계산할 수 있다.

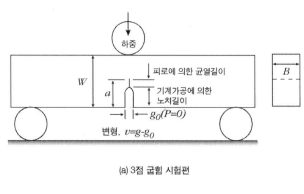

(a) 3점 굽힘 시험편

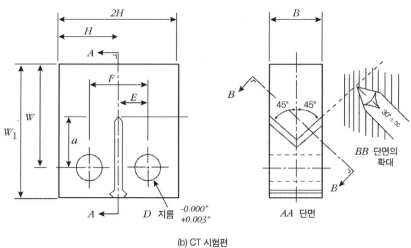

(b) CT 시험편

[그림 II−51] 표준 파괴인성 시험편

구하여진 평면 변형률 파괴인성 K_{1c}는 균열 선단 근처의 응력 상태가 평면 변형률 상태이고, 소성 변형이 제한적일 때, 표준 규격에 따라 측정된 균열 진전에 대한 저항을 나타내는 측정량이다. K_{1c}는 시험온도 및 환경 하에서의 파괴인성 값 중 하한값을 나타내는 것으로 알려져 있다.

반복 또는 유지하중은 K_{1c}보다 낮은 K_c값에서 균열 진전을 유발시킬 수도 있다. 반복 또는 유지 하중 하에서의 균열 진전은 온도와 환경에 영향을 받으며, K_{1c}값을 사용요소의 설계에 적용할 때에는 실험 조건과 사용 조건 사이의 차이를 고려하여야 한다

8.3.3. 평면 변형률 파괴인성(K_{1c}) 사용의 한계

파괴를 어떻게 정의하느냐에 따라 다양하다. 적당한 파괴기준을 선택하는 주요한 문제는 균열 선단에서의 소성변형이다. 이 균열 선단에서의 소성변형은 균열 선단에서 국부적인 응력집중으로부터 발생하며, 이는 응력집중계수로 설명되고 있다.

파괴의 형상은 항복 발생 전에 파괴가 발생하는 경우와 파괴 전에 항복이 발생하여 소성변형 후 파괴되는 경우로 나눌 수 있다.

K_{1c} 를 설명하는 데 이용되는 선형 파괴역학은 균열 선단에서 소성 변형이 구조물의 탄성 응력에 무시할 만한 영향이 존재한다고 생각한다. 이는 균열 크기와 구조물의 크기에 비하여 매우 작은 소성 변형 영역이 존재함을 의미한다. 이러한 선형 탄성 파괴역학은 취성재료로 구성된 대규모 구조물에 대부분 적용할수 있다. 즉, 항복이 발생하기 전에 파괴한다. 그러나 많은 구조 재료는 항복 전에 파괴가 발생하지 않아 이러한 선형 탄성 파괴역학으로 구해진 파괴인성 값을 사용하기에는 무리가 있다. 그리고 균열선단의 소성영역이 무시할 만큼 적으려면 그 시편은 상상이상으로 매우 두꺼워야 하며 나아가 이에 상응하는 대용량의 인장응력을 가할 수 있는 시험장비 및 설비들이 요구된다. 이러한 사유로 현대 구조재료에서 소형 시험편으로 정확한 K_{1c}값을 구하는 것은 현실적으로 불가능하다 할수 있다.

이러한 사유로 새롭게 도입된 시험방법이 CTOD 방법(Crack Tip Opening Displacement) 및 J-Integral 방법 등 탄소성 파괴인성 시험법이다. CTOD 시험법은 파괴 전에 발생하는 피로균열 선단의 열림 즉 소성 변형량을 측정, 분석함으로써 이루어진다. 세부 시험법은 ASTM E1290을 따른다.

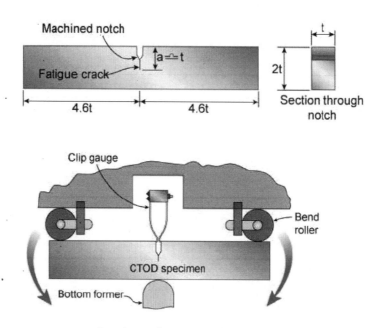

[그림 II-52] CTOD 시험법 개략도

CTOD 시험법은 운전온도 또는 여러 특정 요구 온도 영역(MDMT등)에서 피로균열 선단(Crack tip)에 소성변형이 진행되어 벽개파괴(Cleavage)에 이르도록 굽힘(Bending)을·진행한다. 특히 최저운전온도에서 시험하여 구하여진 CTOD수치가 0.1~0.2mm 이내인 경우 적절한 파괴인성을 가지고 있는 것으로 평가할 수 있다.

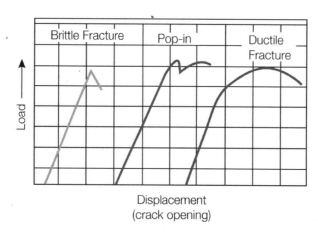

[그림 II-53] CTOD 시험법 샘플

J-Integral 역시 K_c 및 CTOD와 같이 시험편 크기의 영향을 받는다. 그러나 J-Integral은 일반적으로 선탄성 파괴인성인 K_{IC} 시험편보다 20배 작은 소형 시험편으로부터 측정이 가능하다. J-Integral은 균열이 있는 구조재의 항복으로부터 유한요소법으로 계산 되며, 균열 진전에 필수적인 균열 선단에서의 변형으로 특성 되어 진다.

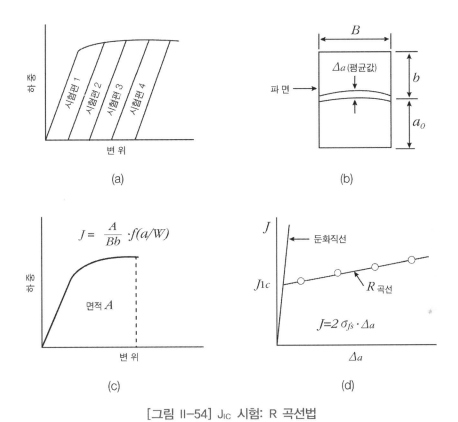

[그림 II-54] J_{IC} 시험: R 곡선법

그림 II-54는 J_{IC} 시험에서 R 곡선법에 의한 방법을 설명한 것으로 아래의 순서에 따라 시험을 수행한다.

① 복수의 소형시험편에 예비 피로균열을 발생시킨 후 일정변위까지 부하를 준 후 부하를 제거한다.

② 파면에 설치된 COD게이지로부터 그 측정치를 환산하여 균열진전량 Δa를 측정한다.

③ $J-\Delta a$ 곡선으로부터 R곡선을 구하고 이곡선과 균열의 둔화직선의 교점으로부터 J_{In}

을 결정한다.

④ 시험편의 치수조건이 만족되는 경우 $J_{IC} = J_{In}$ 이다.

J-integral은 균열 진전에 필요한 탄소성 변형일을 측정하는 것으로 연성재료의 파괴 평가에 유용하게 적용할 수 있다.

8.4. 추가 공부 사항

- ASTM 기준에 따른 각종 시험법
  - ASTM E399: Plane-Strain Fracture Toughness
  - ASTM E1290: CTOD Fracture Toughness Test
  - ASTM E208: Drop Weight Test

III

용접 야금

1 Fe-Fe₃C 평형상태도 이해

1.1. 문제 유형

- Fe-Fe₃C 평형상태도를 설명하고 아공석강과 과공석강의 용융 냉각시의 조직의 차이를 설명하시오.

1.2. 기출 문제

- 107회 1교시 : 고장력강에는 베이나이트(Bainite) 조직이 있으나, Fe-Fe₃C 평형상태도에서는 베이나이트(Bainite)가 없다. 그 이유와 베이나이트(Bainite) 생성 과정을 설명하시오.
- 104회 1교시 : Fe-C 평형상태도에서 공정반응과 공석반응의 반응식과 온도 및 탄소함량을 설명하시오.
- 96회 1교시 : Fe-C(Fe₃C) 상태도를 온도와 화학성분 및 상을 포함하여 그리시오.

1.3. 문제 풀이

평형 상태도는 서로 평형 상태에 있는 상의 관계를 나타낸 도형이다. 2원계 평형상태도는 압력, 온도, 조성에 따라 평형 상이 결정되므로 평형 상태도는 압력을 1기압, 상수로 놓고 세로축은 온도, 가로축은 조성을 나타낸다.

탄소강에는 많은 원소가 있으나 강의 성질에 크게 영향을 주는 것은 탄소(C)이며, 탄소(C)는 시멘타이트(Fe₃C)의 형태로 존재하므로, 탄소강의 평형 상태도는 Fe-Fe₃C 준안정 평형상태도를 다룬다.

1.3.1. Fe-Fe₃C의 준안정평형 상태도

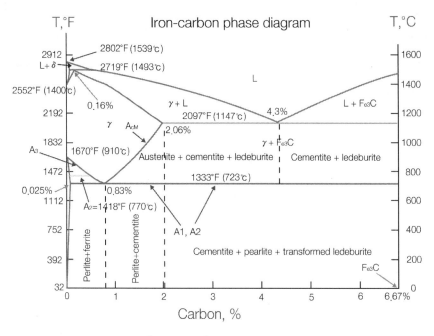

[그림 III-1] Fe-C 상태도

1.3.2. Fe-Fe₃C 상태도의 주요 변태선과 반응

1) 변태선의 종류

- A_0 : 210℃이며, 시멘타이트(Fe_3C)의 자기 변태점이다.
- A_1 : 723℃이며 공석반응이 발생하는 선으로 공석선으로도 부른다.
- A_2 : 768℃ 순철의 자기변태점이다.
- A_3 : 아공석강 910~723℃영역이며 α 고용체의 초기선이다.
- Acm : 과공석강 723~1130℃이며 시멘타이트의 초기선이다.

2) 주요 반응

- 포정 반응 : L(액상) + δ → γ, 포정점은 1490℃, 탄소(C) 0.18% 임
- 공정 반응 : L(액상) → γ + Fe_3C, 포정점은 1130℃, 탄소(C) 4.3% 임
- 공석 반응 : γ(고상) → α + Fe_3C, 공석점은 723℃, 탄소(C) 0.8% 임.

탄소강의 공석 반응에서는 α상(페라이트)과 Fe₃C(시멘타이트)가 층상으로 성장하여 펄라이트가 생성된다. 펄라이트는 시멘타이트의 우수한 강도 특성과 페라이트의 좋은 연성의 성질을 갖고 있어 산업계에서 많이 사용되는 탄소강의 가장 중요한 상이다.

1.3.3. 아공석강과 과공석강

공석 반응은 탄소(C) 0.8% 점에서 발생한다. 즉 탄소(C) 0.8% 인 강을 공석강이라고 하며 반응후 조직은 100% 펄라이트가 생성된다. 탄소(C) 0.8% 이하의 강은 아공석강, 탄소(C) 0.8% 이상의 강은 과공석강으로 부르며, 공석강과 다른 조직을 갖는다.

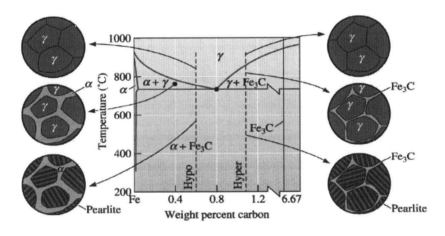

[그림 Ⅲ-2] 아공석강 및 과공석강의 용융 응고 조직 비교

1) 공석강

공석조성(C 0.8%)의 강을 γ영역에서 냉각하면 723℃에서 γ가 공석반응에 의해 전체가 펄라이트로 변태한다. 펄라이트의 생성은 페라이트와 시멘타이트 상의 끝에서 탄소(C)가 페라이트상에서 시멘타이트 상으로 이동하여 생성된다. 이때 공석반응에 의해 탄소(C) 6.67% 의 시멘타이트와 탄소(C) 0.025% 의 페라이트가 생성된다. 공석반응은 과냉 정도에 따라 탄소(C)의 확산 속도가 낮아져 펄라이트의 조직이 미세해 진다.

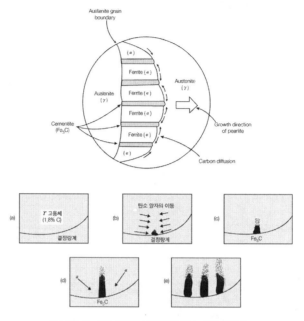

[그림 III-3] 펄라이트조직의 생성형상

2) 아공석강

아공석 조성(C 0.8% 이하)의 강을 A₃ 변태선 이상에서 냉각하면 A₃ 변태선의 온도부터 입계에서 초기 페라이트가 석출하여 성장하고 이때 페라이트의 조성은 페라이트 선을 따라 변하며, γ의 조성은 A₃ 변태선을 따라 변한다. 723℃에서 γ의 조성은 공석 조성(C 0.8%)이 되어 남은 γ상은 공석 반응에 의해 펄라이트로 변태한다. 생성된 조직의 형상은 초기 오스테나이트 입계에 입계 페라이트가 있고 내부에 펄라이트가 있는 형상이다.

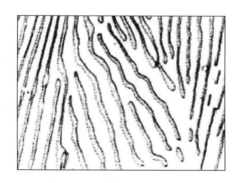

[그림 III-4] 펄라이트조직

3) 과공석강

과공석 조성(C 0.8% 이상)의 강을 A_{CM} 변태선 이상에서 냉각하면 A_{CM} 변태선의 온도부터 입계에서 초기 시멘타이트가 석출하여 성장하고 이때 시멘타이트의 조성은 6.7% 이며, γ의 조성은 A_{CM} 변태선을 따라 변한다. 723℃에서 γ의 조성은 공석 조성(C 0.8%)이 되어 남은 γ상은 공석 반응에 의해 펄라이트로 변태한다. 생성된 조직의 형상은 초기 오스테나이트 입계에 시멘타이트가 있고 내부에 펄라이트가 있는 형상이다. 취성(Brittle)의 시멘타이트가 입계에 형성됨에 따라 과공석강의 응고조직은 매우 Brittle한 특성을 갖는다.

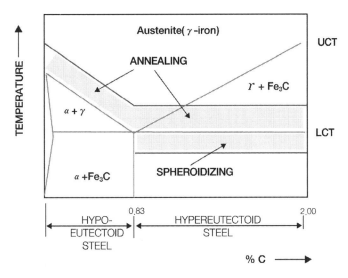

[그림 Ⅲ-5] 과공석강의 어닐링과 구상화

아공석강의 조직에 비해 과공석강의 조직은 초기 오스테나이트 입계에 시멘타이트가 형성되어 매우 Brittle하기 때문에 구조용 강으로 잘 사용하지 않는다. 이런 Brittle한 과공석강에 인성을 부여하기 위해 구상화 열처리를 실시하여 입계에 형성된 시멘타이트를 미세한 구상으로 만드는 구상화 열처리를 실시하여 재질의 성질을 향상시키기도 한다.

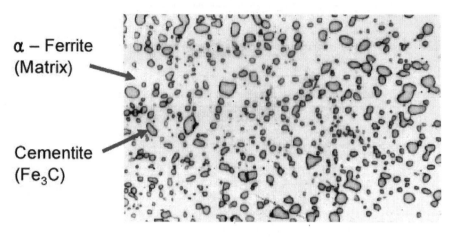

[그림 III-6] 구상화 시멘타이트

1.4. 추가 공부 사항

- Annealing, Normalizing, Tempering
- 어닐링(Anneling), 노말라이징(Normalizing), 템퍼링(Tempering),
  구상화(Spheroidizing) 적용온도

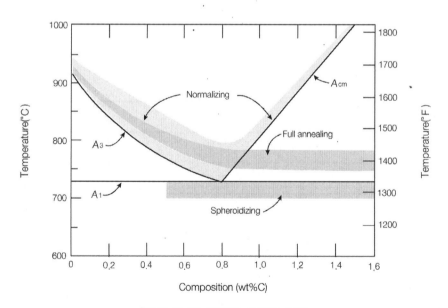

[그림 III-7] 열처리 온도의 구분

2 **용접부 응고와 성장**

2.1. 문제 유형

- 용접부 응고시 나타나는 야금학적 현상들에 대해 이해하고 설명하시오.

2.2. 기출 문제

- 105회 4교시 : 용융용접시 용접금속의 응고과정에서 편석(Segregation)이 발생할 수 있다. 이러한 현상을 매크로(Macro) 및 마이크로(Micro) 로 구분하여 금속학적으로 설명하시오.

- 102회 3교시 : 용융용접(Fusion welding) 시 용접금속의 결정성장(Grain growth)에 대하여 설명하시오.

- 89회 1교시 : 주조(Casting)와 용접(Fusion Welding)과의 차이점에 대하여 설명하시오.

- 75회 3교시 : 용접부(Weld Metal or Fusion Zone) 응고에서의 Epitaxial 성장과 경쟁성장(Competitive Growth) 대하여 설명하시오.

- 75회 4교시 : 용융부에서 성장속도(Growth Rate)와 온도구배(Temperature Gradient) 변화에 따른 미세조직(Subgrain Structure) 변화를 논하시오.

2.3. 문제 풀이

2.3.1. 용접부 결정립 미세화

용접부의 결정립이 미세화되면 용접부 입계의 P, S와 같은 저융점 개재물의 농도가 감소에 의한 고온 균열 저항성이 증가하고, 결정립자 미세화 효과에 의한 인성 및 강도가 향상된다. 용접부의 결정립을 미세화하기 위해서는 두가지 조건을 만족하여야 한다. 첫째 용접속도와 입열량을 조절하여 조성적 과냉을 크게 유지하여야 하며, 둘째 접종등의 방법으로 외부에서 핵의 공급이 필요하다.

조성적 과냉과 외부 핵생성의 결정립 제어 방법에 의한 결정립 미세화 방법에 대해 알아보도록 하겠다.

2.3.2. 조성적 과냉정도에 따른 응고조직의 변화

조성적 과냉 정도에 따른 응고조직의 형상은 그림 III-8과 같이 나타난다. 액상에서의 과냉 정도가 증가함에 따라 고액계면에서 먼 액상에서 고상이 더욱 쉽게 형성된다. 즉 조성적 과냉이 클수록 고/액 계면에서 응고 모드는 평면(Planar) → 셀(Cellular) → 주상 수지상정(Columnar Dendrite) → 등축 수지상정(Equiaxed Dendrite)으로 변하게 된다.

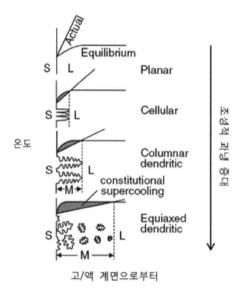

[그림 III-8] 조성적 과냉 정도에 따른 응고조직의 형상 변화

조성적 과냉이 발생하는 현상은 다음과 같이 기술할 수 있다. 균일한 조성의 액상이 응고 하더라도 응고 후에는 균일한 조성의 고상을 얻기 어렵다. 즉, 그림 III-9와 같이 C_0 조성의 액상이 냉각시 온도 T_L에서 C_0보다 작은 kC_0 조성의 고상이 응고한다.

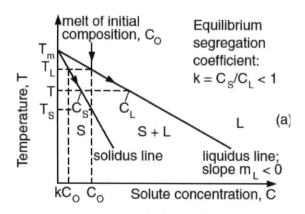

[그림 III-9] 상태도에서의 평형편석계수(k)

고상과 액상의 용질의 농도차에 의해 응고시 고상에서 배출된 용질 원자는 그림 III-10 과 같이 고액 계면의 액상에 농축된다.

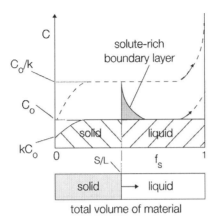

[그림 Ⅲ-10] 고액계면의 용질원자의 농도

그림 III-10의 고액 계면 액상쪽의 용질원자의 농도 변화를 그림 III-11(a)와 같이 그려 보았다. (a)의 용질의 농도변화에 따라 액체쪽의 평형 응고 온도는 그림(b)와 같이 고액 계면에서 멀어질수록 높아진다. 고액경계면에서 용질의 조성에 의한 과냉이 발행할 조건은 조성에 의한 평형응고 온도 곡선의 접선(그림(c)의 선 a)의 기울기가 실제온도 기울기(그림(C)의 선 b) 보다 큰 경우이다. 정리하면 아래 식과 같다.

$$G < \frac{\Delta T}{D_L / R}$$

G: Temperature Gradient(실제온도 기울기, 선b)

R: Growth Rate(응고속도)

D_L: 액상에서 용질의 확산 계수

ΔT와 D_L은 물질의 고유값이므로 용접시 조절가능한 변수인 G(입열량, 예열)와 R(용접속도)로 표시하면 아래 식과 같이 표시할 수 있다.

$$\frac{G}{R} < \frac{\Delta T}{D_L}$$

즉 입열량(G)이 크고 용접속도가 빠른 경우 조성적 과냉이 커져 용접부에 등축 수지상정이 형성되며 이에 따라 용접부의 입자의 크기가 작아져 응고균열에 저항성을 갖고 인성이 좋은 용접 조직을 얻을 수 있다.

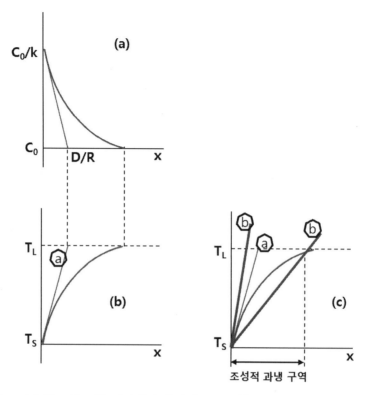

[그림 III-11] 응고시 고액 계면에서 용질의 조성 변황에 의한 조성적 과냉 형성

용접후 응고시 초기에는 온도 기울기(G)가 크고 응고말기 즉 중심부로 갈수록 온도 기울기(G)가 작아져 중심부의 조성적 과냉도가 커진다. 이에 따라 용접부의 응고조직은 그림 III-12와 같은 경향성을 갖는다.

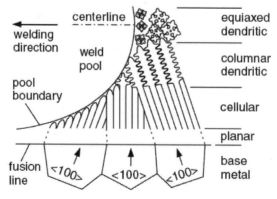

[그림 III-12] 응고 부위에 따른 조성적 과냉의 변화와 이에 따른 응고 모드 변화

2.3.3. 용접부 핵생성 기구

핵생성을 위한 핵의 표면에너지에 따른 핵생성 에너지 장벽으로 인해 일반적인 용접 시(GTAW, SMAW 등) 조성적 과냉에 의해 용접부에 등축 수지상정이 발행하기 어렵다. 액체에 구형의 핵이 생성하기 위해서는 그림 Ⅲ-13과 같이 에너지 장벽이 존재한다.

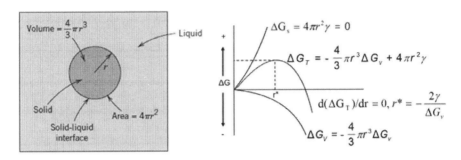

[그림 Ⅲ-13] 핵생을 위해 넘어야할 에너지 장벽

용접부의 중심에 미세한 등축 수지상정이 생성되기 위해서는 핵생성 장벽을 넘기위해 용접부에 인위적으로 핵을 생성시켜야 한다.

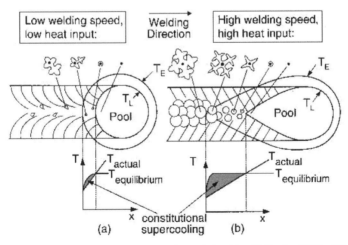

[그림 Ⅲ-14] 조성적 과냉과 외부 핵 주입에 따른 등축 수지상정 생성

용접부의 응고조직이 미세하면 응고 균열에 대한 민감도가 감소하게 된다. 그리고 연성이나 파괴인성과 같은 기계적 성질도 증대되기 때문에 용접부 결정립 미세화를 위해 다양한 방법들이 사용 되고 있으며 생성 기구는 아래와 같다.

1) 수지상정 파편화(Dendrite Fragmentation)

용융부 대류에 의해 고상과 액상의 공존 구역(Mushy Zone)에서 수지상정(Dendrite) 끝단부가 떨어져 나가고, 이 떨어져 나간 부분이 핵의 역할을 한다.

2) 결정립 떨어짐(Grain Detachment)

용융부 대류에 의해 일부 결정립들이 부분적으로 용융되어 떨어져 나와 핵의 역할을 한다.

3) 불균일 핵생성(Heterogeneous Nucleation)

Al이나 Ti과 같은 외부물질을 접종하여 핵을 생성시킨다.

4) 표면 핵생성(Surface Nucleation)

용융부 표면이 냉각 가스나(Cooling Gas)나 입열량의 급격한 감소에 의해 열적 과냉 시 표면 핵생성을 유발한다.

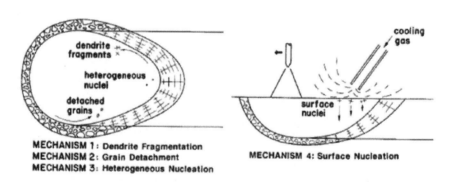

[그림 Ⅲ-15] 용접부 핵생성 기구

용접부 결정립 미세화 기구를 촉진하기 위해서는 용탕을 활발히 유동시켜야 한다. 용탕을 유동시키는 방법은 위해 다양한 방법들이 사용 되고 있다.

5) 용탕 휘젓기(Stirring)

그림 Ⅲ-16과 같이 전극과 평행하게 전자기력을 가해 용융부를 저어 주면 용융부의 온도가 낮아져 불균일 핵생성에 도움을 주게 된다. 접종과 같이 사용하면 결정립 미세화 효과 크다.

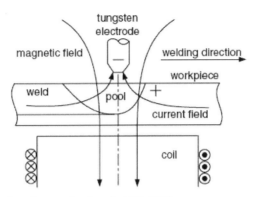

[그림 Ⅲ-16] 아크에 의한 용탕 Stirring

6) 아크 오실레이션(Arc Oscillation)

단일(Single)이나 다중(Multi) 자기 프루브(Magnetic Probe)를 이용해서 아크 기둥 (아크 Column)을 변동(Oscillating) 시키거나 기계적으로 토치를 진동(Vibrating)시켜 아크 오실레이션을 만들어 주게 된다. 결과적으로 아크 오실레이션을 적용하면 수지상 정 파편화(Dendrite Fragmentation)와 용융부 온도 저하에 의한 불균일 핵생성 촉진으 로 결정립 미세화가 일어나게 된다. 저 주파(1Hz이하) 아크 오실레이션을 사용하면 주상 (Columnar) 결정립의 방향이 교차하면서 균열 전파를 어렵게 하는 효과도 있다.

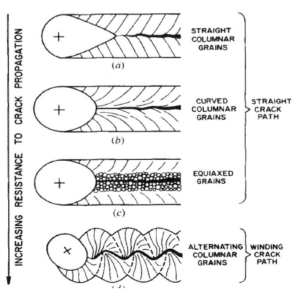

[그림 Ⅲ-17] 아크 오실레이션(Arc Oscillation)

7) 아크 맥동(Arc Pulsation)

아크 맥동은 용접 전류에 맥동(Pulsation)을 주어 저전류 싸이클 때 용융부의 급작스런 온도 강하로 표면 핵생성(Surface Nucleation)과 불균일 핵생성 메커니즘에 의해 결정립이 미세화 된다.

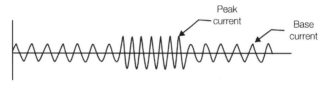

[그림 III-18] AC pulsed 전류

2.4. 실제 용접시 주의 사항

2.4.1. 용접속도에 따른 용접부 조직

그림 III-19와 같이 용접 속도(R)가 낮은 경우 용탕의 형상은 타원형이며, 용접속도(R)가 빨라짐에 따라 꼬리가 길어져 Tear Drop 형상으로 변화한다. 즉 용접 속도가 빠른 경우 용탕의 형상에 따라 용접부 중심의 최종 응고부가 일직선으로 깨끗하게 형성된다. 이 경우 용접부는 용접부 중심에 저융점 개재물의 농도도 높아지며, 응고 균열 발생시 균열의 전파도 용이해 진다.

외부 핵의 주입 없이 조성적 과냉만 큰 경우 즉 용접 속도(R)가 큰 경우는 오히려 용접부 중심의 최종응고부 형상(그림 III-19(a))에 따라 응고균열에 취약한 조직이 형성된다. 실제 용접에서는 생산성 향상등의 영향으로 외부 핵의 주입이 어려우므로 용접속도를 낮게 유지하여 용접부 중심을 불규칙적인 형상(그림 III-19(b))으로 만드는 것이 용접부의 응고균열의 저항성 및 인성을 향상시키는 방법이다.

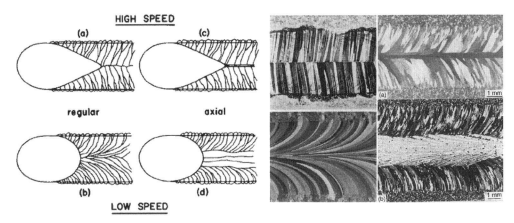

[그림 Ⅲ-19] 용접 속도에 따른 용접 조직 형상

용접부의 특성은 용접부의 조직 형태뿐만이 아니라 재질의 특성, σ상과 같은 금속간 화합물의 형성등을 종합적으로 고려하여 용접 속도 및 입열량등의 용접 변수를 결정하여야 한다.

2.5. 추가 공부해야 할 내용

2.5.1. 등축 성장(Epitaxial Growth)

제살 용융 용접(Autogenous Fusion Welding)에서 용접부가 응고하면 용융 경계(Fusion Line)에서 새로운 결정립이 생성된다. 이 새로운 결정립은 새로운 핵의 생성 없이 미용융 모재의 결정위에서 성장하게 되기 때문에 모재의 결정과 동일한 결정입측으로 성장 한다. 이런 현상을 등축성장(Epitaxial Growth)이라고 한다.

등축성장은 주조에서는 없는 현상으로 주조에서는 핵생성을 위한 에너지 장벽이 존재하지만 제살 용접의 경우 미용융 모재를 용융부가 완전히 적시기(젖음각 θ=0) 때문에 핵생성 장벽이 없다. 즉 핵생성을 위한 큰 과냉이 필요없기 때문에 등축성장은 제살 용접에서 자발적으로 일어나게 된다.

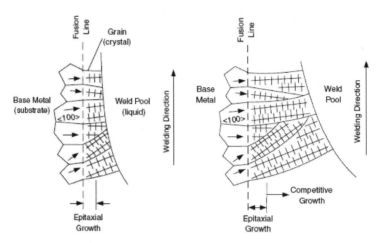

[그림 III-20] 등축 성장(좌)과 경쟁성장(우)

2.5.2. 비등축 성장(Non-Epitaxial Growth)

용가재를 쓰거나 이종 재료 접합과 같이 용접부와 모재의 성분이 다를 경우 용융 경계 (Fusion Line)에서 새로운 결정립이 생성 되어야 한다. 그래서 용접 응고부의 경정립은 모재의 입자 크기와 방향과 무관하게 응고하게 된다.

2.5.3. 경쟁 성장(Competitive Growth)

용접부의 응고시 고상과 액상의 계면에서 결정립들이 열전달 방향과 결정립 방향과의 상관관계에 따라서 계속 성장하기도 하고 성장을 중지하기도 하는 현상을 말한다.

용융부 경계에서 결정립 모양은 등축 성장 등에 의해 지배를 받지만 용접부의 나머지 부분은 경쟁성장에 의해 지배를 받게 된다. 용접부 성장은 온도 구배가 최대인 방향(응고의 구동력이 최대인 방향), 즉 고/액 계면에 수직인 방향으로 성장을 하게 된다. 참고로 결정립들은 각각의 우선 성장 방향(Easy Growth Direction)을 가지고 있다. 체심입방구조(BCC), 면심입방구조(FCC)와 같은 입방정 결정구조에서는 ⟨100⟩ 방향이 우선 성장 방향이고, 조밀육방격자구조(Hexagonal)는 ⟨10$\bar{1}$0⟩방향으로 성장한다. 결과적으로 결정립들은 성장의 우선 성장 방향이 고상과 액상계면의 수직에 가까울수록 경쟁 성장에서 살아 남게 된다.

3 용접부 대류 현상

3.1. 문제 유형

- 용탕에 작용하는 힘의 종류와 영향에 대해 설명 하시오.

3.2. 기출 문제

- 110회 4교시 : GMAW(가스메탈아크용접)용 용접가스로 CO_2 가스를 사용할 때 Ar 가스에 비해 용접전압, 용접금속이행 및 비드 형상이 상이한 이유를 설명하시오.
- 101회 2교시 : GMAW 용접에서 용융금속(용적) 이행형태를 용접재료, 보호가스, 전류 등으로 비교 설명하시오.
- 81회 4교시 : 5G 맞대기 용접에서 아래보기 자세인 12시 방향과 위보기 자세인 6시 방향에서 작업할 때 용탕(Molten Pool)에 작용하는 힘과 그 방향에 대하여 비교 설명하시오.

3.3. 문제 풀이

3.3.1. 용탕 대류 현상의 구동력

용탕에 대류 현상을 일으키는 구동력은 부력, 전자기력, 표면장력, 플라즈마 Jet의 4가지로 구분 할 수 있다. 이 중에서 가장 큰 영향을 미치는 인자는 전자기력(Lorentz Force)으로 F = J × B 로 표현할 수 있다. 여기서 J는 전류 방향으로의 전류 밀도이고, B는 자속(Magnetic Flux) 이다. F, J, B는 서로에 대해 수직 방향이다. 전자기력은 아크의 모양에 영향을 미치기 때문에 용탕의 모양에도 영향을 미치게 된다.

1) 부력(Buoyancy)

용탕의 밀도는 온도와 반비례하게 되는데, 그림 III-21(a)에서 용탕 외곽인 b가 열원이 있는 중심부 a 비해 상대적으로 온도가 낮다. 그렇기 때문에 b 부분의 밀도가 높아 가라 앉고 반대로 a 에서는 밀도가 상대적으로 낮아 떠오르는 힘이 생기게 된다. 이런 힘을 부력이라고 하는데 부력은 전자기력에 비해 미치는 영향은 미미하다.

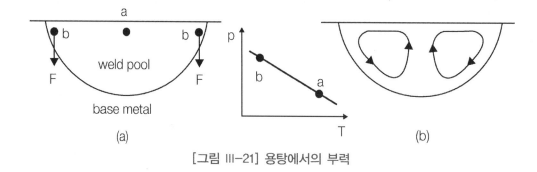

[그림 III-21] 용탕에서의 부력

2) 전자기력(Lorentz Force)

전극과 모재 사이에 전류가 흐르면 이 전류를 따라서 전자기력이 발생 한다. 전자기력은 플레밍의 왼손 법칙으로 그 방향을 알 수 있는데, DCEN을 예로 들면, 아래 그림 III-22(c)와 같이 용접부에서 전극 쪽으로 전류가 흐르기 위해 용융부 중심부로 모이면서 힘이 그림 III-22(d)와 같이 안쪽과 아래쪽으로 작용하며 용탕에 대류를 일으키게 된다. 참고로 전자기력은 용융부 대류에 가장 큰 영향을 미치는 인자 이다.

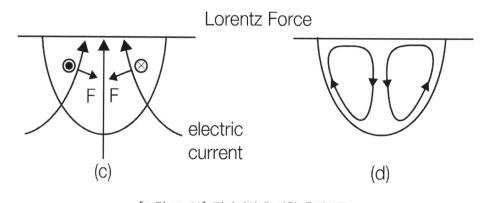

[그림 III-22] 전자기력에 의한 용탕흐름

3) 표면장력(Surface Tension)

액체 분자간 결합력의 영향으로 표면이 스스로 수축하여 되도록 작은 면적을 취하려는 힘의 성질을 말하는 것이다. 액체내면의 분자는 분자 사이의 힘을 모든 방향에서 받고 있으나, 액면에 있는 분자는 액체내면과 표면 쪽으로만 분자간 힘을 받고 있는 형상으로 설명할수있다. 물방울이나 와이어 선단의 용적이 둥글게 되는 원리에 적용하여 설명할 수 있다.

표면 장력은 온도가 높을수록 약해지는데, 아래 그림 Ⅲ-23(e)에서 b가 중심부 a 대비 온도가 낮아 표면 장력이 강하다. 그렇기 때문에 a에서 b 쪽으로 Shear Stress가 발생해서(f)와 같은 형태의 대류가 일어난다. 하지만 S, O, Se와 같은 계면 활성화 원소가 첨가되면 온도에 따른 표면장력의 구배에 변화가 생겨 대류의 방향이 역으로 바뀐다.

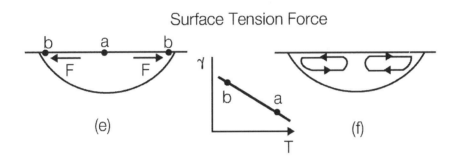

[그림 Ⅲ-23] 표면장력에 의한 용탕흐름

4) 플라즈마 제트(Plasma Jet)

용접시 발생한 플라즈마는 용접부 표면을 따라 외곽쪽으로 고속으로 이동하게 된다. 이 힘에 의해 용접부 중심에서 외곽으로 아크 전단응력(Arc Shear Stress)이 발생하게 된다. 이는 플라즈마의 충돌력이 원인이다.

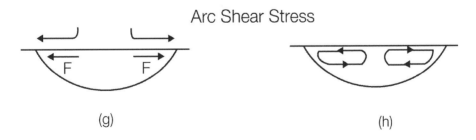

[그림 Ⅲ-24] 플라즈마 제트에 의한 아크 전단응력과 용탕흐름

3.3.2. 대류의 영향

1) 용입(Penetration)

전자기력에 의해 일어나는 대류는 열원으로부터 열을 루트 쪽으로 공급해주는 역할을 하기 때문에 용입이 깊어진다. 하지만 부력과 표면 장력에 의해 일어나는 대류는 방향이 반대이기 때문에 루트 쪽으로 열의 공급이 어려워 용입이 깊지 않게 된다. 만약 표면장력을 저하시킬수 있는 계면활성화 원소(S, O, Se)가 첨가 된다면 깊은 용입을 얻을 수 있다.

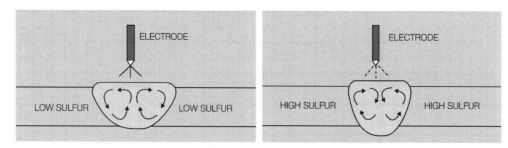

[그림 III-25] 황(Sulfur) 함량에 따른 대류방향

2) 거시편석(Macro segregation)

전자기력과 표면장력은 용융부의 Mixing을 활성화 시켜 거시 편석을 감소 시키지만 용융부 경계에서는 대류가 거의 없기 때문에 편석 발생이 쉽게 된다.

일례로 레이져빔(LBW; Laser Beam Welding) 용접시 용융이 Surface Melting Mode에 의해 일어나기 때문에 용융부의 대류가 표면 장력에 의해서만 일어난다. 이로 인해 Mixing이 나빠지고 편석 발생이 쉽게 된다.

3) 기공(Porosity)

용접부가 액상에서 고상으로 응고하면 가스의 용해도는 감소하게 된다. 이로 인해 금속 내부의 용해한도 이상의 가스(Gas)를 고상에서 액상으로 방출하게 된다. 이때 용융부의 대류 방향에 따라 용접부의 기공의 양이 증가되거나 감소 될 수도 있다. 가령 부력과 표면장력은 대류가 고상 쪽으로 향하기 때문에 용접부 기공 양을 증가 시키는 역할을 하고, 전자기력은 반대로 용접부의 기공의 양을 감소 시키는 역할을 한다. 계면활성화 원소가 들어가는 경우 표면장력도 용접부의 기공량을 감소 시키는 역할을 하게 된다.

3.4. 추가 공부 사항

- 용적에 작용하는 여러 가지 힘

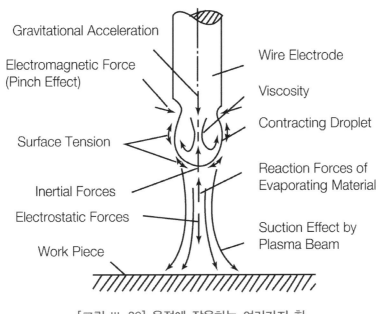

Gravitational Acceleration

Electromagnetic Force
(Pinch Effect)

Wire Electrode

Viscosity

Contracting Droplet

Surface Tension

Reaction Forces of
Evaporating Material

Inertial Forces

Electrostatic Forces

Suction Effect by
Plasma Beam

Work Piece

[그림 Ⅲ-26] 용적에 작용하는 여러가지 힘

4 용접부 조직 특성

4.1. 문제 유형

- 용접열이 조직에 미치는 영향에 대해서 설명 하시오.

4.2. 기출 문제

- 110회 1교시 : 강 용접 열영향부의 흑연화(Graphitization)에 대해 설명하시오.
- 101회 2교시 : 용접 HAZ부의 여러 영역들을 Fe_3C의 평형 상태와 온도 영역별 내부 조직에 따른 명칭을 쓰고 설명하시오.
- 96회 2교시 : 인장강도 360~490MPa 급 일반 노멀라이징(Normalizing)강재와 인장강도 800MPa 이상급 QT(Quenching & 템퍼링) 강재의 용접열영향부의 경도 변화 차이를 그림으로 제시하고, 그 이유를 설명하시오.
- 89회 3교시 : 강 구조물에서 발생하는 용접 열영향부(HAZ)의 기계적 성질에 대하여 설명하시오.
- 84회 1교시 : 고장력강을 비드온 플레이트(Bead-on-Plate) 용접하는 경우, 용접 열영향부(HAZ)를 통상 최고가열온도와 조직학적 특징에 따라 CGHAZ(Coarse-Grain HAZ), SCHAZ(Subcritical HAZ), ICHAZ(Intercritical HAZ), FGHAZ (Fine-Grain HAZ)의 4가지로 세분한다. 이러한 4종류의 열영향부를 최고가열온도가 높은쪽에서 낮은쪽으로 순서대로 배열하시오. 또 이들 중 가장 인성이 나쁜 열영향부를 쓰시오.

4.3. 문제 풀이

4.3.1. 용접부 조직

탄소강 또는 저합금강의 용접부는 용접금속(Weld Metal), 열영향부(Heat Affected Zone, HAZ) 및 열영향을 받지 않은 모재부(Unaffected Base Metal)로 구분 할 수 있다. 용접열에 의해 최고 도달 온도에 의한 야금학적 영향, 열영향부의 범위, 조직적 특성 및 평형상태도는 다음의 4.3.3. 항의 열영향부(HAZ)에서 상세히 설명 예정이다.

4.3.2. 용접금속(Weld Metal)

용접금속은 용접 중 용융 되었다가 응고한 부분으로 모재와는 명확히 구분이 가능하다. 일반적으로 응고 속도가 빠르기 때문에 미세한 수지상(Dendritic) 형태의 주조 조직이 많이 나타나지만 용접부 화학조성이나 냉각속도에 따라 셀(Cellular) 형태를 나타내기도 한다. 결접립 형태가 수지상정(Dendritic)이든 셀(Cellular) 형태이든 용접부는 모재 보다 성분이 불균일하고 편석이 많이 생긴다.

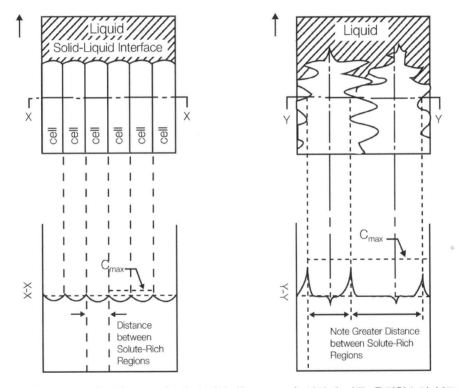

[그림 Ⅲ-27] 셀(Cellular) 및 수지상정(Dendritic) 성장에 따른 용질원소의 분포

4.3.3. 열영향부(HAZ; Heat Affected Zone)

이론적으로 열영향부는 용접열에 의해 상온 이상으로 가열된 모든 부위를 얘기하지만, 실질적으로는 용접열에 의해 모재가 현미경 조직이나 기계적 성질등의 측정 가능한 변화가 관찰되는 부위를 말한다. 즉, As-Rolled 저탄소강의 경우에는 700℃ 이하에서 관

찰되는 변화가 아주 적으므로 700℃ 이상을 열영향부라 할 수 있고, Q/T 강의 경우 31
5℃ 정도에서도 기계적 성질에 영향을 미치므로 315℃까지를 열영향부라 할 수 있다. 극
단적으로 열처리계 알루미늄 합금의 경우 120℃에서도 시효에 의한 영향이 있을 수 있으
므로 120℃에 노출된 부분도 열영향부라고 할 수도 있다.

열영향부는 강종별로 다양하고 복잡한 특성을 나타내는데, 가령 고용강화계(변태강화
가 없을 경우)는 통상 열영향부에서 결정립 조대화 이외에 기계적 성질에 큰 영향을 미
치는 요소가 없지만 가공경화계는 재결정에 의해 석출경화계는 과시효에 의해 열영향부
에서 강도가 떨어지는 현상이 발생할 수 있다.

실제로 열영향부는 영역별로 온도구배가 커서 다양한 조직이 생길 수 있으므로 서로
다른 재질의 열영향부를 하나의 Metallurgy 관점에서 설명하기는 어렵다. 구조용이나
플랜트 건설용 자재로 가장 많이 사용하는 변태강화형 탄소강의 경우 통상 4개의 영역으
로 나눌 수 있는데, 0.15wt% 탄소가 함유된 탄소강을 예를 들어 설명하면 다음과 같다.

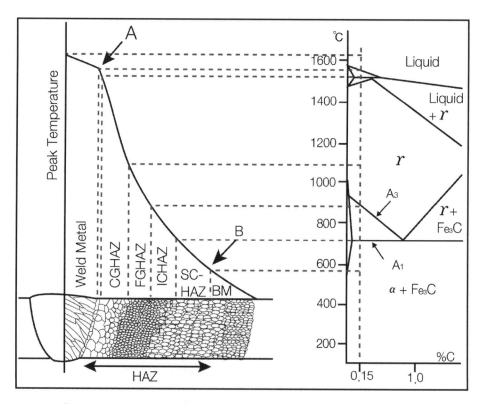

[그림 III-28] Fe-C 상태도와 Peak 노출온도에 따른 열영향부 조직

한 부재에서의 열영향부라도 세부 영역별로 냉각속도 차이가 큰데, 입열량이 일정하면 Peak 온도가 높을수록 냉각속도가 빨라지고, Peak 온도가 일정하면 입열량이 높을수록 냉각 속도는 감소 한다. 그림Ⅲ-28의 A에서 B까지의 기울기를 통해 Single Pass 용접에서 냉각속도 예측이 가능한데, 결정립 조대화 영역의 기울기가 가장 크므로 마르텐사이트 변태 가능성이 제일 높다는 것을 알수 있다.

1) CGHAZ(Coarse Grained Supercritical HAZ)

용융선(Fusion line) 바로 옆 부분으로 열영향부에서 가장 고온에 노출된 부위이다. 고상선 바로 아래 온도인 1,490℃에서 1,100℃ 정도의 온도영역에 노출된 부분으로 일부 델타 페라이트와 오스테나이트가 공존하는 온도 영역도 포함되나 이 영역은 결정립 정도 크기라 관찰은 어렵다. CGHAZ는 대부분의 결정립이 오스테나이트로 변태하고 결정립이 성장한다. CGHAZ는 결정립이 조대하고 빠른 냉각 속도로 열영향부에서 Side Plate Ferrite가 발생하여 열영향부에서 인성이 낮고, 저온균열에 취약하다.

2) FGHAZ(Fine Grained Supercritical HAZ)

CGHAZ 바로 옆 부분으로 A_{c3} 이상부터 1,100℃ 정도까지 노출된 영역이다. 대부분의 조직이 오스테나이트로 변태 되지만 CGHAZ와 다르게 결정립 성장이 없고, 노말라이징 효과로 결정립이 미세화 되어 인성이 증대 된다.

3) ICHAZ(Intercritical HAZ)

A_{c3}와 A_{c1} 사이의 온도에 노출된 구간으로 FGHAZ 바로 옆 부분이다. 이 영역에서는 가열시 일부 조직(특히 C가 많은 펄라이트 부분)이 오스테나이트로 변태하고, 이 오스테나이트가 냉각시 펄라이트와 α 페라이트로 변태하며 일부 결정립이 미세하게 된다.

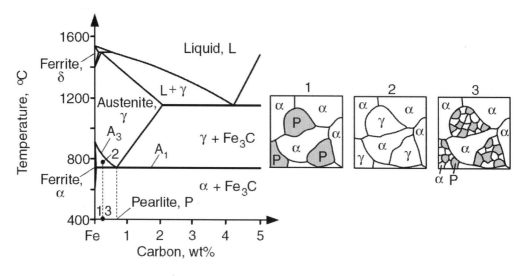

[그림 III-29] 결정립 부분 미세화

4) SCHAZ(Subcritical HAZ)

오스테나이트로 상변태가 일어나지 않아 0.15wt% 탄소강에서는 열영향부로 분류되지 않으나 QT강에서는 과다한 템퍼링 효과에 의해 강도가 낮아 질 수도 있다. 그리고 탄화물의 구상화(강도나 크리프 저항성 떨어짐)가 일어날 수 있는 온도도 포함되나 용접 열 사이클이 아주 짧기 때문에 완전 구상화는 일어나지 않는다.

참고로 탄소함량 0.3wt% 이상이거나 경화도가 높은 저합금강(Low Alloy Steel)은 가열시 열영향부에서 오스테나이트로 변태한 부분은 냉각시 마르텐사이트로 변태하므로 CGHZA등에서 취성이 높은 조직이 형성 된다.

4.4. 추가 공부 사항

4.4.1. 부분용융 영역(PMZ)

PMZ(Partial Melted Zone)는 상태도상에서 일부 델타페라이트 변태와 일부 용융 액상(Liquid)가 형성되는 온도에 노출된 부분으로 PMZ는 1 내지 2 결정립 정도로 아주 좁고, 노출된 온도가 아주 높아 조대 결정립이 형성된다. 가끔 열영향부로 구분하기도 하지만 일부 용융이 발생한 영역이기 때문에 엄밀히 열영향부라고 말하기는 어렵다.

4.4.2. 다층용접부에서의 열영향부

조선이나 중공업, 건설 현장의 경우 구조용 재료의 두께가 수십mm 이상의 후판재가 많이 사용된다. 재료의 두께가 두꺼울 경우 대입열 용접을 통해 Single Pass 용접을 하기도 하지만 다층(Multi-Pass) 용접법이 많이 사용된다. 다층용접부는 선행패스가 후행패스의 영향을 받기 때문에 다중의 열이력에 의해 미세조직이 대단히 복잡해 지게 된다. HT50급 강재의 예를 들면 다음과 같이 4가지로 나눠 설명할 수 있다.

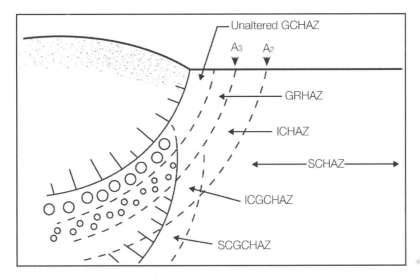

[그림 Ⅲ-30] 다층 용접 열영향부 조직

1) 조립 열영향부

조립영역으로 선행패스에서 1,200℃ 이상으로 가열되고, 후행패스에 의해 300℃ 이하로 가열되어 선행패스에 의해 형성된 미세조직(조립역)이 변화지 않는 영역을 말한다.

2) 세립 열영향부

세립영역으로 Ac₃온도 이상(850~1,000℃)으로 가열되어 HT50급 강에서는 세립의 페라이트, 펄라이트 조직을 나타낸다.

3) 2상 가열 열영향부

2상으로 가열된 부분으로 700~850℃로 HT50급 강에서는 조대한 상부 베이나이트조직을 나타내고, 구(초기) 오스테나이트 입계에 M-A(Martensite-Austenite)가 생성되어 인성이 저하한다. M-A는 도상마르텐사이트라고도 하는데, 탄소농도가 높은 펄라이트부가 우선적으로 오스테나이트로 변태하고, 냉각시에는 그 부분이 마르텐사이트로 변태해서 마르텐사이트가 도상으로 분포하고, Lath 경계에는 미변태 오스테나이트가 잔류하게 된다. 이와 같은 M-A 생성물은 파괴의 기점으로 작용하여 인성을 저하시키게 된다.

4) 조립템퍼링 열영향부

선행 패스에서 조립영역으로 가열된 부분이 후행 패스에서 테퍼링 온도인 700~850℃로 가열된 영역으로 상부 베이나이트와 M-A와 같은 제 2상이 템퍼링 된다.

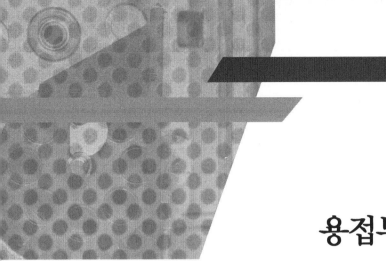

IV

용접부 결함과 변형

1 잔류응력의 영향과 변형

1.1. 문제 유형

- 용접시 발생하는 잔류 응력의 발생 기구와 잔류응력이 용접부에 미치는 영향 및 잔류 응력 제거 방법을 설명하시오.

1.2. 기출 문제

- 110회 4교시 : 철구조물 용접시 발생되는 용접변형의 원인과 종류를 나열하고 용접변형의 방지대책을 설명하시오.
- 108회 3교시 : 용접현장에서 고장력강 후판을 용접하는 경우, 패스온도(inter pass temp.)의 상한을 규제하는 이유에 대하여 설명하시오.
- 99회 2교시 : 용접부에서 용접변형을 교정할 수 있는 방법 4가지를 설명하시오.
- 96회 1교시 : 용접부의 잔류응력을 제거하기 위해 용접 후에 열처리를 실시하는 경우가 있다. 이때 후열처리 온도를 가능한 높게 선정하는 것이 바람직한 이유와 온도 선정에서 주의해야 할 사항을 설명하시오
- 93회 4교시 : 용접부의 잔류 응력(Residual Stress)발생 원인과 잔류 응력 완화 방법을 설명하고 또한 용접 후열처리의 효과를 설명하시오.
- 92회 2교시 : SMAW에서 스테인리스강의 마르텐사이트(Martensite)계, 페라이트(Ferrite)계, 오스테나이트(Austenite)계 및 이종재의 예열, 패스온도(Interpass Tenperature) 및 용접 후열처리(PWHT) 에 대하여 각각 설명하시오.

1.3. 문제 풀이

현업에서 압력용기 제작등 용접 시공시 많은 경우에 용접 후 변형 발생을 경험하게 된다. 용접 후 변형은 용접부의 응고 및 수축에 의해 발생한다. 모재가 구속되어 있는 경우 용접부가 변형될 수 없으므로 최대 항복강도 수준의 잔류 응력이 존재한다. 용접부 잔류 응력은 운전환경과 연계하여 용접부의 응력부식균열(SCC, Stress Corrosion Cracking) 및 부식을 촉진하므로 잔류응력에 대한 정확한 이해와 이를 통한 적절한 용접 Process 의 적용이 중요하다.

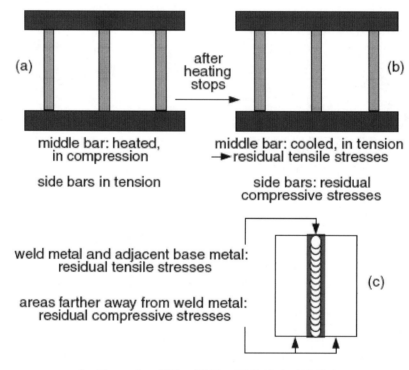

[그림 IV-1] 모형을 이용한 잔류응력의 발생해석

잔류 응력의 발생을 설명하기 위해 그림 IV-1과 같이 구속이 가해진 상태에서의 가열과 냉각을 고려하여 보자. 그림 IV-1(a) 가운데 막대만 가열하면 가운데 막대는 팽창하려고 하지만 위, 아래에 구속되어 있어 팽창이 제한되며 압축응력이 발생한다. 온도가 증가하면 압축응력이 증가하여 재료의 압축항복응력에 이를 때까지 증가한다. 가열 후 냉각시키면 가운데 막대가 수축하려 하지만 수축이 제한되어 인장응력이 작용한다. 온도가 감소할수록 인장응력은 증가하여 재료의 인장 항복응력에 도달할 때까지 증가한다. 즉 냉각 후 상온에서 용접부는 항복응력과 같은 크기의 인장 잔류응력이 존재하게 된다.

1) 상변태시 발생하는 잔류 응력 발생

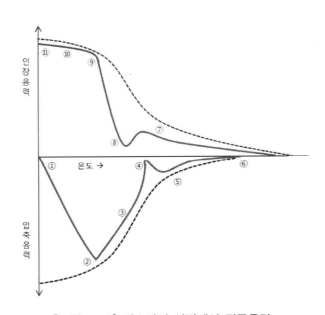

[그림 Ⅳ-2] 탄소강의 상변태시 잔류응력

그림 Ⅳ-2의 가로축은 온도, 세로축은 응력을 지시하며, 점선은 항복 강도를, 실선은 재료에 미치는 응력을 나타낸다.

①~② 구간 : 용접시 입열에 의해 용접부의 온도가 올라가며, 온도 증가에 따라 열팽창량이 증가하므로 이 구간에서는 지속적으로 재료가 받는 압축 응력이 증가한다. 압축 응력은 증가하여 항복강도가 되면 소성변형이 발생하므로 압축응력의 최대값은 항복 강도 이상이 되지 못한다.

②~③~④ 구간 : 온도가 증가함에 따라 항복강도가 감소하므로 압축응력은 온도 증가에 따라 감소한다.

구간 : A1 변태점에 도달하면 α→γ 상으로 변태한다. 이에 따라 체심입방(BCC) 조직이 면심입방(FCC) 조직으로 변경되고 충진율이 68% 에서 74% 로 증가하게 된다. 즉 α →γ로 변태시 수축하게 되고 수축에 따라 압축 응력이 감소한다.

④~⑤ 구간 : γ로 변태 완료 후 온도 증가에 따라 열팽창하게 된다. 열팽창에 따라

압축 응력은 ①~② 구간에서와 같이 항복강도까지 증가한다.

⑤~⑥ 구간 : 온도 증가에 따라 항복강도가 감소하므로 압축응력은 감소하여 융점에 도달하면 금속이 액상으로 변태가 완료되어 응력이 0가 된다.

⑥~⑦ 구간 : 액상에서 고상으로 변태 완료 후 온도 감소에 따라 금속은 수축한다. 수축에 따라 금속에 인장응력이 발생한다. 온도증가에 따라 항복 강도가 증가하므로 인장응력도 증가하게 된다.

⑦~⑧ 구간 : ④~⑤ 구간과 반대로 A1 변태점에 도달하면 γ→α 상으로 변태한다. 이에 따라 FCC 조직이 BCC 조직으로 변태하며 충진율은 74% 에서 68% 로 감소하게 된다. 즉 γ→α로 변태시 팽창하게 되고 팽창에 따라 인장 응력이 감소한다.

⑧~⑨ 구간 : 온도 감소에 따라 수축하게 되며 이에 따라 인장응력은 각 재질의 항복강도까지 증가하게 된다.

⑨~⑩~⑪ 구간 : 온도 감소에 따라 재질은 계속 수축하며, 항복강도는 증가하므로 재질의 인장강도는 증가한다.

⑪ 구간 : 냉각 완료 후 인장응력은 항복강도 수준의 인장응력이 재료에 남게 되며, 냉각 후 남은 응력을 '잔류 응력'이라 부른다.

⑧의 A1 변태점은 가열시와 냉각시에 조금 다르다. 그 이유는 변태는 과냉이 필요하기 때문이다. 이런 이유로 가열시의 변태 온도는 A1 온도 이상이며, 냉각시의 변태 온도는 A1 온도 이하이다.

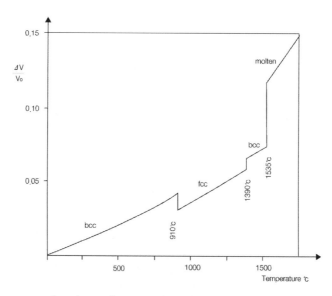

[그림 IV-3] 순철의 변태점에서의 체적변화

2) 실제 용접시 발생하는 잔류 응력

용접 진행 과정시 가열 및 응고 현상에 따른 응력의 변화를 아래 그림을 이용하여 설명한다.

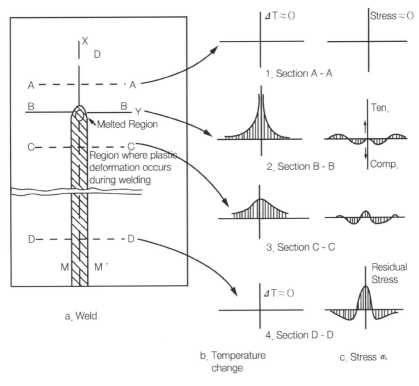

[그림 Ⅳ-4] 가열 및 응고에 따른 응력변화

- Section A − A: 용접전으로 온도가 상온이며 응력이 발생하지 않는다.
- Section B − B: 용접이 진행중인 곳으로, 용접부에 입열이 진행되고 있어 용접부의 온도가 상승하고 있으며, 용접부의 온도는 융점 이상으로 가열되어 액체 상태임. 중심부의 가열에 따른 팽창으로 압축응력을 받고 있으며, 주변은 반대로 인장응력을 받는다. 가운데는 액체 상태이므로 응력 발생이 없다.
- Section C − C: 용접 후 냉각이 진행되고 있는 부분임. 냉각에 따라 중심부는 인장응력을 받고 주변은 반대로 압축응력을 받는다.
- Section D − D: 최종적으로 응고 완료 후 잔류응력은 중심부는 항복 강도 수준의 큰 인장응력을 갖고 있으며 주변은 중앙부 보다 작은 압축응력을 갖는다.

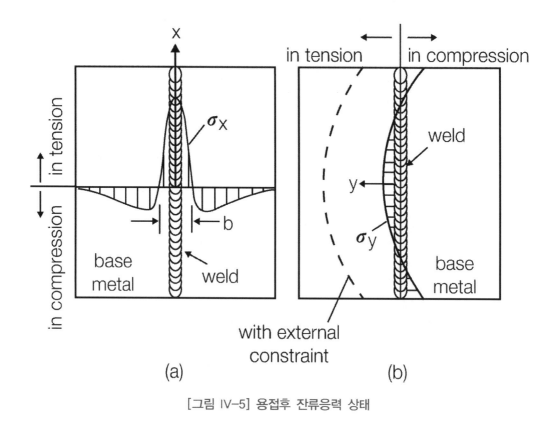

[그림 IV-5] 용접후 잔류응력 상태

용접 후 최종 생성된 잔류 응력의 형태는 위 그림 IV-5와 같다. 그림 IV-5(a)는 용접부의 종 방향으로 생성된 잔류 응력이며, 그림 IV-5(b)는 용접부의 횡 방향으로 형성된 잔류 응력의 형상이다.

3) 잔류 응력이 용접부에 미치는 영향

잔류 응력의 큰 부위는 전위 밀도가 높고, 원자들은 안정한 평형 위치에 있지 못하며 응력에 의해 변형되어 있다. 이것은 에너지 상태가 평형 상태보다 높은 상태이므로 부식 및 균열에 취약하게 된다. 즉 잔류 응력이 클수록 응력부식균열(SCC) 및 부식에 의한 손상이 잘 발생하게 된다.

NACE등 International Standard 및 Code에서 부식 및 SCC 환경에서 사용될 압력용기는 용접 후 잔류 응력을 제거하도록 추천하고 있다.

4) 잔류응력의 제거

잔류 응력 제거 방법으로는 다음의 방법들이 적용되고 있다.

(1) 용접 후열처리(Post Weld Heat Treatment)

일반적으로 절대온도(k)를 기준으로 해당 강종 융점의 30% 정도의 절대 온도로 가열하여 전위가 낮은 에너지 상태로 움직이게 하여 금속 내부에 축적된 잔류 응력을 제거한다.

[그림 Ⅳ-6] 후열처리에 의한 잔류응력 감쇠

(2) 예열(Preheating)

용접부와 주변의 온도차가 작아져, 가열 및 냉각시 온도차에 의한 수축 및 팽창에 의해 발생하는 잔류 응력이 감소한다. 예열시 냉각 속도가 감소하여 금속의 경화능 즉 취성이 감소한다.

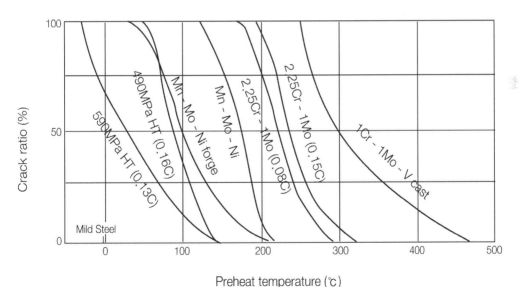

[그림 Ⅳ-7] 강종별 예열온도에 따른 균열발생비율

(3) 피닝(Peening)

- 용접 후 냉각시 수축에 의한 인장 응력이 발생하는데 이때 피닝 망치로 용접부를 두드려 소성변형을 발생시켜 잔류 응력을 제거한다.
- 피닝 작업은 일반적으로 용접이 완료된 후에 용접비드 표면의 슬래그를 제거하기 위한 단순한 치핑햄머(Chipping Hammer) 작업은 포함되지 않는다.

(4) 용접부 설계

용접시 용접부가 최대한 구속되지 않도록 하여 용접후 잔류응력의 발생을 최소화하고 용접부의 급격한 변형을 방지할 수 있다. 또한 용접부 변형에 의해 용접 구조물의 성능에 문제가 있는 경우에는 변형 방향의 반대 방향으로 미리 변형을 준 상태로 용접부를 준비하여 용접 후 원하는 형상을 얻는 방법도 있다.

상기에서 살펴본 바와 같이 용접부는 급열 및 급냉에 의해 잔류 응력이 발생하여 응력 부식(Stress Corrosion Cracking)등에 취약한 부위가 생성될 우려가 높다. 건전한 용접부를 얻기 위해서는 용접 설계, 예열, 용접 후열처리, 피닝(Peening)등의 적절한 방법을 적용하여 잔류 응력을 최대한 낮추어야 한다.

International Standard 및 Code에서는 균열 및 부식에 의한 결함 발생을 방지하기 위해 운전환경(Service Condition), 모재의 두께 및 화학성분 등에 따라 용접 후열처리 및 예열 등을 규정 적용하도록 요구하고 있다.

저온에서 피닝(Peening)적용시 금속의 균열을 유발할 우려가 있어 현업에서는 주철 등의 일부 특수한 경우를 제외하고는 널리 적용하지 않고 있다.

2   **용접 전 열처리(예열, Preheat)**

2.1. 문제 유형

- 예열의 목적과 예열 온도 결정에 영향을 주는 인자에 대해 설명하시오.

2.2. 기출 문제

- 104회 1교시 : 20mm의 동일한 두께를 갖는 인장강도가 350MPa인 연강판과 1500MPa 고장력 강판을 각각 용접하려고 한다. 각각 강판의 예열 필요성을 판단하는 근거와 예열온도 산출 방법에 대하여 설명하시오.
- 101회 1교시 : 용접시 예열(Preheating)의 목적과 방법, 그리고 예열온도 결정방법을 설명하시오.
- 96회 2교시 : 탄소강재의 용접시 예열온도 결정에 영향을 미치는 인자를 제시하고, 각 인자들과 냉각속도와의 관계를 설명하시오.
- 95회 4교시 : 용접부 예열온도의 기준이 되는 내용과 재질별 예열온도에 대하여 설명하시오.
- 83회 4교시 : 고장력강의 기계설비를 용접시공할 때 용접부에 발생될 수 있는 저온 균열을 예방하기 위한 일반적인 방법 중 최저 예열온도 관련사항에 대하여 설명하시오.

2.3. 문제 풀이

현업에서는 압력용기등 제작간 용접전에 가스토치(Gas Torch), 열처리 패드(Pad), 가스불꽃(Gas Flame)등을 이용하여 용접금속이 용착되는 모재면에 예열을 적용하여야 하는 경우가 빈번하다. 예열은 그 주목적으로 용접 후 용접부에 양호한 잔류 응력 및 경도를 갖게 하여 용접 후 균열 발생을 방지하기 위함이다.

예열과 균열 발생과는 어떤 관계가 있는지 살펴보자.

용접되는 모재 자체의 균열지수가 적정수치보다 높으면 용접부는 용접간 또는 용접 후 균열이 발생할 우려가 높아진다. 이러한 균열을 예방하기 위해 그림 Ⅳ-8과 같이 강재의 화학성분에 따라 예열온도 적용이 필요하다.

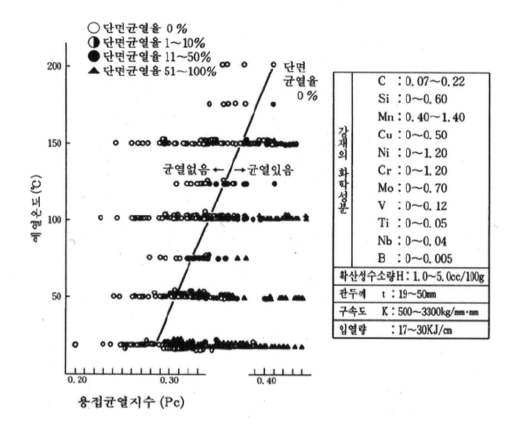

[그림 IV-8] 용접균열지수와 예열온도

예열 온도를 결정하는 인자는 용접 균열지수에 의해 탄소 당량의 일종인 용접균열 감수성 지수(P_{cm})과 확산성 수소의 양 및 모재의 두께(용접부 구속도)로 구분할 수 있다.

2.3.1. 용접균열지수(P_c)

용접균열지수(P_c)는 아래와 같이 정의된다.

$$P_c = P_{cm} + H/60 + T/600 = P_{cm} + H/60 + K/40,000$$

P_{cm}(용접균열 감수성 지수)

= C + Si/30 + (Mn + Cu + Cr)/20 + Ni/60 + Mo/15 + V/10 + 5B

H : 확산성 수소량(cc/100g)

T : 모재의 두께(mm)

K : 용접부 구속도(kg/mm^2)

용접부 구속도 K = K$_0$ × h

h = combined thickness(환산 두께)

K$_0$ ≒ 69

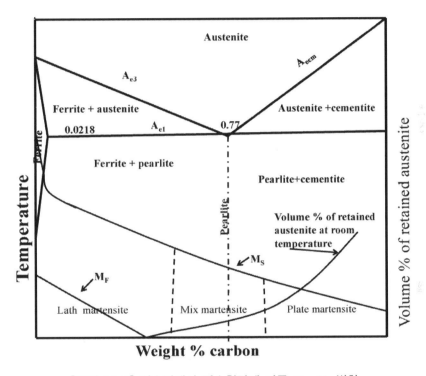

[그림 Ⅳ-9] 탄소강에서 탄소함량에 따른 M$_S$, M$_f$ 변화

용접균열 감수성 지수(P$_{cm}$)가 크면, 즉 탄소강에 합금 원소가 증가하면 TTT Curve의 변태 곡선이 그림 Ⅳ-10과 같이 오른쪽으로 이동한다. 이에 따라 임계 냉각 속도는 증가하여, 서냉시에도 취성(Brittle)의 마르텐사이트가 더 많이 생성되고, 이에 따라 용접조직의 경화도가 증가한다.

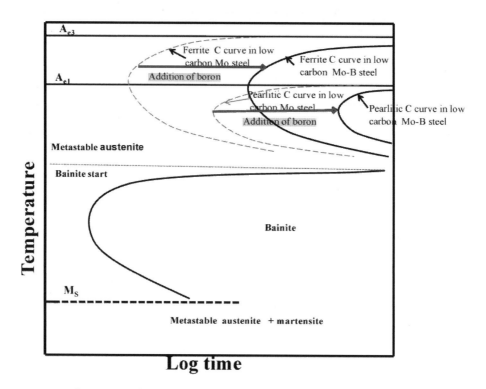

[그림 IV-10] Boron의 첨가에 따른 탄소강에서 TTT곡선의 이동

또한 용접시 많은 합금 원소로 인해 용접 조직에 석출 경화 및 고용 경화가 발생하여 용접부의 경도가 증가하고 취성이 증가한다.

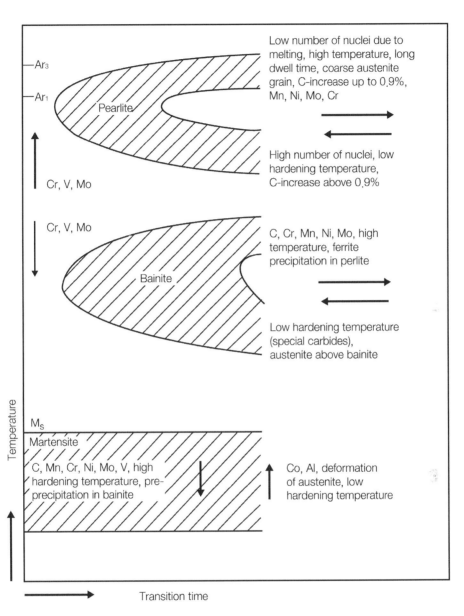

[그림 Ⅳ-11] Steel: 각종 합금함량에 따른 변태곡선 변화

P_{cm} 즉 탄소 당량이 증가하면 균열을 방지하기 위해서는 그림 Ⅳ-12와 같이 예열 온도를 높여야 한다.

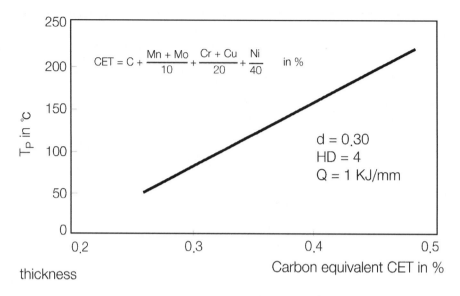

[그림 IV-12] 탄소당량(Ceq)과 예열온도

2.3.2. 용접부에 확산성 수소량(Hydrogen)의 증가

응고시 열영향부에 수소의 농도가 증가하며, 용접 후 열영향부 부분에서 언더비드 균열 같은 지연균열이 발생하게 된다. 예열시 TTT Curve에서 살펴본 바와 같이 마르텐사이트 생성이 감소하고, 잔류 응력이 낮아져 지연균열에 대한 저항성이 높아진다. 또한 예열시 용접 후 냉각 속도가 늦어져 이에 따라 탈수소가 되는 260℃ 이상의 온도에서 유지되는 시간이 증가하여 어느 정도 탈수소 처리가 되어 수소 농도가 감소하는 효과도 있다.

2.3.3. 모재의 두께(T) 및 용접부의 구속도(K) 증가

용접부는 응고 및 냉각시 수축한다. 이때 모재의 두께가 두꺼울수록 용접부의 수축을 방해하여 용접부에 잔류 응력이 최대 항복강도까지 증가한다. 모재의 두께 즉 용접부의 구속도가 증가할수록 잔류응력이 증가하여 P_{cm}에 따라 용접부의 경화도가 증가하거나, 확산성 수소 증가시 용접부에 균열 발생이 증가하게 된다. 그러므로 용접부의 두께가 증가할수록 예열 온도는 아래 그림 IV-13과 같이 증가하게 된다.

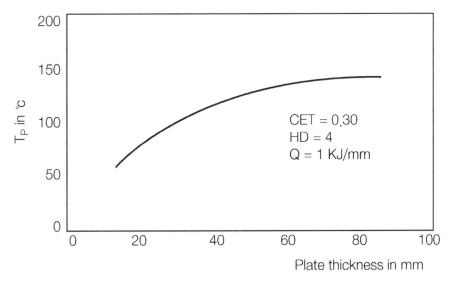

[그림 Ⅳ-13] 부재두께와 예열온도

　참고로 용접시 입열량이 증가하는 경우 용접 후 서냉이 이루워지므로 입열량의 증가는 예열의 효과가 있다. 그림 Ⅳ-14는 입열량이 증가할수록 요구되는 예열 온도가 감소됨을 나타내고 있다. SAW 및 ESW와 같은 입열량이 큰 용접 Process는 용접 Process 자체에 예열의 효과가 있으므로 예열의 필요성이 감소한다.

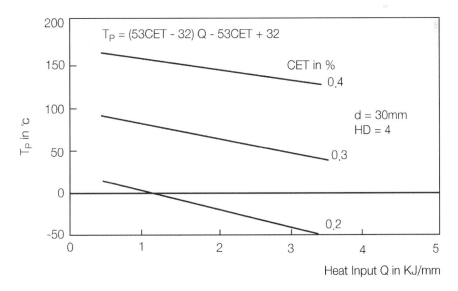

[그림 Ⅳ-14] 입열량과 예열온도

용접 균열지수에서 검토한 것과 같이 탄소 당량이 증가하면 용접부의 경화도가 증가하여 조직이 Brittle해지고 확산성 수소량이 증가하면 열영향부에 수소의 농도가 증가하여 수소에 의한 지연균열이 발생한다. 용접부의 경화도가 높고 용접부가 구속되어 있는 경우 잔류응력이 증가하여 확산성 수소의 영향과 상승 작용이 되어 균열이 쉽게 발생하게 된다. 위와 같은 용접부 균열을 방지하기 위해 각종 Code 및 Spec. 에서 설계 기준 및 용도 등에 따라 최소한의 예열 온도를 지정하고 있다.

그러나 과도한 예열은 탄화물과 같은 고온상의 발생으로 용접부 조직이 Brittle해지므로 과도한 예열은 피하여야 한다.

2.4. 추가 공부 사항

- 용접간 충간온도(Interpass Temperature)를 Max. 로 제한하는 이유
- 스테인레스강의 예열요구사항 및 적용기준

3 ## 용접 후 열처리(PWHT)

3.1. 문제 유형

- 용접 후열처리(PWHT)에 대하여 설명하시오.

3.2. 기출 문제

- 108회 3교시 : 강의 용접후에 열처리 하는 방법은 후열처리(PWHT)와 직후열(直後熱) 처리의 2가지로 구분된다. 각각의 열처리 목적과 방법을 설명하시오.
- 104회 2교시 : 강을 연화하고 내부응력을 제거할 목적으로 실시하는 소둔(Annealing) 방법 중 완전소둔, 항온소둔, 구상화소둔에 대하여 각각의 열처리 선도를 그려 설명하시오.
- 86회 1교시 : 탄소강의 용접 후열처리(PWHT) 차트(Chart) 검토 시 확인해야 할 필수사항을 열거하시오.
- 86회 4교시 : 용접 후열처리(PWHT)에서 생길 수 있는 문제점 및 원인을 강종별로 대별하여 설명하시오.

3.3. 문제 풀이

용접 후열처리(PWHT: Post Weld Heat Treatment) 란 일반적으로 용접시공 후 용접부 또는 용접이 완료된 용접 구조물을 대상으로 하는 모든 열처리를 포함하는 것이다. 때로는 응력제거(Stress Relief) 열처리라는 말도 사용되고 있으나, 용접 후열처리의 목적이 용접 잔류 응력 완화만으로 한정되지 않는다. 용접 후열처리(PWHT)는 용접부 또는 그 열영향부(HAZ)를 재료의 변태점 이하의 적절한 온도까지 가열, 유지, 균일한 냉각의 과정을 통한 용접부의 성능을 개선하고 용접 잔류응력 등의 유해한 영향을 제거하는 것으로 정의 할 수 있다.

용접 후열처리의 시공방법은 열처리로에 대상기기나 부재를 장입하여 열처리를 실시하는 노내 용접 후열처리와 전열밴드 등을 감아 특정 용접심에 대하여 열처리를 실시하는 국부 용접 후열처리 그리고 대형 Storage Tank와 같이 건설현장에서 실시하게 되는 현장(Construction Site) 용접 후열처리로 구분할 수 있다

[그림 IV-15] 압력용기의 노내 열처리(좌측)와 열전대를 국부열처리 모습(우측)

올바른 용접 후열처리를 수행하기 위해서는 사전에 그 적절성 및 유효성이 검증된 용접 후열처리 절차서(Procedure)에 따라야 한다. 일반적으로 절차서 상에는 용접 후열처리를 받는 대상 재료, 용접 후열처리 적용 온도, 유지시간, 냉각 및 가열 속도, 가열 방법 등이 표기되어 있으며, 실제 열처리작업 후에는 그 적용온도, 유지시간 그리고 냉각 및 가열 속도 등은 용접 후열처리 기록 차트 상에 도시되어 그 기록을 보관하도록 요구된다.

3.3.1. 탄소강의 후열처리 온도

1) 철골/구조물(Structural Steel)

일반적으로 구조물, 철골용 탄소강은 열처리가 필요하지 않으나, 열처리가 요구될 경우 미국 AWS 에서는 600~650°C(1100~1200°F)에서 두께(Thickness)별로 용접 후열처리 유지시간이 정해지고 있다.

2) 압력용기/보일러(Pressure Vessel & Boiler)

보일러와 압력용기에 대하여 ASME Sec. VIII 에서 용접 후열처리 온도를 규정하고 있으며, 규제 온도는 UCS-56 에 표기되어있다.

탄소강은 ASME Sec. IX 에서 P-No. 1 로 구분이 되며, 용접 후열처리 온도는 최소 595 °C(1100°F) 이다. UCS-56에 따르면 재료의 두께가 38mm 넘게 되면 용접 후열처리는 강제조건이 되지만, 두께가 32~38mm 사이에서는 예열을 95°C(200°F) 로 적용하는 경우 용접 후열처리가 면제 되기도 한다.

하기 표와 같이 용접 후열처리 온도 및 유지시간은 두께 별로 제한을 받는다. 탄소강의 경우, UCS-56에서 요구하는 온도조건을 충족시키기 어려운 경우 용접 후열처리 온도

를 일정 정도 낮게 적용시키고 유지시간을 더 길게 적용하는 경우도 있다. 이러한 경우
는 License Spec.에서는 이를 허용하지 않는 경우가 많아, 사전에 Licenser 및 사업주
와 허용여부를 확인하여야 한다.

[표 Ⅳ-1] ASME Sec. VIII Div I, 탄소강 용접 후열처리 적용 온도 및 시간

Material	Normal Holding Temperature, °F (°C), Minimum	Minimum Holding Time at Normal Temperature for Nominal Thickness [See UW-40(f)]		
		Up to 2 in. (50 mm)	Over 2 in. to 5 in. (50 mm to 125 mm)	Over 5 in. (125 mm)
P-No. 1 Gr. Nos. 1, 2, 3	1,100 (595)	1 hr/in. (25 mm), 15 min minimum	2 hr plus 15 min for each additional inch (25 mm) over 2 in. (50 mm)	2 hr plus 15 min for each additional inch (25 mm) over 2 in. (50 mm)
Gr. No. 4	NA	None	None	None

3) 배관류(Piping)

ASME B 31.3에 따르면 탄소강 배관류의 용접 후열처리는 600~650°C(1100~1200°F)
에서 두께 1 Inch 증가함에 따라 유지시간을 1 hour을 추가하여야 하며, 기본적으로 최소
1시간을 두께와 관계없이 적용하도록 규제되고 있다. 용접 후열처리 적용이 요구되는 파
이프의 최소 두께는 19mm를 초과할 경우로 제시하고 있었으나, 2012년 이후부터 이러한
제한들이 완화되어 2017년 현재는 두께에 따른 규정이 없다.

3.3.2. 저합금강의 후열처리 온도

1) 1 1/4 Cr - 0.5 Mo

1 1/4 Cr-0.5 Mo 저합금강은 P-No. 4번으로 분류되며 Sec. VIII에 따라 두께와 상
관없이 열처리 온도는 최소 650°C(1200°F)에서 최소 열처리 시간은 15분으로 인치당
추가 한 시간 이상의 용접후 열처리 유지시간을 요구하고 있다.

[표 Ⅳ-2] ASME UCS-56에 따른 저합금강의 열처리 조건

Material	Normal Holding Temperature, °F (°C), Minimum	Minimum Holding Time at Normal Temperature for Nominal Thickness [See UW-40(f)]		
		Up to 2 in. (50 mm)	Over 2 in. to 5 in. (50 mm to 125 mm)	Over 5 in. (125 mm)
P-No. 4 Gr. Nos. 1, 2	1,200 (650)	1 hr/in. (25 mm), 15 min minimum	1 hr/in. (25 mm)	5 hr plus 15 min for each additional inch (25 mm) over 5 in. (125 mm)

용접 후열처리의 면제 조건의 예로는 Circumferential Butt Welding Joint 의 Nominal Thickness가 16 mm 를 넘지 않는 경우, Fillet Weld 의 각목두께가 최대 13 mm 를 넘지 않을 때 등이 있다. 하지만 Plant 사업과 연계된 국내외 발주처들은 이러한 면제 조건을 허락하지 않고 최소 2시간 이상 유지하도록 요구하는 경향이 있다.

2) 2~5 Cr - 1 Mo - (V)

P-No. 5 번으로 구분되고 있으며 ASME Sec. VIII 의 열처리 조건으로는 최소 675 °C(1250°F) 의 온도가 요구된다. P-No. 4 와 마찬가지로 대부분의 경우에 용접 후열처리가 요구되는데 발주처에 따라 675°C 보다 높은 온도에서 최소 두시간 이상으로 용접 후열처리를 요구 하는 경우도 있다.

저합금강의 용접 후열처리에 있어 중요하게 확인 해야 할 점은, 재료 원소재에 대한 템퍼링 온도 이다. 예를 들면, ASME SA 387 Gr 22 의 경우 Mill Maker 에서 원소재가 생산이 될 때 템퍼링이 760 °C 에서 되었다면 이 재질에 대한 용접 후열처리는 템퍼링 온도보다 적어도 20°C 낮아야 한다. 이 조건의 목적은 용접 후열처리가 템퍼링 온도를 넘어 모재부의 템퍼링 효과가 풀리지 않게 하기 위한 목적이며 UOP, Axens 등 License Spec. 에서 명확히 규정하고 있다. 이를 위배하여 용접 후열처리를 실시하는 경우 저합금 재료의 용접부 및 열영향부등에 균열이 발생 할 우려가 있다.

[표 IV-3] ASME Sec. VIII Div I, 저합금강 용접 후열처리 적용 온도 및 시간

Material	Normal Holding Temperature, °F (°C), Minimum	Minimum Holding Time at Normal Temperature for Nominal Thickness [See UW-40(f)]		
		Up to 2 in. (50 mm)	Over 2 in. to 5 in. (50 mm to 125 mm)	Over 5 in. (125 mm)
P-Nos. 5A, 5B Gr. No. 1, and 5C Gr. No. 1	1,250 (675)	1 hr/in. (25 mm), 15 min minimum	1 hr/in. (25 mm)	5 hr plus 15 min for each additional inch (25 mm) over 5 in. (125 mm)

3.4. 추가 공부 사항

- 기계적 응력 완화법
- 용접 후열처리 후의 경도 측정법 및 최대 허용경도값(Max. Hardness Value)

4 저온균열

4.1. 문제 유형

- 용접 중 발생하는 수소 균열의 발생 원인 및 대책에 대하여 설명하시오.

4.2. 기출 문제

- 107회 1교시 : 최근 초고장력강의 후판용접에서는 초저수소계(Ultra Low Hydrogen)용접 재료가 요구되고 있다. 그 이유에 대하여 설명하시오.
- 105회 1교시 : 용접결함 중 용접금속(Weld metal)에서 발생하는 은점(Fish eye)의 생성원인과 예방책에 대하여 설명하시오.
- 102회 1교시 : 강 용접부에서 발생하는 균열은 크게 저온균열과 고온균열로 구분된다. 저온균열의 발생인자 3가지를 열거하고 설명하시오.
- 93회 2교시 : 용접금속에서 수소가 미치는 결함의 종류를 나열하고 각각을 설명하시오.
- 83회 4교시 : 고장력강의 기계설비를 용접시공할 때 용접부에 발생될 수 있는 저온균열을 예방하기 위한 일반적인 방법 중 최저 예열온도 관련사항에 대하여 설명하시오.

4.3. 문제 풀이

용접중 다양한 경로를 통하여 수소가 용접금속으로 들어가며, 용접금속에 들어간 수소는 용접부에 균열을 유발하며, 균열을 유발하는 정도는 재질에 따라 달라진다. 용접시 발생한 수소 균열은 발생시기 특성에 따라 지연균열, 발생 온도에 따라 저온균열, 발생 위치에 따라 언더비드 균열, 토우 균열 등으로 다양하게 불린다.

4.3.1. 오스테나이트 및 페라이트 조직의 특성

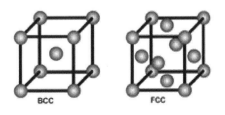

[그림 Ⅳ-16] 페라이트(좌)와 오스테나이트(우)의 결정 구조

[표 IV-4] 격자 구조에 따른 구분

구분	BCC	FCC	비 고
상	페라이트	오스테나이트	
충진율	68%	74%	
Octahedral Site 크기	0.30r	0.41r	r은 Fe의 원자 반지름
Tetrahedral Site 크기	0.15r	0.22r	
수소의 고용도	낮음	높음	
수소의 확산 속도	높음	낮음	

페라이트는 체심입방(BCC) 조직이며, 오스테나이트는 면심입방(FCC) 조직을 갖는다. 이에 따라 페라이트와 오스테나이트는 BCC 조직과 FCC 조직의 특성을 갖게 되는데, FCC 조직은 BCC 조직에 비하여 침입형 원소의 수용공간 비율이 크다. 이에 따라 FCC 조직은 BCC 조직에 비하여 수소를 포함한 침입형 원소에 대한 고용도가 크다.

또한 FCC 조직은 Close Packed 구조이므로 충진율이 높고 원자 사이가 매우 조밀하여 침입형 원소의 확산을 위한 통로가 좁아 수소를 포함한 침입형 원소의 확산이 어렵다.

오스테나이트상과 페라이트 상에서의 수소의 확산속도는 그림 IV-17과 같이 BCC구조의 페라이트상에서 그 수치가 높음을 알수 있다.

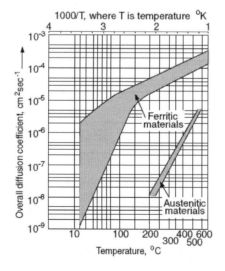

[그림 IV-17] 페라이트상과 오스테나이트상의 확산속도

4.3.2. 용접부 수소의 유입 인자(Source)

1) 용접봉의 수분

SMAW 용접봉의 피복제 또는 SAW 용접의 Flux는 흡습 특성이 있으며, 흡습된 수분은 용접 중 아크열에 의해 산소와 수소로 분리되어 용접부에 침투한다. 특히 셀룰로우스계(Cellulosic) 용접봉의 경우 그 수분함량이 4~5% 정도로 그 수치가 높다.

용접봉의 흡습을 방지하기 위해 Baking 및 보관이 중요하다. 일반적으로 저수소계 용접봉의 경우 300℃에서 건조(Baking)하며, 120℃에서 보관한다.

2) 모재의 오염(Oil 및 수분)

모재에 Oil 및 수분이 있는 경우 용접 중 아크열에 의해 분해, 수소가 생성되어 용접부에 침투한다.

3) 전극의 영향

SMAW의 경우 주로 DCEP를 사용하므로 모재는 음극(-)을 갖는다. 이에 따라 아크열에 의해 분해된 H^+ 이온은 모재 즉 용접부에 모이게 된다. 용접부에 도달한 H^+ 이온은 용접부의 융탕에 용해되어 용접부에 들어간다.

4.3.3. 용접부내의 수소의 거동

1) 융탕에서 열영향부로의 수소의 확산

앞에서 설명한 바와 같이 BCC 및 FCC 조직의 특성에 따른 용해도 차와 온도의 영향에 의한 용해도 차에 의해 강에서 온도에 따른 수소의 용해도 곡선은 그림 IV-18과 같다.

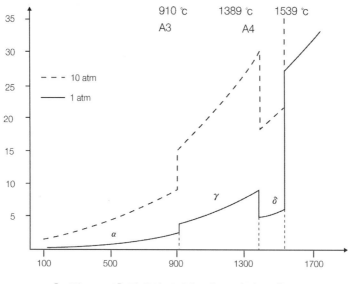

[그림 IV-18] 강에서 수소(cc/100g)의 고용도

각 변태 온도에서 FCC조직인 γ-오스테나이트 조직이 BCC조직인 δ-페라이트 및 α-페라이트 보다 수소에 대한 고용도가 높음을 확인 할 수 있다.

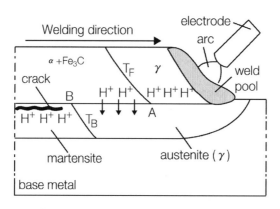

[그림 IV-19] 융탕내에서 수소의 거동

그림 IV-19는 변태 경화형강의 수소유기균열(HIC) 기구를 나타낸 것이다. 변태 경화형강의 용접을 위한 용접봉에는 용접성 증대를 위해 탄소 함량이 모재 대비 적다. 그래서 열영향부의 오스테나이트는 마르텐사이트로 변태하지만 용접부의 오스테나이트는 더

높은 온도에서 α-페라이트와 시멘타이트로 변태한다. 페라이트의 수소 고용도는 오스테나이트 보다 낮기 때문에 변태가 일어난 용접부의 수소는 열영향부로 이동되지만 오스테나이트의 수소 확산 속도가 느리기 때문에 용접부와 열영향부 계면 근처에 있다가 열영향부가 취성 조직인 마르텐사이트로 변태시 수소 균열이 발생하게 된다.

2) 지연균열(Delayed Craking) 발생 위치

지연균열은 H^+ 이온 농도가 높은 열영향부(HAZ)에서 발생하며, 언더비드, 토우, 루트 밑에서 발생한다. 따라서 발생위치에 따라 '언더비드 균열(Under Bead Cracking)', '토우 균열(Toe Craking)', '루트 밑 균열(Root Cracking)'로 부르기도 한다.

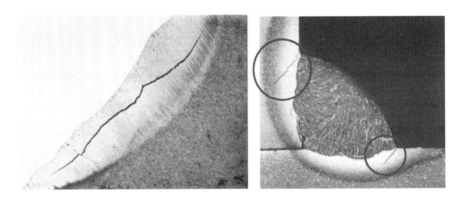

[그림 Ⅳ-20] 언더비드 균열(좌측) 와 토우 균열(우측)

4.3.4. 수소 균열의 방지 대책

1) 용접부에서 수소의 제거

용접 후 예열온도 미만으로 냉각하지 않고 일정시간 동안 300℃ 이상으로 가열하여 탈수소 열처리(DHT, Dehydrogenation Treatment)를 실시한다.

2) 예열(Preheat)

예열을 적용하면 냉각 속도가 낮아져 열영향부에 마르텐사이트의 생성이 억제되어 열영향부의 취성이 감소한다. 또한 예열에 따라 잔류응력이 감소하여 지연균열이 감소한다. 그림 IV-21과 같이 확산성 수소의 양이 증가하면 예열 온도를 높여 균열의 생성을 방지할 수 있다.

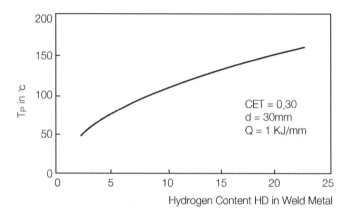

[그림 IV-21] 예열온도에 따른 용접금속내 수소함량

3) 용접봉 관리

용접봉은 저수소계 용접봉을 사용하고 사용 전 용접봉은 300℃의 건조(Baking)을 통해 수분을 제거하고, 120℃에서 보관하여 수분의 흡습을 방지한다.

4) 용접전 Cleaning 철저

모재에 H^+ 이온의 Source가 되는 Oil 및 수분을 제거한다. 물리적(Mechanical) 방법을 이용한 Cleaning을 많이 사용하고 있으나, Oil 제거시 Solvent를 사용하면 효과적이다.

5) 보호가스(Shielding Gas) 관리

보호가스(Shielding Gas)가 흡습되지 않도록 관리하고, 적정한 비율의 Shielding Gas Flow를 적용하여 대기로부터의 오염을 예방한다.

6) 용접 후열처리 실시

모재의 두께가 두꺼워 용접부의 구속도가 심한 경우에는 용접 후 열처리를 실시하면 탈수소처리(Dehydrogen Heat Treatment: DHT)와 잔류응력(Stress Relieving)이 해소되어 지연균열을 방지할 수 있다.

4.3.5. 수소 균열의 민감도 Test 방법

1) 임플란트 시험(Implant Test)

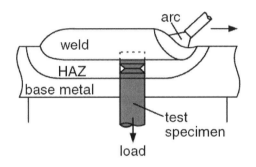

[그림 Ⅳ-22] Impleant Test 시편

용접 후 냉각 되기전에 그림 Ⅳ-22와 같이 하중을 가하여 균열이 발생할 때까지의 시간을 측정하여 수소균열에 대한 민감도를 시험한다.

2) 리하이 구속 시험(Lehigh Restraint Test)

시편에 가공된 Slot의 길이는 용접부에 구속도를 결정한다. Slot의 길이에 따른 균열의 발생 유무를 검사하여 균열의 민감도를 측정하는 방법이다.

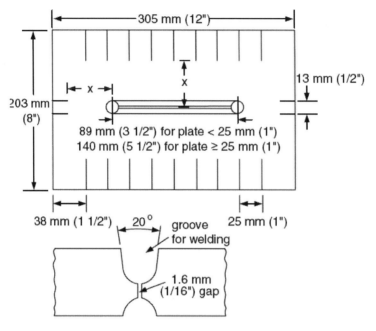

[그림 IV-23] Lehigh Restraint Test 시편

상기에서 서술한 바와 같이 용접부 및 열영향부는 확산성 수소에 의해 열영향부에 지연균열이 발생할 우려가 높으므로 수소의 유입인자(Source)를 차단하고 적절한 탈수소처리(DHT)등의 방법을 통하여 수소 균열을 예방하는 것이 중요하다. 용접부 융탕에 과도한 수소가 존재하는 경우 액상과 고상의 수소 용해도 차에 의하여 응고시 기공(Porosity)가 발생하여 용접부의 강도 저하 및 응력 집중부로 작용할 수 있다. 이런 수소 관련 결함을 예방하기 위해 시공전 PQ(Pre Qualification) 시부터 청정작업(Cleaning) 및 예열 등의 모든 용접 공정를 관리하는 것이 중요하다.

⑤ 확산성 수소 측정

5.1. 문제 유형

- 확산성 수소의 측정 방법을 이해하고 설명한다.

5.2. 기출 문제

- 95회 2교시 : 강의 용접부에서 확산성 수소란 무엇이고, 용접부에 미치는 영향과 확산성 수소량 측정 방법 3가지를 설명하시오.
- 90회 4교시 : 용착 금속 중에 함유된 수소에 대한 다음사항을 설명하시오.
  - 용착 금속 중에 수소가 함유될 경우 나타나는 결함을 설명하시오.
  - 시험편의 수소 함유량을 측정하는 방법 2가지를 설명하시오.
  - 연강용 저수소계 용접봉에서 규정하는 용착금속 중에 수소의 함유량에 대하여 설명하시오.

5.3. 문제 풀이

5.3.1. 확산성 수소의 정의

확산성 수소란 용접금속에 함유되어 있는 수소 중에서 용접 후 냉각이나 상온에서 확산되는 단원자 상태의 수소를 말한다.

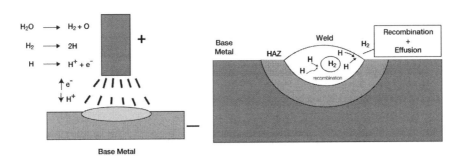

[그림 Ⅳ-24] 확산성수소의 이동과 기공의 형성

원자상의 수소는 원자반경이 대단히 작기 때문에 금속 결정격자 내에서 비교적 자유로이 이동할 수 있지만, 전위 등에 고착된 수소 혹은 비금속개재물 등에서 분자상으로 변한 수소 등은 확산하기 어렵기 때문에 이러한 수소를 비확산성 수소라 한다. 이 확산성 수소와 비확산성 수소를 합쳐 전체 수소량이 된다. 확산성수소는 용접 후 실온에서도 장시간 방치하면 거의 전부가 외부로 방출 된다.

[표 IV-5] 수소의 상태에 따른 상대적인 크기

Relative size comparison of nascent hydrogen equilibrium species

Species	Diameter	Bond Length	Species Diameter / H$^+$ Diameter
H$^+$ (Hydron)	0.0016 x10^{-12} m	-	1
H° (Nascent)	13 x10^{-12} m	-	8,125
H$^-$ (Hydride)	Estimated 50 x 10^{-12} m	-	31,250
H$_2$ (Molecule)	124 x 10^{-12} m	74 x 10^{-12} m	77,500

5.3.2. 확산성 수소 측정

용접금속 중에 함유되어 있는 확산성 수소는 그 위험성과 함께 시험편 용접을 통해 정량적으로 측정할 수 있는 다양한 방법들은 꾸준히 개발되어 왔다. 그러나 장비의 특성 및 현장여건상 실제 작업장에서 확산성 수소의 직접 측정은 매우 어렵다고 할 수 있다. 용접전 사전 검증단계(PQ)에서 적용될수 있는 확산성 수소 측정 방법을 아래에서 소개한다.

1) 전기화학적 측정법(Electrochemical Measurement)

ASTM F1113에서 제시하는 측정법으로 측정하고자 하는 금속 시험편의 한쪽을 전해질에 접촉시키고, 시험편에 Anode를 걸어 주면 원자 형태의 확산성 수소가 시험편과 전해질의 경계에서 H$^+$로 되고, 이 H$^+$는 전해질 내의 OH$^-$와 결합해서 H$_2$O가 생성된다. 이때 생성되는 전류를 측정해서 수소의 양을 확인하게 된다.

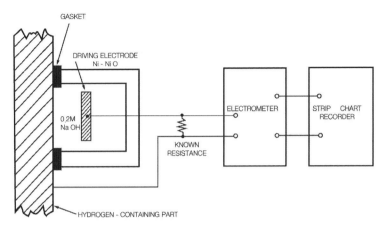

[그림 Ⅳ-25] 확산성 수소의 전기화학적 측정법

2) 수은 치환법(Mercury Displacement)

AWS A4.3, ISO 3690에 명기되어 있는 방법으로 열처리를 통해 잔류 수소를 제거한 시편을 용접 후 급냉 시킨다. 이 시편을 수은이 채워진 Eudiometer(유디오미터)에 넣고, 45℃에서 최소 72 시간을 침적 유지 후 시편에서 확산성 수소가 방출되게 한다.

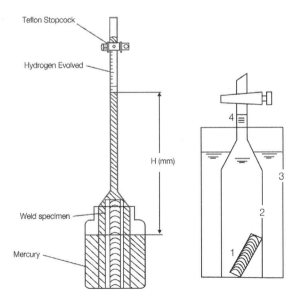

[그림 Ⅳ-26] 수은 치환법(좌)과 글리세린 치환법(우)

시편에서 확산성 수소가 방출되면 수은 기둥이 방출된 수소의 부피만큼 낮아지게 되는데 이때 낮아진 높이를 측정하게 된다. 수은 치환법은 수소를 고용하지 않는 수은을 사용 함으로서 0.02ml/100g까지 정밀한 측정이 가능하나 수은의 인체 위험성으로 온도를 높이 올리지 못해 수소 포집에 많은 시간이 걸리는 단점이 있다.

3) 글리세린 치환법(Glycerine Replacing Process)

KS D 0064에 확산성 측정에 수은 대신 글리세린을 사용시 수은 보다 저렴하고 안전하여 설비가 간단한 장점이 있지만 대기로부터 흡습이 쉬워 정밀한 측정이 어려운 단점이 있다.

측정 방법은 수은 대신 글리세린을 사용하는 것 이외에는 동일 한다. 2ml/100g까지 측정이 가능하고, 더 정밀한 측정을 위해서는 수은 치환법이나 가스 크로마토그래피를 사용해야 한다.

4) 가스크로마토 그래피(Gas Chromatography) 측정법

AWS 4.3, ISO 3690, IS JIS Z3118에 명기 되어 있는 방법으로 시험편 준비는 수은 치환법과 동일 하다. 준비된 시험편은 수소 포집용기에 30초 동안 아르곤가스(Ar)을 흘려 보내 용기 내의 공기를 치환한다. 시험편을 삽입한 포집 용기를 아래 표와 같이 일정 온도에서 유지하여 수소를 포집한다. 이 포집 용기를 가스 크로마토그래프 장치에 접속하여 방출된 수소량을 측정한다.

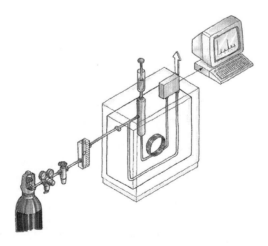

[그림 IV-27] 가스크로마토 그래프법에 의한 확산성 수소의 측정

[표 Ⅳ-6] 가스크로마토 그래피 측정법(유지온도 및 시간)

유지온도(℃)	유지 시간(hrs)
45 ± 3	72(+5, −0)
80 ± 3	18(+2, −0)
150 ± 3	6(+1, −0)

가스 크로마토그래피는 수은 치환법 대비 가열이 가능하기 때문에 빠른 측정을 할 수 있고, 수은법에 비해 인체 유해성이나 환경 문제 없이 사용할 수 있고, 또 정밀도가 높아 많이 사용한다. 하지만 장비 제조사가 많지 않고 가격이 비싸다는 단점이 있다.

실제 현업에서는 수은 치환법과 가스크로마토그래피 방법이 자주 이용되고 있다.

5.4. 추가 공부 사항

* 용가재의 확산성 수소함량의 규제 기준

6 고온균열

6.1. 문제 유형

- 응고균열(Solidification Crack) 원인 및 방지 대책에 대하여 설명하시오.

6.2. 기출 문제

- 110회 2교시 : 용접부의 응고균열(Solidification Crack) 감수성에 영향을 미치는 용접비드의 형상에 대하여 설명하시오.
- 101회 4교시 : 고온균열에 대하여 설명하시오.
- 87회 2교시 : 스테인레스강의 용접 응고조직 형태로부터 구분되고 있는 대표적인 네가지 응고모드를 열거하고, 이들 중에서 STS304의 응고모드 형태가 응고균열 감수성이 가장 낮은 이유를 설명하시오.
- 83회 4교시 : 모재와 용가재의 용융온도보다 높은 온도로 가열하여 용접한 결과 용접비드의 중앙부분에서 응고 균열이 발생하였다.
  - 탄소강 용접부에 대한 응고 균열방지 방안을 설명하시오.
  - 오스테나이트계 스테인레스강 용접부에 대한 응고 균열 방지 방안을 설명하시오.

6.3. 문제 풀이

응고 균열은 용접부에서 주로 발생하며, 액화균열은 열영향부에 주로 발생하는 고온 균열의 대표적인 유형이라 할 수 있다. 용접금속내에서 생성된 델타 페라이트 상과 편석은 응고균열과 액화균열의 발생에 큰 영향을 미친다. 응고균열과 액화균열이 델타 페라이트 상과 편석의 어떤 메커니즘(Mechanism)에 따라 발생하는지 살펴보자.

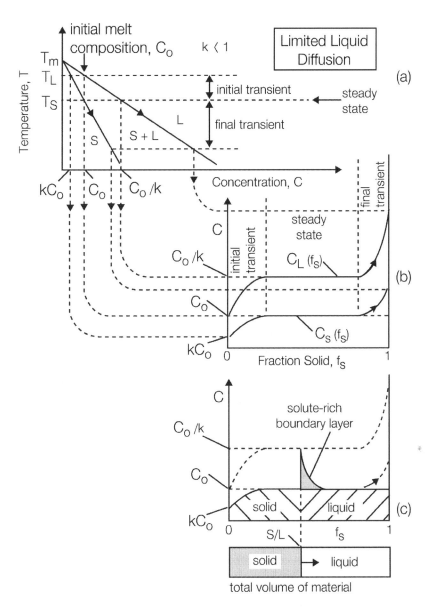

[그림 IV-28] 온도 및 조성에 따른 응고모드(편석)

6.3.1. 편석기구

금속의 응고모드를 해석하는 여러 가지 모드(Mode)가 있으나 실제 응고모드를 가장 잘 설명하는 이론으로, 고상은 확산이 없고 액상은 제한된 확산이 있는 모드(Mode)로 편석의 기구를 설명하도록 하겠다. 상기 그림(a)에서 C_0 조성이 응고할 때 온도 T_L에서 KC_0의 고상이 처음 응고된다.

K(평형분배 계수) = C_S(고상의 용질 농도) / C_L(액상의 용질 농도)

T_S까지 냉각됨에 따라 고액 경계에서 고상의 조성은 KC_0에서 C_0로 증가하고, 액상의 조성은 C_0에서 C_0/K로 증가한다. 고상이 C_0 조성일때 액상과 고상의 조성이 C_0로 동일해져 Steady한 상태가 되어 C_0 조성으로 응고가 지속된다. 응고의 최종부에서 고액 계면의 용질의 농도가 높은 층이 확산할 공간이 없으므로 액상의 용질 농도가 급격히 증가한다.

액상의 높은 용질 농도에 따라 최종 응고부의 고상의 용질 농도는 급격히 상승하게 된다. 고상은 확산이 없다고 가정하였으므로 고상의 농도는 최종 응고부에 용질의 농도가 매우 높다. 실질적으로 응고시 고상의 확산이 미미하므로 확산이 없다고 가정한 Model이 실제 응고 현상을 잘 해석한다. 즉 이런 최종 응고부에 용질의 농도가 높아지는 현상을 편석이라 부른다.

6.3.2. 인(P)과 황(S)의 편석 현상과 응고 균열

평형 분배계수 K는 C_S/C_L이다. 즉 고상과 액상의 용질 원자의 농도비 이다.

K값이 클수록 최종 응고부의 용질원자의 편석량이 커진다. 황(S)와 인(P)는 대표적인 저융점 개재물이며, K값이 0.02~0.03 정도로 작아 대부분의 원자가 최종 응고부 모이게 된다.

저융점 개재물인 황(S)와 인(P)가 최종 응고부에 편석되면, 응고시 용접부가 모두 응고된 후에도 최종 응고부에 황(S)와 인(P)가 편석된 부분은 액체로 남아 있게 된다. 이에 따라 응고시 냉각 수축에 의해 용접부는 인장응력을 받게 되는데 이때 최종 응고부는 액체로 남아 있어 응고시 용접부에 균열이 발생하게 된다. 이런 최종 응고부에서 응고시 발생하는 균열이 응고 균열이라고 부른다.

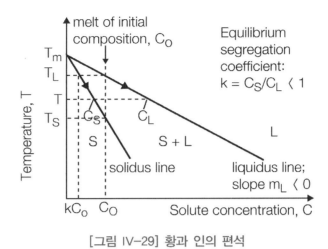

[그림 IV-29] 황과 인의 편석

6.3.3. 응고 균열의 종류 및 Test

응고 균열은 발생 위치에 따라 중심선 균열, 크레이터 균열 등으로 불리고 있으며, 모두 최종 응고부로 용접 후 응고중에 발생하는 균열이다. 응고 균열의 민감도는 Houldcroft Test, Varestraint Test, Circular Patch Test등을 통해 측정한다.

오스테나이트 스테인레스강의 응고 균열과 델타 페라이트와의 관계는 다음과 같다.

1) 금속의 격자 구조와 침입형 및 치환형 용질 원자의 고용도

BCC 구조는 충진율이 68% 이고, FCC 구조는 74% 이나 오히려 FCC 구조는 침입형 원소(H, B, C, N, O등)가 들어갈 수 있는 공간이 크다. 이에 따라 FCC 구조가 침입형 원소의 고용도가 크다.

반면에 조밀구조가 아닌 BCC 구조는 원자 주위에 여유공간이 있어 치환형 고용체의 고용도가 크다.

2) 델타 페라이트의 인(P)와 황(S)의 고용도

델타 페라이트는 BCC 구조로 치환형 고용체인 P와 S에 대한 고용도가 높다.

오스테나이트 스테인리스강의 경우 처음 응고하는 상이 델타 페라이트상(Primary Ferrite)인 경우 P와 S가 BCC상인 델타 페라이트에 고용되므로 최종 응고부에 P와 S의 편석이 감소한다.

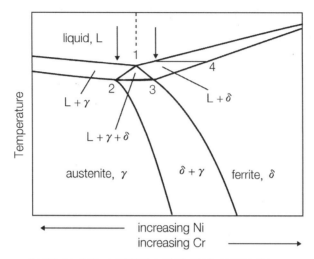

[그림 IV-30] 스테인리스강의 의사 이원상태도

그림 IV-30은 Fe 농도를 고정하고 Cr과 Ni의 조성에 따른 평형상을 나타낸 스테인리스강의 의사 이원상태도이다. 공정 삼각형의 꼭지점 보다 Cr/Ni의 농도의 비가 높은 경우 초정상으로 델타 페라이트(Primary Ferrite)가 형성되므로 P와 S는 델타 페라이트에 고용되어 응고 균열이 발생하지 않는다. 공정 삼각형의 꼭지점 보다 Cr/Ni의 비가 작은 경우 초정상으로 오스테나이트(Primary Austenite)가 형성되어 P와 S가 최종 응고부에 편석이 용이해지며 그림 IV-31과 같이 응고 균열에 취약해 진다.

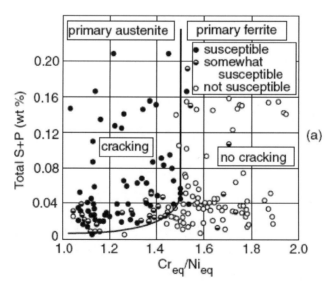

[그림 IV-31] Cr_{eq} / Ni_{eq} 비율과 균열(Cracking)

이런 이유로 오스테나이트 스테인리스강의 고온 균열을 방지하기 위해 용접부에 델타 페라이트의 량을 5% 이상으로 많은 Spec.들에서 규정하고 있다.

6.3.4. 응고 균열의 방지 대책

1) 용접전 방지 대책

- 용가재 및 모재에 함유된 저 융점 원소인 인(P)와 황(S)의 함량을 낮게 관리한다.
- 인(P)와 황(S)의 오염원을 제거하기 위해 용접전 용접부 청소를 철저히 한다.

2) 용접간 방지 대책

- 응고균열 민감도가 높은 경우 예열을 적용하여 잔류응력에 의한 문제를 감소시킨다.
- 최종 용접부에서 용접을 마치기 전에 일정시간 잔류하여 급냉에 의한 과도한 응력 발생을 억제하여 응고균열의 대표적인 형태인 크레이터 균열(Creater Cracking) 발생 위험을 낮출 수 있다.

3) 오스테나이트 스테인레스강 용접시 주의사항

- 사전용접검증(PQ)시 새플러다이어그램(Schaeffler Diagram)등을 사용하며, 용접부에 델타 페라이트 함량을 5% 이상으로 유지될수 있도록 용접설계를 실시하여 용접 후에도 페라이트게이지 등을 이용하여 델타 페라이트 함량을 측정하고 관리한다.

6.4. 추가 공부 사항

6.4.1. 탄소(C) 농도에 따른 탄소강의 응고균열

그림 IV-32의 평형상태도를 보면 탄소 농도가 0.53% 이상인 경우 초정으로 FCC 조직인 오스테나이트가 생성되어 스테인리스강과 동일한 이유로 P와 S가 최종응고부에 편석되어 고온균열에 취약해 진다.

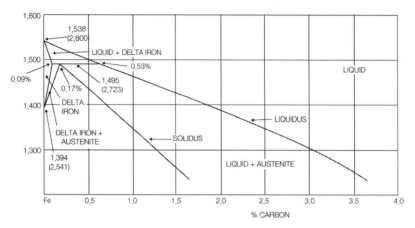

[그림 IV-32] Fe-C 평형 상태도

그러나 용접시는 빠른 냉각속도로 인해 과냉이 발생하게 되며, 과냉에 의해 탄소 농도가 0.53% 이하인 경우에도 초정상으로 FCC 조직인 오스테나이트가 생성되어 고온균열에 취약하다. 위와 같은 이유로 그림 IV-33과 같이 탄소 농도가 0.16% 이하인 경우는 과냉에 따라 초정으로 오스테나이트가 생성되어 고온균열에 취약해 진다.

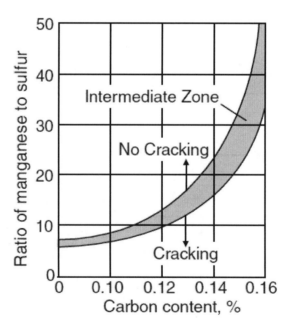

[그림 IV-33] 탄소 농도에 따른 고온 균열 발생

그림 IV-33과 같이 탄소 농도가 0.16% 이상인 경우 Mn 농도를 높여도 고온균열 방지에 효과가 미미하므로, 고온균열을 방지하기 위해서는 Mn의 농도를 높이는 것보다 탄소 농도를 낮추는 것이 선행되어야 한다.

이런 이유로 탄소강의 용접시 0.08% 이하의 탄소 농도인 용접봉을 사용한다. 현장 용접시 용접부 개선이 없는 맞대기 용접을 하는 경우 그림 IV-33과 같이 용접부의 탄소 농도가 높아져 고온 균열에 취약해 지므로 PQR 작성시 유의하여야 한다.

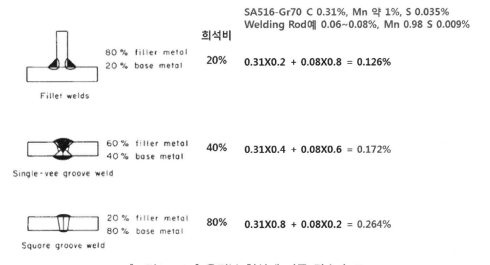

SA516-Gr70 C 0.31%, Mn 약 1%, S 0.035%
Welding Rod에 0.06~0.08%, Mn 0.98 S 0.009%

희석비

80 % filler metal
20 % base metal
Fillet welds

20% **0.31X0.2 + 0.08X0.8 = 0.126%**

60 % filler metal
40 % base metal
Single-vee groove weld

40% **0.31X0.4 + 0.08X0.6 = 0.172%**

20 % filler metal
80 % base metal
Square groove weld

80% **0.31X0.8 + 0.08X0.2 = 0.264%**

[그림 IV-34] 용접부 형상에 따른 탄소 농도

6.4.2. 응고 균열의 민감도 Test 방법

- 페라이트 안정화 원소와 오스테나이트 안정화 원소

7 **재열균열**

7.1. 문제 유형

- 재열균열(Reheat Cracking)의 기구와 특성에 대하여 설명하라.

7.2. 기출 문제

- 110회 3교시 : 용접 열영향부에서 발생되는 액화균열의 형성에 영향을 미치는 인자 3가지를 제시하고 설명하시오.
- 101회 4교시 : 재열균열(Reheat Crack)의 주요 발생 원인 및 방지대책에 대하여 설명하시오.
- 92회 2교시 : 용착금속과 관련하여 재열균열 개요, 재열균열 감수성에 영향을 미치는 합금, 발생 기구, 외관 특성을 설명하시오
- 86회 1교시 : 재열균열을 방지하기 위한 대책을 설명하시오.

7.3. 문제풀이

7.3.1. 재열균열 개요

재열균열(Reheat Cracking)은 응력제거균열(Stress Relieving Cracking)로도 불리며, 부식 저항성이나 내열성 증대를 위해 Cr, Mo, V, W가 첨가된 페라이트 계통의 저합금강에서 주로 발생 한다. 이들 합금 원소의 첨가로 인해 조직이 경화하고 고온에서 크립에 대한 저항성은 증대하지만 반대로 저온 균열에 민감도가 높게 된다.

그래서 저온 균열 민감도가 높은 페라이트계열의 크립 저항성이 높은 강종은 잔류응력을 제거하기 위해 550~650℃ 정도의 온도에서 후열처리를 적용 하게 되는데, 이때 주로 발생하거나 400℃ 이상의 온도에서 사용 운전시 발생하기도 한다. 두께가 두꺼워 잔류 응력이 큰 부위에서 많이 관찰되고, 300계 스테인리스강이나 Alloy 800H와 같은 니켈 합금에서도 종종 발생 한다.

균열 민감도 CS =% Cr + 2.2%Mo + 8.1%V - 2 의 식을 이용해 평가하기도 하는데, CS가 0 보다 크거나 같으면 재열 균열이 발생할 우려가 높다.

7.3.2. 재열균열 발생기구

재열균열의 발생기구를 설명하는 이론으로 입내 강화설과 입계 약화설 및 이 둘이 동시에 작용한다는 통합설이 있으며, 그 발생기구가 명확하게 규명 되지 않았다는 의견도 있다.

입내 강화설은 재열에 의해 입내에 여러 탄화물이나 질화물과 같은 제2상이 형성되어 입내가 강화되는 것이고, 입계 약화설은 불순 원소의 화합물이 입계에 석출되어 상대적으로 입내에 비해 입계가 약화된다는 이론이다. 저 합금강에서의 상세한 발생기구는 다음과 같이 정리할 수 있다.

- 용접시 소재의 고온특성과 입열량 등에 의해 조대화 된 조직이 용융선(Fusion Line) 근처에서 발생하고, 노출된 고온에 의해 Cr, Mo, V 탄화물이 고용된다.
- 용융선 근처는 냉각속도가 빨라 Cr, Mo, V 탄화물이 재석출하지 못하고 과포화 고용된다.
- 만약 경화능이 충분히 높다면 이 부위의 조직에 마르텐사이트가 생성 된다. 용접 완료후 응력제거 등의 목적으로 PWHT등 재가열시 조대화 된 결정립에 미세한 탄화물이 석출한다.
- 이 미세한 탄화물은 초기 오스테나이트 입내의 전위에 형성되어 응력제거 전에 결정입내를 강화 시킨다.
- 결정 입내가 결정 입계에 비해 강화된 상태에서 잔류 응력 제거시 변형이 결정입계에 집중되며 결정입계 균열을 발생 시킨다.

7.3.3. 재열균열의 형상

균열은 초기 오스테나이트의 결정립을 따라 발생하고, 작용되는 응력이나 형상에 따라 표면에서 나타날 수도 있고, 내부에 발생 할 수도 있다. 일반적으로 재열균열은 열영향부(HAZ)의 결정립 조대화 부위에서 자주 관찰된다.

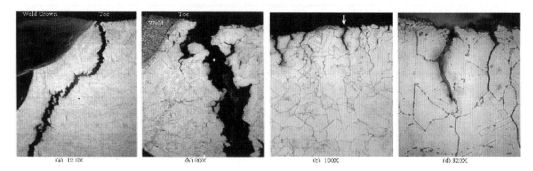

[그림 IV-35] 재열균열의 형상

7.3.4. 재열균열의 방지책

재열균열의 방지책은 아래와 같이 소개할 수 있다.

- 모재 자체 또는 용접재의 고온특성에 영향을 많이 받으므로 온도에 대한 민감도가 낮은 소재를 사용한다.
- 결정립 조대화시 고온 연성이 떨어짐으로 입열량 최소화 및 예열/층간 온도를 낮게 하여(900℃ 정도의 고온에서 서냉 방지) 결정립 조대화를 방지 한다.
- 후판(Heavy Wall Section)의 경우, 용접이나 용접후 열처리(PWHT) 중 구속이 최소화 될 수 있는 용접 이음부 설계(Joint design)을 고려한다.
- 다층 용접을 적용하여 선행 용접비드가 후행 용접비드로부터 열처리 효과를 얻도록 하여 결정립을 미세화 시킨다.
- 열처리 가열(Heating Rate)시 탄화물 석출 온도 구간을 급속 가열하여 석출물 형성전 응력을 제거한다.

라멜라 균열(Lamellar Tearing)

8.1. 문제 유형

- 라멜라 균열(Lamellar Tearing)에 대해 설명하시오.

8.2. 기출 문제

- 101회 2교시 : 강 용접부에서 발생하는 라멜라테어(Lamellar Tear)에 대하여 다음을 설명하시오.
- 95회 4교시 : 강 구조물을 용접하여 제작하였더니 라메라테어링(lamellar tearing)이 발생하였다. (1)그 발생 원인과 (2)방지책을 설명하고 (3)구조물 내부에 매몰된 상태로 이 균열이 존재한다면 어떤 비파괴검사 방법으로 검사할 수 있는지 설명하시오.
- 77회 4교시 : 다음과 같은 설계에 사용되는 강재가 라멜라 균열이 발생 할 수 있는 강재라 가정하여
  - 라멜라 균열을 방지 할 수 있도록 설계를 개선하시오.
  - 라멜라 균열 발생 기구에 대하여 설명하시오.

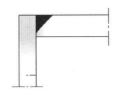

8.3. 문제 풀이

8.3.1. 라멜라 균열(Lamellar Tearing)

라멜라 균열은 수소 취성에 의해 용접 금속이 100℃이하로 냉각될 때 개시 되고, 또 용접 완료후 24시간 정도 경과 되어 균열이 발생 된다고 하여 저온 균열로 간주 되기도 한다.

라멜라 균열은 재료, 이음 설계 및 용접 변수 등 인자에 의한 상호 작용에 의하여 발생한다. 재료는 두께 방향(Through Thickness, Short Transverse or Z-direction)으로 길게 연신된 비금속 개재물이 용접 열주기에 의한 용접 이음의 구속 때문에 모재와 비금속 개재물 사이의 분리에 의하여 발생되며 HAZ부에 인접한 모재에 존재하며 그림과 IV-36과 같이 계단 형상(Step Like or Zig-Zag Appreance)의 균열을 나타내는 것이 특색이다.

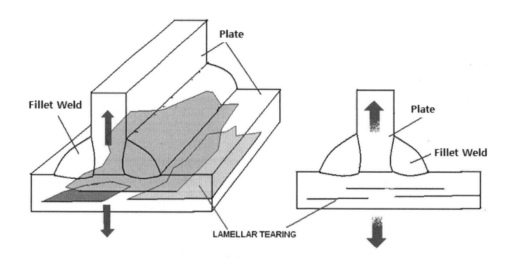

[그림 IV-36] 라멜라 균열

라멜라 균열이 직접 원인이 되어 발생한 사고는 드물지만 구조물 내부에 존재하고 있는 매몰된 균열이 다른 균열의 성장 및 전파에 기여한 경우는 많으며 특히 구속력을 유발하기 쉬운 용접 이음 설계(Joint Design)-십자형, T-형, 모서리 이음들과 관계가 깊다.

라멜라 균열은 매몰된 균열(Buried Tear)로 존재하기 때문에 초음파 탐상을 제외 하고는 탐지가 곤란 하다.

8.3.2. 라멜라 균열 영향 인자

라멜라 균열의 주된 인자는 재료, 이음설계 및 용접 변수로 구분 되며 관련 인자의 구성은 다음과 같다.

- 라멜라 균열은 재료의 두께 방향의 낮은 연성과 이 방향으로 용접에 의해 부과 되는 높은 잔류응력 의해 발생되는 변형에 의하여 발생한다.
- 두께 방향의 낮은 연성은 비금속 개재물, 모재의 성질 및 취성 기구(Embrittling Mechanism)등에 기인한다.
- 두께 방향에 부과되는 변형은 용접이음의 구속력, 용접에 의한 열적 변형과 금속의 상 변태에 따른 변형에 기인한다.
- 재료의 라멜라 균열을 발생 시키는 인자는 MnS, Silicate, Alumina등의 비금속 개재물의 존재 때문이다. 이 가운데 Silicate가 가장 유해한 영행을 미치고, 이는 Silicate자체의 고유한 취성 때문이다.
- 라멜라 균열이 발생되는 재료상의 이유는 재료의 이방성(Anisotropy)때문이며, 이러한 재료를 두께 방향으로 용접을 할 때 용접에 의하여 발생된 변형이 그 재료의 연성을 능가하여 라멜라 균열이 발생한다.
- 용접 변형에 따른 이음부 수축과 용접 부 근처의 구조물에 의한 구속, 특히 응력 변형 분포의 불균일 및 열적 구배등의 상호 작용에 의하여 발생한다.
- 두께 방향의 연성은 비금속 개재물의 Type, 크기, 형상 및 개재물 사이의 간격, 모재의 성질, 결정학적 조직 구조, Banding및 취성 구조에 영향을 받는다.

8.3.3. 라멜라 균열 형성 기구

1) 기공 형성

용접에 의하여 재료의 두께 방향이 열적 수축 때문에 인장 응력을 받게 되면 압연방향으로 길게 연신되어있는 비금속 개재물과 모재 사이에 계면에서 결합력이 상실(De-cohesion) 또는 분리(Separation)에 의하여 그림 IV-37과 같이 기공 형성이 일어난다. 이러한 기공에 용접에 따른 국부 응력이 개재물과 모재간의 결합 강도를 능가할때 또는 용접에 의한 잔류 응력에 의하거나, 비금속개재물과 모재의 열적변형 차이에 의하여 발생 한다.

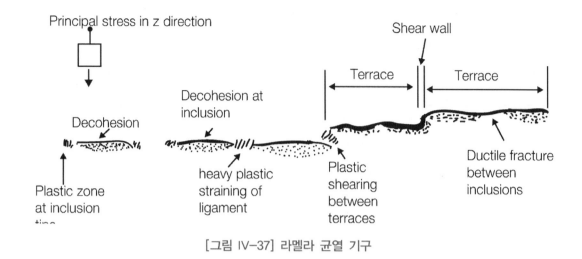

[그림 IV-37] 라멜라 균열 기구

2) 층연결(層連結)

기공형성은 연신된 개재물이나 타원형 개재물에서 우선 적으로 발생 하는데 그림 IV-37에서 보이는 바와 같이 개재물 근처의 양단에는 3축응력 상태(Triaxial Stress)상태로서 심한 소성 변형이 발생하며, 동일 면상에 존재하는 기공 사이에서는 모재의 넥킹(Necking) 또는 미세기공 결합에 의해 층연결이 형성 된다.

이것이 두번째 라멜라균열의 형성 단계이며 동일 면상에 발생한 기공들이 전파되면서 연결되는 과정이다

3) 전단벽(Shear Wall) 형성

다른 면상에 존재하는 층들 사이에 모재가 심한 소성 변형을 받게 되면 층간 가장 취약한 부분이 파열되어 거의 수직으로 층들이 연결 된다. 이렇게 수직으로 파열된 부분을 Shear Wall이라 하며, 그 파단면은 취성의 벽개파열(Cleavage Fracture)를 보여 주기도 하지만 때로는 비금속 개재물에 의한 연성 및 벽개 파단면을 보여주며, 이러한 계단상의 라멜라 균열이 발생 한다

8.3.4. 방지책

1) Clean 강재의 선택

라멜라균열은 주조품이나 단조품에서는 발생하지 않고 압연강재의 용접부에서 발생한다. 소재내에 불순물로 황과 산소의 함량이 높은 강종이 이에 취약하다. 강재의 라멜라 균열 민감도를 평가하기 위해 두께 방향의 인장시험을 실시하여 20% 이상의 단면 수축률(STRA, Short Transverse Reduction Area)이 나오면 이 강재는 내성이 있는 것으로 평가한다.

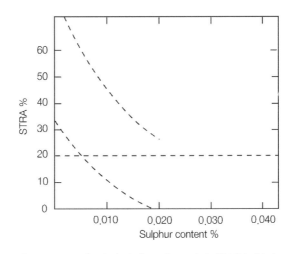

[그림 Ⅳ-38] 단면 수축률과 모재의 황성분 함량

고강도 강재일수록 라멜라 균열에 취약하며 황 성분이 0.005%이하로 알루미늄을 사용하여 탈산한 강재(Al Killed Carbon Steel)은 라멜라 균열이 잘 발생하지 않는 것으로 평가한다.

2) 수축응력의 최소화

용접설계시 응력의 집중이 발생되지 않도록 하여야 하며, 특히 판 두께 방향의 구속응력을 최소화 해야 한다. 용접 비드가 서로 중첩되지 않도록 하여 용접 비드가 응고되는 과정에서 발생하는 응력을 최소화한다.

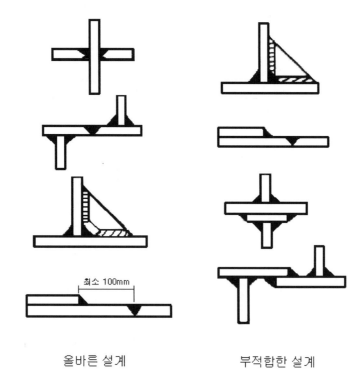

최소 100mm

올바른 설계   부적합한 설계

[그림 IV-39] 응력집중을 예방하는 좋은 용접부 설계와 부적절한 설계

용접부를 필요 이상으로 크게 만들면 그만큼 수축응력이 커지기 때문에 위험하다. 따라서 가능한 꼭 필요한 양만큼 용접부를 형성하도록 하고, 용접부가 한쪽으로 치우친 것보다는 모재의 양쪽으로 균등 분배된 것이 잔류응력을 작게 가져 갈 수 있어서 유리하다. 또한 용접부를 라멜라 균열이 발생하기 쉬운 강재에 수직 방향으로 형성될 수 있도록 배치하여 주어진 응력에 의해 모재의 균열이 발생되지 않도록 한다.

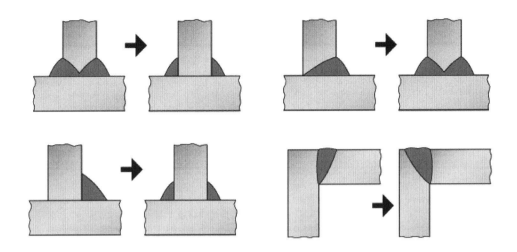

[그림 Ⅳ-40] 라멜라 균열을 예방하는 용접부 설계

그림 Ⅳ-41과 같이 연성이 좋은 재료를 이용하여 중간에 버터링(Buttering) 용접을 실시하여 용접금속의 응력 집중을 최소화 한다. 모재보다 인장 강도가 낮은 용접봉으로 버터링 용접을 시행하고 결함 유무를 확인한 후에 본 용접을 실시하면, 모재의 두께 방향으로 주어지는 응력을 감소시킬 수 있다.

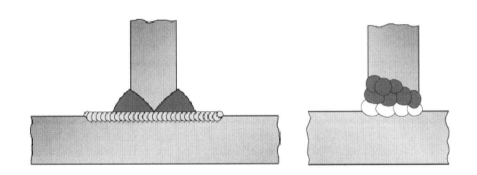

[그림 Ⅳ-41] 버터링을 통한 라멜라 균열의 예방

3) 취화 요인 제거

용접과정에서 저수소계 용접봉재료를 사용하여 용접금속에 수소의 혼입으로 인한 문제점을 최소화 하고, 충분한 예열 및 후열을 통해 용접부의 경화와 초층의 급냉으로 인한 결함을 예방한다.

⑨ 운봉 기법 및 토치 각도

9.1. 문제 유형

- 운봉기법 및 용접토치의 각도에 따른 용어를 파악하고 이에 따른 용접특성을 설명하시오.

9.2. 기출 문제

- 108회 1교시 : GMA(Gas Metal Arc) 용접에 사용되고 있는 토치의 진행방향이 전진법과 후진법으로 구분된다. 이러한 용접 진행 방향에 대한 장.단점 3가지를 쓰고 설명하시오.
- 107회 2교시 : TIG(Tungsten Inert Gas)용접의 생산성을 높이려면 전류를 높이고, 용접속도를 높게 해야 되는데 전류가 300A 이상, 용접속도가 30cm/min 이상이 되면 험핑 비드(Humping Bead)가 생기는 경우가 있다. 그 이유를 설명하고 방지대책을 설명하시오.
- 92회 3교시 : 용접토치의 각도에 따라 전진법, 수직법, 후진법으로 나눌 수 있다. 각각의 방법에서 용입, 아크 안정성, 스패터 발생량, 비드폭, 적용모재두께 등을 비교 설명하시오.

9.3. 문제 풀이

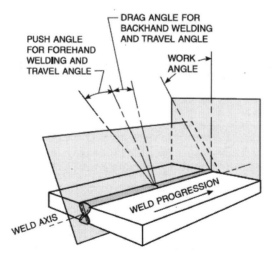

[그림 IV-42] 용접토치의 각도 및 용접 진행 방향

9.3.1. 전진법(Forehand Welding)

일명 좌진법(左進法)이라고도 하며, 용접토치를 용접 진행 방향으로 향하도록 하고, 진행각(Travel Angle)은 용접 진행 방향의 반대방향으로 기울여 용접을 진행해 나가는 방식이다. 일반적으로 아크가 용융 Pool의 앞쪽을 가열하기 때문에 용접부가 과열되기 쉽고, 변형이 발생할 우려가 높다. 기계적성질 또한 저하된다.

- 용입 : 얕다.
- 아크안정성 : 가장 불안정
- 스패터 발생량 : 가장 많은 양이 발생할 수 있고, 이것이 슬래그와 함께 용입되어 불량이 발생할 우려가 있다.
- 비드폭 : 평평하고 넓다
- 적용모재 두께 : 얕다.(보통 5mm이하)

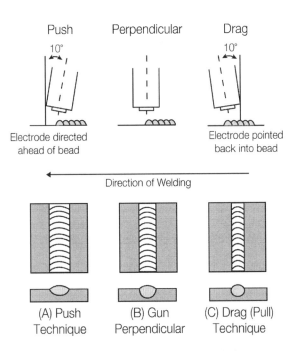

[그림 Ⅳ-43] 진행각에 따른 용입정도

9.3.2. 후진법(Backhand Welding = Drag Welding)

일명 우진법(右進法)이라고도 하며, 용접토치나 건을 용접 진행 방향의 반대방향으로 향하도록 하고, Travel Angle는 용접 진행 방향으로 기울여 용접을 진행해 나가는 방식이다. 용접비드가 형성되는 것을 육안으로 확인하기 쉽다. 용접 Reinforcement 형성을 위해 약간 늦게 운봉되며, 이에 따라 모재는 예열되고 쉽게 용융pool을 형성하고 깊은 용입을 얻을 수 있다.

- 용입 : 깊다(용융금속이 앞지르지 않으므로 깊은 용입얻을 수 있다).
- 아크안정성 : 전진법보다 안정한 아크.
- 스패터 발생량 : 상대적으로 적은 스패터 발생.
- 비드폭 : 좁고 높다.
- 적용모재 두께 : 두껍다.

9.4. 추가 공부 사항

9.4.1. 스패터(Spatter) 발생량 감소와 관련한 연구

일반적으로 스패터란 융합용접간 아크에 의해 용융된 모재 및 용접봉이 용접금속(Weldmetal)의 일부분이 되지 않고 튕겨져 나온 입자(Particle)를 말한다.

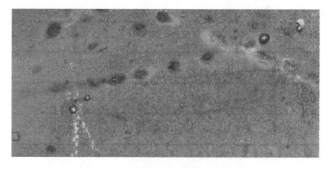

[그림 IV-44] 스패터(Spatter) 형상

실제 용접작업간 용접작업자들은 운봉각의 정도, 전압/전류의 세기, 용접속도 등에 따라 스패터의 발생 정도가 변화함을 익히 경험하고 있으며, 효율적인 용접수행 및 부수적인 용접결함을 방지하기 위하여 그 발생량을 줄이고자 용접시방서(WPS)를 준수하여 작업하여야 함은 물론이거니와 용접작업자 개인의 기량향상 또한 항시 요구된다.

⑩ 용접결함

10.1. 문제 유형

- 용접결함의 종류와 그 형상에 대하여 설명하여라.

10.2. 기출 문제

- 110회 1교시 : 전자빔 용접시 발생되는 아킹(Arcing) 현상, 기공 및 스파이크 결함에 대해 각각 설명하시오.
- 108회 1교시 : 강 용접부에 발생하는(1)융합불량(lack of fusion)과(2)용입부족 (incomplete penetration) 결함을 방사선투과시험으로 판독할 때, 각 결함의 판독결과를 그림으로 비교하여 설명하시오.
- 96회 4교시 : 용접부에 발생하는 대표적인 결함을 5가지 나열하고 방사선 투과사진에 어떻게 검출되는지 설명하시오.
- 83회 1교시 : 용입불량(Lack of Penetration 또는 Incomplete Penetration)과 융합불량(Lack of Fusion)을 그림을 그리고 그 차이점을 설명하시오.

10.3. 문제 풀이

용접부는 짧은 시간에 가열 및 냉각을 하게 되므로 야금학적인 화학반응과 팽창, 수축 등의 물리적 변화가 일어나게 된다. 그 결과로 용접부의 변형, 응력집중, 열영향부 경화, 인성의 저하 등으로 구조물의 파손이나 파괴의 원인이 된다. 용접결함의 원인은 용접재료 및 시공법의 부적당 혹은 용접사의 기량 부족 등 복합적인 영향에 의해 발생한다.

10.3.1. 슬래그 혼입

금속의 응고 과정에서 형성되는 슬래그(Slag)가 완전히 부상하지 못하고 용접금속 속에 섞여있는 상태로서 용접부를 취약하게 하며, 균열을 일으키는 주 원인이 된다. 용접 전류가 너무 낮거나 용탕에 충분한 입열을 주지 못하여 그 유동성이 낮을 경우 발생한다. 또한 용접사의 부적절한 운봉(Weaving)으로도 발생할 수 있다.

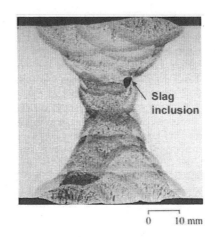

[그림 IV-45] 슬래그 혼입

1) 발생원인

- 다층용접의 경우 이전 층의 슬래그 제거가 불완전하다.
- 용접개선 및 전극 와이어의 각도가 부적당하다.
- 소전류, 저속도로 용착량이 너무 많다.(슬래그가 부상할 시간이 없음)
- 모재가 아래로 경사져 슬래그가 선행한다.
- 전진법이 후퇴법보다 슬래그 선행의 가능성이 높다.

2) 방지대책

- 전 층의 슬래그를 브러시 및 그라인더로 완전히 제거한다.
- 적당한 용접각도를 유지한다.
- 적당한 용접조건을 설정한다.
- 모재의 경사정도에 따라 적당한 운봉(Weaving)을 한다.

3) 방사선 투과사진(RT) 형상

슬래그가 혼입된 용접부의 방사선 투과 사진은 다음과 같이 비교적 판독이 쉽게 나타난다.

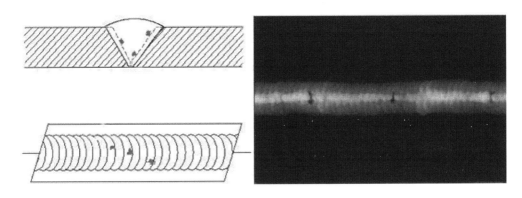

[그림 Ⅳ-46] 방사선 투과사진: 슬래그 혼입

10.3.2. 기공(Porosity)

용접부에 작은 구멍이 산재되어 있는 형태로서 구조적으로 강도에 문제가 되는 경우 반드시 제거한 후 재용접하여야 한다.

[그림 Ⅳ-47] 기공(Porosity)

1) 발생원인

- 보호 가스의 유량이 부족하거나 가스에 불순물이 혼입되어 있다.
- Nozzle에 스패터가 많이 부착되어 가스의 흐름을 방해한다.
- Wire가 흡습되었거나 오염되어 있다.
- 강풍(2 m/s)으로 인해 보호 가스의 용접부 보호 효과가 충분하지 못하다.
- 아크의 길이가 너무 길다.
- 용접부의 급랭(금속의 기화에 의해 생성된 가스가 부상하기 전에 냉각되어 기공 형성)
- 모재에 습기, 녹, Paint, 기름 등 오염물질이 있다.
- 가용접 불량 및 용접봉 선정이 잘못되어 있다.

2) 방지대책

- 적당한 용접조건을 설정한다. Nozzle을 수시로 확인하고 스패터를 제거한다.
- 모재 및 용접봉과 전극에 부착된 불순물을 사전 점검하여 제거한다.
- 용접봉을 완전히 건조한 후 사용한다.
- 바람이 2 m/s이상이면 방풍벽을 설치한 후 사용한다.
- 가용접은 기량이 뛰어난 사람이 행하되 후처리를 정확히 한다.
- 저수소계용접봉을 선정하고 용접부재의 수분제거 및 예열을 정확히 한다.

3) 방사선 투과사진(RT) 형상

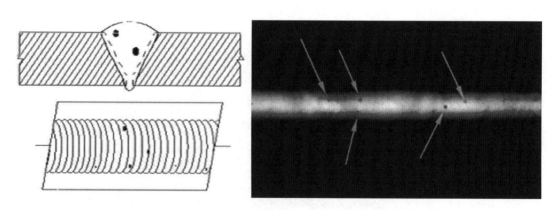

[그림 IV-48] 용접부 기공(Porosity)의 방사선 투과사진

10.3.3. 언더컷(Under Cut)

외형상 용접이 덜된 것처럼 보이지만, 실제로는 용접부와 인접한 모재의 일부가 과다하게 녹아서 용접금속으로 빨려 들어가 홈으로 남아있는 형상이다. 완성된 제품의 운전 과정에서 응력집중점으로 작용할 수 있으므로 필히 제거되어야 한다.

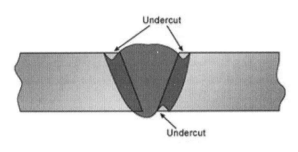
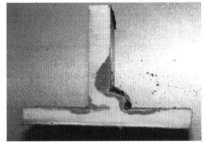

[그림 Ⅳ-49] 언더컷(Under Cut)

1) 발생원인

- 용접전류 및 전압이 지나치게 높다.
- 용접봉의 송급 속도가 불규칙하다.
- Torch 각도 및 운봉조작이 부적당하다.

2) 방지대책

- 적당한 용접조건을 선정한다.
- 용융금속이 충분히 용착될 수 있도록 용접속도를 선정한다.
- 용접봉의 송급속도가 일정하도록 와이어 송급장치 및 토치 내부를 수시 점검한다.
- 토치 각도 및 운봉조작을 규정대로 한다.

3) 방사선 투과사진(RT) 형상

언더컷의 방사선 투과 사진은 용접부와 모재의 경계면에 선명한 선으로 나타나서 어렵지 않게 판독이 가능하다.

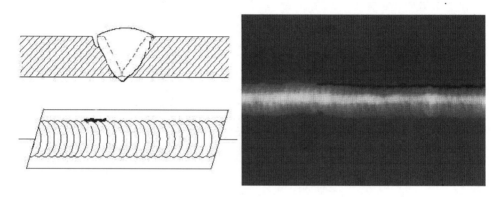

[그림 IV-50] 언더컷(Under Cut)의 방사선 투과 사진

10.3.4. 용융불량(Incomplete Fusion)

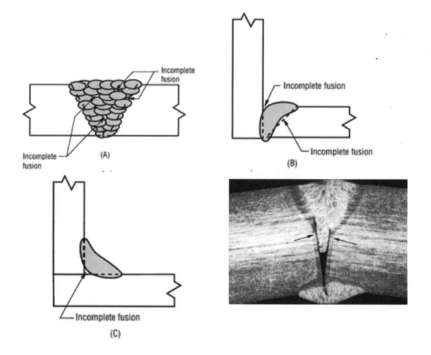

[그림 IV-51] 용접금속의 용융불량(Incomplete Fusion)

용접금속과 모재면 또는 선행 용접비드와 융합이 되지 않은 것(Discontinuity)으로 입열부족 또는 용접부가 오염되어 있는 경우 발생할 우려가 높다.

1) 발생원인

- 용접전류가 너무 낮은 경우
- 다층용접의 경우 전층의 비드가 매우 불량하다.
- 용접사의 기량부족으로 용접 각도 부적합으로 아크가 모재를 녹이지 못한 경우
- 설계적인 측면에서 개선각이나 루트갭이 적합하지 않은 경우

2) 방지대책

- 적당한 용접조건을 선정한다.
- 토치의 진행 각도와 운봉속도를 조절하여 슬래그가 선행하지 않도록 한다.
- 전층 비드의 괴형상을 제거한다.
- 루트 간격 및 표면의 치수를 조절한다.

3) 방사선 투과사진(RT) 형상

용융불량은 방사선 투과 시험에서 해당 부위가 좀더 많은 방사선의 투과를 허용하기 때문에 검게 직선으로 나타나게 된다.

 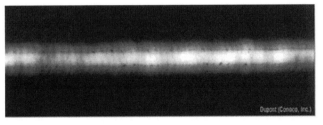

[그림 Ⅳ-52] 용융불량(Incomplete Fusion)의 방사선 투과사진

10.3.5. 용입불량(Incomplete Penetration)

용접부를 용접금속이 충분하게 채우지 못하고 남아있는 형상으로 표면의 것은 언더필(Underfill), 내부의 것은 용입불량(Incomplete Penetration)이라고 한다. 주로 마지막 용접 패스(Pass)에서 발생하여 비드가 약간 함몰된 것처럼 보이거나 루트(Root)쪽에서 백비드(Back Bead) 형서이 불완전한 상태로 발생한다.

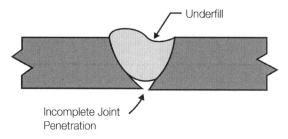

[그림 IV-53] 용입불량(Incomplete Penertration)

대개 표면에서 보면 비드가 함몰된 것 같이 보이며, 설계 기준에 모재의 두께를 채우지 않아도 되도록 불충분한 용입(Partial Penetration) 조건으로 설계가 된 것이 아니라면 강도상 필요두께를 채워야 하므로 반드시 보수 용접을 실시하여야 한다.

용접전류가 너무 낮아서 용탕이 용접부를 충분하게 흘러들어가지 못하고 중간에 응고가 되거나, 용접봉을 충분하게 녹이지 못할 경우에 주로 발생한다. 특히 초층의 용입불량은 루트 간격(Root Gap)이 너무 큰 경우에 작은 용접봉으로 이 간격을 메꾸려고 할 때에 주변 모재로 인한 급냉 효과로 인해 자주 발생하게 된다.

 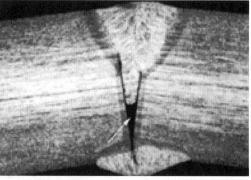

[그림 IV-54] 용입불량(Incomplete Penertration)

1) 발생원인

- 용접속도가 빠르다.
- 용접전류가 너무 낮다.
- 토치의 각도가 나쁘다.
- 다층용접의 경우 전층의 비드가 매우 불량하다.
- 아크의 길이가 너무 길다.

2) 방지대책

- 적당한 용접조건을 선정한다.
- 토치의 진행 각도와 운봉속도를 조절하여 슬래그가 선행하지 않도록 한다.
- 전층 비드의 괴형상을 제거한다.
- 루트 간격 및 표면의 치수를 조절한다.

3) 방사선 투과사진(RT) 형상

실제 현장에서 아주 극명하게 용입불량이 발생된 경우를 제외하고는 용입불량을 용융불량과 명확하게 구변하기는 사실 쉽지 않다. 따라서 판정이 애매할 경우에는 직접 실제 용접부를 보고 판단해야 한다.

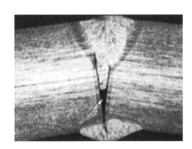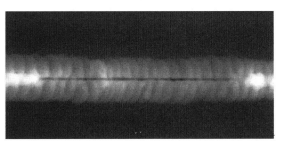

[그림 Ⅳ-51] 방사선 투과사진: 용입불량(Incomplete Penertration)

10.3.6. 오버랩(Over Lap)

용융된 금속이 모재를 충분히 녹여서 융착하지 못하고 그대로 응고된 것으로 대개 용접부가 약간 들떠 있는 것처럼 보인다. 응력집중과 틈부식(Crevice Corrosion)을 발생시키므로 제거한 후 재용접을 실시하여야 한다.

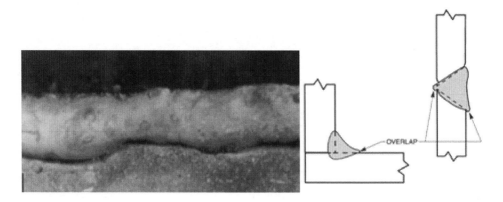

[그림 IV-56] 오버랩(Over Lap)

1) 발생원인

- 용접속도가 너무 느리다.
- 용접전류가 너무 낮다.
- 토치의 진행 각도가 부적당하다.

2) 방지대책

- 적당한 용접조건을 선정한다.
- 토치의 진행 각도와 운봉속도를 조절한다.

10.3.7. 스패터(Spatter)

용융금속중의 일부입자가 모재로 이행하면서 용접부를 이탈해 용착되는 용융방울로서 사용되는 보호가스의 종류에 따라 발생정도가 달라진다.

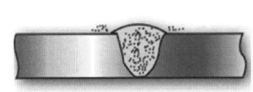
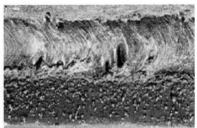

[그림 Ⅳ-57] 스패터(Spatter)

1) 발생원인

- 용접전류 및 전압이 너무 높다.
- 사용전류 대비 아크의 길이가 너무 길다.
- 용접봉에 습기가 함유되어 있다.
- 모재에 녹, 페인트등 이물질이 많다.
- 토치의 진행각도가 부적당하다.

2) 방지대책

- 적당한 용접조건을 선정한다. 용접봉은 충분히 건조한 후 사용한다. .
- 모재의 표면상태를 확인하고 불순물을 철저히 제거한다.
- 적당한 토치각도를 유지하면서 작업한다.

10.3.8. 균열(Crack)

균열은 급냉과 수소에 의해서 발생하는 저온 균열과 저융점 개재물 및 작업 현장의 용접부 오염에 의한 고온의 응고 균열로 구분할 수 있다. 저온 균열은 용접봉의 건조와 수분 제거 등으로 예방이 가능하며, 고온의 응고 균열의 원소재의 불순물 제어와 용접부의 청결관리를 통해 예방이 가능하다.

저온 균열은 급냉과 수소에 의한 것으로 지연균열(Delayed Crack), 비드밑 균열(Under Bead Crack) 등을 언급할 수 있고, 고온 균열의 가장 대표적인 것은 크레이터 균열(Crater Crack)을 꼽을 수 있다.

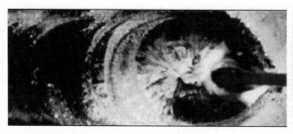

[그림 IV-58] 알루미늄 용접금속의 크레이터 균열(Crater Crack)

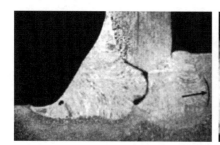

[그림 IV-59] 언더비드(Under Bead) 균열

또한 발생되는 균열의 위치와 방향성에 따라서 종방향(길이방향, Longitudinal)과 횡방향(가로방향, Transverse)의 균열로 구분한다. 현장에서 균열이 발생하면 대개 예열이나 용접봉 건조 혹은 용접 조건을 가지고 그 원인을 찾으려고 하는데, 가장 우선적으로 확인해야 할 것은 용접부를 따라서 어느 곳에서 균열이 시작되고 어느 방향으로 진전되었는지를 확인해야 한다. 균열은 주어진 응력의 수직 방향으로 성장하기에 균열의 성장 방향을 알면 균열을 촉진하고 성장하게 만든 원인이 무엇인지 좀더 쉽게 확인할 수 있다.

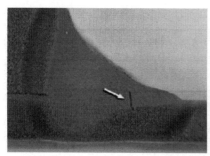
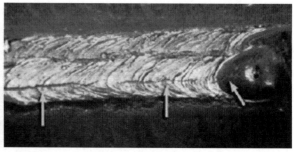

[그림 IV-60] 필렛용접에서의 각목 균열(Throat Crack in Fillet Welds)

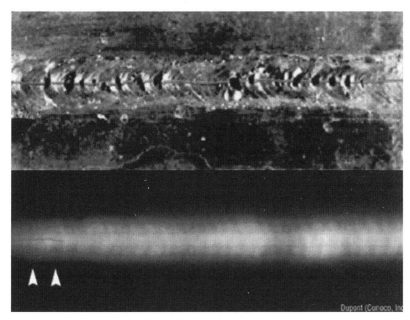

[그림 Ⅳ-61] 길이방향 균열(Longitudinal Crack)

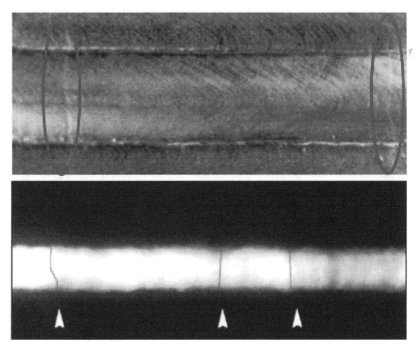

[그림 Ⅳ-62] 횡방향 균열(Transverse Crack)

1) 발생원인

- 작업자의 기량이 부족하거나, 용접절차가 잘못되었다.
- 모재에 탄소, 망간등 합금원소가 함유되어 있다.
- 이음부의 구속이 많다.(Alignment를 맞추기 위해서 각종 지그, 쐐기 등을 사용함으로써 모재에 구속응력이 부가되었다.)
- 급냉에 의한 열영향부의 경화
- 크레이터 처리가 불완전하다(아크를 급히 끊으면 나타나는 현상)
- 용접봉이 잘못 선정되었거나 심하게 흡습되어 있다.
- 다층용접의 경우 초층 비드가 너무 작다.

2) 방지대책

- 예열 및 후열처리 실시
- 이음부 가공, 정열을 정확히 하여 구속응력이 없도록 한다.
- 모재의 원소를 충분히 Check한 후 적당한 용접봉을 선정한다.
- 크레이터를 충분히 메운 후 천천히 아크한다.
- 용접순서를 재검토하여 결점사항을 수정한다.
- 충분한 교육 및 연습을 통해 작업자 기량을 향상시킨다.
- 초층 비드를 되도록 크게 한다.

10.4. 추가 공부 사항

- 각 균열위치에 따른 명칭과 균열원인
- 강종별 재질 특성에 따른 균열 및 결함 발생 양상
- 용접방법에 따른 결함 발생의 양상과 대책
- 용접결함에 대한 검사기법 및 합부 판정기준

11 용접기법별 결함 종류와 방지법

11.1. 문제 유형

- 용접 Process별 용접결함의 종류, 방지법에 대하여 설명하여라.

11.2. 기출 문제

- 110회 4교시 : 가스메탈아크용접(GMAW)의 입상용적으로 용접 중 용접조건의 변화에 의해 갑자기 스패터가 대량 발생하였다. 이에대한 원인과 대책을 설명하시오.
- 108회 3교시 : 지상식 LNG 탱크의 내조(內槽)에 사용되는 9% Ni강을 피복아크용접(SMAW)하는 경우, 주로 사용하는 용접재료와 그 이유를 설명하시오. 그리고 피용접재의 자화(磁化)에 의한 아크쏠림(magnetic arc blow) 현상이 염려된다면 그 방지방법 3가지를 쓰고 설명하시오.
- 90회 2교시 : 탄산가스 아크 용접중 스패터가 발생할 수 있는 원인에 대하여 설명하시오.
- 89회 2교시 : SMA 용접부에서 용접결함을 열거하고 방지법에 대하여 설명하시오.

11.3. 문제 풀이

11.3.1. 용접 Process 별 결함원인 및 방지대책

1) 보호가스(Shielding Gas) 사용 용접(GTAW, FCAW, GMAW)

[표 Ⅳ-7] 보호가스 사용시의 결함 원인과 대책

결함종류	원인	방지대책
표면비드불량	• 와이어 구부러짐 • Contact Tip과 용접물 간의 거리 과다 • 차폐 가스 흐름 불량	• Wire Straightner 사용 • Stick Out 감소
	• 공기 유입 및 습기 유입	• 장비 점검
	• 용접봉 최초 공급 시기가 지나치게 빠	• 모재부 용융 후 용접봉을 유입 시킴.

결함종류	원인	방지대책
	름.(TIG)	
	• 취부 용접부 균열	• 취부 용접시 전류 높임. • 취부 용착량 및 길이 증가
용입/ 용융불량	• 지나친 용접 속도 • 지나친 토치 기울임 • 루트 갭이 너무 좁다. • 아크 시작점의 용융풀이 너무 작다. • Root Face가 두껍다.	• 용접 속도를 늦춤 • 토치 각도 증가 루트 갭 증가 • 시작점에서의 충분한 가열 • Root Face 두께 감소
용락	• 과도한 전류 • 느린 용접 속도 • 루트갭 과다 및 Root Face 과소 • 와이어 Feeding 속도 과다	• 전류값을 낮춤 • 용접 속도를 높임 • 루트갭 줄임, 위빙 • Feeding Speed 조절
언더컷	• 전류 과대 • 전압 과대 • 용접 속도 과다 • 불균일한 와이어 공급 속도 • 위빙 속도 과다 • 토치 각도 불량 • 모재의 산화	• 용접 전류 줄임 • 전압 줄임 • 용접 속도 줄임 • 노즐 청소 및 교체 • 위빙 끝 부위에서의 정지
스패터	• Globular 용적 이행 • 용접봉 또는 모재의 오염	• 차폐 가스 교체 • 용접봉 교체 및 용접부 청정
슬래그 혼입	• 천층의 청정 불량 • 용접속도 불균일 • 토치각도 불량(슬래그가 아크에 선행) • 위빙폭 과다 • 용접속도 과소(용융풀이 아크에 선행) • 전류 과소	• 층간 청정 철저 • 용접 속도 균일 • 토치각을 크게 함 • 위빙폭 줄임 • 용접 속도 늘임 • 전류를 높임
텅스텐 혼입	• 전극으로 부터 유입	• 전극의 품질이 낮음 • 작업물과의 접촉 방지 • 전류밀도를 줄임
기공	• 차폐 가스 유량 부족 • 차폐 가스에 공기 유입 • 전류, 전압 과대 • Stick-Out 과다 • 금속 표면 오염(수분, 그리스, 먼지) • 모재의 탄소, 황 및 인의 함량 과다	• 차폐 가스 유량 늘임 • Nozzle에 Screen 설치 • 전류, 전압 줄임 • Stick-Out 줄임 • 금속 표면 청정 • 모재 교체
고온균열	• 모재의 황 및 인의 함량 과대 • 내부 응력 과다	• 망간함량이 높은 용가재 사용 • 예열

결함종류	원인	방지대책
	• 최초 용접부의 크레이터 균열 • 팽창량 과다	• 용접 비드 크기 증가 • 용접 순서 및 JIG 변경
저온균열	• 용착량 과소 • 취부 상태 불량 • 내부 응력 • Crater Crack • 과도한 수축 • 용입 불량 • 외기 온도가 지나치게 낮음 • 수분 • 냉각 속도 과다 • 수소 잔존	• 용착량 늘임 • Root Gap 줄임 • 예열 • Crater를 채움 • 용접 순서 변경 • 용접 변수 변경 • 용접부 예열 • 모재부 건조 • 입열 증가(전류를 높이고 속도를 늦춤) • 냉각속도를 늦춤으로써 수소방출

2) 피복 아크 용접 방법(SMAW)

[표 IV-8] 피복아크 용접의 결함과 대책

결함 종류	원인	방지 대책
용입 부족	• 운봉 속도가 부적당할 경우 • 용접 전류 과소 • 홈의 각도가 좁은 경우	• 용착량 늘임 • 슬래그의 포피성을 해치지 않을 정도로 전류를 많게 함 • 홈의 각도를 크게 하거나 각도에 따른 봉지름 선정
언더컷	• 용접봉의 각도, 운봉 속도가 적당치 않을 경우 • 용접 전류 과다 • 부적당한 용접봉 사용	• 봉지름에 따른 위빙을 주의 깊게 함. • 운봉 속도를 늦게 하고 전류를 높임 • 목적에 따른 용접봉 사용
슬래그 섞임	• 전층의 슬래그 제거 불완전 • 이음 설계 부적당	• 슬래그 완전 제거 • 아크 길이 또는 조작을 적당히 할 것
기공	• 아크 분위기 중의 수소 또는 일산화탄소가 너무 많을 때 • 용착부의 급냉 • 모재 중의 유황량 과다 • 이음부에 유지, 녹, 페인트 부착 • 아크 길이 전류치 부적당 • 용접봉 또는 이음에 습기 과다	• 적정한 봉 선정 • 위빙 또는 후열에 의한 냉각 속도 늦춤 • 저수소계 용접봉 사용 • 이음의 청정 • 소정의 범위 내에서 양간 길게 아크 길이 유지 • 용접봉 및 모재 건조

결함 종류	원인	방지 대책
	• 두꺼운 아연 피복	• D4310봉 사용(고셀룰로오즈계로 아크가 강함)
용착강 터짐	• 이음의 강성이 너무 클 때 • 용착강에 기포 등의 용접 결함 존재 • 용접봉 건조 부족 • 이음의 친화성이 나쁠 때 • 이음의 각도가 너무 좁아 작고 좁은 비드로 될 때 • 모재로 부터 과잉의 탄소나 합금 성분이 가해졌을 때 • 모재중에 유황량이 많을 때	• 예열, 피이닝, 후퇴법 사용 • 기포가 생기지 않는 용착 금속을 만들 것. • 충분히 건조시켜 습기제거 • 루트갭 증가 또는 봉을 바꿈 • 비드 단면적을 증가 시키고 봉종류를 바꿈 • 전류치를 낮추어 용입을 감소 • 저수소계 용접봉 적용
모재 터짐	• 아크 분위기 중에 수소가 너무 많을 때 • 모재의 소입성이 클 때 • 모재에 이방성(방향에 따라 강도가 다른 것) 이 있을 때	• 저수소계 용접봉 적용 또는 예열, 후열 실시 • 예열, 후열을 하여 냉각속도 늦춤
용착강의 연성과 노치취성 악화	• 냉각속도가 너무 빠를 때 • 용접봉 부적당 • 모재로부터 탄소합금 원소가 과도하게 가해졌을 때	• 예열, 후열 • 연성이나 노치 취성이 가장 우수한 용접봉 사용 • 전류를 낮추어 용입을 적게함
모재 열영향 부의 연성과 노치 취성의 악화	• 냉각 속도가 너무 빠를 때 • 모재의 소입성이 클 때 • 모재가 변형 시효를 일으킬 때 • 아크 분위기 중에 수소가 너무 많을 때	• 예열 및 후열 • 응력 제거 어닐링 • 저수소계 용접봉 사용
선상조직	• 용접부의 냉각속도가 너무 빠를 때 • 모재의 탄소 유황분이 너무 많을 때 • 슬래그를 많이 혼입할 때 • 수소 용해량이 너무 많을 때	• 예열, 후열 실시 • 모재 검토 • 탈산이 잘되고 슬래그가 가벼운 용접봉 사용 • 고산화철계, 저수소계 용접봉 사용

3) 서브머지드 용접방법(SAW)

[표 IV-9] 서브머지드(SAW) 용접의 결함과 대책

결함 종류	원인	방지 대책
블로우 홀	• 이음의 녹, 스케일, 유기물 • 플럭스의 흡습 • 더럽혀진 플럭스	• 이음의 연삭, 청정, 불꽃 굽기 • 플럭스 건조 • 철선 브러시 사용

결함 종류	원인	방지 대책
	• 과대한 용접 속도 • 플럭스의 높이 부족 • 플럭스의 높이 과다에 의한 가스 탈출 불충분 • 녹이나 유지로 더럽혀진 심선 • 극성 부적당	• 용접속도 낮춤(적정 플럭스사용) • 플럭스 공급 호스 높이 높임 • 플럭스 공급 호스 높이 낮춤 • 심선의 청정 또는 교환 • DCRP(전극 양극) 사용
균 열 (Crack)	• 모재의 탄소량 과대, 용착 금속의 망간량 과소 • 용착부의 급냉에 의한 열 영향부의 경화 • 심선의 탄소와 유황의 함유량 과대 • 다층용접의 제 1층에 생기는 터짐은 비드가 수축변형에 견디지 못할 때 • 림드강의 필렛 용접에서 깊은 용입으로 편석이 교차할 때 • 모재의 구속 과다 • 비드 높이 과다, 비드 폭 과소	• 망간량이 많은 심선 사용, 모재의 탄소량이 많을 때는 예열 • 용접 전류, 전압의 증가, 용접 속도 감소, 모재의 예열 • 심선 교환 • 제 1층 비드를 강대하게 함. • 용접 전류와 속도 감소 • 비드 폭과 비드 고를 대략 1 : 1로 함. 전류를 낮추고 전압을 높임
슬래그섞임	• 용접 방향으로 모재가 경사해 있어 슬래그가 선행 • 심선이 측면에 너무 가까울 때 • 용접 개시점의 슬래그 섞임 • 전류 과소 • 용접 속도가 과소하고 슬래그가 선행 • 최종층의 아크 전압이 너무 높아 유리된 플럭스가 비드 끝에 혼입	• 모재를 되도록 수평으로함. • 홈측면과 심선과의 거리를 적어도 심선 직경 이상으로 함 • 엔드탭의 홈 형상을 모재와 동일하게 함. • 전류를 높여서 잔류 플럭스를 녹이도록 함. • 전류와 용접속도를 증가 • 전압 감소. 2층으로 최종층을 덧붙임.

11.4. 추가 공부 사항

11.4.1. 용접 전류, 아크 길이 그리고 용접속도에 따른 용접품질

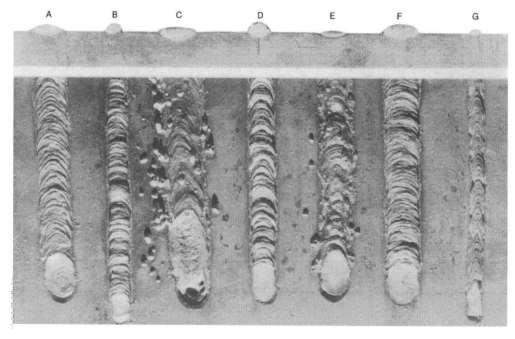

A: 적합한 전류, 아크길이 그리고 용접속도 일 때

B: 전류값이 너무 낮은 경우   C: 전류값이 너무 높은 경우

D: 아크길이가 너무 짧은 경우   E: 아크길이가 너무 긴 경우

F: Travel Speel가 너무 느린 경우   G: Travel Speed가 너무 빠른 경우

[그림 IV-63] 용접변수에 따른 용접비드 형상

V

강종별 용접성

1 탄소강 & 저합금강(Carbon & Low Alloy Steel)

1.1. 문제 유형

- TTT Curve에서 변태 온도에 따라 생성되는 상이 다른 이유와 상들의 특성을 설명하시오. 또한 침상 페라이트의 발생 기구와 특성에 대해 설명하시오.

1.2. 기출 문제

- 110회 4교시 : 판두께 10mm 이상의 극후판의 고강도 강재에 고능률 및 고품질의 용접부를 확보할 수 있는 최신 용접법에 대해 설명하시오.
- 108회 4교시 : 자동차용 강판의 레이저용접에는 가스레이저와 고체레이저가 사용된다. 아래의 사항에 대하여 설명하시오.
  가. 가스레이저(1 가지) 및 고체레이저(2 가지)의 종류
  나. 가스레이저 및 고체레이저의 특징(파장, 빔의 전송 등)
- 84회 3교시 : 용접구조용 강의 열영향부에는 통상 마르텐사이트, 하부 베이나이트, 페라이트 + 펄라이트, 상부 베이나이트 조직이 나타난다. 이들 조직의 현출 순서를 용접 후 냉각속도의 관점에서 배열하시오. 또한 이들 조직을 인성의 관점에서 비교 설명하시오.
- 81회 4교시 : 서브머지드아크 용접금속에서 침상형 페라이트(침상 Ferrite) 생성에 영향을 주는 주요 인자들을 기술하시오.
- 80회 4교시 : 강재용접부 미세조직에 있어 용착금속내 미세침상페라이트(침상 Ferrite)형성에 미치는 산소함량의 영향을 기술하시고, 열영향부에 형성되는 마

르텐사이트 조직, 상부 베이나이트 조직과 하부베이나이트 조직의 특성을 탄소나 탄화물 관점에서 도식화하여 기술하시오.

1.3. 문제 풀이

고온에서 용융된 금속은 냉각속도에 따라 펄라이트, 베이나이트 및 마르텐사이트 등의 조직이 발생하며 각 조직은 서로 다른 기계적 특성을 나타내고 있다. 사용하는 목적에 따라 냉각 속도를 조절하여 원하는 기계적 특성의 조직을 얻는 것이 중요하다.

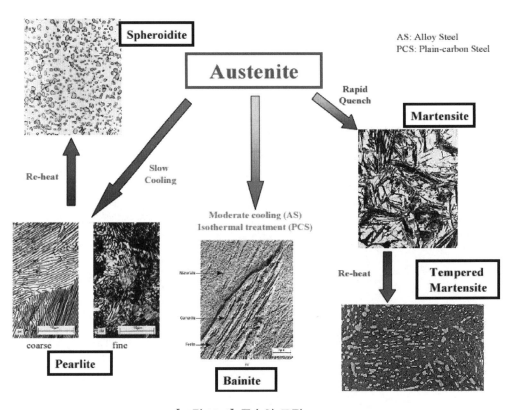

[그림 V-1] 금속의 조직

이러한 냉각 과정에 따른 조직의 변화를 예측한 것이 등온변태곡선(TTT Digagram) 이다. 그림 V-2에서 오스테나이트 영역에서부터 충분하게 서냉을 하게 되면, 퍼얼라이트 조직이 얻어지고 이보다 약간 빠르게 냉각을 하면 베이나이트 조직이 얻어진다. 만약 오스테나이트 영역에서부터 급냉을 하게 되면 전체 조직이 마르텐사이트로 바뀌어 취성이 발생하게 된다.

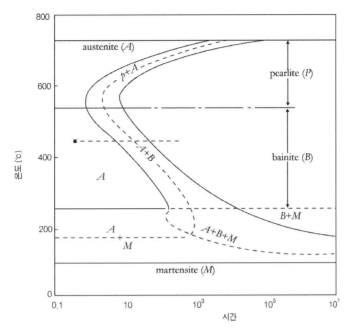

[그림 V-2] 탄소강의 등온변태곡선(S곡선, TTT Diagram)

1.3.1. 확산 변태와 무확산 변태

1) 확산 변태

탄소강의 경우 페라이트와 시멘타이트는 탄소(C)의 조성이 다르다. 그러므로 오스테나이트(γ)상이 페라이트(α) + 시멘타이트로 변태시 탄소(C)의 확산이 필요하다. 탄소(C)의 확산은 냉각 속도에 좌우된다.

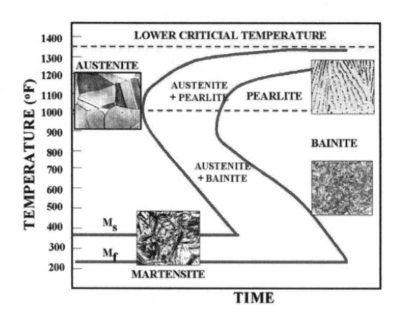

[그림 V-3] 탄소강의 등온변태처리

냉각속도가 빠르거나 변태 온도가 낮을수록 탄소의 확산 속도가 낮아져 발생하는 페라이트와 시멘타이트의 형상이 달라진다. 달라진 각각의 형상에 따라 펄라이트, 베이나이트 등 다른 이름으로 부른다.

2) 무확산 변태

냉각 속도가 임계 속도 이상으로 빠를 경우는 탄소의 확산 속도가 너무 낮아 확산 변태가 발생하지 못하고 확산이 필요없는 무확산 변태가 발생한다. 무확산 변태 조직을 마르텐사이트(α')상이라 부른다.

1.3.2. 조대(Coarse) 및 미세(Fine) 펄라이트

TTT Curve에서 변태온도가 550℃ 이상에서는 펄라이트가 발생한다.

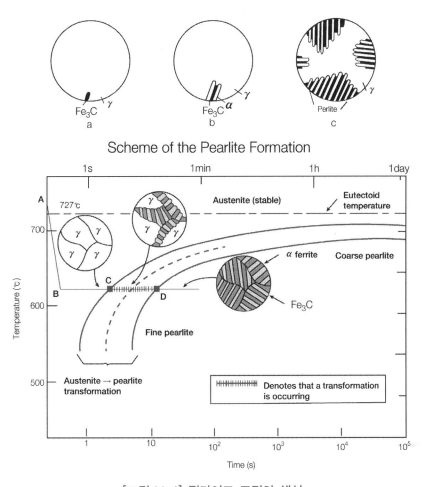

Scheme of the Pearlite Formation

[그림 V-4] 펄라이트 조직의 생성

변태 온도가 높을수록 탄소의 이동 속도가 높아지며, 즉 펄라이트의 경우 탄소의 최대 이동거리(d/2)가 길어져 펄라이트를 구성하는 페라이트와 시멘타이트의 크기가 굵어 진다. 즉 변태온도가 높은 경우 탄소의 확산 속도가 빠르므로 d값이 큰 조대(Coarse) 펄라이트가 생성된다. 반대로 변태온도가 낮은 경우 d값이 작은 미세(Fine) 펄라이트가 생성된다. 펄라이트 조직이 미세할수록 펄라이트의 입자가 작아 전위(Dislocation)의 이동이 어려워 지므로 인성의 저하없이 강도가 향상된다.

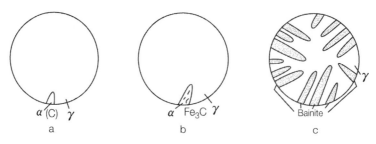

Scheme of the Bainite formation

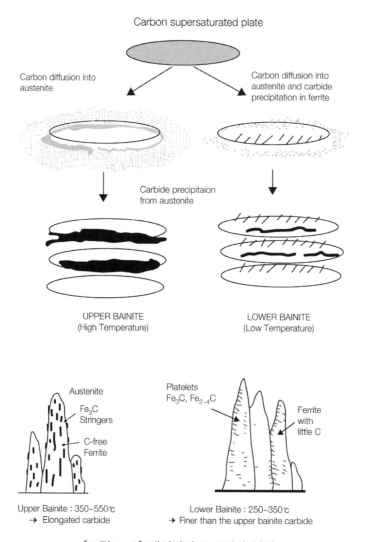

[그림 V-5] 베이나이트 조직의 생성

1.3.3. 상부 베이나이트(Upper Bainite)

변태온도가 350~550℃에서는 탄소의 확산 속도가 낮아 더 이상 펄라이트의 생성이
어렵다.

이 온도 구간에서는 탄소의 확산이 충분하지 않아 시멘타이트가 연속적으로 생성되지
못하며 불연속적으로 생성된다. 즉 침상형태의 페라이트 입계에 시멘타이트가 불연속적
으로 생성된다. 상부 베이나이트는 페라이트 입계에 시멘타이트가 불연속적으로 존재하
므로 취성이 높아 일반 구조용 강으로 사용이 어렵다.

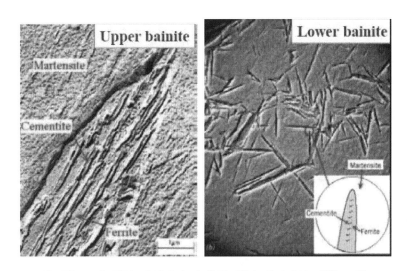

[그림 V-6] 상부 베이나이트(좌)와 하부 베이나이트(주) 조직

1.3.4. 하부 베이나이트(Lower Bainite)

변태온도가 250~350℃로 매우 낮은 경우 탄소가 페라이트 입계까지 확산하지 못하고
페라이트 입내에 아주 작은 시멘타이트를 균질하게 형성한다. 페라이트 입내에 미세한
시멘타이트가 석출되어 있는 형상으로 하부 베이나이트는 석출강화 기구에 의해 높은
강도와 양호한 인성을 갖는다.

1.3.5. 마르텐사이트(Martensite)

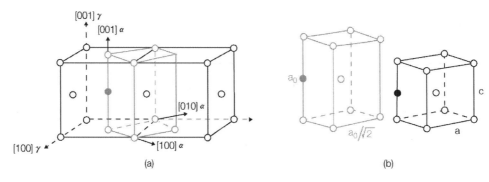

[그림 V-7] 마르텐사이트 조직

    냉각 속도가 높은 경우 확산 시간이 없어 확산 변태가 발생하지 못하고 순간적인 변형에 의한 마르텐사이트가 형성된다. 무확산 변태이므로 마르텐사이트 변태의 진행정도는 시간과 관계없으며 온도에 따라 좌우된다. 마르텐사이트의 형성에는 확산이 없었으므로 시멘타이트가 형성되지 못하고 탄소(C) 원자가 페라이트의 Fe 원자 사이에 위치하여 Fe 원자의 심각한 격자 변형 및 응력을 유발한다. 이에 따라 마르텐사이트는 높은 경도와 취성을 갖고 있다. 마르텐사이트는 높은 취성으로 구조용 강으로 사용하지 못하며 템퍼링하여 인성을 갖도록 한후 사용한다. 템퍼링시 마르텐사이트 내의 탄소(C)가 확산하여 하부 베이나이트와 같이 페라이트내에 시멘타이트가 형성된다. QT 조직은 하부 베이나이트와 유사한 조직으로 높은 강도와 양호한 인성을 나타낸다.

1.3.6. 침상 페라이트(Acicular Ferrite)

    침상 페라이트는 불가사리 형태의 페라이트로 서로 얽혀 있는 구조이며, 이에 따라 전위(Dislocation) 및 균열의 전파가 어려워 강도와 인성이 좋고 취성이 낮은 특성을 갖는다.

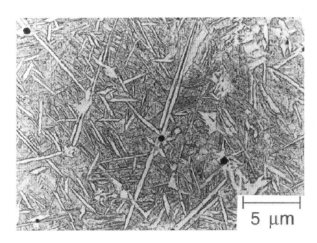

[그림 V-8] 침상 페라이트

침상 페라이트는 오스테나이트(γ)상의 입내에 산화물이 존재시 산화물이 페라이트의 핵생성 Site로 작용하여 페라이트가 불가사리 형상으로 성장한다. 용접시 입내에 산화물 형성을 위하여 Shielding Gas에 일정량의 CO_2를 첨가시 용탕에 산화물을 형성하여 높은 인성의 침상 페라이트 용접부를 얻을 수 있다.

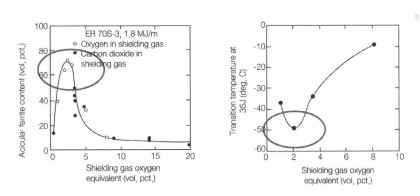

[그림 V-9] 보호가스의 산소함량에 따른 침상 페이트 생성

또한 동일한 산화물 존재시 오스테나이트(γ)상의 Grain Size가 클수록 침상 페라이트
가 잘 생성된다. 오스테나이트(γ)상의 결정크기(Grain Size)가 작은 경우 입계에서 베이
나이트가 주로 발생한다.

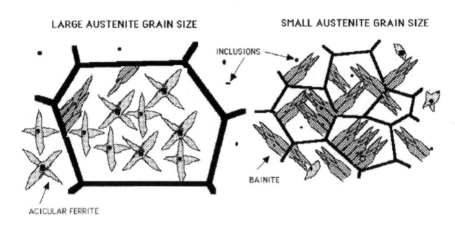

[그림 V-10] 결정크기(Grain Size)에 따른 침상 페라이트 및 베이나이트 생성

이것은 결정크기(Grain Size)가 감소할수록 베이나이트의 핵생성 자리(Site)가 되는
입계의 면적이 증가하기 때문이다.

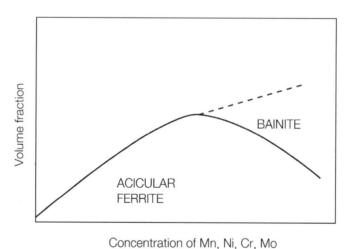

[그림 V-11] 합금함량 따른 침상페라이트 및 베이나이트 생성

용접 금속에 Mn, Cr, Mo등의 성분이 증가할수록 석출물에 의해 입자(Grain)의 성장이 억제되어 입자 크기(Grain Size)가 감소하므로 그림 V-11과 같이 베이나이트가 주로 생성된다.

냉각속도와 입자 크기 등을 조절하여 용접부에 인성과 강도가 좋은 하부 베이나이트, 침상 페라이트를 형성할 수도 있으며, 퀜칭 및 템퍼링 열처리를 통해 하부 베이나이트와 유사한 특성의 강도와 인성이 좋은 조직을 얻을 수 있다. 그러나 잘못된 용접 Process 적용시에는 반대로 취성이 높은 조직이 형성될 수 있다. 요구되는 구조물의 특성에 따라 적정한 용접 Process를 적용하여야 하며, 이의 적용을 위해서는 각 조직의 특성 및 열처리 방법에 대한 완벽한 이해가 필요하다.

1.4. 추가 공부 사항

- 핵생성의 열역학적 메카니즘(Barrier 및 Driving Force)
- Withmannstatten 페라이트의 정의

2 Cast Iron(주철)

2.1. 문제 유형

- 주철의 일반적 특성 및 용접간 주의사항에 대하여 설명하시오.

2.2. 기출 문제

- 110회 2교시 : 주철의 용접이 어려운 이유와 용접부 부분용융역의 특징에 대해 설명하시오.
- 105회 3교시 : 주철용 용접재료의 종류 3가지를 쓰고, 그 특징에 대하여 설명하시오.
- 92회 3교시 : 주철재료의 용접시공시 기본원칙 5가지 들고 설명하시오

2.3. 문제 풀이

주철(Cast Iron)은 약 2~7% 의 탄소를 함유하며, 이 높은 탄소는 시멘타이트(Fe_3C) 혹은 흑연의 상태로 존재하는데 이런 탄소상태는 응고시의 냉각속도뿐만 아니라 Si함유량 등에 영향을 받는다. 주철은 Fe-C-Si계를 기본으로 하는 금속이며 그밖의 함금원소를 함유하기도 한다.

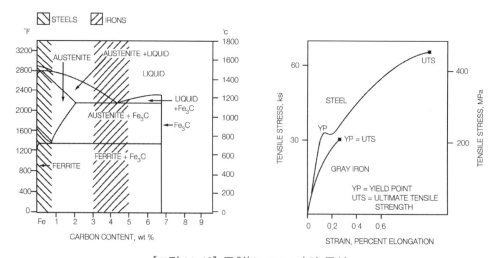

[그림 V-12] 주철(Cast Iron)의 특성

주철은 강에 비해 용융(1150℃)이 낮고 유동성이 좋으며 상대적으로 가격이 저렴하기 때문에 주물로 제작되어 그 적용범위가 넓다. 연성과 가단성이 거의 없기 때문에 주철의 용접은 주로 주물결함의 보수나 파손된 주물의 수리에 사용되고 있으나, 용접간 열 영향에 의해 균열발생 위험이 높아 용접적용이 곤란한 재질이라 할 수 있다.

2.3.1. 현업에서 주철에 용접시공이 적용되는 사유

- 생산된 주철내의 기공, 모래, 변형와 같이 여러 결함을 제거하기 위해 용접이 소요된다.
- Shaft나 Yoke와 같이 특별한 기계이음이 소요될때 용접이 적용된다.
- 가공오차나 홀가공등 제작간 발생한 불량사항을 수정할때 소요된다.
- 부서지거나 마모된 주철을 보수용접시 적용된다.
- 부식저항성이나 구조적 통일성을 위해 용접(표면용접)을 적용하기도 한다.

2.3.2. 주철이 용접시공시 적합한 품질을 얻기 곤란한 이유

- 주철은 용접 후 급랭에 의한 백선화(Fe_3C)로 기계가공이 어렵고 수축이 많아 균열이 생기기 쉽다.
- 용접간 CO 가스가 발생하여 용접금속에 기공이 생기기 쉽다.
- 장시간 입열시 흑연이 조대화 되어 기계적 강도가 저하될 우려가 높다
- 주물 제작간 금형 및 각 공정에서 잔류하는 기름, 흙, 모래등의 불순물 때문에 용착이 불량하거나 모재와의 친화력이 나쁘다.
- 주철의 용접시 모재전체에 고온의 예열, 후열을 가할 수 있는 설비가 소요된다.

2.3.3. 주철 용접시공간 주요 고려사항

1) 용접부 강도(Strength)를 고려한 용가재 선택

일반적으로 주철의 용접부는 회주철보다 낮거나 조금 높은 정도의 기계적 강도를 가진다. 구상흑연주철의 용접과 같이 용접부의 강도가 요구되는 경우 적절한 용가재를 선정하여 모재보다 5 ksi 높은 항복강도를 가지도록하여 100% 이음효율(Joint Efficiencies)을 구현하도록 해야 한다.

2) 이음설계(Joint Design)

아크 용접적용시 기본적으로 루트 Opening은 루트 Face 및 Backing(적용시)이 완전 용입이되도록 설계되어야 한다. 현업에서는 모재의 두께에 따라 양면 V 개선 또는 양면 U 개선을 적용하여 완전용입을 구현하고 있다.

3) 모재 준비(Base Metal Preparation)

용접이 이루어지는 접합계면이나 그 주변은 이물질이나 오염물질은 기계적 또는 화학적 방법으로 제거되어야 한다. 특히나 접합계면에 잔류되어 있는 주철의 잔류(Residual) 흑연은 젖음성(Wetting)을 방해하므로 우수한 용접품질을 위해 반드시 제거되어야 할 필요성이 있다.

주철설비의 보수용접이 소요되는 경우 표면오염된 오일이나 그리스(Grease)는 Solvent 또는 Steam Cleaning을 통하여 제거 되어야 한다.

4) 예열(Preheating)

일반적으로 주철용접간 예열은 필수 요구 사항은 아니나 용접 후 급냉에 따른 과도한 수축 및 균열을 방지하고저 적용 된다.

주철의 용접과정에 추천되는 예열, 층간온도는 아래표와 같다.

[표 V-1] 주철의 예열온도 및 층간온도 제한

종류	조직	최대 예열 온도 Min. Preheat Temp.	최대 층간 온도 Max. Interpass Temp.
회 주 철	–	316°C	649°C
가단주철	페라이트	21°C	649°C
	펄라이트	21~316°C	649°C
구상주철	페라이트	21°C	649°C
	펄라이트	21~316°C	649°C

5) 피닝(Peening)

Peening이란 개개의 용접비드에 물리적인 충격을 가하여 용접응력을 해소하고 변형 및 열영향부 균열을 방지하는 행위를 말한다. 그림 V-13은 용접비드간(Intermediate Pass) 피닝(Peening)을 적용하여 용접응력이 해소되는 현상을 보여주고 있다.

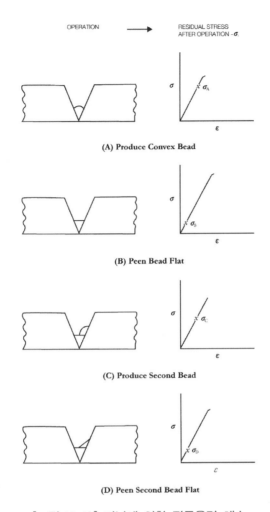

(A) Produce Convex Bead

(B) Peen Bead Flat

(C) Produce Second Bead

(D) Peen Second Bead Flat

[그림 V-13] 피닝에 의한 잔류응력 해소

6) 용접시공(Welding Practices)

- 예열을 적용하지 않는 저입열 용접법을 적용하여 수축균열 등의 문제를 방지하고 저 하는 경우, 층간온도는 95℃를 넘지않도록 하여야 한다.
- 예열이 적용된 경우, 층간온도는 예열온도보다 40℃를 초과하지 않아야 한다.
- 용접응력을 최소화하기 위해, Backstep Sequence를 적용하여야 한다. Stringer 비드길이는 최대 3 inch(75mm)를 넘지 않도록 하며, 각 비드는 후속용접이 실시되기 전에 대략 40℃까지 냉각되어야 한다.
- 최적의 모재 용접부만이 용융되도록 필히 관리되어야 한다.
- 가능한 2 Pass이상(Multy Pass) 적용 될 수 있도록 하여 열영향부의 기계가공성

을 확보한다.

- 아크는 모재가 아닌 용접 그루브(Groove)에 머물도록 하고 아크길이는 가능한 짧게 유지한다.
- 용접전류는 수직(Vertical) 자세의 경우 25% , Overhead의 경우 15% 정도 줄여서 적용한다.

7) 용접 후열처리(PWHT)

주철의 용접 후열처리를 적용하는 경우 아래의 이점을 얻을 수 있다.

- 열영향부의 연성을 개선할 수 있으며, 용접부와 열영향부의 기계가공성 (Machinability) 을 향상시킬 수 있다.
- 용접간 형성된 시멘타이트조직을 일부 분해하고, 마르텐사이트조직을 상대적으로 취성이 적은 조직으로 일부 변태시킨다.
- 잔류응력을 해소할 수 있다.

상기에서 살펴본 바와 같이 주철은 높은 탄소함량과 두께, 형상 등의 사유로 용접 후 상대적으로 급냉(Rapid Cooling) 되므로 변형 및 균열의 발생 우려가 높아 그 용접성 (Weldability)이 좋지 않다. 주물제품의 수정, 보수작업에 용접이 적용 될 경우 상기사항들을 잘 고려하여 적합한 용접조건을 적용하여야 한다.

2.4. 추가 공부 사항

2.4.1. 주철의 종류 및 특성

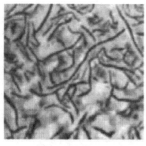 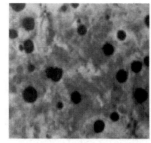 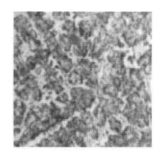

Grey cast iron   SG cast iron   White cast iron

[그림 V-14] 주철 조직의 종류

2.4.2. 주철의 보수용접법 적용되는 스터드법, 비녀장법, 버터링법, 로킹법

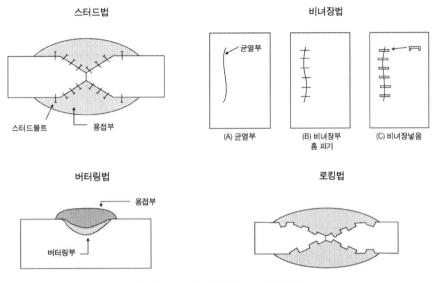

[그림 Ⅴ-15] 주철의 보수용접법

2.4.3. 주물(Iron Casting)과 주강(Steel Casting)의 차이점 및 용접시 주의사항

3 스테인레스강의 용접부의 δ -페라이트

3.1. 문제 유형

- 스테인레스강 용접부에 델타 페라이트 함량을 규정하고 있다. 델타 페라이트 함량 규정 범위와 규정하는 원인에 대하여 기술하시오.

3.2. 기출 문제

- 102회 3교시 : 오스테나이트(Austenite)계 스테인리스강에서 용접 후 내식성이 저하하는 경우와 취성이 증가하는 경우가 있다. 그 발생원인 및 방지대책을 설명하시오.
- 99회 1교시 : 오스테나이트계 스테인리스강인 STS 304에 발생하는 부식형태를 3가지 열거하고 설명하시오.
- 80회 1교시 : 오스테나이트계 스테인리스강의 용접시 용착금속에서 소량의 델타 페라이트를 형성시켜야 하는데 그 이유에 대하여 설명하시오.
- 75회 2교시 : 오스테나이트계 스테인리스강 용접부(Weld Metal)에서 크롬당량(Creq)/니켈당량(Nieq) 비율 변화에 따른 응고모드(Mode)를 논하고 고온균열 감수성에 미치는 영향을 설명하시오.

3.3. 문제 풀이

스테인리스강은 오스테나이트 조직으로 알려져 있다. 그러나 순 오스테나이트 조직은 응고 균열에 민감하다. 일례로 Ni 합금은 100% 오스테나이트 조직으로 황(S)등의 불순물 존재시 응고 균열로 용접이 매우 어렵다. 이에 오스테나이트 스테인리스강은 용접부에 델타 페라이트를 일정량 이상 생성시켜 응고균열의 감수성을 낮추고 있다.

3.3.1. 오스테나이트 및 페라이트 조직의 특성

면심입방(FCC)조직 즉 오스테나이트 조직은 충진률은 상대적으로 높으나 침입형 원자가 들어갈 수 있는 원자간 공간이 크므로, 침입형 고용체의 고용이 용이하다. 이에 반해 체심입방(BCC) 조직인 페라이트 조직은 충진률은 적으나, 그 원자간의 공간이 적어 치환형 고용체를 고용하는 것이 보다 용이하다.

[표 V-2] 오스테나이트 및 페라이트 조직의 특성

구분	조직	충진율	원자간 공간의 크기	비고
오스테나이트	FCC	74%	Fe 원자의 41% & 22%	충진율은 높으나 원자간 큰 공간이 있음.
페라이트	BCC	68%	Fe 원자의 30% & 15%	충진율은 적으나 원자간 공간이 작음.

스테인레스 강에서 고온 균열을 유발하는 주요 불순물 원소인 인(P)과 황(S)은 치환형 고용체이므로 순수 오스테나이트 조직의 스테인레스 강보다는 페라이트를 기준 함량 포함하고 있는 경우 이들 불순원소들의 그 고용도가 높아져 고온균열의 위험이 감소된다고 설명할 수 있다.

3.3.2. 델타 페라이트와 응고 균열

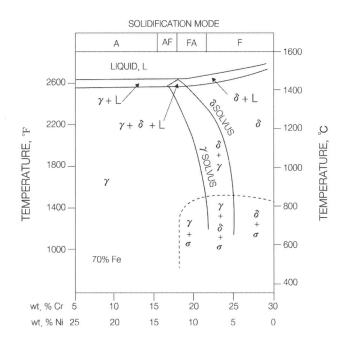

Note : Solidification modes above are:
A, austenite solidification
AF, primary austenite solidification
FA, primary ferrite solidification
F, ferrite solidification

[그림 V-16] 스테인레스강의 응고모드

면심입방격자(FCC) 조직인 오스테나이트 스테인리스강은 저융점 개재물인 황(S)과 인 (P)의 고용도가 낮으므로 용접 후 응고시 황와 인은 최종 응고부에 편석된다. 이에 따라 최종응고부의 융점은 주변보다 낮아져, 주변이 응고가 완료되어 수축중에도 액상으로 존 재한다. 따라서 응고 중 수축에 따른 인장응력으로 액상인 최종응고부에 응고균열이 발 생할 우려가 높아진다. 그러나 실질적으로 대부분의 스테인리스강은 AF와 FA mode로 응고중 델타 페라이트가 생성된다.

또한 A Mode인 스테인리스강 Type 310도 Cr의 편석으로 응고중에 최종 응고부에 델 타 페라이트가 생성된다.

그림 V-16과 같이 스테인리스강의 평형상태도에 따르면 A, AF, FA 조성은 상온에서 100% 오스테나이트로 존재하지만, 용접 후 급냉의 영향으로 응고중 생성된 페라이트가 오스테나이트로 변태하지 못하고 상온에서 잔류하게 된다. 델타 페라이트는 BCC 조직으 로 앞서 기술한 것과 같이 황과 인의 고용도가 높아 용접부의 최종 응고부의 편석이 방지 된다. 이에 따라 응고균열을 예방하기 위해 일반적으로 용접부에 5% 이상의 델타 페라이 트가 생성되도록 국제 표준(Standard) 및 각종 규격(Code) 기준에서 규정하고 있다.

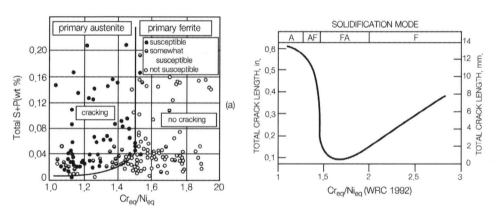

[그림 V-17] 스테인레스강의 응고모드 및 균열발생 빈도

그림 V-17은 페라이트 안정화 원소가 일정 비율 이상이면 즉 델타 페라이트가 일정비 율 이상 생성되면 응고균열의 발생이 방지됨을 보여주고 있다.

3.3.3. 델타 페라이트와 취성(Embrittlement)과의 관계

그림 V-18과 같이 980℃ 이하 500℃ 이상에서 장시간 유지하면 시그마(σ: Sigma)상이 생성된다. 시그마(σ: Sigma)상은 Brittle한 금속간 화합물로 시그마상이 생성시 오스테나이트 스테인리스강에 취성이 발생한다. 또한 400℃~900℃에서 시그마(Sigma)상, 치(Chi) 상, 다양한 α'상, 크롬 탄화물(Cr Carbide), 질화물(Nitride)와 같은 취성을 갖는 금속간 화합물이 형성된다. 이런 상들은 취성(Brittle)을 갖고 있으며, 공통적인 특징은 크롬(Cr)화합물이다.

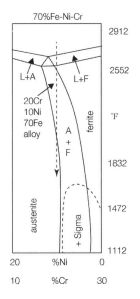

[그림 V-18] 시그마상의 생성

- 시그마(Sigma 상 : 500~980 °C, FeCr Compound
- 카이상(Chi) : Mo 추가시 발생, $Fe_{36}Cr_{12}Mo_{10}$
- α' 상 : 페라이트가 Fe rich α와 Cr rich α'로 분해
- 475° Embrittlement : 400~525°C에서 장시간 유지시, 크롬탄화물(Cr Carbide)와 질화물(Nitride) 석출

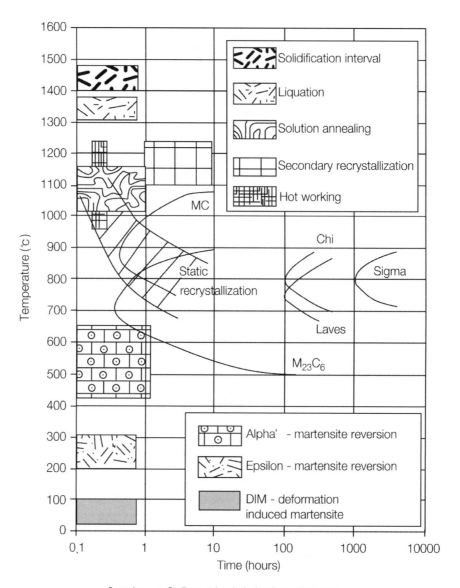

[그림 V-19] 온도 및 시간에 따른 생성조직 1

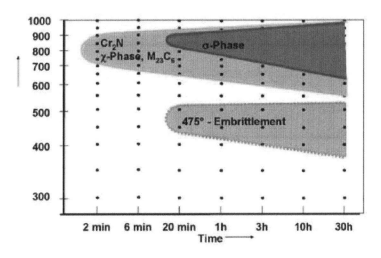

[그림 V-20] 온도 및 시간에 따른 생성조직 2

크롬(Cr) 화합물인 다양한 종류의 취성상들이 생성되기 위해서는 크롬(Cr)을 공급받아야 하며, 이에 따라 크롬(Cr)의 농도가 높은 페라이트 결정 경계(Grain Boundary)에서 주로 생성된다.

즉 델타 페라이트 농도가 높으면 오스테나이트 스테인리스강이 고온에서 유지시 많은 취성 물질이 생성된다. 이런 이유로 취성 물질의 생성을 방지하기 위해 오스테나이트 스테인리스강 용접부에 델타 페라이트의 함량을 일반적으로 FN 10% 이내로 명기하고 있다.

상기에서 살펴본바와 같이 오스테나이트 스테인리스강 용접부의 응고 균열을 방지하기 위해 델타 페라이트 함량을 FN 3~10% 로 추천하고 있다. 일반적으로 용접설계시 새플러 선도 및 디롱 선도(Schaeffler Diagram 및 Delong Diagram) 을 이용하여 그 용접부의 페라이트 함량을 예측하여 그 수치를 제한 관리하고 있으며, 용접시공후에도 적정의 델타 페라이트 함량을 검증하기 위해 용접 후 조직검사 및 Ferrite Meter, Magne Gauge등을 이용하여 델타 페라이트의 량을 측정하기도 한다. 이들은 모두 스테인레스강의 용접금속의 우수한 품질을 얻기 위해 추천 적용되고 있는 방안들이다.

3.4. 추가 공부 사항

- 새플러 선도 및 디롱 선도(Schaeffler Diagram 및 Delong Diagram)

4 ## 스테인리스강의 응고 모드와 페라이트

4.1. 문제 유형

- 스테인리스강의 응고 모드에 대해 설명하고, 각 조직의 특성을 델타 페라이트 관점에서 설명하시오.

4.2. 기출 문제

- 105회 2교시 : STS 304L 과 STS 316L은 오스테나이트계 스테인리스강 임에도 불구하고 응고균열의 저항성 차이가 있는데 이를 응고모드에서 금속학적으로 설명하시오.
- 96회 1교시 : 오스테나이트계 스테인리스강(Austenitic Stainless Steel)의 용접 특성에 대해 설명하시오.
- 93회 3교시 : 오스테나이트 스테인레스강 용착 금속에는 페라이트함량이 규제 되는데 ① 그 이유 ② 적정함량 ③ 함량 과다 시의 문제점을 설명하시오.
- 87회 2교시 : 스테인레스강의 용접 응고조직 형태로부터 구분되고 있는 대표적인 네가지 응고모드를 열거하고, 이들 중에서 STS304의 응고모드 형태가 응고균열 감수성이 가장 낮은 이유를 설명하시오.

4.3. 문제 풀이

스테인리스강의 평형상태도는 Fe-Cr-Ni의 3원계 상태도로 3차원이다. 3차원 상태도의 조회 및 활용을 쉽게 하기 위해 Fe 70% 로 고정한 2원계 평형상태도(Pseudo Binary Phase Diagram)를 이용한다. 그림 V-21과 같은 스테인리스강의 2원계 평형 상태로는 조성에 따른 응고 조직의 형상을 예측할 수 있고, 이에 따른 각 스테인리스강 용접부의 고온 균열등의 특성을 예측하고 대안을 강구할 수 있도록 한다.

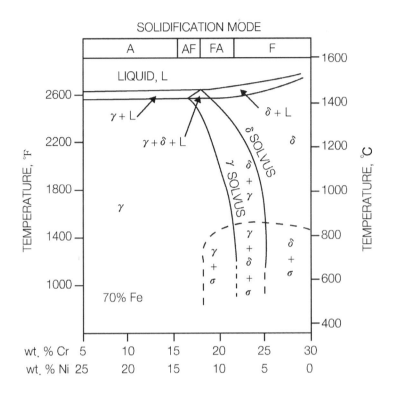

Note: solidification mades above are:
A, austenite solidification
AF, primary austenite solidification
FA, primary ferrite solidfication
F, ferrite solidification

[그림 V-21] 합금 성분에 따른 응고 모드의 변화

각각의 응고 모드에 따른 응고 조직의 생성은 그림 V-22에 제시한다.

4.3.1. A Mode

A Mode의 응고 조직은 공정 삼각형의 왼쪽에 위치한 니켈(Ni) Rich 조성으로 초정 응고 부에서 최종 응고부까지 오스테나이트로 응고되는 Mode이다.

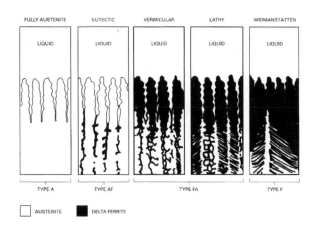

[그림 V-22] 스테인리스강의 응고모드 및 생성조직

4.3.2. AF Mode

AF Mode의 응고 조직은 공정 삼각형 꼭지점의 왼쪽에 위치한 니켈(Ni) Rich 조성으로 초정 응고부에서 오스테나이트가 생성되며, 최종 응고부에 크롬(Cr)의 편석에 의해 페라이트가 응고된다.

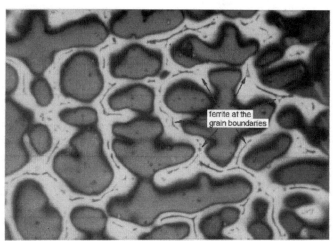

Austenitic primary solidification with delta ferrite

[그림 V-23] AF Mode

FA Mode의 응고 조직은 공정 삼각형 꼭지점의 오른쪽에 위치한 Cr rich 조성으로 초정 응고 부에서 페라이트가 생성되며, 최종 응고부에 Ni의 편석에 의해 오스테나이트가 응고된다. 상온에서 평형 상태는 오스테나이트 100% 상태이므로 냉각이 진행됨에 따라 최종응고부에서 응고된 페라이트가 오스테나이트로 상변태한다. 그러나 상변태는 Cr과 Ni의 확산을 필요로 하는 확산 변태이므로 100% 상변태를 위해서는 많은 시간을 필요로 한다. 용접 후 냉각시에는 급냉이 되므로 상변태를 위한 충분한 시간이 없으므로 초정 응고부에서 생성된 페라이트가 오스테나이트로 완전히 변태하지 못하며, 상온의 최종 응고 조직에는 초정 응고부에서 생성된 페라이트가 잔류한다.

4.3.3. FA Mode

FA Mode의 응고 조직은 공정 삼각형 꼭지점의 오른쪽에 위치한 Cr rich 조성으로 초정 응고 부에서 페라이트가 생성되며, 최종 응고부에 Ni의 편석에 의해 오스테나이트가 응고된다. 상온에서 평형 상태는 오스테나이트 100% 상태이므로 냉각이 진행됨에 따라 최종응고부에서 응고된 페라이트가 오스테나이트로 상변태한다. 그러나 상변태는 Cr과 Ni의 확산을 필요로 하는 확산 변태이므로 100% 상변태를 위해서는 많은 시간을 필요로 한다. 용접 후 냉각시에는 급냉이 되므로 상변태를 위한 충분한 시간이 없으므로 초정 응고부에서 생성된 페라이트가 오스테나이트로 완전히 변태하지 못하며, 상온의 최종 응고 조직에는 초정 응고부에서 생성된 페라이트가 잔류한다.

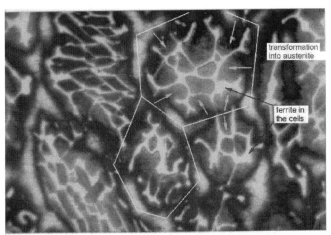

Ferritic primary solidification of the weld metal

[그림 V-24] FA Mode

이에 따라 응고 조직은 위의 그림과 같이 응고된 페라이트의 수지상정이 오스테나이트
로 상변태되어 있으며 수지상정의 중심에 일부 페라이트가 잔류되어 있는 현상이다. 이때
형성된 페라이트를 형상에 따라 Vermicular 페라이트 또는 Lathy 페라이트라 부른다.

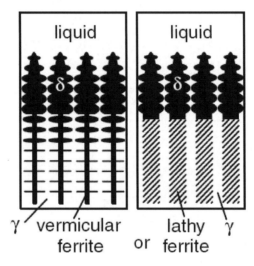

[그림 V-25] Vermicular Ferrite 및 Lathy ferrite

4.3.4. F Mode

F Mode의 응고 조직은 공정 삼각형의 오른쪽에 위치한 조성으로 초정 응고 부에서 최
종응고부까지 페라이트가 응고되는 Mode이다. 상온에서 평형 상태는 조성에 따라 오스
테나이트 100% 상태, 페라이트 100% 상태 및 오스테나이트와 페라이트가 공존하는 상태
이다. 페라이트로 100% 응고되었으나, 응고 완료 후 냉각이 진행됨에 따라 페라이트가
오스테나이트로 변태한다. 이때에도 AF나 FA mode와 동일하게 냉각속도에 의해 평형
조성의 오스테나이트가 생성되지 못하고 페라이트가 평형 상분율 보다 많이 잔류한다.

4.3.5. 스테인리스강 Type 310의 응고 Mode

실제로 A Mode로 응고 과정을 겪게 되는 스테인리스강 Type 310은 응고시 Cr의 편석
에 의해 최종 응고부에 Cr의 농도가 매우 높게 되며, 이 편석의 영향으로 실제 용접시
최종응고부에 페라이트가 발생한다.

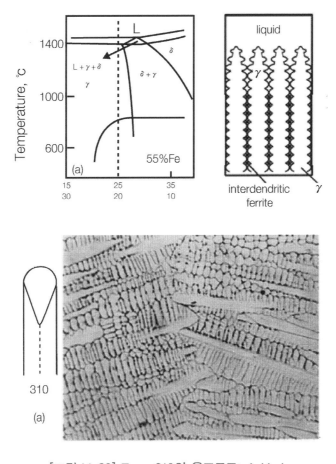

[그림 V-26] Type 310의 응고모드: A Mode

대부분의 오스테나이트 스테인리스강은 FA 또는 AF Mode의 조성을 갖는다. 이에 따라 최종 응고부에 델타 페라이트가 잔류한다. 응고중 발생하는 P, S와 같은 불순물에 의한 고온 균열을 방지하기 위해서는 오스테나이트 스테인리스강 조직에 델타 페라이트가 필요하다.

이를 위해 일반적으로 용접부의 델타 페라이트 양을 5~10% 로 조정하며, PQ시 이를 반영하여 WPS를 작성한다. 과도한 δ-페라이트 양은 σ상 등이 생성되어 취성을 나타내므로 δ-페라이트의 양을 적정하게 조정하는 것이 WPS 작성시 중요한 요소이다.

델타페라이트의 측정과 관리

5.1. 문제 유형

- 스테인리스강 용접부의 델타 페라이트 함량 측정목적과 일반적으로 사용되는 측정방법을 설명하시오.

5.2. 기출 문제

- 96회 4교시 : 오스테나이트계 스테인리스강에서 페라이트함량 측정 목적과 일반적으로 사용되는 측정방법 3가지를 설명하시오.

5.3. 문제 풀이

스테인리스강은 기존 탄소강에 크롬(Cr) 또는 니켈(Ni)등의 합금원소를 첨가하여 내식성과 내열성을 향상시킨 금속이다. 내식성 강재로 가장 널리 이용되는 스테인리스강 종으로 Type 304 가 있다. Type 304의 금속조직은 오스테나이트 조직외 페라이트 조직이 일부 포함되어 있다.

이는 Type 304의 금속조직이 100% 오스테나이트인 경우, 그 금속조직는 조대해지고 입계에 편석이 발생하여 고온균열의 감수성이 높아질 우려가 있고 기계가공 등을 하고자 하는 경우 가공성이 나빠질 수 있어 이러한 성질을 개선하기 위해 완전한 오스테나이트 조직 대신 일정량의 페라이트 조직을 공존하게 한것으로 설명할 수 있다.

금속 내에 공존는 델타 페라이트는 그 함량이 지나치게 많아질 경우 스테인리스강의 고유 성질인 내식성과 더불어 기계가공성에 악영향을 미칠 수 있다. 따라서 최적의 스테인리스강의 성질을 유지하기 위해서 페라이트 양을 조절 해야 한다. 이는 통상적으로 Ferrite Number(FN) 또는 페라이트 함량(%)으로 측정된다.

5.3.1. 델타 페라이트의 함유 목적

고온 균열에 대하여 연구한 결과 델타 페라이트가 용접금속 내에 적정량 형성되는 것이 시그마상 석출이나 475℃ 취화 등의 위험부담을 갖지 않고 고온균열을 피하는 최적의 대안 임을 알 수 있었다.

5.3.2. 델타 페라이트의 역할

완전히 오스테나이트화 된 용접금속은 저융점의 인(P), 황(S), 규소(Si), 콜로뮴 또는 니오뮴(Cb or Nb) 등이 입계에 편석하는 경향이 있어서 미세균열을 일으킨다. 이에 대하여 델타 페라이트는 입계의 오스테나이트화 된 소지에서 불순물을 상대적으로 더 많이 고용하여 열간균열을 방지하고 결과적으로 인장강도를 향상시킨다.

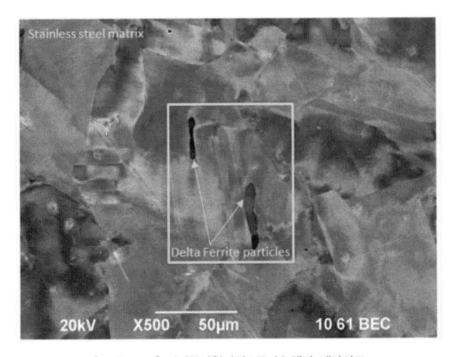

[그림 V-27] 전자주사현미경으로 본 델타 페라이트

그러나 페라이트가 요구되는 적정함량 보다 많을 경우 내응력 부식균열(SCC)을 발생 시킬 우려가 높아진다. 또한 일부 페라이트화 된 용접금속에서는 장기간의 Creep 강도 가 낮아진다. 일례로 용접부에서 530~820 °C 온도 범위에 유지되거나 하면, 고함량의 페라이트를 갖는 용접부는 시그마 상을 형성하여 취약해 진다. 시그마 상은 연성, 충격 인성 및 내부식성을 저하시킨다.

5.3.3. 일반적 권장 델타 페라이트 함량

델타 페라이트가 스테인리스강에 일정량 포함되어 있는 것이 고온균열억제에 도움이 된다. 이에 ASME Sec. IX 에서는 스테인리스강 내에 존재하는 페라이트의 양을 측정하 는 잣대로 Ferrite Number(FN)를 들고 있으며 API 582 에서는 Ferrite Number(FN)와 페라이트 함량를 사용하고 있다. 오스테나이트 스테인리스강이 가져야 할 델타 페라이트 함량은 세부 강종과 설계 기준에 따라 다르며, 대개 관련 설계 기준에서 별도로 명기하고 있지만, 일반적인 권장 사항은 FN 은 3~10 이며 페라이트 함량 또한 3~10% 정도 이다.

5.3.4. 델타 페라이트의 측정방법

1) 측정기계 이용

[그림 V-28] Ferrite Scope 를 이용한 FN의 측정

측정기계로는 Magne Gauge, Severn Gauge 및 Ferrite Scope 등이 있다. Magne Gauge 는 비교적 시험 대상이 작고 아래보기 자세에만 사용할 수 있으며, 많이 사용되는 경우에는 1년, 사용 횟수가 적은 경우에는 2년 후에 기계를 재 검정하여야 한다. 페라이트 인디케이터(Indicator) 라고도 하는 Severn Gauge 는 어떠한 자세에서도 사용할 수 있으며, 페라이트 량이 어떠한 값을 넘어서는가 그 이하인가를 측정하는 일종의 고/노고(Go/No Go) 게이지이다. ASME Section III 에서는 자기 계측 장비(Ferrite Scope)로 측정하는 경우에는 적어도 용접금속 상의 6군데를 측정하여 평균값이 FN 5 이상이어야 한다.

그러나 델타 페라이트를 측정할 때 주의할 것은 탄소 강판의 자기 반응 때문에, Magne Gauge 의 경우에는 탄소강판의 8mm 이상, Severn Gauge 의 경우는 25mm 이상, 그리고 페라이트 Scope 의 경우에는 5mm 이상 떨어져야 한다.

2) WRC Diagram(FN) 및 Delong Constitution Diagram

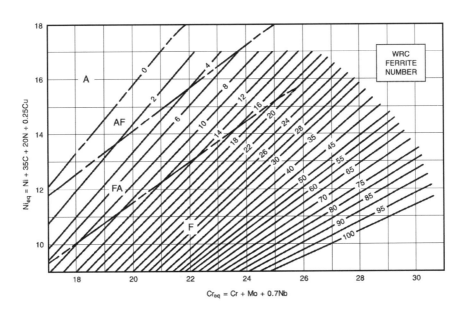

[그림 V-29] WRC-1992(FN) Diagram for 스테인레스강 용접금속(Weld Metal)

오스테나이트 스테인리스강 용접설계시 모재 및 용가재의 Chemical 함량 및 희석율 (Dilution)을 고려하여 용접부의 페라이트 함량을 예측하는 용도로 이용된다. 이들 다이어그램(Diagram)들은 Ferrite-forming 원소(Cr, Si, Mo, Nb, Ti)와 Austenite-forming 원소(Ni, Mn, C, N, Cu)의 함량을 고려하여 작성되었다. 초기에는 새플러다이어 그램(Schaeffler Diagram)을 이용하여 페라이트 함량을 계산, 예측하였으나 근래에는 산업재료(모재 및 용가재)의 개발과 더불어 정확한 페라이트 함량 예측을 위하여 개선된 다이어그램, 예를들어 디롱 다이어그램(Delong Diagram)을 적용하였다. 최근에는 페라이트(Ferrite)를 volume% 대신 FN(Ferrite Number)로 그 함량을 표현하는 WRC Diagram을 적용하고 있다. 참고로 Ferrite Number 10FN 까지는 기존 페라이트% 함량과 그 수치가 같다.

그러나 WRC-1992 Diagram 또한 니켈(Ni)함량이 0.25% 보다 많고 Mn함량이 10% 보다 높은 경우 명확히 페라이트를 예측할수 없으므로 그 적용에 한계가 있다.

3) 금속현미경법(Metallographic Point Counting)

금속현미경법은 델타 페라이트 측정의 또 다른 방법 중의 하나로 ASTM E-562 Standard Test Method for Determining Volume Fraction by Systematic Manual Point Count에 따라 실시하게 된다. 다음의 상세 과정을 통해 오스테나이트 스테인리스강 중에 포함된 델타 페라이트 함량을 측정 한다.

우선 측정하고자 하는 용접부에서 시편을 채취하고, 그 시편에서 오스테나이트와 페라이트 상이 선명하게 구분 될 수 있도록 폴리싱(Polishing)과 에칭(Etching)을 한다. 그런 다음 현미경의 적정한 배율(모재와 용접부는 X400, 열영향부는 X700~1,000)로 관찰하고 사진을 찍는다. 이 사진 위에 최소 100개 이상의 점이 있는 격자무늬(Grid)를 올려 놓고 페라이트 위에 놓인 점과 페라이트 끝에 놓은 접점의 숫자를 세어 페라이트 함량(%)을 계산하게 된다. 이때 접점은 온전하게 놓인 점 대비 반만 인정되게 된다.

가령 100개의 점이 있는 격자무늬(Grid)에서 5개의 점은 페라이트 위에 온전히 놓여 있고 4개의 점은 페라이트와 접점을 이루고 있다고 가정하면, (5+4×0.5) / 100 = 0.07 이 된다. 즉 측정된 용접부에는 7% 체적의 델타 페라이트가 있다고 예상할 수 있다. 격자무늬(Grid)를 사용하는 이유는 단순히 점만 있으면 점을 찾기가 어렵기 때문이다.

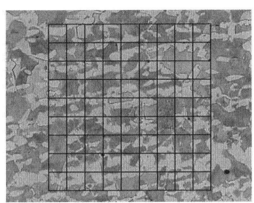

[그림 V-30] ASTM E562에 따른 현미경 분석법

그러나 금속현미경법은 다음의 제약으로 실제 작업 현장에서는 많이 사용 되지 않는다.

- 금속현미경법은 파괴(Destructive) 분석법으로 실제 용접부에서 시편을 채취해야함.
- 시편 가공 및 관찰에 많은 시간과 노력이 필요함.
- 평면 사진을 통해 부피를 예측하기 때문에 정확도와 재현성이 떨어짐.

5.4. 추가 공부 사항

- 스테인리스강 종류별 조직사진

Weld Decay & Knife Line Attack

6.1. 문제 유형

- 예민화 원인과 대책을 설명하고, Weld decay와 Knife Line Attack의 특징을 비교하라.

6.2. 기출 문제

- 110회 1교시 : 오스테나이트계 스테인리스강 용접부의 나이프 라인 어택(Knife Line Attact) 발생 기구 및 방지대책을 설명하시오.
- 108회 3교시 : 안정화 처리한 오스테나이트계 스테인리스강인 STS347과 STS321의 특징을 화학 성분의 관점에서 설명하시오. 그리고 이러한 안정화 처리한 강의 용접열영향부(HAZ)에 발생하는 입계부식 특성을 오스테나이트계 스테인리스강인 STS304와 비교 하고 설명하시오.
- 93회 2교시 : 스테인리스강 용접에 있어서 Weld Decay 와 Knife Line Attack은 무엇이며 이들은 서로 어떻게 다르고 또 방지방안에 대하여 설명하시오.
- 87회 3교시 : 스테인리스강의 용접부에 나타나는 예민화 현상을 설명하고, 방지 방법에 대하여 기술하시오.
- 56회 3교시 : 오스테나이트계 스테인리스강을 용접했을 때 용접선에서 얼마만큼 떨어진 거리(a,b,c 중)에서 예민화가 제일 심하게 일어나며 그러한 이유는 무엇인가?

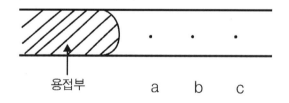

용접부   a   b   c

6.3. 문제 풀이

오스테나이트 계열의 스테인리스강을 고온에서 유지시 입계가 예민화 되며, 예민화된 오스테나이트 스테인리스강을 부식 환경에서 사용하면 입계에 선택적 부식 및 입계 균열이 발생한다. 그러면 스테인리스강의 예민화의 원인 및 대책에 대해 알아보도록 하겠다.

6.3.1. Fe Carbide 분해 및 탄소(C)의 생성

Fe_3C Carbide는 400℃ 이상에서 분해되므로 스테인리스강을 400℃ 이상으로 유지시 Fe_3C Carbide가 분해되어 탄소(C)가 생성된다.

6.3.2. Cr Carbide($Cr_{23}C_6$) 생성

결정 입계는 이웃한 결정립간의 결정 구조가 연속되지 않는 면결함으로 입내 보다 큰 에너지와 공간을 갖고 있다. 이에 따라 석출물은 입내보다 입계에 석출한다.

따라서 425~815℃ 영역에서 Fe_3C Carbide가 분해되어 생성된 탄소(C)가 크롬(Cr과 만나 입계에 Cr Carbide($Cr_{23}C_6$)가 석출한다.

6.3.3. 예민화

스테인리스강은 표면에 생성된 크롬산화층(Cr Oxide: Cr_2O_3)에 의해 내식성을 갖는다.

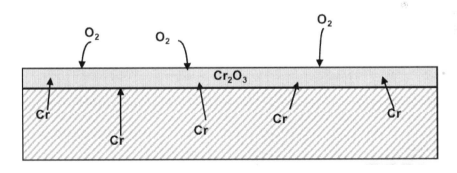

[그림 V-31] 스테인테스강의 단면

내식성을 갖기 위해서는 Cr의 함량이 12% 이상이 되어야 표면에 치밀한 크롬산화층 (Cr Oxide: Cr_2O_3)을 형성할 수 있다.

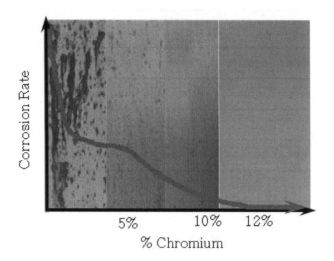

[그림 V-32] 스테인리스강의 크롬산화층의 형성과 그에 따른 내식성

상기에서 설명한바와 같이 스테인리스강이 425~815℃의 온도에서 장시간 노출시 Cr Carbide($Cr_{23}C_6$)가 입계에 석출한다. 이에 따라 입계에는 그림 V-33과 같이 크롬(Cr)이 석출하여 12% 이하인 구간이 존재한다.

Cr Carbide($Cr_{23}C_6$) 석출에 따라 입계에는 크롬산화층(Cr Oxide)에 의한 내식성이 사라져 산(Acid) 및 부식환경 등에 의해 부식이 쉽게 발생하게 된다. 이런 현상을 '예민화'라고 부른다.

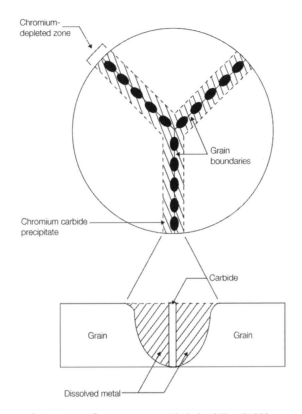

[그림 V-33] Cr Carbide생성에 따른 예민화

6.3.4. 예민화 방지 방법

1) 저탄소강(Low Carbon Grade)의 사용

스테인리스강의 예민화에 영향을 주는 Cr Carbide($Cr_{23}C_6$) 석출 및 생성에 소요되는 시간은 모재나 용가재에 함유된 탄소 함량이 작을수록 길어진다.

그림 V-34는 온도 및 탄소(C) 함량에 따른 스테인리스강이 예민화되는 소요시간을 도시한 것으로 스테인레스 Type 304L과 스테인레스 Type 316L의 경우 탄소 함량은 0.3% 이므로 그림 V-34에 대입하면 600℃ 근처에서 5시간 이상 소요된다.

따라서 탄소 함량이 적은(Low Carbon Grade) 스테인리스강은 용접간 급열 및 급냉의 환경이 이루워지는 특성상, 스테인리스강의 예민화 온도구간인 425~815℃ 에 노출됨에도 불구하고 그 노출 시간이 짧아 Cr Carbide의 석출할 가능성이 낮아 이에 예민화 우려가 낮다고 설명할 수 있다.

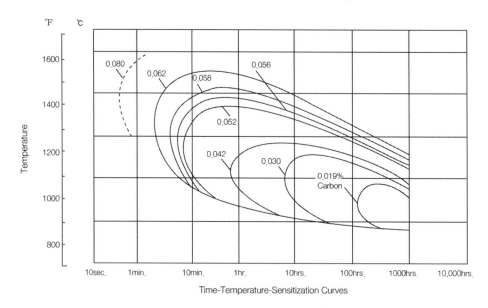

[그림 V-34] 탄소함량 및 노출온도, 시간에 따른 탄화물 형성

2) 안정화 강(스테인리스강 Type 321, 스테인리스강 Type 347) 사용

티타늄(Ti)과 니오븀(Nb)은 815~1230℃ 온도 구간에서 탄화물(Carbide)을 생성한다. 이 온도영역에서 탄소(C)와 티타늄(Ti) 또는 니오븀(Nb)이 결합하여 먼저 탄화물(Carbide)이 생성되어 있으면, 냉각되어 425~815℃ 구간에 도달하여도 탄소(C)가 없어 Cr Carbide의 생성이 억제된다. 이와 같이 티타늄(Ti)과 니오븀(Nb)과 같은 탄화물 생성 경향이 강한 원소를 첨가하여 상대적으로 더 높은 온도에서 탄화물(Ti Carbide or Nb Carbide)를 생성하여 Cr Carbide의 생성을 억제하여 스테인리스강에서 크롬(Cr)의 결핍을 방지한 강을 안정화 강(Stabilized Stainless Steel)이라 부른다.

안정화 강의 종류는 티타늄(Ti)을 첨가한 스테인리스강 Type 321과 니오븀(Nb)을 첨가한 스테인리스강 Type 347이 있다. 안정화 열처리란 이들 강종들을 815~1230℃에서 티타늄(Ti)또는 니오븀(Nb)이 먼저 탄화물(Carbide)로 결합되도록, Ti 및 Nb Carbide를 생성시키는 열처리를 말한다.

그림 V-35는 탄소 함량과 온도에 따른 탄화물의 석출순서를 보여주고 있다.

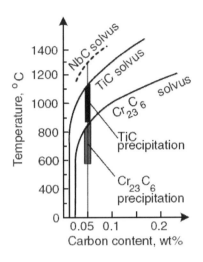

[그림 V-35] 온도에 따른 탄화물의 석출

일례로 0.05% 탄소(C)을 함유한 스테인리스강의 경우, Cr, Ti, Nb 순서로 탄화물(Carbide)가 석출함을 알수 있다.

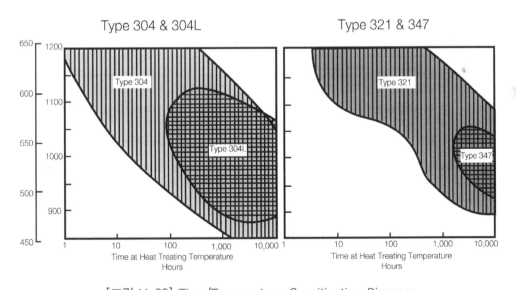

[그림 V-36] Time/Temperature-Sensitization Diagram

그림 V-36은 각 스테인리스강의 온도에 따른 예민화에 소요되는 시간을 나타내고 있다. 안정화 강은 저탄소 강종보다 예민화에 소요되는 시간이 긴 것을 알 수 있다.

3) 고용화 열처리

- **고용화 열처리**(Solution Heat Treatment) : 예민화된 Type 304, Type 316 스테인리스강을 가열하여 크롬탄화물(Cr Carbide)를 분해하여 예민화 현상을 해소하는 열처리이다. 가열 온도는 일반적으로 1050~1150℃ 구간이다.

- **안정화 열처리**(Stabilization Heat Treatment) : 안정화 스테인리스강(Type 321 or Type 347)에서 티타늄 탄화물(Ti Carbide) 또는 니오븀 탄화물(Nb Carbide)을 석출시켜 안정화 시키는 열처리이다. 열처리 온도는 안정화 원소에 따라 다르나 815~1230℃ 구간이다.

6.3.5. 예민화의 종류

1) 웰드 디케이(Weld Decay)

그림 V-37은 용접시 열영향부의 온도를 도시한 것이다. 일반적으로 예민화가 발생하는 구간을 보면 용접부에서 약간 떨어진 부분에서 발생한다. 그 이유는 그림 V-37과 같이 용접부 바로 옆의 a지역은 너무 높은 온도로 가열되어 예민화 온도구간에서 유지된 시간이 짧다. 오히려 용접부에서 약간 떨어진 b지역이 예민화가 발생하는 온도 구간(425~815℃)에서 노출 유지되는 시간이 상대적으로 가장 길기 때문이다.

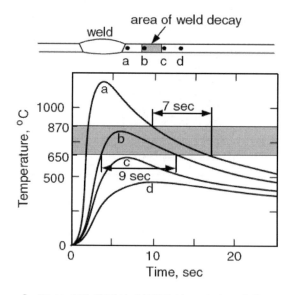

[그림 V-37] 용접시 열영향부(HAZ)의 노출온도

일반적으로 오스테나이트 스테인리스강 Type304의 용접시 예민화 현상은 용접부에서 약간 떨어진 곳에서 약간 넓은 폭으로 발생하며 이를 웰드 디케이(Weld Decay)라고 한다.

2) 나이프 라인 어택(Knife Line Attack, KLA)

KLA는 안정화 스테인리스강에서 발생하는 예민화 현상이다. 용접부에 인접한 티타늄 탄화물(Ti Carbide)과 니오븀 탄화물(Nb Carbide)의 고용 온도 보다 높은 약 1230℃ 이상의 온도에서 티타늄 탄화물(Ti Carbide) 또는 니오븀 탄화물(Nb Carbide)이 분해되게 된다. 이렇게 탄화물의 분해와 고용(Solution)화가 발생한 좁은 영역의 용접 열영향부는 티타늄 탄화물(Ti Carbide) 또는 니오븀 탄화물(Nb Carbide)이 재생성되지 못하고 있다가 이후 사용과정에서 425~815℃의 예민화 구간에 적정 시간이상 노출되는 경우 입계에 Cr Carbide가 생성되어 예민화가 발생한다.

그림 V-38은 스테인리스강 Type 304와 스테인리스강 Type 316은 용접부에서 약간 떨어진 2번 지역에서 약간 넓은 범위로 Weld Decay가 발생하는데 반해, 안정화 스테인리스강은 용접부에 인접한 아주 좁은 범위에서 예민화(KLA)가 발생함은 보여주고 있다.

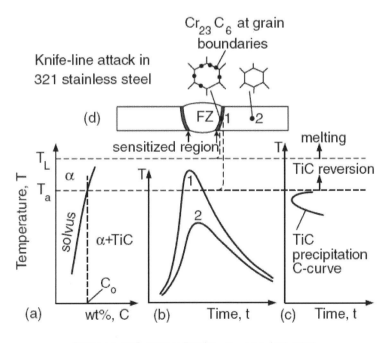

[그림 V-38] 크롬석출물(Cr Carbide)의 생성

상기에서 기술한 바와 같이 스테인리스강은 425~815℃에서 입계에 크롬탄화물(Cr Carbide)의 석출에 의해 입계가 부식에 예민화 되며, 예민화를 방지하기 위해 Low Carbon Grade 스테인레스 또는 안정화 원소(Ti, Nb)가 첨가된 안정화 스테인리스강을 사용한다. 안정화 스테인리스강의 경우 안정화 열처리를 실시하여야 예민화가 발생하지 않는다.

6.4. 추가 공부 사항

- KLA를 예방하기 위한 용접방안
- 예민화 관련 각종 Acid를 사용한 Corrosion Test 방법(ASTM A262 참조)

7 스테인리스강 열처리

7.1. 문제 유형

- 스테인레스강의 용접 시공과정에서 적용되는 열처리에 대하여 설명하시오.

7.2. 기출 문제

- 93회 1교시 : 18Cr-8Ni 스테인리스 용접시 층간온도를 제한하는 이유에 대해 설명하시오.
- 92회 2교시 : SMAW에서 스테인리스강의 마르텐사이트계, 페라이트계, 오스테나이트계 및 이종재의 예열, 패스온도(Interpass Temperature) 및 용접 후 열처리에 대하여 각각 설명하시오.
- 90회 1교시 : 동종재의 페라이트 스테인리스강 용접에서 예열온도가 높을 경우 나타나는 현상과 용접시 적절한 예열온도 범위를 제시하시오. 그리고 모재 두께와 구속도에 따른 예열온도와의 관계에 대하여 설명하시오.

7.3. 문제 풀이

ASME Section IX 에서는 스테인리스강등 여러 강종들에 대하여 P-No. 라는 화학성분을 기준으로 분류하고 있다. 마르텐사이트계는 P-No. 6, 페라이트계는 P-No. 7, 오스테나이트계는 P-No. 8 이다. 각각의 스테인리스강은 서로 다른 예열 온도가 요구되며 후열처리 온도 또한 다르며, 이는 ASME, API 와 같은 국제 표준 규격에 따라 세부적으로 규정되어 있다. 다층 용접에서는 예열과 후열처리 이외에도 층간온도(Interpass Temperature)를 규제하고 있다.

7.3.1. 마르텐사이트계 스테인리스강

1) 예열(Preheating)

ASME Section VIII 에서는 마르텐사이트 스테인리스강의 예열온도를 최소 204°C(400°F)

로 규정하고 있다. 이는 꼭 지켜야 하는 의무 적용사항(Mandatory Requirements)은 아니나, 용접후 균열방지를 위하여 그 적용을 권장하고 있다.

2) 층간온도(Interpass Temperature)

예열온도와 더불어 다층용접에 있어 층간온도는 중요한 역할을 하는데 API RP 582 에서는 315°C(600°F)로 추천 한다.

3) 용접 후열처리(PWHT)

용접 후 수행하는 열처리로서는 템퍼링(Tempering) 이 주로 적용된다. 12~17% 크롬 (Cr) 함량을 가진 Type 410 계열의 마르텐사이트 스테인리스강은 통상적으로 700~790°C 정도의 온도에서 용접 후열처리(PWHT)가 요구된다. 주물(Casting)의 경우, ASTM A 487 CA6NM A/B 를 따르면, 565~620°C 에서 최종 열처리(Tempering)를 하고 Class 에 따라 필요 시 Intermediate 용접 후열처리를 665~690°C 에서 수행한다.

7.3.2. 페라이트계 스테인리스강

페라이트계는 용접간 결정립 조대화(Grain Growth) 및 오스테나이트 조직이 생성되지 않도록 하는 것이 관건이다. 만약 용접간 오스테나이트 조직이 생성되면, 냉각시 마르텐사이트 조직이 생성되어 조직의 인성(Toughness), 강도(Strength)가 크게 나빠 질 수 있다. 또한 크롬(Cr)의 석출로 인해 내식성이 저하될 우려도 높아진다.

1) 예열(Preheating)

1세대 개발된 페라이트 스테인리스강의 경우, 149℃ ~ 230℃의 예열온도를 적용하여 Full 페라이트조직의 생성을 돕고 잔류응력의 영향을 최대한 줄여 용접을 실시한다.

그러나 예열온도가 너무 높을 경우, 냉각시 서냉되므로 결정립 조대화(Grain Growth) 에 따른 여러 문제가 발생할수 있다.

1세대이후 개발된 페라이트계는 탄소(C)함량을 줄이고 티타늄(Ti), 니오븀(Nb)등과 같은 페라이트 안정화 원소(Ferrite Former)을 첨가하여 페라이트 조직을 안정시킨 금속이므로 오스테나이트조직 생성우려가 거의 없어, 용접전 및 용접후에 열처리적용이 불필요하다. 이들 페라이트계에 예열을 적용하게 되면 오히려 결정성장(Grain Growth)에 따른 문제가 발생할 우려가 있다.

참고로 현업에서는 구속도가 높은 용접의 경우, 즉 모재두께가 두껍거나 탄소강 모재에 Surfacing용접(Weld Overlay or Hard Facing)을 적용하는 경우에 최소 149℃ 또는 두께 및 구속도에 비례하여 예열온도를 적용하여 잔류응력을 최소화하고 균열을 방지하는 경우도 있다.

2) 후열처리(PWHT)

상기에서 설명한바 같이 후열처리(PWHT)는 초기개발된 1세대 페라이트 스테인리스강에만 적용이 요구된다. 그 적용온도는 약 700~850℃이며, 냉각시에는 540~ 380℃ 구간은 급냉되도록 유도하여 기계적 인성저하(Loss of Toughness)가 생기지 않도록 주의한다. 급냉이 요구되는 이유는 885℉(475℃) 취화(Embrittlement) 문제를 피하기 위한 것으로 설명할수 있다.

400 Series 스테인리스강(페라이트 스테인리스강 or 마르텐사이트 스테인리스강) 그리고 듀플렉스 스테인리스강이 885℉(475℃) 이상의 온도범위에 노출되는 경우 취하조직의 발생우려가 높아지는데 이는 페라이트(Ferrite)상이 고온에 노출시 연성-취성 천이온도(DBTT온도)가 급격히 상승함에 따라 발생되는 현상으로, 이 온도범위에서 Cr-Rich 상과 같은 취성의 중간상(Intermetallic)이 석출되기 때문이다. 예방책으로는 용접간 그 노출시간을 피하도록 용접설계함과 더불어 나아가 해당재질의 기기가 이 온도범위에서 운전되지 않도록 고려하는 방안들이 있다. 이에 따라 불가피한 경우 재질이 변경될 여지도 있다.

7.3.3. 오스테나이트계 스테인리스강

1) 예열(Preheating)

오스테나이트계 스테인리스강은 내식성, 내열성 그리고 저온용 강재 등의 용도로 스테인리스강 중에서도 가장 많이 쓰이는 종류이며, 이의 용접방법은 널리 보편화가 되어있다.

ASME Section IX 에서는 이를 P-No. 8(Type 300계열)으로 분류를 하고 있으며 예열온도는 크게 규제를 받지 않는다.

2) 층간온도(Interpass Temperature)

예열과는 다르게 P-No. 8 의 층간온도는 오스테나이트계 스테인리스강의 응고 균열과 액화균열의 방지를 위해서 규제되고 있다. API RP 582 에서는 175℃(350℉)로 규제를 하고 있으나 150℃로 규제를 하는 규격도 있다. 층간온도 관리을 위해 측정도구로는 용접부에 Tempilstick^{TM} 같은 크레용(Crayon)을 이용하는 방법과 레이저를 사용하는 Digital Thermometer 등이 있다.

3) 후열처리(PWHT)

ASME Sec. VIII Division 1 에 의하면 오스테나이트(Type 300 계열) 스테인리스강의 용접 후열처리는 요구되지도 금지하지도 않는다고 기술하고 있으며, ASME B 31.3 에서 는 요구하지 않는다. 단, Type 321, 347 같은 안정화 오스테나이트 스테인리스강은 용 접 후 안정화 열처리(Stabilizing Heat Treatment)가 요구 되는데 ASTM A 240 Material Code에 따르면 통상적으로 982°C(1800°F) 이하의 온도 영역에서 수행하도록 명시하고 있다.

오스테나이트 스테인리스강의 일반적인 열처리로는 Solution Annealing 이며 이는 보통 스테인리스강 제품이 생산되는 과정에서 수행이 되며 용접 후 따로 후열처리가 수 행되지는 않는다.

7.3.4. 이종 재질의 용접

1) 예열(Preheating)

탄소강(P-No. 1) 과 오스테나이트 스테인리스강(P-No. 8)이 용접 되는 경우 적용되는 예 열 온도는 P-No. 8 를 고려하여 약 10°C(50°F) 정도에서 수행이 되어야 한다.

사용되는 용접봉은 운전온도(Service Temperature) 가 315 °C 이하이면 Type E309(L) 계열을 쓰고, 315 °C 를 초과할 경우 니켈 합금 용접봉(ENiCrFe-2 또는 ENiCrMo-3)을 사 용하여 서로 다른 두 재질을 용접하도록 추천하고 있다. 탄소강과 마르텐사이트계의 이종 재 용접시에도 역시 오스테나이트계의 경우와 동일한 방식을 적용한다.

2) 층간온도(Interpass Temperature)

이종 재질의 층간온도(IP) 역시 예열과 마찬가지로 스테인리스강의 온도 제한을 따른다.

3) 후열처리(PWHT)

이종 재질의 용접은 앞서 언급된 대로 스테인리스강 Type 309 용접봉 또는 니켈 합금 용접봉을 쓰게 되는데 이때 스테인리스강과 맞붙는 재질의 표면에 버터링(Buttering)을 하게 된다.

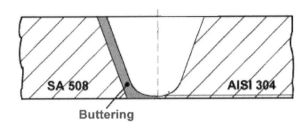

[그림 V-39] 버터링(Buttering)

버터링(Buttering)이란 스테인리스강과 다른 재질의 재료 을 용접할 때 서로 다른 두 재질의 열팽창, 기계적 특성(Mechanical Property)등을 고려하여 용접 후 품질에 악영향을 미치는 결함을 방지하고자 탄소강 모재의 표면에, 그림 V-39의 경우 SA508 쪽 표면에, Type 309 또는 니켈 합금 용가재(Filler Metal)를 이용하여 얇은 두께로 버터링(Buttering) 용접하여 스테인리스강의 화학적조성 및 기계적성질을 가지게 하여 결과적으로 스테인리스강끼리의 동종 용접을 할 수 있게 해주는 것을 말한다. 이러한 경우 따로 후열처리(PWHT)가 필요하지 않아 현업에서 이종재 용접의 경우 후열처리 적용을 피하기 위하여 많이 적용하고 있다.

상기와 같이 스테인리스강을 용접간 중요한 조건들로 분류되는 예열(Preheating), 층간온도(Interpass Temperature), 후열처리(PWHT)에 대하여 살펴보았다.
- 예열은 용접부에 잔류하고 있는 수분을 제거하여 균열을 일으킬 수 있는 수소(Hydrogen)의 유입원을 방지하고, 용접후 급냉을 방지하는 역할을 한다.
- 층간온도(Interpass Temperature) 의 규제는 용접부가 응고되는 과정에서 고온 균열을 억제할 수 있게한다.
- 용접후 후열처리(PWHT)는 용접부에 잔류하고 있는 응력(Stress)을 제거 함으로서 용접부의 균열을 방지할 수 있다.

이들의 온도는 각 재질, 규격 별로 다르게 적용되고 있어 적절한 온도를 선택하는 것이 우수한 품질의 용접부를 얻기위해 요구되는 중요한 요소임 알수있다.

7.4. 추가 공부 사항

- 스테인리스강의 TTT곡선, CCT곡선

8 스테인리스강 용접부 오염

8.1. 문제 유형

- 스테인리스강 용접 및 해당 기기의 운전간 아연의 접촉을 규제하는 이유에 대하여 설명하시오.

8.2. 기출 문제

- 92회 2교시: 오스테나이트 스테인리스강의 용접시공시 아연오염에 대한 다음사항을 설명하시오.
  1) 아연침입시 문제점
  2) 아연 오염방지 대책
  3) 아연의 검출방법 및 판정
  4) 아연 오염 제거방법

8.3. 문제 풀이

8.3.1. 아연 침입시 문제점

저융점금속인 아연(Zn)은 그 녹는점 이상의 온도에서 금속조직에 침입하여 금속조직의 취화(Embrittlement)를 일으킨다. 특히 오스테나이트 스테인리스강의 경우 인장응력(Stress)가 존재하는 환경에서 탄소강(Carbon Steel)과 달리 순간적으로 균열이 발생하여 그 설비의 신뢰성에 큰 위험을 초래한다. 이는 아연에 의한 액체금속취화(Liquid Metal Embrittlement) 현상이라고 한다.

아연(Zn)은 입계에 침입하는 동시에 입계부근의 니켈(Ni)로 확산하여 Ni-Zn의 금속간화합물을 생성한다. 이에 입계부근의 니켈(Ni)이 고갈되고, 약750℃ 이상의 온도에서 오스테나이트상에서 페라이트상으로 변태가 일어남과 동시에 균열의 진전에 필요한 응력(Stress) 또한 발생한다.

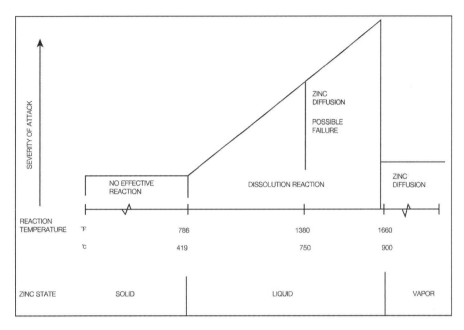

[그림 V-40] 아연과 오스테나이트 스테인리스강의 반응

8.3.2. 아연 오염 방지 대책

오스테나이트 스테인리스강은 일반적으로 그 자체의 우수한 내후성과 내식성 때문에 추가적인 피복(Coating)이 요구되지 않으나 아연피복 탄소강(Hot Dip Galvanized Carbon Steel)과의 용접, Zinc-rich Paint의 부착 그리고 화재등의 환경에서 아연증기의 부착등으로 오스테나이트 스테인리스강에 아연(Zinc)이 부착될수 있다.

이에 아연(Zn)을 함유한 도금 및 도장이 적용된 금속과 오스테나이트 스테인리스강이 직접 용접되지 않도록 주의하여야 하며, 위험물질을 취급하는 설비의 경우 오스테나이트 스테인리스강 설비와 아연(Zinc) 함유물질이 인접공간내에 설치되지 않도록 주의하여야한다.

8.3.3. 아연의 검출 방법 및 판정

미소집점 X선 회절에 의해 조직내 NiZn 과 $NiZn_2$을 검출하여 알 수 있다.

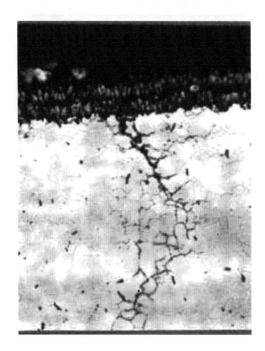

[그림 V-41] Zinc-Filled Cracks in Stainless Steel

액상침투시험(PT)에 의해 균열의 존재유무를 확인할 수 있다.

8.3.4. 아연 오염 제거방법

1) 기계적 방법

아연에 의해 균열이 발생하면 이후 용접보수를 적용하기는 매우 어렵다. 용접부에 아연에 의한 균열이 발생하였기 때문에 균열을 그라인더(Grinder)를 이용하여 물리적으로 제거하여 스테인리스강에 부착된 아연을 완전히 제거한 후 보수 용접을 행한다. 아연이 잔존하면 보수용접 후 재균열이 발생할 수 있으므로 그라인더 작업시 아연이 침입할 가능성이 있는 부분, 즉, 420℃ 이상의 온도에 노출되었을 것으로 생각되는 부분은 모두 제거하는 것이 바람직하다.

2) 화학적방법

일명 산세척(Acid Cleaning)이라고도 하며, 화학세척법의 일종으로 금속표면에 잔여하고 있는 아연의 제거를 위해 적용할수 있다. 일반적으로 용접 작업전 부재의 전처리시 산세척을 적용할 수 있으며 ASTM A380등과 같이 정하여진 규정 및 절차서(Procedure)에 따라 실시하여야 한다.

8.4. 추가 공부 사항

- 스테인리스강의 Chemical, Mechnical Cleaning방법

9 **Duplex Stainless Steel의 용접성**

9.1. 문제 유형

- 이상 스테인리스강(Duplex Stainless Steel) 용접시 냉각 관리의 중요성에 대해 논하라.

9.2. 기출 문제

- 101회 4교시 : 이상계(Duplex) 스테인리스강 용접부에서 발생하는 공식(Pitting Corrosion)의 발생이유와 방지대책에 대하여 설명하시오.
- 86회 1교시: 슈퍼 듀플렉스 스테인리스 강(Super Duplex Stainless Steel)이란 무엇이며 용접시 입열과 냉각속도를 어떻게 관리해야하며, 권장 입열은 얼마인지 설명하시오
- 86회 2교시: 듀플렉스(Duplex) 스테인리스강의 (1) 장점을 기술하고, 용접시의 (2) 용접 열사이클(weld thermal cycle)의 영향검토가 중요한 이유, (3) 용접부에 충분한 오스테나이트상을 얻기 위한 방안, (4) 세컨드상(Secondary phase)의 석물을 피하기 위한 조치를 설명하시오.

9.3. 문제 풀이

9.3.1. 이상 스테인리스강(Duplex Stainless Steel)

이상 스테인리스강이란 크롬(Cr)이나 몰리브덴(Mo)와 같은 페라이트 안정화 원소와 니켈(Ni)이나 질소(N)와 같은 오스테나이트 안정화 원소 함량을 적절히 조절하여 페라이트 상과 오스테나이트상을 약 50:50의 비율을 가지도록 만든 강종이다. API에서는 페라이트 함량을 30~65%까지 허용하고 있다. 이상 스테인리스강은 오스테나이트 스테인리스강에 비해 강도가 높고, 염소 환경에서 부식응력균열에 대한 저항성이 좋아 해수 분위기에서 많이 사용된다.

공식 부식(Pitting Corrosion)에 대한 저항성을 수치화 시켜 놓은 것을 PREN(Pitting Resistance Equivalent Number)라고 하며, 이 PREN을 이용해 이상 스테인리스강을 분류 할 수 있다. 아래 두 식은 가장 많이 사용 되고 있는 PREN 값이다.

$$PREN = \% \, Cr + 3.3 \times \% \, Mo + 16 \times \% \, N$$

$$PREN = \% \, Cr + 3.3 \times (\% \, Mo + 0.5 \times \% \, W) + 16 \times \% \, N$$

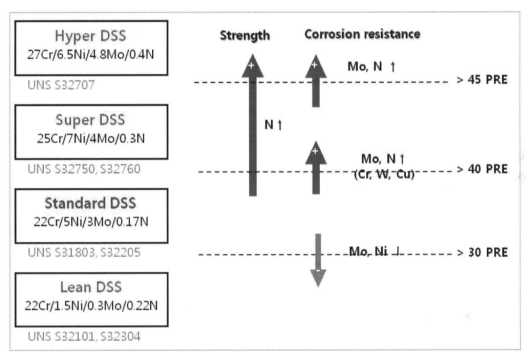

[그림 Ⅴ-42] PRE에 따른 이상 스테인리스강(Duplex Stainless)의 분류

    현재 가장 많이 사용 되는 일반 이상 스테인리스강종은 크롬(Cr)함량 22wt% 정도에 PREN 값은 30~40 정도인 강종이다.

9.3.2. 이상 스테인리스강의 용접시 주요 문제점

이상 스테인리스강은 용접시 냉각 속도 관리가 중요한데, 냉각 속도 관리가 적절하지 못할 경우 두 상의 균형이 깨지거나 해로운 상의 석출 문제가 발생 할 수 있다. 상세 내용은 다음과 같다.

1) 용접부 페라이트상 과다

질소(N)는 강력한 오스테나이트 안정화 원소로 이상 스테인리스강의 용접시 오스테나이트를 안정화 시켜 두 상의 균형을 맞추는 아주 중요한 역할을 한다. 질소(N)는 오스테나이트 안정화 원소이기 때문에 오스테나이트 상에 많이 있지만 용접열에 의해 용접부가 고온에 노출되면 페라이트상의 질소 고용도가 높아져, 결과적으로 일부 페라이트상으로 확산된다. 온도가 낮아 지면 다시 고용도가 낮아 지면서 페라이트상에서 빠져 나와 오스테나이트상을 안정화 시키게 된다. 하지만 냉각속도가 너무 빠를 경우 질소가 페라이트상에서 빠져 나오지 못하고 크롬 질화물(Cr_2N)을 형성하게 된다. 질소는 용접 후 오스테나이트 형성을 역할을 해야 하지만 질화물 형태로 존재시 그 역할을 할 수 없어 페라이트상이 과다하게 된다.

2) 용접부에 해로운 2차상 형성

이상 스테인리스강은 크롬(Cr), 몰리브덴(Mo)이 상대적으로 많이 함유되어 있는데, 이 원소들은 고온에서 2차상 형성을 촉진하는 원소들이다. 이상 스테인리스강은 다양한 2차상 중에서 시그마(σ)상이 가장 빨리 많이 생성 되며 또한 가장 해롭다고 할 수 있다. 슈퍼 이상 스테인리스강(Super Duplex Stainless Steel)의 경우 용접부가 850℃ 정도에서 0.1 시간 이내로 노출되어도 기계적 물성치 및 내부식성에 문제가 될 만큼의 시그마 상이 급격히 생성 된다.

그림 V-43은 온도와 합금 원소에 따른 이상 스테인리스강의 2차상이 얼마나 빨리 형성 될수 있는가를 보여 주는 것이다.

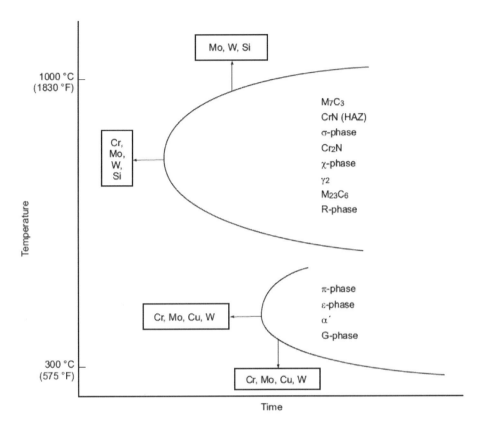

[그림 V-43] 이상 스테인리스강에서 2차상 형성 그래프

3) 이상 스테인리스강의 용접에서 냉각 속도 관리

앞에서 설명한 것처럼, 이상 스테인리스강은 냉각 속도 관리가 중요한데 이는 층간 온도(Interpass Temperature)와 입열(Heat Input) 관리를 통해 이루어 질 수 있다.

이상 스테인리스강은 오스테나이트계 스테인리스강 대비 열전도도가 높고 열팽창계수가 작다. 그리고 페라이트 함량이 높아 응고 균열에 대한 민감도도 낮아 상당히 높은 입열을 줄 수 있다. 하지만 용접부의 온도가 너무 높아지면 냉각속도가 느려지기 때문에 2차상 형성이 과다해 질 수 있다. 따라서 일반 이상 스테인리스강은 층간 온도를 최대 250℃, 입열은 0.5~2.5 KJ/mm로 제한 하고, 슈퍼 이상 스테인리스강은 층간 온도를 최대 150℃, 입연은 0.2~1.5 KJ/mm로 제한 한다.

동일한 이유로 예열도 일반적으로 추천하지 않지만 두꺼운 모재에 아주 낮은 용접 입열(Heat Input)을 가해야 할 경우 급냉에 의해 페라이트상이 과다 생성 될 수 있다. 이럴 경우에는 예열온도를 100℃ 이하로 하고, 용접부 전체가 균일하게 가열 되도록 해야 한다.

9.4. 추가 공부 사항

9.4.1. 슈퍼듀플렉스 스테인리스강(Super Duplex Stainless Steel)의 예열과 후열 처리에 대해 설명하시오.

1) 예열

슈퍼듀플렉스 스테인리스강(SDSS) 용접시 일반적으로 예열은 하지 않는다. 하지만 두꺼운 피용접재를 아주 낮은 용접 입열(Heat Input)을 가해야 할 경우 급냉에 의한 페라이트상의 과다 생성을 방지하기 위해 수행할 수도 있다. 그리고 표면에 수증기 제거 목적으로도 할 수 있지만 예열은 100℃ 이하로만 하고, 전체가 균일하게 가열 되도록 해야 한다. 특히 예열이 과다할 경우 용접부가 고온에서 유지 되는 시간이 길어지고 이로 인해 2차상이 과다하게 생성 될 수 있으므로 주의가 필요하다.

2) 후열처리

앞에서 설명 한 것처럼, SDSS는 고온에서 2차이 쉽게 형성되고, 475℃ 취성도 있기 때문에 후열처리를 하지 않는다. 과다한 잔류 응력 제거를 위해 후열처리가 꼭 필요하다면 Annealing 온도로 가열 후 수냉하는 고용화 열처리(Solution Annealing)을 실시해야 한다.

10 Aluminum(알루미늄) & Aluminum 합금

10.1. 문제 유형

- 알루미늄 합금의 특성 및 이에 따른 주요 용접 결함 및 대책에 대해 설명하시오.

10.2. 기출 문제

- 110회 1교시 : 7000계 알루미늄 합금 용접부의 부위별 미세조직 특징을 설명하시오.
- 108회 1교시 : Al 용접부에 발생하는 블로우홀(blowhole)의 발생에 가장 큰 영향을 미치는 원소를 쓰고, 이 원소가 용접금속에 침입되는 발생원에 대하여 설명하시오.
- 99회 3교시 : Al 및 Al 합금이 강에 비하여 아크용접이 어려운 이유에 대하여 설명하시오.
- 95회 3교시 : 알루미늄 합금 Al2024 및 Al7075 재료는 가볍고 강도가 높아 항공기 재료로 많이 사용되고 있다. 이들 재료는 리벳 접합을 주로하고 있는데 그 원인은 무엇이며 용접 방법이 있다면 그 방법에 대하여 설명하시오.
- 92회 1교시 : 길이 2000mm 폭 1500mm 높이 70mm의 육면체형 구조물을 두께 10 ~ 16mm 알루미늄 판재를 이용해서 제작코자 한다. 아크용접법의 적용이 불가할 때 적용할 수 있는 용접법 2가지를 설명하시오.

10.3. 문제 풀이

알루미늄 합금은 독특한 물리적 및 화학적인 특성을 가지고 있어 건전한 용접부를 얻기 위해서는 알루미늄 합금의 특성을 고려한 용접 Process 및 절차를 적용하여야 한다. 알루미늄 합금의 특성 및 이에 따른 알루미늄 합금의 용접 절차에 대해 설명한다.

10.3.1. 알루미늄 합금의 특성

알루미늄 합금의 특성은 아래와 같이 정리할 수 있다.

- 전기전도도가 높다.
- 열전도도가 높다(탄소강의 약 4배).
- 열팽창 계수가 높다(탄소강의 약 2배).
- 융점은 낮으나(480~660℃) 고융점(1538℃)의 산화 피막(Al_2O_3)이 존재한다.
- 산소 친화도가 높다.
- 용탕의 수소 용해도가 높다.
- 탄소강과 같은 체심입방구조(FCC)에서 면심입방구조(BCC)등으로의 조직 변화가 없다.
- 온도에 따른 색깔 변화가 없다.

10.3.2. 알루미늄 합금 특성에 따른 용접 특성

1) 용접전 준비 단계

용접전 용접부 청정작업(Cleaning)이 필요하다. 이는 알루미늄 표면에 고융점의 산화 피막이 존재하므로 용접전 산화피막을 제거하여, 기공(Porosity) 결함이 발생하지 않도록 관리하기 위함이다.

특히, 석출 경화형 알루미늄 합금은 플라즈마 아크 절단 적용시 과시효의 가능성이 있어 절단부 모서리에서 3mm를 물리적 방법으로 제거할 필요가 있다.

2) 예열

열전도가 높으므로 과도한 용접전류를 사용하지 않고 용융을 쉽게하기 위해 충분한 예열이 필요하다. 예를 들어, 두께 9mm 이상의 부재에 150~200℃ 온도의 예열을 적용하면 기공(Porosity) 발생 우려가 낮아지며, 알루미늄의 높은 열팽창 계수에 의해 발생될 수 있는 잔류응력을 저하시킬 수 있다.

3) 용접 Process

아크용접 적용시 모재표면의 산화 피막을 제거하기 위해 청정효과(Cleaning)가 좋은 용접 전원을 사용하도록 추천된다. 알루미늄의 높은 열 전도도와 열팽창 계수를 고려하여 레이져 용접(LBW), 전자빔용접(EBW), 플라즈마 용접(PW)같이 열집중도가 좋은 용접기법을 적용하면 우수한 품질의 용접부를 얻을수 있다.

최근 산업계에서는 마찰교반용접(FSW)와 같은 저입열 고상용접(Solid State Welding)을 적용하여 물리적으로 산화피막을 제거함과 동시에 요구되는 품질을 만족하는 접합을 구현하고 있다.

4) 용탕(Weld Pool)의 차폐(Shielding)

산소 친화도가 높고 용탕의 수소 용해도가 높으므로 용접부의 개재물 및 기공(Porosity) 발생을 방지하기 위해 충분한 차폐(Shielding)가 필요하다.

10.3.3. 주요 용접 결함 및 대책

1) 기공(Porosity) 발생

용접 금속, 용접봉, 보호 가스의 탄화수소 및 습기가 높은 용접열에 의해 분해 되어 수소가 발생하고, 발생한 수소는 알루미늄 합금 용탕(Weld Pool)의 높은 수소 용해도에 따라 용탕내로 흡수된다.

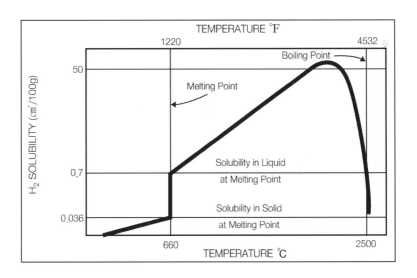

[그림 V-44] 알루미늄 합금내 수소의 용해도

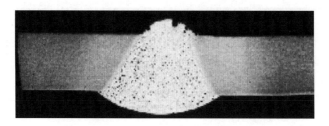

[그림 V-45] 알루미늄 용접부 기공의 형상

또한 알루미늄 합금은 액상과 고상의 높은 용해도차에 의해 용탕에 용해된 수소는 용접 금속내에 기공(Porosity)로 존재하게 된다.

수소에 의한 기공를 방지하기 위해서는 습기 및 Oil 등의 수소유입 원인인자를 제거하여야 한다. 이에 용접전 모재에 대한 철저한 Cleaning이 중요하다.

2) 용접 금속내 게재물 형성

알루미늄 합금은 산소와 친화도가 높으며 이에 따라 그림 V-46과 같이 표면에 빠른 속도로 산화피막이 형성된다.

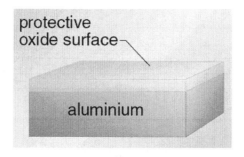

[그림 V-46] 알루미늄의 산화피막층(Al_2O_3)

이 산화 피막(Al_2O_3)은 고용점(1538℃)이므로 알루미늄 합금의 융탕 형성을 방지 할 뿐아니라 용접금속내에 잔류하여 게재물을 형성한다. 게재물은 응력집중부로 작용하여 용접부의 취성을 유발한다. 이에 따라 용접전 와이어브러싱(Wire Brushing)과 같은 기계적 방법 또는 솔벤트크리닝(Solvent Cleaning)을 통해 산화 피막을 제거하는 것이 중요하다. 또한 용접시 산화피막의 형성을 방지하기 위해 불활성 가스를 이용한 적정한 용접부 차폐(Shielding) 방법을 채택하여야 한다.

GTAW 용접법을 적용시에는 청정 효과가 있는 교류전원(AC)를 이용하여야 한다. GMAW 용접법을 적용시에는 청정(Cleaning 효과)와 열집중도가 좋은 스프레이 이행모드(Spray Transfer Mode)를 사용하며, 단락이행모드(Short Circuit Transfer Mode)는 청정효과가 미흡하므로 적용하지 않아야 한다.

3) 응고 균열(Solidification Crack)

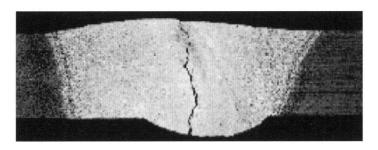

[그림 V-47] 알루미늄 용접부의 응고균열

알루미늄 합금은 아래와 같은 이유들로 인해 응고 균열에 취약하다.

- 열팽창 계수가 높다.
- Cu, Mg등의 합금원소 첨가에 따라 일정 농도에서 응고 온도 구역이 넓어 진다. (그림 V-48)
- 용접부 강도가 모재보다 작다

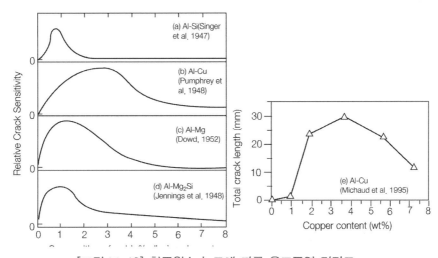

[그림 V-48] 합금원소 농도에 따른 응고균열 민감도

　　알루미늄 합금의 응고 균열을 예방하기 위해서는 용접부의 구속도를 최소화하고, 용접부를 두껍게 형성하여 용접부의 강도를 보강하여야 한다. 또한 4000, 5000계열의 적정한 용접봉을 사용하여야 한다.

4) 액화 균열(Liquation Crack)

　　그림 V-49와 같이 Cu 농도가 6.3%인 2219 알루미늄 합금을 Cu 농도가 0.95%인 용접봉으로 용접하는 경우 용접부가 600℃ 이상에서 먼저 응고 후 냉각에 따라 수축하게 되나 모재의 응고 온도는 550℃ 이하이므로 냉각시 모재의 부분 용융존(PMZ)에 액체가 남아 있어 균열이 발생하게 된다.

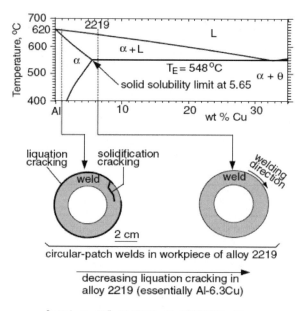

[그림 V-49] 알루미늄의 액화균열 예

　　이런 부분 용융존의 액화 균열을 방지하기 위해 그림 V-50과 같이 응고 온도가 낮아 액화균열에 저항성이 있는 Al-Si(4000계열) 용접봉을 사용한다.

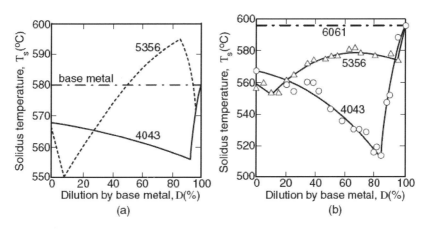

[그림 V-50] 희석률에 따른 모재와 용접부의 응고온도 변화

5) 용접부 강도저하

열처리형 합금(5000계열)과 비열처리형 합금(2000, 6000계열)에서 공통적으로 용접 시 용접부의 강도가 저하하는 문제가 발생할 수 있다.

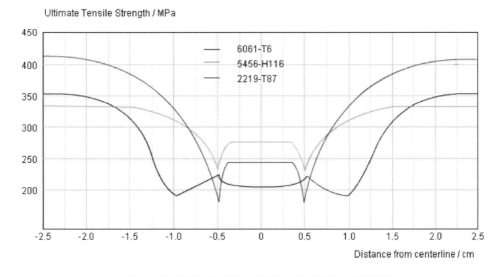

[그림 V-51] 알루미늄합금 용접부 및 모재의 인장강도

열처리형 합금의 경우 용접부에 석출물이 존재하지 않아 강도가 저하되므로 용접 후 고용화 열처리(Solution Annealing)과 시효(Aging) 열처리를 통한 강도 보강이 필요하

다. 비열처리형 합금의 용접부는 가공경화 정도가 낮으므로 그 강도가 모재보다 낮은 것이 그 원인이다.

따라서 알루미늄 합금을 용접구조물로 사용하기 위해서는 상기 기술한 특성들을 고려하여 용접설계를 수행하여야 한다.

10.4. 추가 공부 사항

- 알루미늄 합금의 시효 경화 및 과시효 현상
- 열처리형 합금과 비열처리형 합금의 종류 및 특성
- 알루미늄 합금의 용접 Joint와 Rivet Joint의 특성 비교

11 TMCP강

11.1. 문제 유형

- TMCP강의 용접 적용시 발생할 수 있는 문제점 파악하고 그 해결방안을 설명하시오.

11.2. 기출 문제

- 110회 3교시 : TMCP강 용접 열영향부의 연화(Softening)현상이 선박설계시 미치는 영향에 대해 인장강도 및 피로강도 측면에서 설명하시오.
- 108회 2교시 : 대입열용접부의 인성(toughness)과 용접열영향부의 연화(softening) 현상에 대하여, TMCP(Thermo-Mechanical Control Process)강과 일반압연강을 비교하여 설명하시오.
- 98회 3교시 : TMCP 강재 용접부에서 연화현상이 무엇인지, 그리고 이러한 연화현상이 실제 대형철구조물의 설계 기준인 인장강도와 피로강도에 미치는 영향을 설명하시오.

11.3. 문제 풀이

11.3.1. TMCP강의 개요

TMCP(Thermo-Mechanical Control Process)강은 탄소나 합금원소의 증대 없이 강재의 강도와 인성을 증대시키는 TMCP법을 통해서 생산된 강재를 말한다. TMCP법이란 강재의 열간 가공, 즉 열간 압연시 압연 온도를 기존 압연재 대비 낮게 제어해서 결정립을 미세화 시키게 되는데, 필요에 따라 수냉에 의한 가속냉각법을 더하기도 한다.

TMCP강재는 강도 대비 탄소당량(Ceq)가 낮아 용접성이 우수하고, 동일 Ceq에서는두께를 줄일 수 있는 효과가 있어 해양구조물이나 선박에 많이 사용 된다. 그리고 낮은 항복비에 따른 우수한 내진성으로 건설강재로도 종종 활용 된다.

그림 V-52은 TMCP 강재와 기존 강재(Conventional Process)와의 공정 비교이다. 일반 노말라이징 강재의 경우 오스테나이트 재결정 온도 이상에서 압연과 노말라이징으로 페라이트와 펄라이트의 밴드구조가 형성되지만, TMCP강은 부분 재결정이나 재결정 이하의 온도에서 압연이 이루어져 미세한 침상 페라이트(Acicular Ferrite) 조직이 형성된다.

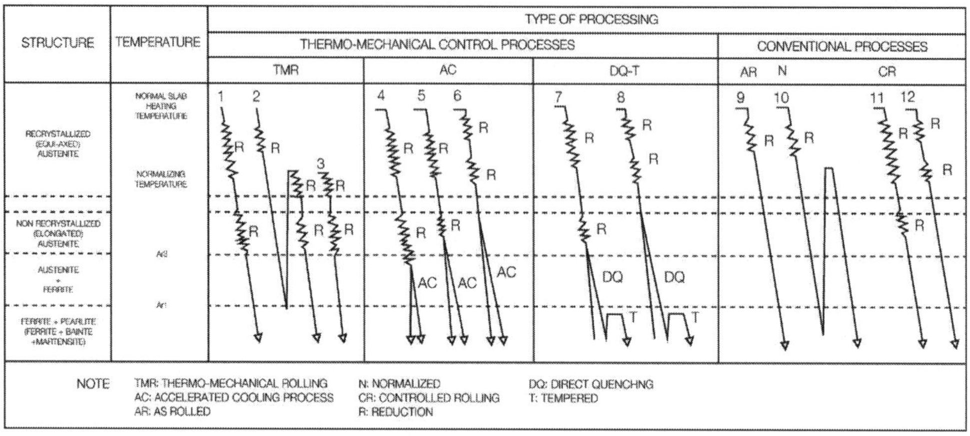

[그림 V-52] TMCP강과 기존 압연강재의 제작공정 비교

11.3.2. 열영향부(HAZ) 연화

TMCP 강재의 아크 용접시 용접 속도가 너무 느리거나 대입열 용접에 의한 입열량이 과다할 경우 HAZ에서 연화 형상이 발생할 수 있다.

앞에서 설명한 것처럼, TMCP 강재는 모재의 탄소당량을 낮게하고 제어압연과 제어냉각에 의한 결정립 미세화로 강도를 확보하게 되는데 입열량이 과다할 경우 HAZ에서 결정립 성장에 의해 강도와 인성이 저하할 수 있다.

11.3.3. TMCP강의 인성 저하 방지

TMCP강의 인성저하를 개선하기 위해서 산업계에서 적용하고 있는 방법은 다음과 같다.

- 모재에 니오븀(Nb), 또는 티타늄(Ti)을 미량 함유시켜 초기 오스테나이트조직에서 탄화물 및 질화물이 석출 되도록하여 인성이 우수한 침상페라이트(Acicular Ferrite)조직을 얻고저 도모한다.
- 합금원소(Ni)가 첨가된 용가재(Filler Metal)을 적용하여 상부 베이나이트조직의 생성을 억제하고 결정크기(Grain Size)가 늘어나지 않도록 한다.
- 용접시 필요한 최소한의 입열량이 적용되도록 설계하여 냉각속도를 지연시키지 않도록 하는 것이다.

이들 방안은 모두 결정크기(Grain Size)가 용접 후 조대화 되지 않도록 고려한 방법
이다. 추가적인 방법으로는 초음파, 피닝(Peenig), 진동(Vibration) 등을 용접간 적용하
여 결정크기(Grain Size)를 제어(Control)할 수도 있다.

11.4. 추가 공부 사항

11.4.1. TMCP강 제조공법

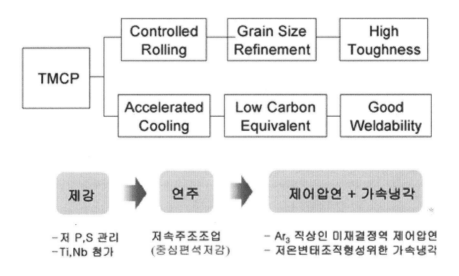

[그림 V-53] TMCP강의 제조공법

1) 제어압연(Controlled Rolling)

제어압연 TMR(Thermo-Mechanical Rolling) 방식은 그림 V-54와 같이 Ar₃변태점이
상의 온도 영역(약 700℃~815℃), 즉 재결정 또는 재결정되지 않은 오스테나이트조직
영역에서 제어압연(Controlled Rolling)하여 결정크기(Grain Size)를 미세(Fine)하게
한다.

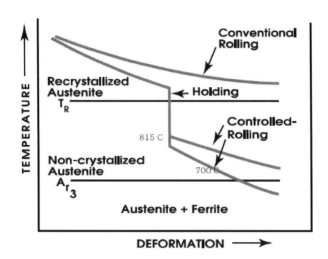

[그림 V-54] 제어압연에 의한 TMCP강의 제조

2) 가속냉각법(Accelerated Cooling)

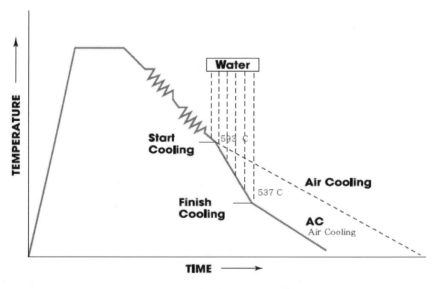

[그림 V-55] 가속냉각에 의한 TMCP강의 제조

가속냉각 AC(Accelerated Cooling) 방법은 Ar_3 및 Ar_1온도사이의 온도영역(약 537℃~593℃) 에서 Final Controlled Rolling 또는 제어압연(TMR) 직후에 물(Water) 또는 공냉(Air Cooing)을 적용한다.

11.4.2. TMCP강의 결정크기(Grain Size) 변화 추이

TMCP강종의 개발은 점차 입자 크기를 작게 가져가서 합금 원소의 함량을 최소화하면서도 충분한 기계적 강도를 확보하기 위해 그림과 V-56과 같이 UFG(Ulta Fine Grain)으로 발전되고 있다.

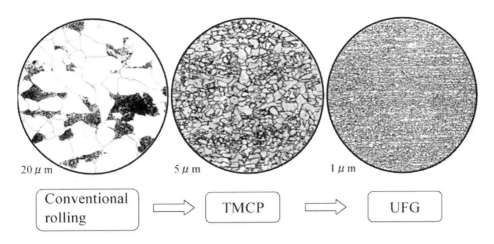

* UFG: Ultra Fine Grain

[그림 V-56] TMCP강의 미세 조직의 발전

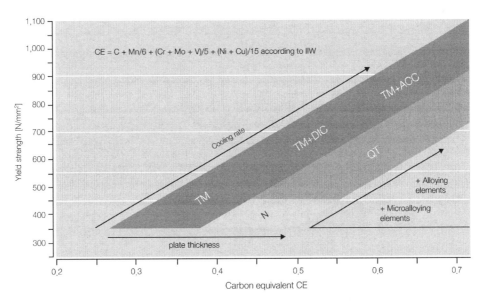

[그림 V-57] TMCP강과 조질강의 항복강도 비교

12 무예열 용접

12.1. 문제 유형

- 기술사는 국내외에서 개발/보급되고 있는 신기술에 대해 열린자세를 견지하여야
  한다. 각종 신소재들에 대한 개발현황 및 그 용접적용간 특성에 대하여 설명하라.

12.2. 기출 문제

- 실기 구술 면접 : 무예열 용접재료에 대해 설명하시오.

12.3. 문제 풀이

선박, 해양구조물 같은 강구조물은 대형화와 동시에 경제성을 고려하여 경량화가 지속적으로 추진되고 있다. 이러한 요구에 따라 개발된 초기의 고강도강은 높은 탄소함량(0.14 wt%)과 다량의 합금원소(Cr, Mo등)를 함유하고 있어 용접성이 매우 열악하고 100℃이상의 예열이 필요하다. 또한 용접 후 열영향부의 균열발생이 빈번하였다.

이에 좋은 용접성과 높은 강도를 갖춘 New HSLA(High Strength Low Alloy Steel)강의 개발이 요구되었다. 실제 잠수함 제작용으로 적용되고 있는 HY-80, HY-100, HY-130등이 이러한 범주에서 개발된 강종들인데 이들 New HSLA강은 탄소(C) 함량이 0.14% 미만이고, 저탄소에 따른 강도저하를 보상하고저 Cu을 함유하여 예열없이(무예열) 용접하여도 저온균열의 우려가 없는 특성을 가지고 있다.

그러나 New HSLA강에 기존의 용접재료를 적용하여 무예열 용접을 시공한다면 용접금속부에서 저온균열이 빈번히 발생할 수 있어 무예열 용접 모재의 특성에 발 맞추어 무예열 용접재료 또한 잇따라 개발되었다.

한국선급에서 제정한 '무예열 고강도 용접재료 승인 및 검사지침'에 의거 인증을 획득한 GMAW용 용접재료를 소개하자면 아래와 같다.

저탄소 GMAW용 용접와이어는 무예열 용접성을 확보하기 위해 탄소함량을 0.01%까지 낮추었으며, 저탄소함량에 따른 강도 보완을 위해 망간(Mn), 니켈(Ni), 몰리브덴(Mo)등을 첨가하고 기타합금원소로써 알루미늄(Al), 티타늄(Ti)을 소량첨가하였다. 불

순원소인 인(P), 황(S)는 최소로 관리되어 있으며 확산성수소량을 최소화 하기위해 용접 와이어 표면을 최적관리하도록 요구되고 있다.

[표 V-3] 무예열 GMAW 용가재의 화학조성

C	Si	Mn	P	S	Ni	Mo	others	Fe
0.015	0.4	1.5	0.003	0.001	3.4	1.0	Al, Ti	Bal.

이와 같이 무예열 강재의 온전한 활용을 위하여 무예열 용접재료의 개발이 뒤따랐으며 실제 현업에서는 무예열 용접재료의 품질을 평가하기 위하여 용접금속의 확산성수소량 측정, 충격검사, 인장검사등 기계적검사를 수행하고 있다. 또한 무예열 용접재료는 기존 전량수입에 의존하였으나 최근 국내 무예열 용접재료의 개발로 국산화가 이루어졌다.

13 형상 기억합금

13.1. 형상 기억 합금의 용접

13.1.1. 형상기억합금(Nitinol; Ni-Ti 석출경화합금)

일반적인 금속재료는 탄성한도 이상의 응력을 주면 응력을 제거하여도 영구적인 소성변형이 남는 반면, Ti-Ni 합금중에는 소성변형을 일으킨 후에 가열하는 것만으로도 원래의 형상으로 되돌아가는 재료가 있다. 이는 온도 및 응력에 의존하여 생성되는 마르텐사이트 변태와 그 역변태에 기초한 형상 기억현상이라고 한다.

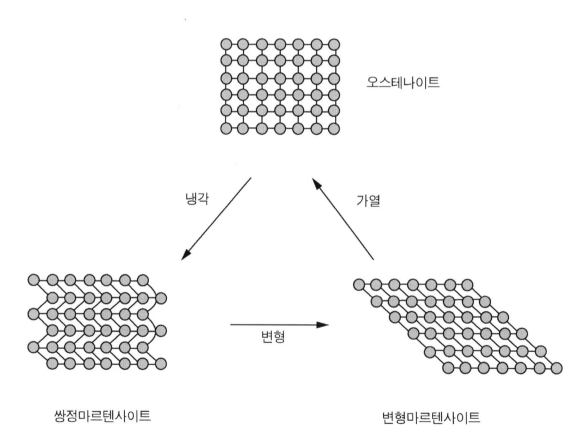

오스테나이트

냉각   가열

변형

쌍정마르텐사이트   변형마르텐사이트

[그림 V-58] 온도에 따른 형성기억합금의 조직

형상기억합금은 아래와 같은 특성이 요구된다.

- A_s(오스테나이트 변태 개시온도)와 M_s(마르텐사이트 변태 개시온도)와의 온도차이가 약 10~30 ℃정도로 아주 작아, 예를 들어 체온의 변화에 의해 조직이 변화하고 전체적으로 그 형상에 영향을 줄수 있어야 한다.
- 마르텐사이트상 경계가 쉽게 이동가능하여야 한다.
- 고온에서 규칙격자가 되도록 변태가 이루어져야 한다.

형상기억합금은 용접 후 티타늄(Ti) 석출물이 균일하게 석출하여야 형상기억합금의 특성을 유지할 수 있는데 실제 용접부에서 구현되기 힘들다. 따라서 현실적으로 용접으로 접합이 불가능하다 할 수 있으며 이에 현업에서는 소결형으로 제작되고 있다.

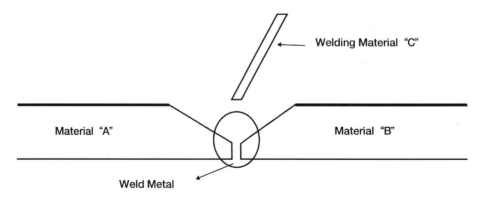

14 이종 용접

14.1. 문제 유형

- 현업에서 적용되는 이종용접시 용가재의 선정방법에 대하여 설명하라.

14.2. 기출 문제

- 108회 2교시 : 오스테나이트계 스테인리스강과 탄소강을 이종용접할 때 용접재료의 선정 및 용접 조건의 설정기준을 쓰고 설명하시오.
- 104회 4교시 : 두께가 6mm로 동일한 SM490강과 STS347 스테인리스강을 보호가스용접(GMAW)으로 맞대기 용접할 때 적합한 이음부를 설계하고, 희석률을 고려하여 적정용접와이어를 선정하고, 이 와이어를 사용하여 얻어지는 용접조직을 쉐플러선도(Schaeffler diagram)를 이용하여 설명하시오.
- 98회 1교시 : 스테인레스 321강재와 SM490B 강재를 맞대기 용접할 때 용접 재료를 선택하는 방법을 간략히 설명하시오.

14.3. 문제 풀이

화학성분이 다르거나 또는 야금학적으로 다른 합금원소를 함유한 재료간의 용접을 이종(Dissimilar Metals) 용접이라고 한다. 이종용접간 생성된 용접금속의 화학성분(Weld Metal Composition)은 희석율(Dilution Rate)의 영향을 받는다.

[그림 V-59] 용접모재 A 및 B 그리고 용가재 C

그림 V-59와 같이 부재 A, B가 SMAW(희석률 30%)로 용가재 C로 용접된다면 용접금속의 화학성분은 15% A + 15% B + 70% C 로 계산할수 있다. 참고로 각 용접 Process에 따른 희석율은 아래 표 V-4와 같다.

[표 V-4] 용접 Process 별 희석율

No	용접 Process	희석율
1	GTAW	25 ~ 50%
2	GMAW(Spray Transper)	25 ~ 40%
3	GMAW(Dip Transfer)	15 ~ 30%
4	SMAW	25 ~ 40%
5	SAW	25 ~ 50%

희석율에 영향을 주는 인자로는 용접속도, 용접 전류 그리고 Joint Preparation을 들 수 있으며, GTAW는 상대적으로 얇은 부재(Thin Sheet)에 적용되는 경우 더 높은 희석율이 발생한다.

이종용접시 니켈, 크롬, 탄소, 실리콘, 망간 등의 합금원소들의 희석(Dilution)량은 니켈당량(Ni Equivalent) 또는 크롬당량(Cr Equivalent) 수치로 반영되며 새플러 다이어그램(Scheffler Diagram)을 이용하여 용접금속의 성상을 예상할 수 있다. 이는 용접설계시 용접금속이 균열에 민감한 마르텐사이트 조직이 되지 않도록 용가재를 선택하는데 유용하다.

다음에서 스테인레스 Type 304를 탄소강에 용접하는 경우 어떤 용가재를 선택하여야 하는지 예를 들어 설명하고자 한다.

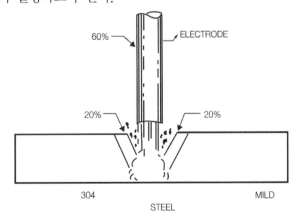

[그림 V-60] 이종재의 용접

14.3.1. Type 308 용접봉

Type 308 용접봉(화학조성: Cr 19.5%, Ni 9.5%)를 적용하는 경우, 용접금속은 Cr 15.3% 와 Ni 7.3% 를 가지게 되며 이는 스테인레스 Type 304의 18-8% 비율을 벗어나게 된다.

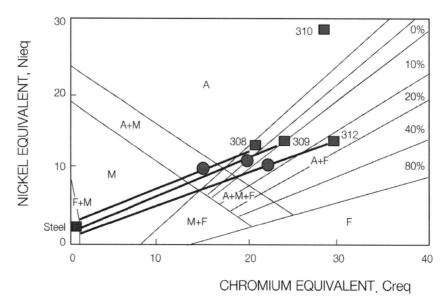

[그림 V-61] 새플러 다이어그램(Schaeffler Diagram)

새플러 다이어그램(Schaeffler Diagram)은 용접금속 대부분이 마르텐사이트 조직과 미량의 페라이트조직으로 구성되어 있음을 보여주고 있으며 이조직은 기계적 성질이 나쁜 아주 Brittle한 조직이다.

[표 V-5] Type308 용접봉 적용시의 화학 조성(희석율 40%)

	Type308 용접봉 (희석60%)		Type 304 모재(희석20%)		Carbon Steel 모재 (희석20%)		용접금속
Cr	19.5	11.7	18.0	3.6	0	0	15.3
Ni	9.5	5.7	8.0	1.6	0	0	7.3

14.3.2. Type 310 용접봉

Type 310 용접봉(Cr 26.0%, Ni 21.0%)를 적용하는 경우, 용접금속은 Cr 19.2%와 Ni 14.2%를 가지게 되어 이 또한 Type 304의 18-8% 비율을 벗어나게 된다. 용접금속은 오스테나이트 조직으로 구성되어 있어 균열에 민감한 조직이다

[표 V-6] Type 310 용접봉 적용시의(희석율 40%)

	Type310 용접봉 (희석 60%)		Type 304 모재 (희석 20%)		Carbon Steel 모재 (희석 20%)		용접금속
Cr	26.0	15.6	18.0	3.6	0	0	19.2
Ni	21.0	12.6	8.0	1.6	0	0	14.2

14.3.3. Type 309 용접봉

Type 309 용접봉(Cr 23.0%, Ni 13.0%)를 적용하는 경우, 용접금속은 Cr 17.4%와 Ni 9.4%를 가지게 되어 Type 304의 18-8% 비율에 근접하게 된다. 용접금속은 페라이트 및 마르텐사이트 조직이 일부 포함된 오스테나이트 조직으로 구성되어 있어 인성이 우수하고 균열 저항성이 우수한 조직이다.

[표 V-7] Type 309 용접봉 적용시의 화학 조성

	Type309 용접봉 (희석 60%)		Type 304 모재 (희석20%)		Carbon Steel 모재 (희석20%)		용접금속
Cr	23.0	13.8	18.0	3.6	0	0	17.4
Ni	13.0	7.8	8.0	1.6	0	0	9.4

상기에서 살펴본바와 같이 스테인레스강 Type 304를 탄소강에 용접하는 경우 Type 309 용접봉을 적용하는 것이 가장 적합한 용가재 선정임을 알수 있다. 이종재료의 용접은 제한된 설계조건에서 직접 맞대기(Direct Butt)용접, 버터링(Buttering), 유지보수용접 그리고 클래딩 및 라이닝(Cladding & Linnig) 등의 형태로 실제 그 적용빈도가 높은 편이다. 용접 기술자는 현업에서 이종용접적용시 상기 본론에서 언급하였던 사항뿐만이 아니라 운전환경이나 적용 용접 Process 에 따라 각 이종재의 성상을 고려하여야 하겠다.

14.4. 추가 공부 사항

탄소강과 스테인리스강의 물성치 비교

[표 V-8] 탄소강과 스테인리스강의 물성치 비교

	ASTM A516 GR, 70 (Carbon Steel)	ASTM A182 F321 (Stainless Steel)
열팽창율	1.0	1.3
열전도율	1.0	0.3
Heat Capacity	1.0	1.0
밀도	1.0	1.0
녹는점	1.0	0.9

아크 용접 원론

1 자기불림(Arc Blow)

1.1. 문제 유형

- 아크 용접에서 자기불림(Arc Blow) 원인과 저감책을 설명하시오.

1.2. 기출 문제

- 108회 3교시 : 지상식 LNG탱크의 내조(內曹)에 사용되는 9%Ni강을 피복아크용접(SMAW)하는 경우, 피용접재의 자화(磁化)에 의한 아크쏠림(magnetic arc blow) 현상이 염려된다면 그 방지방법 3 가지를 쓰고 설명하시오.
- 101회 4교시 : 아크쏠림(Arc Blow)을 설명하고 발생원인과 방지대책을 설명하시오.
- 98회 1교시 : GMAW에서 아크 발생시 핀치효과(Pinch Effect)와 아크 쏠림(Arc Blow)의 발생원리와 아크 쏠림 방지 방법에 대하여 설명하시오.
- 93회 4교시 : 아크 불림(Arc blow)의 생성 원리를 설명하고 아크 불림 현상을 방지하기 위한 방법을 설명하시오.

1.3. 문제 풀이

1.3.1. 핀치효과(Pinch Effect)

두개의 평행도체에 같은 방향으로 전류가 흐르면 도체 간에는 흡입 또는 반발의 전자기력이 작용한다. 용접봉과 같이 한 개의 도체 내에서도 전류, 요소간에는 흡인력이 생겨 액체, 기체인 경우에는 압축되어 중앙의 압력은 외부보다 증가하게 된다

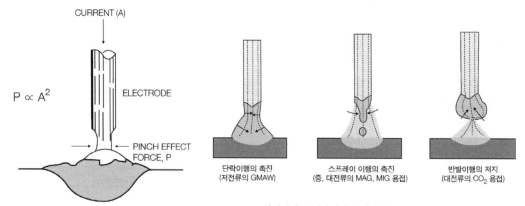

전자기적 핀치력이 용적이행에 미치는 영향

[그림 VI-1] 아크에 미치는 힘: 전자기력

이와 같이 플라즈마 속에서 흐르는 전류와 그것으로 생기는 자기장과의 상호작용으로 플라즈마 자신이 가는 줄모양으로 수축하고 전극끝의 용적이 그림 VI-1과 같이 잘록하게 되어 용적으로 떨어지는 것을 핀치 효과라고 말한다.

1.3.2. 자기 불림(Arc Blow)

자성을 가진 재질을 아크 용접시 모재와 용접봉 사이에 전류가 흐르면 그 전류를 따라 자기장이 형성 되는데, 이 자기장이 특정 조건에 의해 비대칭이 되어 자력선이 집중되지 않는 쪽으로 아크가 쏠리는 현상을 자기불림(Arc Blow)라고 한다.

전도체의 단위길이 당 작용하는 힘은 전류밀도와 자기장 즉 자성플럭스밀도(Magnetic Flux Density)의 곱에 비례한다. 전류경로에 따라 발생되는 자기장이 임의의 한 점을 기준으로 대칭이면 어느 방향에서나 전자기력은 똑같이 작용하며 결과적으로 힘의 평형에 의해 아크의 편향이 일어나지 않는다. 그러나 자기장의 대칭성이 깨어지자마자 전자기력은 달라지게 되고 아크는 작용하는 힘의 방향에 따라 편향하게 된다.

직류용접에서 아크에 의한 자기장의 대칭성은 다음과 같은 인자들에 의해 영향을 받는다.

- 용접봉-아크-용접부를 통과하는 전류가 접지 등의 요인에 의해 방향이 바뀌면 자기장의 대칭성이 영향을 받는다. 그림 VI-2와 같이 전류의 경로가 임의의 한방향으로 흐르면 자성플럭스는 전류경로에 따라 집중되게 되고 자기장은 다른 부분보다 이 부분에 강하게 작용한다.

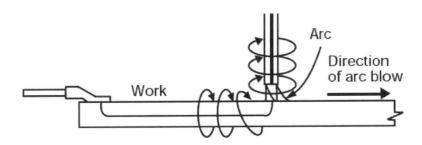

[그림 Ⅵ-2] 전류 경로에 따른 아크 쏠림 방향

- 아크의 위치가 모재의 중심에서 벗어나는 경우에도 자기장의 비대칭성이 발생한다. 자기장의 공기 침투율은 자성체의 침투율에 비해 매우 작은 값을 가지므로 자성플럭스는 공기보다는 자성체에 많이 집중되어 자기불림(Arc Blow)이 일어나게 된다.

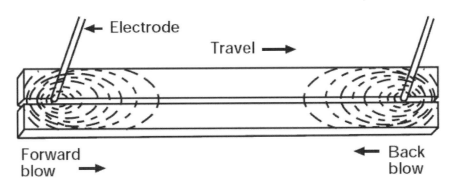

[그림 Ⅵ-3] 끝단부에서 자성플럭스 밀도 분포

- 이제 막 용융된 부위는 용접을 할 부위 보다 온도가 높아 이온화된 가스(Ionized Gas)가 많아 전자이동 저항이 적어 지게 된다. 이로 인해 용접 진행 방향의 뒤쪽으로 아크가 휘게 되는데 이를 열적 자기불림(Thermal Arc Blow)라고 하고, 주로 용접속도가 빠른 자동 용접시 문제가 된다.
- 생산성 증대 위해 사용하는 다중 아크(Multiple Arc) 용접시 자기력의 상호 작용으로 아크의 편향이 발생한다.

용접 시공시 자기불림(Arc Blow)로 인한 문제점으로는 아크 불안정, 기공, 슬래그 섞임, 불완전 용융, 용접금속의 물성치 변화, 비드 형상불량, 과도한 스패터 발생, 언더컷 발생, 내부결함 유발 등이 있다. 따라서 우수한 용접품질을 얻기위해 자기불림(Arc Blow)을 경감시켜야 한다. 자기불림 저감 방법을 아래와 같이 소개한다.

- 교류 전원은 모재에 와전류(Eddy Current)를 발생시켜 자기불림(Arc Blow)를 일으키는 자계의 강도를 약화 시키므로 직류 전원 대신에 교류 용접을 이용한다.
- 모재를 접지하는 경우는 접지점을 가능한 용접부에서 멀리 유지 하고 전류의 흐름을 일방적으로 한 방향에 국한시키지 않음으로써 아크주위에 작용하는 전자기력의 평형을 유지시키고저 노력한다.
- 자기불림(Arc Blow)가 일어나는 방향의 반대로 용접봉을 위치시켜 아크쏠림을 반대방향으로 보상한다.

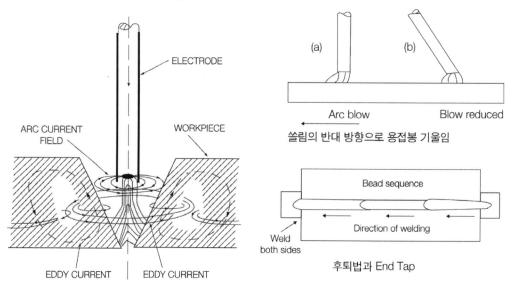

[그림 VI-4] 자기불림(Arc Blow) 및 저감 방법

상기에 추가하여 용접시공간 다음과 같은 자기불림(Arc Blow) 저감 방법을 적용할 수 있다.

- 큰 가접 용접부 또는 이미 용접이 끝난 용착부를 향하여 용접할 것.
- 용접봉이 모재에 접촉할 정도로 짧은 아크를 사용할 것.
- 받침쇠, 긴 가접부, 이음의 처음과 끝에는 End Tap(End Plate) 등을 이용 할 것.
- 용접부가 긴 경우는 후퇴 용접법으로 할 것.

1.4. 추가 공부 사항

1.4.1. 아크(Arc)

아크란 전기적으로 중성이고 이온화된 기체(Ionized Gas)와 전자로 구성된 고전류영역(10A 이상)의 플라즈마를 아크라고 한다. 아크의 발생원리는 아래와 같이 설명할 수 있다.

- 기체의 온도증가 → 원자 또는 분자의 운동량 증가 → 상호충돌에 의해 최외곽 전자 이탈(이온화) → 이온화된 가스(플라즈마)

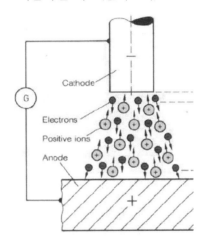

[그림 Ⅵ-5] 아크(Arc)의 발생

용접시 전극의 양극과 음극사이의 전압기울기인 전기장(Electric Field, V/m)이 일정한 값 이상일 때 방전이 시작된 후 전류를 증가시키면 저항열에 의해 플라즈마의 온도가 증가하여 기체의 이온화가 발생하면서 플라즈마가 유지된다.

이때 음극에서는 표면에서 전자를 방출하는 역할, 즉 고온에 의하여 열전자 방출하고 전자는 에너지를 가지고 아크로 방출되기 때문에 음극을 냉각시키는 효과 일으킨다.

양극에서는 음극에서 방출된 전자를 아크를 통해 받아들여 아크를 유지한다. 이때 전자가 양극에 충돌하면서 보유한 에너지를 양극에 방출하기 때문에 양극에서 발생하는 열량은 음극에 비해 높다.

2 정전류 및 정전압 특성

2.1. 문제 유형

- 정전류 및 정전압 용접기의 특성과 용도에 대하여 설명하시오.

2.2. 기출 문제

- 105회 1교시 : 아크 용접기의 전기적 특성 중 상승특성과 아크 드라이브(Arc drive) 특성에 대하여 설명하시오.
- 93회 1교시 : GMAW에서 정전압모드(Constant Voltage Mode)가 정전류 모드(Constant Mode)에 비하여 아크 소멸로부터 아크안정성이 유리한데 그 이유를 Self Regulation(자기 제어)효과를 이용하여 설명하시오.
- 96회 2교시 : 정전압을 사용하는 GMAW 용접기에서 아크 길이를 일정하게 유지할 수 있는 제어 방법의 명칭과 원리에 대해 설명하시오.

2.3. 문제 풀이

기계 용접, 반자동 용접 및 수동 용접은 각 용접 특성에 따라 정전압과 정전류 특성의 용접기를 사용하고 있다.

양호한 품질의 용접 결과를 얻기 위해서는 정전압과 정전류 특성을 이해하고, 이에 따른 용접기를 선택 및 용접 품질관리를 수행하여야 한다.

2.3.1. 전류와 전압의 의미

1) 전압의 의미

아크의 전압은 양극 전압 강하, 음극 전압 강하 및 아크 전압으로 구성되어 있다. 그림 VI-6은 아크의 전압 분포(Arc Voltage Drop)을 도시한 것이다.

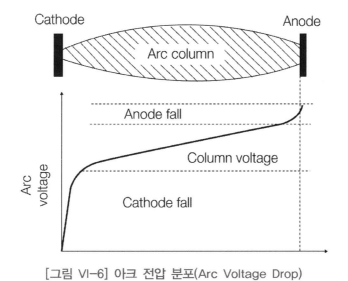

[그림 Ⅵ-6] 아크 전압 분포(Arc Voltage Drop)

양극 전압 강하와 음극 전압 강하는 거의 일정한 값을 가지므로 용접 전압이 커지는 것은 아크의 길이가 길어지는 것을 의미한다.

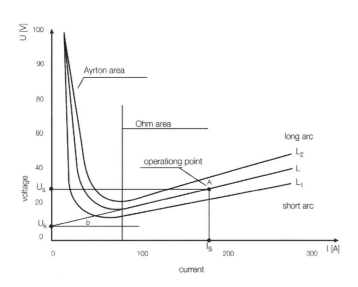

[그림 Ⅵ-7] 아크의 길이에 따른 아크 전류–전압 곡선의 변화

아크의 길이가 길어질수록 아크의 전압전류 특성 곡선은 그림 VI-7과 같이 위쪽으로 이동한다. 즉 전압과 아크의 길이는 비례하는 관계를 갖는다. 또한 전압은 플라즈마를 가속하는 힘이므로 전압이 커질수록 융탕에 미치는 압력이 커진다. 이에 따라 전압이 높아질수록 융탕의 폭이 넓어진다.

2) 전류의 의미

전류는 모재 또는 용접봉에 도달하는 플라즈마의 량이다. 즉 플라즈마의 량은 입열량과 비례하므로 용접봉 또는 모재의 용융량은 전류의 량과 비례한다. 따라서 전류가 큰 경우 용융량이 증가하고 용입이 깊어진다.

2.3.2. 정전류 특성 및 정전압 특성

1) 정전류 특성

그림 VI-8은 용접기의 정전류 특성 곡선을 나타낸것이다. 아크의 특성 곡선과 용접기의 특성 곡선이 만나는 지점이 용접기의 운전점이므로, 용접기의 운전점은 용접기의 특성 곡선상을 움직인다.

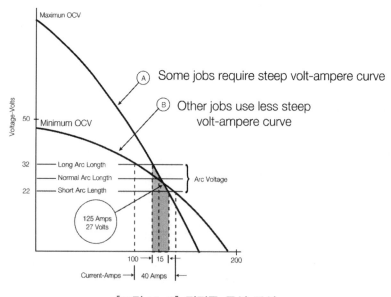

[그림 VI-8] 정전류 특성 곡선

정전류 특성에서는 그림 Ⅵ-8과 같이 전압의 변화에 따른 전류의 변화량이 작다. 즉, 아크 길이(전압)가 많이 변하여도 용융량(전류)의 변화량은 작은 것을 의미한다.

2) 정전압 특성

정전압 특성은 전류(용입량)의 큰 변화에도 전압(아크의 길이)의 변화가 미미한 용접기의 특성을 말한다. 이는 반대로 조그만 전압(아크의 길이)의 변화에 전류가 크게 변화할 수 있음을 의미하며, 실제 아크의 길이에 따라 용접봉 용융량이 변한다.

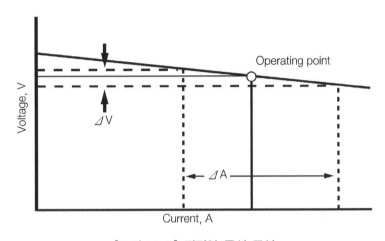

[그림 Ⅵ-9] 정전압 특성 곡선

2.3.3. 정전압 특성 용접기의 자기제어 성질

자동 용접기는 모재와 용접봉의 간격을 일정하게 유지시키는 것이 중요하다.

정전압 용접기에서 아크의 길이의 증가(즉, 전압의 증가)는 모재와 용접봉의 간격이 멀어지는 것을 의미한다.

그러나 정전압 용접기 특성 곡선에서 전압의 작은 증가에도 전류는 크게 감소한다.

즉 용접봉의 용융량이 급격히 감소하게 되어 용접봉의 길이가 증가한다.

용접봉의 길이가 증가함에 따라 용접봉과 모재의 길이는 다시 감소하게 된다.

이런 아크의 길이 변화에 따라 용접봉의 용융량이 자동으로 조정되어 용접봉과 모재의 간격이 일정하게 유지되는 정전압 특성을 자기제어 특성이라고 부른다.

2.3.4. 정전류 및 정전압 특성의 활용

1) 정전류 특성의 활용

아크 길이의 변화 즉 손떨림의 발생하여도 용접봉의 용융량이 일정한 특성이 있다.
즉 용접사의 손떨림에 의한 용접 불량을 방지할 수 있으므로 SMAW, GTAW와 같은
수동용접기에서 활용하고 있는 특성이다.

2) 정전압 특성의 활용

정전압 특성은 용접봉과 모재의 간격이 일정하게 유지되는 자기제어 특성이 있다.
이러므로 용접물의 단차 및 용접봉 주입기(Feeder)의 속도 변화등에 의한 용접봉과
모재와의 간격의 변화가 발생하여도 자기제어 특성에 의해 일정한 간격으로 돌아간다.
자기제어 특성으로 인해 정전압 특성은 자동 용접시에도 일정한 품질을 얻을 수 있어
자동용접기에서 활용하고 있다

상기에서 설명한바와 같이 자동 용접기와 수동 용접기는 각각 정전류 특성과 정전압
특성을 갖도록 설계되고 있다. 양호한 품질을 얻기 위해서는 용접사와 용접 Operator는
정전류와 정전압 특성에 대해 이해하고 용접을 수행하여야 한다.

2.4. 추가 공부 사항

- 자동용접, 기계용접, 반자동용접, 수동용접 차이의 이해
- 인버터(Inverter) 용접기의 특징
- 교류(AC) 및 직류(DC) 용접전원의 특성 비교

3 용적의 이행 모드(Metal Transfer)

3.1. 문제 유형

- 용접전원에 따른 용적의 이행모드 및 용접특성을 설명하시오.

3.2. 기출 문제

- 110회 4교시 : GMAW(가스메탈아크용접)용 보호가스로 CO_2 가스를 사용할 때 Ar 가스에 비해 용접전압, 용접금속 이행 및 비드 형상이 상이한 이유를 설명하시오.
- 107회 3교시 : 소모전극식 아크 용접에서 단락이행이 발생하면 가는 스패터 (Spatter)가 멀리까지 튀어나가게 된다. 이 발생기구와 방지대책에 대하여 설명하시오.
- 90회 1교시 : 이중펄스(Double Pulse) 또는 웨이브 펄스(Wave Pulse)형식의 MIG 용접의 특성에 대하여 설명하시오.

3.3. 문제 풀이

용접과정에서 용융금속의 이행모드(Transfer Mode)는 다음과 같다.

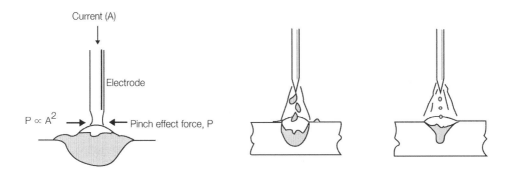

[그림 VI-10] 용접간 이행모드(Transfer Mode)

3.3.1. 단락이행(Short Circuiting Transfer)

초당 20~200회 정도의 횟수로 전극이 용탕에 접촉하는 동안, 금속이행(Metal Transfer)이 발생하며 아크를 가로지르는 금속이행은 없다. 단락 이행은 작고 급냉(Fast-Freezing) 형태의 용탕을 형성하므로 박판용접에 적합하다. 고자세 용접(Out-of-Position Welding) 그리고 넓은 루트 갭(Root Gap)의 Bridge용으로 적용이 용이하다.

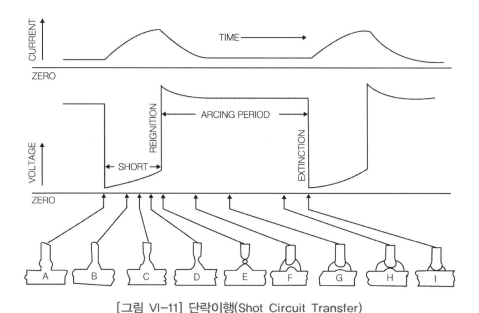

[그림 VI-11] 단락이행(Shot Circuit Transfer)

그러나 단락이행 용접은 모재와 용접봉의 접촉에 의하여 아크의 발생과 소멸이 반복되므로 아크가 불안정하고 이에 스패터 발생이 증가하는 단점이 있다.

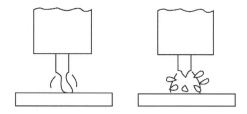

Drop detachment by means of Short-Circuiting

[그림 VI-12] 단락 이행

3.3.2. 입상 이행(Globular Transfer)

아크를 가로질러 전극 직경보다 큰 덩어리 형상의 용융금속이 중력에 의해 전달되는 것으로 아래보기(Flat Position) 자세에 적합하다. 아르곤(Ar) 가스를 주성분으로 하는 차폐 분위기에서 용적이 구형으로 형성되고, 아크는 용적전체를 감싸면서 이행한다.

그러나 보호가스(Shielding Gas)가 CO₂일경우, 아크가 용적의 하단부에만 집중되어 용적에 전자기적인 반발력이 작용할수 잇다. 이에 용적이 매우 불규칙한 형상을 가지고, 이행과정에서 큰 스패터가 다량 발생한다.

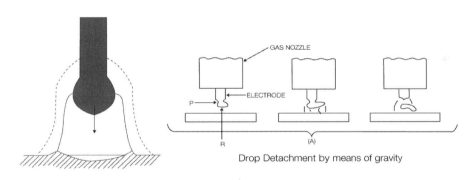

[그림 Ⅵ-13] 입상이행

3.3.3. 스프레이 이행(Spray Transfer)

직진성(Propelled Axially)을 갖는 작은 방울형상으로 아크를 가로질러 용융금속이 전달한다.

순도 80% 이상의 아르곤 보호가스(Argon Rich)하에서 아주 안정되고 스패터가 거의 없다.

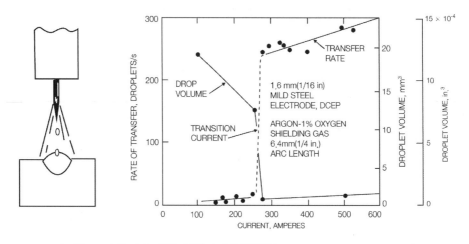

[그림 VI-14] 스프레이 이행과 천이전류(Spray Transition Current)

스프레이 이행은 직류역극성(DCEP), 아르곤(Ar) 보호가스 분위기에서 용적의 크기가 급격히 변화하는 특정 전류값, 즉 천이전류(Transition Current)이상에서 구현된다. 즉, 천이전류 이상에서 와이어직경보다 작은 용적들이 초당 수백회 정도의 높은 빈도수로 이행하는 스프레이 이행으로 변화된다.

스프레이 이행을 세부분류하면 다음과 같다.

- 프로젝티드 이행모드(Projected Mode): 용적의 지름이 용접봉의 지름과 유사
- 스트리밍 이행모드(Streaming Mode): 용융부는 원뿔형태로 형성되고 원뿔의 끝에서 작은 용적이 높은 주파수로 이탈된다.
- 회전 이행모드(Rotation Mode): 스트리밍 이행모드 보다 전류를 더욱 증가시키면 전자기력에 의하여 용융부가 회전하면서 이행되는 회전 이행모드가 발생한다. 용착량은 급력히 증가하지만 제어하기 어려워 현업에 잘 적용하지 않는다.

일반적으로 스프레이 모드는 고전류가 요구되므로 박판용접에 적용이 어려우며 높은 용착량 때문에 표면장력을 유지하기 어려워 수직(Vertical)이나 위보기 자세(Overhead Position)에 적용시 적정한 품질의 용접부를 얻기 어렵다.

이에 산업계에서는 Pulsed 전원(GMAW-P)을 개발 적용하고 있으며 그 장점은 다음과 같다.

- Pulsed 전원(GMAW-P)은 최대전류(Pulse Peak Current)에서 용적의 크기를 증

가시키고 동시에 핀치효과(Pinch Effect)에 의해 용적이 이행되므로 기존 단락이행(Short-Circuiting Mode)이나 입상용적이행(Globular Transfer Mode)에 비해 스패터가 줄어든다. 따라서 용착량이 늘어나는 반면 용접 후 처리(Clean Up) 문제가 줄어든다.

- 용접흄(Fume)생성이 줄어들어 용접사에게 한결 나은 작업환경을 제공한다.
- 입열량이 더욱 세밀하게 제어(Control)되기 때문에 입열량에 민감한 고장력강, 저합금강, 스테인레스, 알루미늄 및 니켈 알로이등의 재질에 적용가능하며 변형이 적고 용접품질이 좋다.
- 불완전용입이 되는 경우가 드물고 입열량 또한 적으므로 단락이행모드(GMAW-S)를 대체하여 적용 가능하다.
- Background Current에서 아크가 유지되므로 용가재의 낭비가 적다.

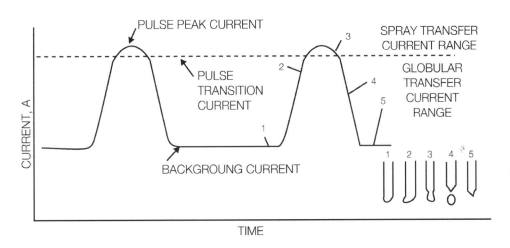

[그림 VI-15] Pulsed 전원(GMAW-P)

그러나 Pulsed 전원(GMAW-P)는 상기와 같이 우수한 용접부를 얻을 수 있는 반면, 초기 설비투자 비용등 장비비 증가 문제와 Peak Current, Background Current, 주파수 등 최적용접을 위해 사전에 Setting하여야 할 용접조건이 많아 초기값 찾기가 어려워 소규모 및 영세한 생산체제에서는 그 적용이 쉽지 않다. 또한 용접간 보호가스는 Ar - CO_2 18% 만 한정적으로 적용하여야 한다.

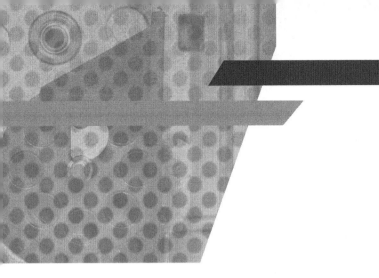

VII

아크 용접법

 SMAW(Shield Metal Arc Welding)

1.1. 문제 유형

- SMAW 피복아크용접봉의 종류 및 각 용접봉의 피복제 성분에 따른 특성을 설명하시오.

1.2. 기출 문제

- 110회 1교시 : SMAW(피복아크용접) 직류용접의 극성(Polarity)과 특징에 대해 설명하시오.
- 105회 2 교시 : 피복아크용접(SMAW)에서 연강용 용접봉을 선택할 때 고려사항을 설명하시오.
- 90회 2교시 : SMAW용접법으로 20mm두께의 연강판을 용접하는 경우, 용착금속에 침입할 수 있는 수소원을 열거하고 특히, 일미나이트계 용접봉을 예열없이 사용하는 경우 예상되는 확산성 수소의 영향을 설명하시오.
- 90회 2교시 : 피복아크용접법으로 30mm 두께의 고장력강을 용접하기 위해 저수소계 용접봉을 사용하는 경우, 피복제 중의 성분이 용착금속에 미치는 영향을 설명하시오.

1.3. 문제 풀이

SMAW 용접봉의 피복제(Flux Coating)에 함유된 주요 성분들은 용접부 보호 방법, 용탕의 흐름, 용접 효율 등과 같이 여러 용접 조건에 영향을 준다. 그리고 용접봉의 특성에 따라 용접부의 기계적 성질 또한 달라 지게 되는데, 이러한 SMAW 용접봉의 피복제에 함유된 주요 성상에 따라 다음과 같이 분류 할 수 있다.

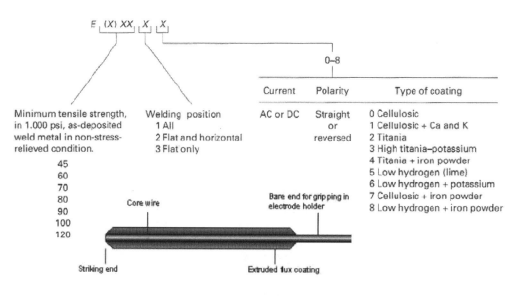

[그림 VII-1] SMAW 용접봉 명명법

1.3.1. SMAW용접봉의 분류

1) 일미나이트계(ex. AWS A5.1 E6019): 슬래그 생성계

조선, 압력용기 등의 일반구조물 용접에 적용하며, 특히 윗보기 자세에서 작업성이 양호하고 전자세에서도 작업성이 우수하다.

일미나이트 용접봉은 피복제중에 슬래그 생성제인 일미나이트($TiO_2 \bullet FeO$)를 30%이상 함유하고 있다. 일미나이트에 의해 생성된 슬래그는 용융점이 낮고 가벼워 용융금속 표면을 덮어서 대기로부터 용접 금속을 보호하고, 용착 금속을 서냉 시켜 기공(Blow Hole)이나 내부결함을 방지하는 역할도 한다. 그리고 내균열성, 내피팅(Pitting)성이 우수해서 중요 강도부재에 많이 사용된다. 흡습을 하면 작업성이 나쁘게 되고, 피팅(Pitting) 발생의 원인이 되므로 용접전 용접봉을 100~120℃에서 30~60분 건조하여 사용하여야 한다.

2) 고산화티탄계(ex. AWS 5.1 E6013): 슬래그생성계

경구조물 용접용으로 연강 기계장치의 보수, 박판구조물, 차체, 물탱크, 경구조물 및 농기계의 용접 등에 적합하다.

피복제 중에 슬래그생성제인 산화티타늄(TiO_2)을 35%이상 함유하여 용접간 아크가 안정되고 스패터가 적게 발생하며 아크의 재발생도 용이하다.(아크가 부드럽고 스패터에 의한 손실이 거의 없음)

용접 후 생성된 비드 외관이 아름답고 평활하므로 후처리가 필요 없으며 슬래그 제거성이 양호하다. 피복제가 수분을 과도하게 흡수하면 아크와 슬래그상태가 불안정하게되어 스패터가 증가하고 언더컷이나 피팅이 발생하기 쉬우므로 용접전 100~120℃로 30~60분 건조하여 사용하여야 한다.

3) 고셀루로즈계(ex. AWS 5.1 E6010 / E6011): 가스 발생계

강한 아크로 전자세에서 깊은 용잎을 나타내는 고능률 용접봉이다. 수직 및 위보기 용접에 특히 우수한 작업성을 나타내며 용융속도가 빠르다.

고셀루로즈계 용접봉은 가스발생제인 셀룰로오스(Cellulose)를 20~30%정도 함유하고 있는데 이 셀룰로오스가 아크열에 의해 분해되면 CO, CO_2, 수증기 등의 가스를 발생시키고, 이 가스들은 용융금속을 대기로부터 보호하는 역할을 하게 된다.

고셀루로즈계 용접봉은 가스 발생계로 피복이 얇고, 슬래그 발생량이 적으며 수직 하진 용접에 우수한 작업성을 가진다.

아크 분위기는 환원성이므로 용착금속의 각종 기계적 성질이 대체로 양호하고 스프레이(Spray) 모드로 용입이 깊고 용융속도가 빠르다. 그러나 수소발생량이 많아 내균열성이 나쁘고 수소 발생량이 적지만 제거하기 어렵고 비드표면이 거칠고 스패터가 많이 발생한다. 용접전류는 슬래그 보호계에 비해 10~15% 정도 낮게하고, 용접봉은 흡습을 잘하므로 보관시 주의가 필요하며 사용전에 80~100℃에서 30분 정도 건조하여 사용하여야 한다.

4) 저수소계(ex. AWS 5.1 E7016) : 중강도 부재·후연강판 용접용

피복제 중에 석회석($CaCO_3$)이나 형석(CaF_2)을 주성분으로 용착금속의 수소함유량이 타 용접봉에 비해 약 1/10정도로 현저하게 낮다. 그리고 강력한 탈산작용으로 용착금속의 기계적 성질 및 내균열성이 우수하다. 확산성 수소의 양은 연강용에는 15ml/100g,

고장력강에는 6~15ml/100g(H4, H8, H16)으로 최대치를 규제한다.

저수소계 용접봉은 염기성(염기도〉1.2)으로 용탕의 유동성이 낮아 비드가 거칠고 용접전류가 상대적으로 높고 적극적인 위빙이 필요하다. 아크가 약간 불안정하고 용접속도가 느리며, 용접 작업시 용접 시작점에서 기공이 생기기 쉬우므로 후진법(Back Step)을 선택하는 것이 좋다. 아크 길이는 가능한 짧게 유지하고, 운봉각도는 모재에 수직에 가까운 것이 좋다. 전자세에서 양호한 작업성을 나타내나, 피복제는 습기를 흡습하기 쉬우므로 사용전에 300~350℃정도에서 2시간 정도 건조 후 사용하는 것이 좋다.

용접 품질이 다른 연강 용접봉 대비 우수하기 때문에 고압 용기, 후판 중구조물, 탄소당량이 높은 기계 구조용강, 구속이 큰 용접부 등의 중요 부재에 많이 사용한다.

5) 철분 저수소계(ex. AWS 5.1 E7018)

철분 저수소계는 용접 효율을 높이기 위해 일반 저수소계 피복제에 30~50% 정도의 철분을 함유한 것이다. 용착효율이 높고 용접속도를 높일 수 있어 유용하다. 슬래그의 박리성이 저수소계보다 좋고, 아래보기 및 수평필릿 용접 자세에서 사용한다. 아크길이는 가능한 짧게 유지하고, 기공방지를 위해 후진법으로 작업한다.

철분 저수소계는 중요구조물, 후판구조물의 고능률, 고안전도를 요하는 용접에 적용하는데, 사용전 250~300 ℃에서 1~2시간 건조하여 사용한다.

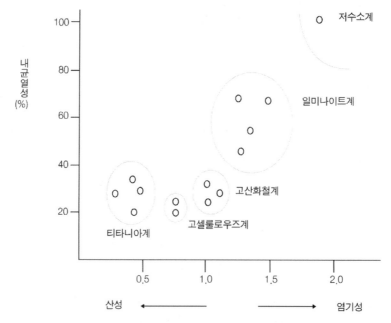

[그림 VII-2] SMAW 용접봉의 염기도 및 내균열성

1.3.2. 피복제 기능과 성분

[표 Ⅶ-1] SMAW 피복제

피복제의 기능	기능 설명	성분 예
아크 안정제	이온화가 쉬운 원소들을 이용해 낮은 아크 전압에서도 아크를 안정화 시킴	TiO_2, Na_2SiO_3, $CaCO_3$, K_2SiO_3
가스 발생제	가스를 발생시켜 용접부를 대기로부터 보호함	녹말, 톱밥(세룰로스), 석회석, $BaCO_3$
슬래그 생성제	용융점과 비중이 낮은 슬래그를 형성시켜 용접부의 산화나 질화를 방지하고, 용융금속의 냉각속도를 늦춰 기공이나 불순물의 섞임을 방지함. 슬래그의 유동성과 발생량은 비드의 외관과 형상을 결정하는 주요 요소임	$TiO_2 \cdot FeO$(일미미나이트), TiO_2, MnO_2, $CaCO_3$, SiO_2, $K_2O \cdot Al_2O_3 \cdot 6SiO$(장석), CaF_2(형석)
탈산제	용융금속 중의 산소를 제거함	Fe-Si, Fe-Mn, Fe-Ti합금, 금속 망간, 알루미늄
합금첨가제	용접금속의 화학 성분 조정	Mn, Si, Ni, Mo, Cr, Cu, V
고착제	상기 기능을 가진 원료들을 심선(core wire)에 피복제로 고착 시킴	Na_2SiO_3(물유리), K_2SiO_3(규산칼륨)

② 용접봉의 보관

2.1. 문제 유형

- SMAW 용접봉의 보관 관리에 대해 설명하시오.

2.2. 문제 풀이

2.2.1. 저수소계 용접봉

1) 탄소강(Low Hydrogen Electrodes to A5.1)

(1) 건조(Dry)와 재건조(Re-Drying)

탄소강용 저수소계 용접봉은 사용전에 260~430℃에서 최소 2시간 동안 건조되어야한다. 단, 밀봉표시가 유지된 원형의 용기 또는 진공 팩(Pack)에 보관된 용접봉의 경우 건조를 하지 않고 바로 사용할 수 있다. 재건조는 1회만 허용한다.

산업인력공단 '용접일반' 교재에서는 300~350℃에서 1~2시간 동안 건조후 사용으로 소개하고 있다.

(2) 보관

건조후 용접봉은 최소 120℃ 온도이상의 오븐에 계속적으로 보관되어야 한다.

(3) 노출

밀봉용기 개봉 후에는 4시간 이상 대기에 노출되어서는 안된다. 단, 현장에서 65℃ 이상의 휴대용 저장 장치에 계속 보관된 경우, 8시간까지 노출시간을 연장할 수 있다. 만약 노출시간이 허용 시간 미만인 경우 Re-Conditioning을 적용하고, 초과한 경우 재건조를 실시하여야 한다. 단 젖었거나 습기를 머금은 용접봉은 폐기하여야 한다. 허용시간 미만으로 노출된 용접봉은 Holding Oven에서 120℃ 에서 재 보관하며, 최소 4시간 이상 이 온도를 유지한 후 재사용한다.

2) 저합금강(Low Hydrogen Electrodes to A5.5)

(1) 건조(Dry)와 재건조(Re-Drying)

저합금강용 저수소계 용접봉은 사용전에 370~430℃에서 최소 2시간 동안 건조되어야 한다. 단, E70xx 와 E80xx용접봉의 경우, 밀봉표시가 유지된 원형의 용기 또는 진공팩(Pack)에 보관된 용접봉의 경우 건조를 하지 않고 바로 사용할 수 있다. 재건조는 1회만 허용한다.

(2) 보관

건조 후 모든 용접봉은 최소 120℃ 이상의 오븐에서 계속 보관해야 한다.

(3) 노출

E70xx 또는 E80xx 용접봉은 밀봉용기 개봉후에는 2시간 이상 대기에 노출되어서는 안되며, 그 이상의 강도을 가진 용접봉은 30분 이상 대기에 노출되어서는 안된다. 단, 현장에서 65℃ 이상의 휴대용 보관장치에 계속 보관된 경우 노출시간을 두배씩 연장할 수 있다. E70xx 또는 E80xx 용접봉이 허용시간 미만으로 노출된 경우 Re-Conditioning을 적용하고, 허용된 노출시간을 초과한 경우 재건조를 실시하여야 한다. E80xx 이상의 고장력 용접봉의 경우 대기에 노출되었다면 모두 재건조하여야 한다. 단 젖었거나 습기를 머금은 용접봉은 폐기하여야 한다.

(4) 재건조(Re-Conditioning)

E70xx 또는 E80xx 용접봉은 허용시간 미만으로 노출된 용접봉은 Holding Oven에서 120℃로서 재 보관하며, 최소 4시간 이상 이 온도에서 유지한 후 재사용한다.

3) 저수소계 용접봉을 사용하는 경우 운봉방법

아크가 약간 불안정하고 용접속도가 느리며, 용접시작 시점에서 기공이 생기기 쉬우므로 Back Step법을 선택하면 용접시작부분의 기공문제를 줄일 수 있다. 아크길이는 극히 짧게 하여 모재와 거의 닿을 정도로 하고 운봉각도는 모재에 수직에 가까운것이 좋다.

2.2.2. 비저수소계 용접봉

1) 탄소강 & 저합금강(Non-Low Hydrogen Electrodes to A5.1 or A5.5)

용접봉은 습기가 없는 환경에서 보관되어야 한다. 젖었거나 습기를 머금은 용접봉은 폐기 하여야 한다. 현장에서 사용하는 휴대용 저장 장치에서 최소 120℃이상으로 유지되는 경우, Storage Oven에서 적정한 조건으로 보관한 것과 동일하다고 판단한다. 비저수소계 용접봉에 대한 보관온도, 노출시간등에 대한 규제는 명확히 없으나, 산업인력공단 '용접일반' 교재에서는 70~100℃ 에서 30~60분 동안 건조 후 사용하도록 소개하고 있다.

2) 스테인레스강과 비철 용접봉

(1) 건조(Dry)와 재건조(Re-Drying)

모든 용접봉은 사용전에 120~250℃ 에서 최소 2시간 동안 건조되어야 한다. 단, 밀봉 표시가 유지된 원형의 용기 또는 진공 팩에 보관된 용접봉의 경우 건조를 하지 않고 바로 사용할 수 있다. 재건조는 1회만 허용한다.

(2) 보관

건조후 용접봉은 최소 120~200℃ 온도범위의 오븐에 계속적으로 보관되어야 한다.

(3) 노출

밀봉용기 개봉 후에는 4시간 이상 대기에 노출 되어서는 안된다. 단, 현장에서 65℃ 이상의 휴대용 저장장치에 계속 보관된 경우, 8시간까지 노출시간을 연장할 수 있다. 이 허용된 노출시간 미만인 경우 Re-Conditioning을 적용하고, 허용된 노출시간을 초과한 경우 재건조를 실시하여야 한다. 단 젖었거나 습기를 머금은 용접봉은 폐기하여야 한다. 허용시간 미만으로 노출된 용접봉은 Holding Oven에서 120℃에서 재 보관하며, 최소 4시간 이상 이 온도에서 유지한 후 재사용한다.

3 피복제 및 플럭스의 염기도와 용접특성

3.1. 문제 유형

- 피복제 및 플럭스(Flux)의 염기도와 이에 따른 용접 특성을 설명하시오.

3.2. 기출 문제

- 104회 2교시 : 서브머어지드 용접에서 사용되는 용융형 플럭스와 소결형 플럭스의 제조방법, 입도, 합금제 첨가, 극성, 슬래그 박리성, 용입성, 고속 용접성, 인성, 경제성 등에 대하여 설명하시오.
- 95회 4교시 : 피복용접봉의 피복제 역할에 대하여 설명하시오.
- 95회 2교시 : 연강용 피복아크용접법의 종류 5가지와 각각의 용접특성을 설명하시오.
- 90회 3교시 : 피복 아크 용접봉 및 플럭스 건조에 대한 다음 사항을 설명하시오.
- 용접봉의 건조 목적을 설명하고, 건조 과정이 생략된 경우 용접부에 미치는 영향을 설명하시오.
- 피복 아크 용접봉의 저수소계 및 비저수소계 용접봉과 서브머지드 아크 용접법에 사용되는 용융형 플럭스 및 소결형 플럭스에 대한 건조 온도와 건조 시간을 설명하시오.

3.3. 문제풀이

플럭스(Flux)를 사용하는 대표적인 용접법은 SAW과 FCAW이며, 플럭스의 특성에 따라 용접부의 형상 및 금속학적인 특성이 달라질 수 있다. 그러므로 용접부 구조물에 요구되는 외관과 기계적 특성에 맞게 플럭스를 선정하는 것이 중요하다.

3.3.1. 플럭스의 역할

1) 합금 원소 제공

용착 금속의 화학적 성질 및 기계적 성질을 조정 하기 위해 필요한 합금 원소를 제공한다.

2) 아크의 안정화

이온화가 쉬운 원소들을 이용해 아크 발생이 쉽게 이루어 지도록 도와 주고, 발생된 아크는 지속적으로 안정된 상태에서 용접이 이루어 질 수 있도록 한다.

3) 용탕 보호

플럭스는 용접부가 용융되기 전에 용융되고, 용접금속보다 더 낮은 온도까지 용융 상태로 남아 있어 용접부를 대기로부터 보호한다. 그리고 산소를 제거할 수 있는 탈산제를 함유하고 있어 용접부의 건전성을 높여 준다.

3.3.2. 염기도(Basicity Index)

1) 염기도의 정의

염기도지수란 용접시 플럭스(Flux)의 산화물(Oxide Component)이 금속 양이온과 산소 음이온 속으로 분해되는 정도에 따라 염기도(Basicity) 또는 산성도(Acidity)의 정도를 말하는 것으로 일반적으로 CaO or MgO 와 SiO_2의 비율에 따라 그 염기도가 구분되나 그 정확한 공식은 다음과 같다.

$$염기도(B.I) = \frac{Sum\ of\ Basic\ Oxides}{Sum\ of\ Acidic\ Oxides}$$

$$= \frac{CaF_2 + CaO + MgO + BaO + SrO + Na_2O + K_2O + Li_2O + 0.5(MnO + FeO)}{SiO_2 + 0.5(Al_2O_3 + TiO_2 + ZrO_2)}$$

2) 염기도에 따른 분류

(1) 산성 플럭스 : 염기도(BI) 〈 1.0

Acidic 플럭스라고 하며 플럭스에 SiO_2 및 TiO_2 가 주로 함유되어 있어 용착금속을 제어하기 쉽고 높은 용착효율을 가진다. 용접 후 슬래그의 탈락이 쉽고 용접비드 형상이 우수하며 용법부가 깨끗한 장점이 있다. 높은 용접전류와 빠른 용접 속도에 적합하지만 일반적으로 용착금속의 충격인성이 낮아 다층용접에 부적절하다.

(2) 중성 플럭스 : 1.0 〈 염기도(BI) 〈 1.2

Neutral 플럭스라고 하며, K_2O, Na_2O가 주로 함유되어 있고 SiO_2 함량은 비교적 낮다. 용착금속희 화학조성의 변화가 거의 없으므로 다층용접에 적합하다.

(3) 염기성 플럭스 : 염기도(BI) 〉 1.2

Basic 플럭스라고 하며 플럭스의 SiO_2 함량이 낮고 CaO, MgO 및 CaF_2 함량이 상대적으로 높다. 용접 속도가 낮고 슬래그 박리성도 나쁘지만 산소 함량이 낮아 건전한 용접부를 얻을 수 있고, 인성도 좋아져 엄격한 기계적 성질 및 화학적 조성이 요구될때 주로 적용된다. 저수소계 용접봉이 대표적인 염기성 플럭스다.

3) 염기도에 따른 용접부 특성

저수소계 용접봉은 대표적인 염기성 용접봉으로 염기성 플럭스는 CaO의 강한 탈산 특성으로 용접부의 불순물 농도를 낮춘다. 그림 Ⅶ-3과 같이 염기도가 높을수록 산소, 황 등의 불순물 농도가 낮아지며, 결과적으로 좋은 인성을 얻을 수 있다. 염기성 슬래그는 용융 온도가 낮아 슬래그가 용탕과 잘 분리 되지만 슬래그의 점도가 높아 용접 후 슬래그의 제거가 어려운 단점이 있다.

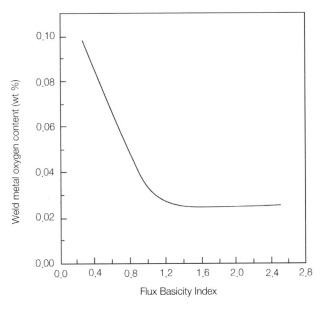

[그림 Ⅶ-3] 염기도에 따른 용접부의 산소 농도

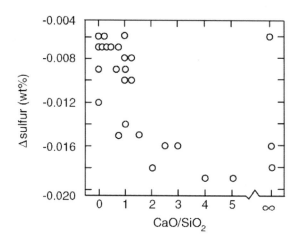

[그림 VII-4] 염기도에 따른 용접부의 Sulfur 농도

3.3.3. 플럭스의 흡습과 건조

플럭스 성분중에 석회(CaO)는 불순물을 제거하기 위해 첨가되나, 대기에서 습기를 흡습하여 아래와 같이 수화된(Hydrated) 석회가 된다.

$$CaO(s) + H_2O(g) \rightarrow Ca(OH)_2(s)$$

수화된 석회($Ca(OH)_2$)는 용접중에 분해되어 수소를 발생시키고, 이 수소는 용접금속에 침투하여 확산성 수소의 양을 증가시킨다.

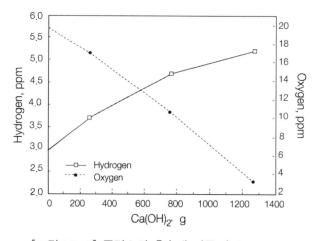

[그림 VII-5] 플럭스의 흡습에 따른 수소 Pickup

일반적으로 용접봉은 흡습으로 인해 대기 중 허용 노출시간이 인장강도가 70kpsi 강 기준으로 4시간 미만이다. 대기중에 노출된 용접봉은 재건조하여 사용하여야 하나, 플럭스의 기능 저하에 의해 재건조는 일반적으로 1회로 제한하고 있다. 일반적인 플럭스의 재건조 및 보관 기준은 아래와 같다.

[표 VII-2] 플럭스의 재건조 및 보관

구분	비저수소계	저수소계
재 건조 조건	230~260 ℃ X 2 Hr	370~430 ℃ X 1 Hr
재 건조후 유지 온도	120 ℃	

앞에서 설명한 것처럼, 플럭스는 염기도에 따라 용접 작업성과 용착금속의 청정도, 인성에 영향을 미치기 때문에 실제 현업에서는 플럭스 선정시 염기도에 따른 특성을 잘 고려해서 선정해야 한다. 용접 작업성을 중요시하면 산성 플럭스를 용착 금속의 건전성을 중요시 하면 염기성 플럭스를 선정해야 한다.

3.4. 추가 공부 사항

- SAW 플럭스 종류(소결형 및 용융형)별 특성

4 GTAW 전원

4.1. 문제 유형

- 각 용접법에서의 극성을 분류하고 용착금속의 품질 및 특징에 대하여 설명하시오.

4.2. 기출 문제

- 107회 1교시 : TIG(Tungsten Inert Gas) 용접에서 작업 중 아크길이를 3mm로 하다가 5mm로 증가시키게 되면 출력되는 전류와 전압은 어떻게 되는지 설명하고, 용입의 변동 특성에 대하여 설명하시오.
- 102회 2교시 : 가스텅스텐아크용접(GTAW)에서 극성의 종류에 따른 특성(전극, 전자흐름, 용입, 청정작용 및 발생열)을 설명하고, 교류용접 시 고주파 전류를 사용하는 이유를 설명하시오.
- 93회 2교시 : GTAW용접에서 정극성(straight polarity: 용접봉이 음극이고 모재가 양극임)과 역극성(reverse polarity: 용접봉이 양극이고 모재가 음극임)을 사용하였을 때 아크와 용접 비드에 미치는 영향을 설명하고 그 이유를 논리적으로 설명하시오.

4.3. 문제 풀이

4.3.1. GTAW의 원리

가스 텅스텐 아크 용접(GTAW)은 고온에서도 녹지 않는 비소모성의 텅스텐 전극봉을 사용하여 전극과 용접 대상재 사이에서 발생하는 아크열로 모재를 용융시켜 용접부를 만드는 것이다. 필요에 따라 용가재를 공급하여 모재와 함께 용융시키기도 한다. 용접간 용접부와 텅스텐 전극봉의 산화를 방지하기 위해 불활성 가스인 Ar이나 He을 이용한다.

GTAW은 SMAW, GMAW, FCAW와 달리 열전자 방출(Thermionic Emission)에 의해 전자가 방출되는데, 이 열전자가 용접 에너지원이 된다. 여기서 열전자 방출이란 금속을 고온으로 가열시 전자가 전위 장벽(일함수)을 넘어 금속 밖으로 방출되는 현상이다. GTAW의 전극으로 사용되는 텅스텐은 융점이 높고 일함수가 낮아 열전자의 방출이 가능하다. 하지만 SMAW, GMAW, FCAW의 전극은 융점이 낮아 강한 자기장에 의한 전기장 방출(Field Emission, Cold Emission) 전자를 이용한다.

4.3.2. 자유전자 방출 유형에 따른 용접법별 특징

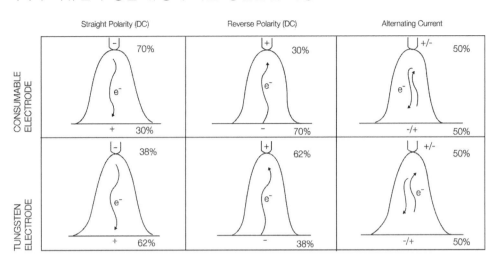

[그림 Ⅶ-6] 텅스텐(Tungsten) 전극과 소모성 전극을 사용시 전극과 모재와의 입열량 비교

1) GTAW, PAW

텅스텐(Tungsten) 전극을 사용하는 용접법으로 전극에서 열전자가 방출되고, 이 열전자에 의해 에너지가 모재로 전달된다. 전극이 음극(-) 극성을 갖는 DCEN(DCSP)를 적용시 그림 Ⅶ-6과 같이 모재에서 62%의 에너지가 발생하고, 전극에 38%의 에너지가 발생한다. 결과적으로 DCEN 사용시 용접 효율 및 용입이 증가한다.

DCEP(DCRP) 극성을 사용하면 청정효과를 얻을 수 있으나 용접 효율 및 용입이 나쁘고, 전극이 쉽게 용융되며 용접부에 텅스텐 전극 오염 우려가 높아 현장에서는 일반적으로 잘 사용하지 않는다.

교류(AC)는 용접봉과 모재의 입열량이 같으며, 용접효율 및 용입 등의 특성이 DCEN과 DCEP의 중간 정도이다. 매 싸이클(Cycle)마다 아크의 소멸과 생성을 반복하므로 아크가 불안정한 특성이 있어 아크의 안정을 높이기 위해 고주파(High Frequency)를 사용한다. 고주파를 사용하면 아크도 안정되고 용입이 깊어지는 효과가 있다.

2) SMAW, GMAW, FCAW

소모성 전극을 사용하는 용접법으로 전극에서 자기장에 의해 전자가 방출된다. 자기장에 의해 방출된 전자는 낮은 에너지를 갖고 있어, 중량이 큰 이온에 의해 전달되는 에너지가 전자에 의해 전달되는 에너지보다 높다.

그림 VII-6과 같이 텅스텐 전극과 반대로 전극이 양극(+)을 갖는 DCEP의 경우 이온에 의해 모재로 에너지를 전달하므로 용접 효율이 높으며 그림 VII-7과 같이 깊은 용입을 얻을 수 있다. 그러므로 소모성 전극을 사용하는 SMAW, GTAW, FCAW등의 용접법에서는 DCEP(DCRP)를 많이 사용한다.

텅스텐 전극을 사용하는 용접법과 마찬가지로 AC는 용접봉과 모재의 입열량이 같으며, 용접효율 및 용입 등의 특성이 DCEN과 DCEP의 중간 정도의 특성을 갖고 있으나, 매 싸이클마다 아크가 소멸과 생성을 반복하므로 아크가 불안정한 특성이 있다. GTAW와 같이 고주파를 사용하면 아크가 안정된다.

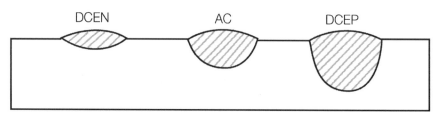

[그림 VII-7] 소모성 전극사용시 전극 특성에 따른 용입등의 비드 형상

4.3.3. 직류역극성(DCEP)의 표면 청정(Cleaning) 효과

1) 청정 효과(Cleaning Effect)

Al합금과 같은 경금속의 경우 표면에 존재하는 산화피막 때문에 용접에 여러 어려움이 있다. 하지만 DCEP, 즉 직류 역극성으로 용접을 하면 모재 표면의 산화피막이 제거되면서 산화피막에 의해 생길 수 있는 융합불량이나 기공, 산화물 혼입 등의 문제점을 방지할 수 있다. 이렇게 용접 중 극성 특성에 의해 산화피막이 제거되는 현상을 청정효과라고 한다.

DCEP에서 청정효과가 발생하는 이유는 그림 VII-8과 같이 아크 기둥에서 발생한 양이온이 음극인 용융부 표면에 충돌하면서 산화막을 제거하고, 음극인 모재 표면에 존재하는 산화피막에서 아크가 집중되어 고온에 의해 산화피막이 파괴되기 때문이다.

DCEP 용접은 청정작용은 있지만, 전극의 발열이 많아서 전극이 녹아 내리기 쉬워, 실제 현장에서는 AC 전원을 이용해 작업을 한다.

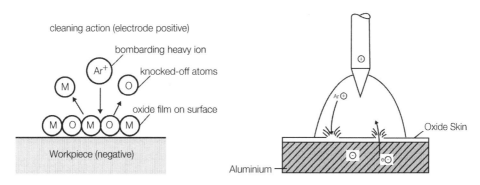

[그림 Ⅶ-8] DCEP 및 AC 전극 사용시 Ar⁺ Ion과 Electron에 의한 청정 효과

DCEP의 청정 효과는 이온의 충격에너지에 의해 금속 산화물이 제거되는 방법이므로, He과 같은 가벼운 가스는 청정 효과가 미미하다. 청정 효과를 위해서는 Ar을 보호 가스로 사용하는 것이 필요하다.

2) 알루미늄합금의 GTAW 사용시 전극 선택

알루미늄합금은 융점이 650℃ 이하로 아주 낮지만 표면에 용융 온도가 2,040℃로 매우 높은 Al_2O_3 산화막으로 덮여있어 모재는 용융되나 산화막이 용융되지 않아 용융풀에 용접봉의 접근을 방해하여 용접시 많은 어려움 주고, 또 용접 후 산화 개재물 등의 결함도 잘 발생시킨다. 이에 따라 알루미늄을 용접시에는 DCEP를 사용하면 Ar^+등의 이온이 그림 Ⅶ-8과 같이 (-)전극인 모재에 충돌하여 모재 표면의 금속 산화물(Al_2O_3)을 제거하는 효과가 있다. 하지만 DCEP를 사용하면 전자의 충돌을 받는 전극이 가열되어 녹아 버리는 현상이 생기고, 아크가 불안정하게 되기 때문에 실제로는 AC 전원을 많이 사용한다.

4.4. 추가 공부 사항

4.4.1. Pulsed GTAW의 원리 및 특징

- GTAW-P(Pulsed Currents GTAW)의 특성은 다음과 같다.
  - 주로 DCEN전원으로 적용하며, 고전류영역대의 강력한 아크 특성과 저전류 영역대의 저입열량 특성이 조합된 방식이다.

- 용융금속의 가열과 냉각을 번갈아 구현할 수 있어 개선면의 과대한 용융이나 용락없이 적절한 용탕 크기를 얻을 수 있음
- Background Current가 유지되는 동안 용탕이 적절한 냉각속도를 얻기 때문에 용융금속의 응고속도가 빨라지고, 아크를 방해하지 않고 용탕의 크기가 작아짐
- 용탕의 크기를 조절할수 있으므로 GTAW Manual Out-of-Position에 유용함
- 주어진 전류에 비해 상대적으로 더 큰 용입을 얻을 수 있고, 입열량에 민감한 재질에 적용이 용이하고 변형에 대한 문제점 또한 줄어듬

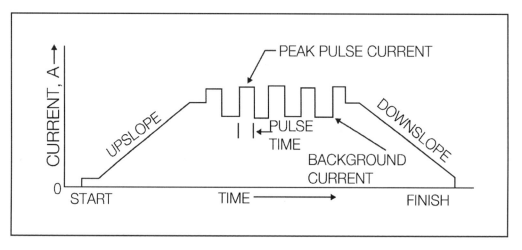

[그림 VII-9] Pulsed GTAW

5 GTAW 특성

5.1. 문제 유형

- 용접시공시 아크 Start 방법 및 각종 장치의 작동원리에 대하여 설명하시오.

5.2. 기출 문제

- 108회 5교시 : GMA(Gas Metal Arc)용접에서 아크길이와 와이어 돌출길이의 정의를 그림으로 그리고, 만약 CTWD(Contact Tip to Work Distance)가 일정할 경우 와이어 공급속도를 증가시키면 용접전류가 어떻게 변화하는지 설명하시오.
- 101회 1교시 : GTAW에서 초기에 아크를 발생시키는 방법 3가지를 쓰고 설명하시오.
- 96회 2교시 : TIG 용접부 아크 시작시 전극봉이 모재에 접촉하지 않아도 아크가 발생되는 제어회로에 대한 원리를 설명하고, 용접이 끝나는 부분에서 크레이터 보호 장치의 작동 방법에 대해 설명하시오.
- 89회 4교시 : GTA 용접의 스타트(Start) 방식에 대하여 설명하시오.

5.3. 문제 풀이

GTAW는 고온에서 녹지 않는 비소모성의 텅스텐(Tungsten) 전극봉을 사용하여 전극과 모재사이에 발생한 아크열로 모재를 용융시켜 용접부를 형성하고 필요에 따라(현업 대부분의 경우) 용가재를 공급하여 모재와 함께 용융시켜 용접부를 형성하는 용접 방법이다.

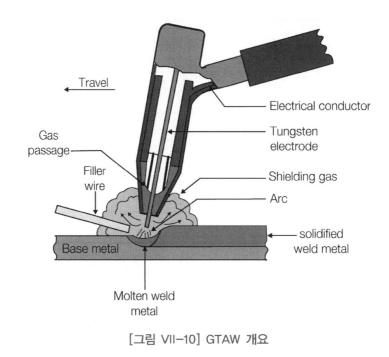

Travel

Electrical conductor

Gas
passage

Tungsten
electrode

Filler
wire

Shielding gas

Arc

solidified
weld metal

Base metal

Molten weld
metal

[그림 VII-10] GTAW 개요

용접부와 텅스텐(Tungsten)전극봉의 산화방지를 위해 보호가스로 불활성 가스인 Ar
이나 He을 사용하므로 TIG(Tungsten Inert Gas)용접이라 부르기도 한다. GTAW은 정
전류 특성을 적용하기 때문에 모든 전류영역에서 아크는 항상 일정하며, 아크 길이에 무
관하게 용접전류가 일정하게 유지되므로 모재의 용융량 및 용입이 일정하게 유지된다.
이러한 GTAW의 아크 발생은 크게 아래의 두 가지 방법을 이용하게 된다.

5.3.1. 아크 스타트(Arc Start)

1) 접촉식 기법

Scratching Start 또는 Tap Start는 전극을 모재에 긁거나 Tapping하여 형성되는 단
락(Shot-Circuit), 즉 용접봉이 모재와 떨어지는 순간 모재와 용접봉 사이의 간극에서 발
생하는 높은 전기장에 의한 스파크(Spark)를 이용한다. 이때 용접봉과 모재의 간격을
일정하게 하면서 전류를 증가시켜 아크를 유지되도록 해야 되기 때문에 용접사의 숙련
도가 요구된다. 결과적으로 접촉식 방법은 아크발생이 단순하고 추가적인 장치가 필요
없으나 작업자의 숙련도에 따라 아크 발생에 차이가 있는 단점이 있다.

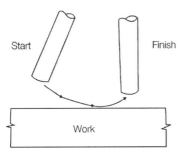 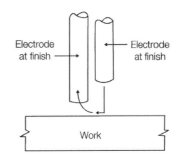

[그림 Ⅶ-11] 접촉식 방법

GTAW의 경우 전극이 모재에 닿으므로 용접부 및 용착금속에 텅스텐 개재물 (Tungsten Inclusion)을 야기할 우려가 있어 현업에는 많이 사용되지 않는다.

2) 고주파발생기의 사용

고주파 발생기는 용접봉과 모재 사이에 고주파 고전압(High Frequency High Voltage, HFHV)을 아주 짧은 시간(Microseconds 정도) 동안 인가하여 아크의 생성을 용이 하도록 해준다. 고주파발생기에서 발생한 고전압은 용접봉과 모재 사이에 높은 전기장을 발생시키고, 이로 인해 스파크가 생기게 된다. 이때 전류를 증가시켜 아크를 발생 유지 시킨다. 고주파발생기 적용시 아래와 같은 장점이 있다.

- 비접촉에 의한 아크발생으로 용착금속의 오염을 방지
- 일정한 간격을 유지하고 아크를 발생하기 때문에 전극봉의 수명이 길어짐
- 긴 아크 유지가 용이
- 동일한 전극봉 크기로 사용할 수 있는 전류범위가 큼

[그림 VII-12] GTAW 용접건 Arc Start Swich

5.4. 추가 공부 사항

- 모재재질별 추천 용접전류, 용접전압 범위

6 GTAW 용접 전극봉

6.1. 문제 유형

- GTAW의 용접변수 중 극성과 전극봉의 관계에 대하여 설명하고 전극봉의 가공 이유에 대하여 설명하라.

6.2. 기출 문제

- 108회 1교시 : GTA(Gas Tungsten Arc) 용접작업에서 토치(torch) 전극을 1-2% 토륨(Thorium) 텅스텐을 사용하는 유리한 점 3가지를 쓰고 설명하시오.
- 102회 1교시 : 가스텅스텐아크용접(Gas tungsten arc welding)에서 직류정극성 (DCSP)으로 용접하는 경우, 텅스텐전극 끝의 각도가 용입과 비드폭에 영향을 미친다. 이때 전극 각도 30o, 60o, 120o 사용 시 용입과 비드폭의 관계를 설명하시오.
- 89회 1교시 : GTAW에서 전극봉의 끝단 부를 가공하여 사용하는 이유에 대하여 설명하시오.

6.3. 문제 풀이

GTAW은 용접 전원의 극성에 따라 모재와 전극봉에 가해지는 열이 많이 달라 지는데 이에 따라 전극봉의 선택이 달라 지게 된다.

6.3.1. 극성에 따른 에너지 전달 특성

직류 정극성(DCEN)은 모재가 양극(+)이고, 전극이 음극(-)이므로 전극봉에서 전자가 발생된다. 전극에서 발생된 전자는 모재로 충돌하면서 에너지를 발생 시킨다. 전극은 텅스텐에 토륨(Thorium)을 1~2% 함유한 전극봉을 많이 사용하는데 토륨 텅스텐 전극은 전자 방사능력이 현저하게 뛰어나 불순물이 부착되어도 전자 방사가 잘되어 아크가 안정한 장점이 있다.

직류 역극성(DCEP)은 정극성과 반대로 모재에서 나온 전자가 전극에 충돌 하기 때문에 모재에 비해 전극봉에 더 많은 열이 가해진다. 그래서 역극성의 전극은 정극성 대비 지름이 더 커야 한다. 교류(AC) 전원은 정극성과 역극성의 특성을 모두 포함 하는데, 경금속 용접시 정극성 구간에서는 모재를 용융 시키고 역극성 구간에서는 모재의 산화막을 제거한다. 전극은 주로 순텅스텐의 재질을 사용한다.

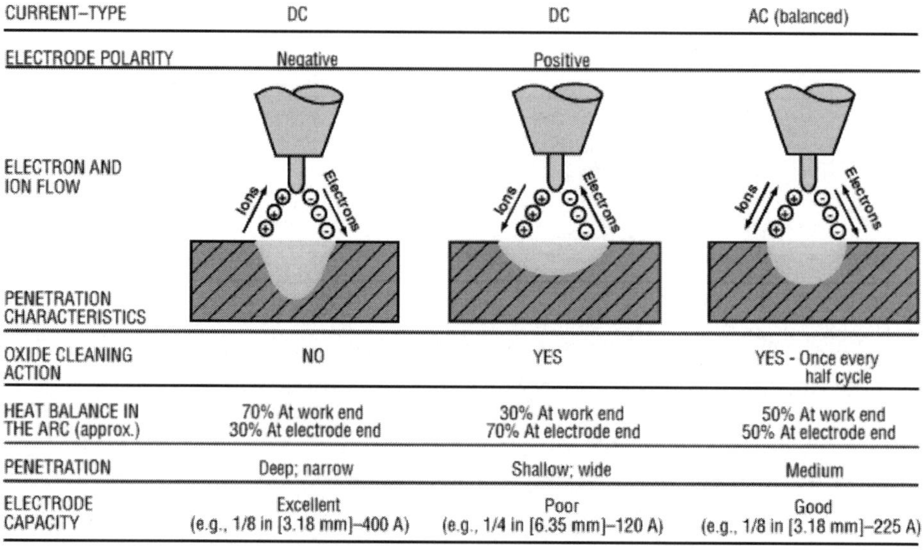

CURRENT-TYPE
DC
DC
AC (balanced)
ELECTRODE POLARITY
Negative
Positive
ELECTRON AND ION FLOW
Ions
Electrons
Ions
Electrons
Ions
Electrons
PENETRATION CHARACTERISTICS
OXIDE CLEANING ACTION
NO
YES
YES - Once every half cycle
HEAT BALANCE IN THE ARC (approx.)
70% At work end 30% At electrode end
30% At work end 70% At electrode end
50% At work end 50% At electrode end
PENETRATION
Deep; narrow
Shallow; wide
Medium
ELECTRODE CAPACITY
Excellent (e.g., 1/8 in [3.18 mm]–400 A)
Poor (e.g., 1/4 in [6.35 mm]–120 A)
Good (e.g., 1/8 in [3.18 mm]–225 A)

[그림 VII-13] GTAW의 극성에 따른 에너지 전달 특성

6.3.2. 극성에 따른 전극봉 선정

Tungsten electrode
Arc
Power density
Radial distance
Power density
Radial distance

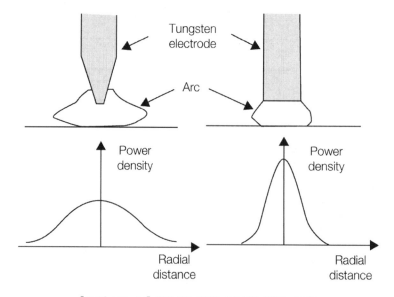

[그림 VII-14] 극성에 따른 에너지 밀도 분포

전극봉에서 열전자는 단면에 수직한 방향으로 방출하게 된다. 그림 IX-14의 왼쪽과 같이 전극봉이 날카롭게(Shrap) 가공되었을 때 아크의 형성 범위를 나타내는데, 에너지가 넓게 형성 된다. 반면 우측 그림과 같이 전극봉의 선단이 무딘(Blunter) 경우 아크 직경이 작게 되고 이에 따라 좁은 영역에서 높은 에너지 밀도를 나타내게 된다.

그림 VII-15는 전극봉의 가공 정도에 따른 용입 및 비드폭의 형상을 나타낸 것이다.

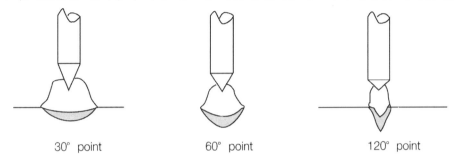

30° point   60° point   120° point

[그림 VII-15] 전극 가공에 따른 비드 형상

이렇게 GTAW에서 전극봉은 가공 정도에 따라 에너지 전달이 달라 지기 때문에 극성에 따라 적절한 가공이 필요하다. 그리고 극성에 따라 전극봉의 지름 또한 달라 져야 한다.

1) 직류 정극성(DCEN)

직류 정극성에 사용되는 용접봉은 끝을 연마하여 각도를 작게(뾰족하게) 하는데 선단의 각도가 30~50도 이면 아크 열의 집중성이 좋아져 용입이 깊어지고 불순물이 적게 붙어 전자 방사 능력이 높아진다. 일반적으로 선단각을 전극지름의 3배정도 경사지게 가공한다.

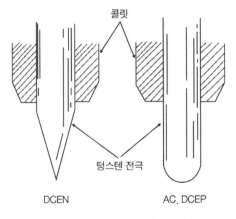

콜릿

텅스텐 전극

DCEN   AC, DCEP

[그림 VII-16] 전원에 따른 전극 형상

[표 VII-3] AWS 분류에 따른 전극봉 종류

	AWS	사용전류	용도
순텅스텐	EWP (녹색)	ACHF	AL, Mg합금
지르코늄텅스텐	EWZr (갈색)	ACHF	AL, Mg합금
1% 토륨 텅스텐	EWTH1 (황색)	DCSP	CS, STS
2% 토륨 텅스텐	EWTH2 (적색)	DCSP	CS, STS

2) 직류 역극성(DCEP)

직류 역극성으로 작업시 전극에서 발생하는 열이 정극성 대비 크기 때문에 동일 크기의 용접전류 사용시 역극성의 전극 직경은 정극성의 용접봉 직경 보다 커야 한다. 역극성은 전극의 끝단부가 뾰족할 경우 전자의 열에 의해 전극의 끝단부가 녹아 용접부에 혼입 될 수 있으므로 이를 방지하기 위해 반구형으로 가공하여 사용한다. 또한 용접전류가 증가함에 따라 전극에서 발생하는 저항열도 커지므로 직경이 큰 전극봉이 소요된다. 극성과 용접전류에 따른 추천되는 전극 직경은 다음표와 같다.

[표 VII-4] 극성에 따른 전극봉 재질 및 직경

용접봉 직경 (mm)	전 류(A)			
	AC		DCEN	DCEP
	W	ThW	W. ThW	W. ThW
0.5	5~15	5~20	5~20	–
1.0	10~50	15~80	15~80	–
1.6	50~100	70~150	70~150	10~20
2.4	100~160	140~235	150~250	15~30
3.2	150~210	225~325	250~400	25~40
4.0	200~275	300~425	400~500	40~55
4.8	250~350	400~525	500~800	55~80
6.4	325~475	500~700	800~1100	80~125

7 **PAW(Plasma Arc Welding)**

7.1. 문제 유형

- GTAW과 PAW을 비교 설명하여라.

7.2. 기출 문제

- 105회 3교시 : 가스텅스텐아크용접(Gas tungsten arc welding)에서 전류밀도가 플라즈마아크용접(Plasma arc welding)에 비하여 낮은 이유를 설명하시오.
- 98회 3교시 : 플라즈마 아크 용접시 플라즈마 가스를 Ar(95%) + H2(5%)를 사용하는데 그 이유에 대하여 설명하시오.
- 93회 2교시 : GTAW 용접과 플라즈마 용접을 비교 설명하시오.

7.3. 문제 풀이

7.3.1. PAW 원리

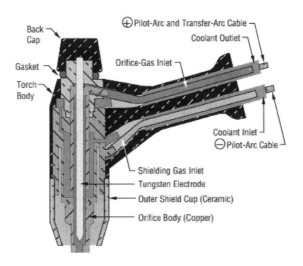

[그림 Ⅶ-17] PAW 토치 구조

기체를 수천도의 고온으로 가열하면 전리현상을 일으켜 이온과 전자가 혼재되어 전도성이 있는 상태가 되는데 이를 플라즈마라고 한다. 아크 용접에서는 아크 열을 이용해 가스를 가열하여 플라즈마로 만드는데 이 플라즈마를 토치의 노즐에서 고속으로 분출 시키면 플라즈마 제트(Jet)가 형성 된다. PAW은 이 제트를 이용하는 것으로 GTAW의 특수한 형태라고 할 수 있는데, 수축 노즐(Nozzle)에 의해 아크 집중성을 향상 시킨 것을 제외 하고는 GTAW와 거의 유사하다.

그림 VII-18과 같이 아크 플라즈마의 외부를 수축 노즐을 통해 플라즈마 가스(혹은 Orifice gas)로 강제 냉각 시키면 아크 플라즈마의 열손실이 대단히 증가하므로 전류를 일정하게 유지하면 아크 전압은 상승한다. 동시에 아크 플라즈마는 열손실이 최소화 되도록 표면적을 축소 시킨다. 그 결과 아크 단면적은 수축하고 전류밀도는 증가하여 아크 전압이 높아지므로 대단히 높은 온도의 아크 플라즈마가 만들어 진다. 이와 같은 아크의 성질을 열적 핀치효과라고 한다. 또한 아크 플라즈마는 고전류가 되면서 자기적 핀치 효과에 의해 단면적 수축이 일어 나지만 일반적으로 열적 핀치효과 보다 그 영향은 크지 않다.

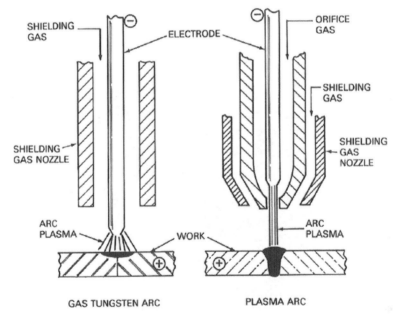

[그림 VII-18] GTWA과 PAW 비교

이런 핀치 효과의 영향으로 아크 플라즈마는 10,000~30,000℃ 정도의 고온이 되고, 이를 이용해 용접 및 절단을 하게 된다.

7.3.2. GTAW대비 PAW 장단점

1) PAW의 장점

PAW은 핀치효과에 의해 전류밀도가 높아 용입이 깊고 좁은 비드를 얻을 수 있고 용접속도가 빠르다. 특히 일정한 두께 이하의 용접재를 용접시 그림 VII-19와 같이 모재를 관통한 상태에서 용접이 가능하다. 이를 키홀 모드(Key-hole mode) 용접이라고 하는데 키홀 모드에 의한 용접은 열전도형 용융 용접 대비 그루브 가공이 필요하지 않고 용접속도가 빠르다. 그리고 주어진 용입에 비해 비드 폭이 좁아 용접 변형도 적게 된다.

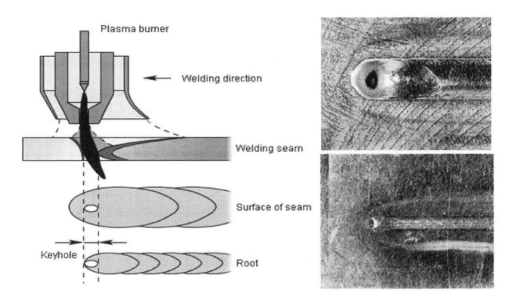

[그림 VII-19] 키홀(Keyhole) 용접에 의한 용접재 상, 하부

그림 VII-20와 같이 PAW은 GTAW 대비 아크의 안정성이 좋고, 방향성과 집중성이 높다. 그리고 용접재의 정렬에도 덜 민감해서 용접 작업에 숙련을 요하지 않는다.

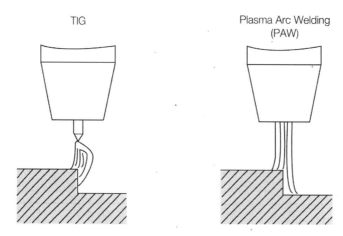

[그림 VII-20] GTAW(좌)과 PAW(우)의 아크 직진성 비교

2) 단점

PAW은 GTAW 대비 장비가 고가이고 무부하 전압이 높아 감전의 위험이 있다. 그리고 토치가 커서 모서리 용접에 불리하고 용접부 품질 유지를 위해 수축 노즐의 지속적인 관리가 필요하다. PAW은 용접 속도가 빠르기 때문에 가스에 의한 보호가 불충분 할 수 있고, 키홀 모드로 용접시 언터컷(Undercut) 발생이 쉽다.

7.4. 추가 공부 사항

PAW는 용접 전원의 연결 방법에 따라 이행형(Trasferred) 아크 용접과 비이행(Non-transferred) 아크 용접으로 나눌 수 있다. 각각의 특징과 장/단점은 다음과 같다.

7.4.1. PAW의 용접 전원 연결 방법에 따른 분류

1) 이행형(Transferred) 아크 용접

이행형 아크 용접은 PAW의 가장 일반적인 아크 이행으로 전극봉에 음극(-)을 모재에 양극(+)를 연결한다. 이행형 아크 용접은 용접 전원이 모재에 바로 연결 되어 있기 때문에 아크가 모재로 직접 이동한다. 아크의 직접적인 이동 때문에 비교적 많은 열이 양극점에서 발생하고 용입이 깊은 장점이 있다. 하지만 모재가 전기회로의 일부분이기 때문에 이행형은 모재가 필히 전기 전도성이어야 한다.

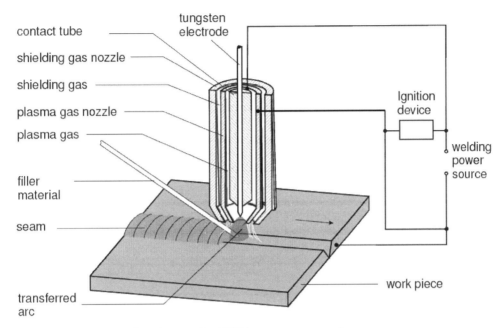

contact tube

shielding gas nozzle

shielding gas

plasma gas nozzle

plasma gas

filler
material

seam

transferred
arc

tungsten
electrode

Ignition
device

welding
power
source

work piece

[그림 Ⅶ-21] 이행형(Transferred Arc) PAW

7.4.2. 비이행(Non-transferred) 아크 용접

비이행형 아크 용접은 전극봉에 음극(-), 수축 노즐에 양극(+)을 연결한 것으로 아크가 전극과 수축 노즐 사이에서 발생 된다. 이행형 아크 용접에 비해 열효율이 낮으나 모재가 비전도체인 경우에도 용접이나 절단이 가능하다. 또 아크의 안정성이 양호하고, 토치를 모재에서 멀리하여도 아크에 영향이 없으며 모재에 에너지 집중을 피할 수 있는 장점이 있다. 주로 금속 표면 개질을 위한 스프레이(Metal-spraying)나 절단가공에서 많이 적용되는 방법이다.

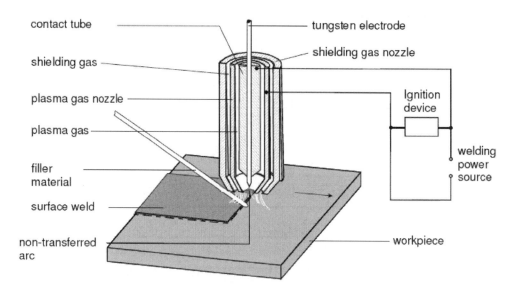

contact tube

tungsten electrode

shielding gas

shielding gas nozzle

plasma gas nozzle

Ignition device

plasma gas

welding power source

filler material

surface weld

non-transferred arc

workpiece

[그림 VII-22] 비이행형(non-Transferred Arc) PAW

8 GMAW 자기제어 특성

8.1. 문제 유형

- GMAW의 자기제어 특성에 대하여 설명하시오.

8.2. 기출 문제

- 101회 5교시 : GMAW에서 자기 제어(Self-regulation) 특성을 설명하고, 수하모 드와 정전압모드 중에서 자기제어 효과가 큰 모드는 무엇이며 그 이유를 설명하 시오.
- 98회 3교시 : CO_2 GMAW에서 자기제어(Self Regulation) 효과에 대하여 설명하 시오.
- 96회 2교시 : 정전압을 사용하는 GMAW 용접기에서 아크 길이를 일정하게 유지 할 수 있는 제어 방법의 명칭과 원리에 대해 설명하시오.
- 93회 1교시 : GMAW에서 정전압모드(constant voltage mode)가 정전류 모드 (constant mode)에 비하여 아크소멸로부터 아크안정성이 유리한데 그 이유를 self regulation(자기 제어)효과를 이용하여 설명하시오.

8.3. 문제 풀이

8.3.1. 용접기의 전원특성

용접전원은 용접법(Welding Process)별로 다양한 특성이 필요한데 아크의 생성과 유 지, 금속 이행모드의 결정, 스패터(Spatter)의 생성량 조절 등에 아주 큰 영향을 미치기 때문에 그 성능이 중요하다. 용접전원은 크게 정적 특성(Static Characteristics)과 동적 특성(Dynamic Characteristic)으로 나눌 수 있는데, 아크의 변화가 적을 경우에는 정적 특성이 적합하며 아크 변화가 많을 경우에는 동적 특성이 적합하다.

정적 특성은 수하 특성(Drooping Characteristics)이나 정전류 특성(Constant Current Characteristics), 정전압 특성(Constant-voltage Characteristics)으로 나눌 수 있다. 정 전류 특성은 용접사가 아크 길이를 조절하면서 사용하는 GTAW과 같은 용접법에 사용 되는데, 의도치 않은 아크 길이 변화에 대응할 수 있다. 수하 특성은 단락전류(Short-circuit current)가 통상의 부하전류보다 높은 것이 유리한 SMAW에서 사용한다.

정전압 특성은 본책 'Ⅵ. 아크 용접 원론'에서 설명한 것처럼 아크 전압(아크 길이)의 변화에 의해 출력 전류가 바뀌는 것으로 용접봉이 연속적으로 공급되는 GMAW이나 FCAW과 같은 용접법에 사용된다. 이 정전압 특성에서 아크 자기제어 특성이 나타나는데 용접시공간 그루브에서의 위빙이나 작업자의 실수 등에 의해 토치의 위치가 변화하여도 아크 길이는 변화 없이 항상 일정하게 유지 되는 것이다.

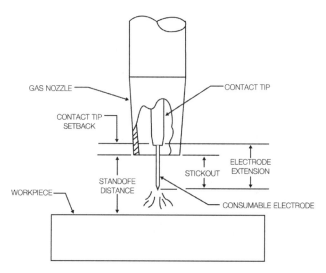

[그림 Ⅶ-23] GMAW 노즐과 용접간 거리에 따른 명칭

8.3.2. 아크의 자기제어(Self-regulation)

아크의 자기제어는 정전압 용접기를 사용하고, 용접봉 공급이 일정한 속도로 이루어지는 GMAW이나 FCAW에서 일어나는 현상으로 토치와 모재간의 거리가 바뀌면 와이어의 스틱아웃(Stick Out or Extension)이 반대로 바뀌면서 아크 길이가 항상 일정하게 유지되는 현상을 말한다.

그림 Ⅶ-24는 대표적인 정전압 특성의 전류-전압 관계 그래프인데, 시작점 B에서 전압이 A로 25%(+5V) 정도 증대 되거나 C로 25%(-5V) 정도로 감소 할때 전류는 50%(±100A) 정도의 큰 변화가 일어나면서 용접봉의 용융 속도가 바뀌게 되고 이로 인해 전압(or 아크 길이)은 시작점인 B로 자동 조절 되게 된다. 가령 V홈 용접부를 용접시

V홈에서 좌우 위빙을 하게 되면 아크 길이가 V홈 형상에 따라 변화하게 되는데, 아크 길이가 길어지면 전류가 급속히 낮아져 와이어의 스틱아웃이 길어 진다. 반대로 아크 길이가 짧아 지면 전류가 급속히 증대 되면서 와이어의 스틱아웃이 짧아 지게 되면서 아크 길이를 일정하게 유지하게 된다.

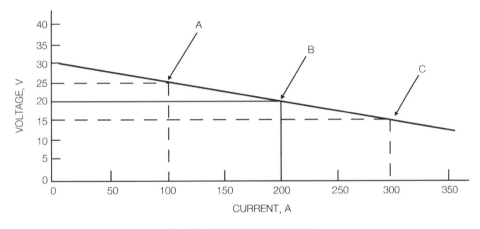

[그림 Ⅶ-24] 정전압 특성

이렇게 아크의 자기제어 효과는 위빙 뿐만 아니라 작업자의 손떨림 등의 다양한 외부 요인으로 일어날 수 있는 아크 길이 변화에 대해 자동으로 아크 길이를 일정하게 유지해 줘 현장 작업에서 아주 유용하다. 자기제어 효과는 용접기의 특성이 정전압에 가까울수록 아크 길이의 변화에 대한 용접전류의 변화량이 증가하기 때문에 자기제어 효과의 응답 속도가 빨라 진다.

8.4. 추가 공부 사항

* GMAW에서 정전압 모드가 정전류모드에 비하여 아크 소멸로부터 아크 안정성이 유리한 이유

9 GMAW 금속이행(Metal Transfer)

9.1. 문제 유형

- GMAW 용접의 용적이행 모드(Transfer Mode) 3가지를 설명하고, 이행에 미치는 전류 전압 및 보호 가스의 영향을 설명하시오.

9.2. 기출 문제

- 110회 4교시 : GMAW(가스메탈아크용접)용 보호가스로 CO_2 가스를 사용할 때 Ar 가스에 비해 용접전압, 용접금속 이행 및 비드 형상이 상이한 이유를 설명하시오.
- 93회 2교시 : GMAW에서 Ar, He, CO_2를 보호가스로 사용할 경우 각각의 금속이행(metal transfer)과 용접 비드 형상에 어떤 영향을 미치는 지를 설명하고 그 이유를 설명하시오.
- 90회 3교시 : 탄산가스 아크 용접에서
  가. 단락 이행시 용적 이행의 특징을 설명하시오.
  나. 단락 이행에서 용입 부족(Lack of penetration)을 방지하기 위한 시공 기술을 설명하시오.

9.3. 문제 풀이

양호한 용접 품질을 확보하기 위해서는 각각의 용적이행 모드(Transfer Mode) 특징과 원리를 이해하고 용접시 용접 목적 및 위치에 따라 적절한 용접금속의 용적 이행 모드를 적용하여야 한다. 그림 VII-25는 국제용접학회(IIW)의 분류에 의한 용접이행 모드의 구분이다.

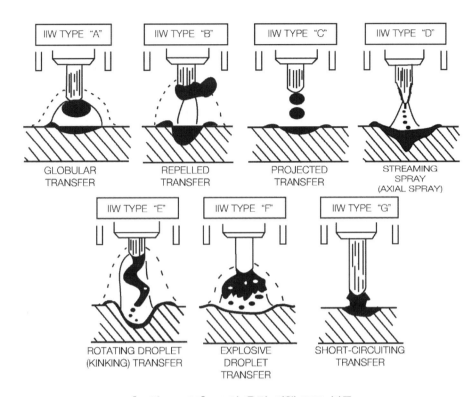

[그림 Ⅶ-25] IIW의 용접 이행 모드 분류

9.3.1. 금속 이행 모드(Metal Transfer Mode)의 종류

1) 단락이행 모드(Short Circuiting Transfer)

단락 이행은 보호 가스의 조성에 관계 없이 저전류 저전압 조건에서 발생한다. GMAW
와 SMAW에서 잘 나타나는 용적이행인데, 전자세 용접이 가능하다. 또 전류와 전압이
낮아 용입 얕기 때문에 갭 매움(Gap Filling)이나 루트 패스 용접에 유용하다. 하지만
저입열로 용접 방법이 적절치 않을 경우에는 콜드랩(Cold Lap)이나 융합 불량(LF)과 같
은 결함이 쉽게 발생 한다.

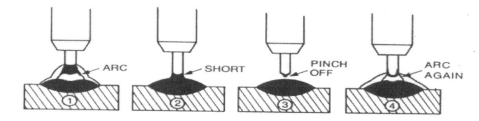

[그림 VII-26] 단락이행 모드 과정

단락 이행에서 용적의 단락은 그림 VII-27과 같이 전류와 자기장에 의한 핀치력(Pinch Force)에 의해 발생한다. 이때 발생하는 전류와 전압의 변화는 그림 VII-28과 같다. 용적의 단락(Short)이 발생하면 그림 VII-28의 E 와 같이 전류는 증가하고 전압은 급격히 감소한다. 반대로 핀치력(Pinch Force)에 의해 용적이 전극에서 분리되는 순간(A 또는 I) 전류는 증가하고 전압은 급격히 감소한다.

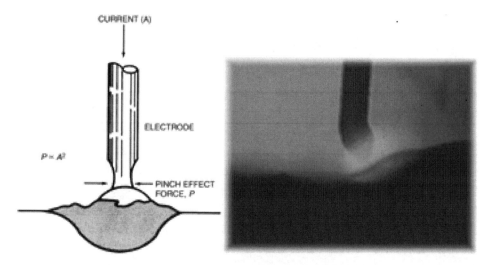

[그림 VII-27] 단락이행 과정에서 작용하는 힘

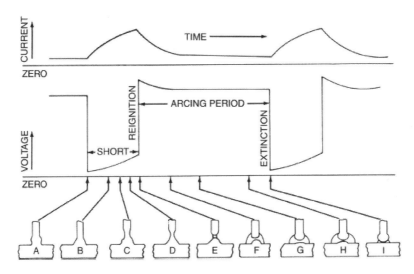

[그림 VII-28] 단락이행 모드(Short Transfer Mode)의 전류와 전압의 변화

2) 입상용적 이행모드(Globular Transfer Mode)

단락 이행 모드 보다 높은 전류와 전압에서 발생하지만 전류가 비교적 낮은 경우에는 보호가스 조성의 관계 없이 입상용적 이행모드가 발생한다. 하지만 보호 가스가 CO_2나 He일 경우에는 사용 가능한 용접전류 전 범위에서 입상용적 이행이 일어난다. 다음에서 설명할 스프레이 이행과 입상용적 이행 모드의 차이점은 용적의 크기로, 입상용적 이행 모드는 용적의 지름이 전극의 지름 보다 크지만 스프레이 이행 모드는 작다.

[그림 VII-29] 입상용적 이행에서 용적의 크기

입상용적 이행은 전류가 비교적 높아 단락 이행 대비 용입이 깊다. 입상용적 이행은 저렴한 CO_2 가스에서 높은 전류에서 사용시 반발이행(Repelled Transfer)이 발생하여 스패터가 과대하게 발생할 수 있다.

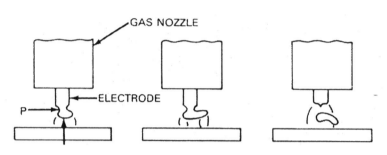

[그림 VII-30] 입상용적 이행 모드 과정

3) 스프레이 이행 모드(Spray Transfer Mode)

입상용적 이행 보다 높은 전류와 전압에서 발생하는 용적이행 모드이다. 그림 VII-32 와 같이 입상용적 이행에서 스프레이 이행으로 변하는 임계 전류값이 존재하며, 임계 전류 이상에서 용적의 크기가 급격히 감소하고 용적의 개수가 급격히 증가한다.

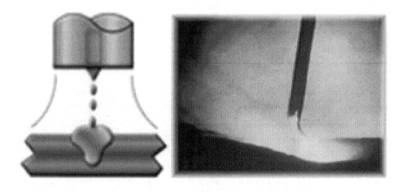

[그림 VII-31] 스프레이 이행 모드에서 용적의 크기

스패터가 적고 용입이 깊으며 용접 속도가 빨라 FCAW과 GMAW 용접에서 가장 많이 사용하는 용적 이행이다.

스프레이 이행 모드에는 3가지 종류가 있으며, 전류와 전압을 높일수록 프로젝티드 모드(Projected Transfer) → 스트리밍 모드(Streaming Transfer) → 회전 모드 (Rotating Transfer)로 변화한다.

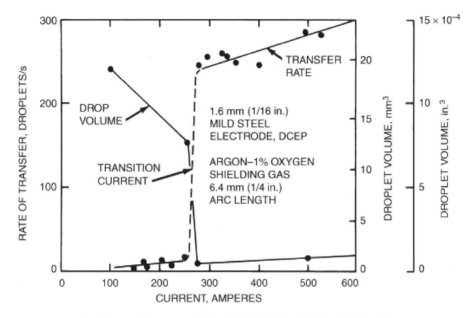

[그림 Ⅶ-32] GMAW에서 전류에 따른 용적의 크기와 갯수

9.3.2. 이행모드(Transfer Mode)에 미치는 보호 가스의 특성

보호 가스로 사용하는 가스의 특성은 다음과 같다.

[표 VII-5] GMAW 보호가스 특성

구 분	Ar	CO_2	He
공기 대비 비중 (Specific Gravity, Air = 1)	大 (1.38)	大 (1.53)	小 (0.14)
열전도도 (Thermal Conductivity, 10^2 X Btu/Hr-Ft-F)	小 9.69	小 8.62	大 85.78
이온화 전압 (Ionization Potential, Ev)	中 15.7	小 14.4	大 24.5

1) 아르곤(Ar)

이온화 포텐셜(Ionization Potential)이 어느 정도 높아 아크의 높은 전압을 유지할 수 있으며, 또한 열전도도가 낮아 아크의 고온을 유지할 수 있다. 결과적으로 높은 전류, 전압 및 고온이 필요한 스프레이 이행을 가능하게 한다.

2) 이산화탄소(CO_2)

CO_2는 열전도도(Thermal Conductivity)는 스프레이 이행이 가능할 정도로 낮지만 이온화 포텐셜(Ionization Potential)이 너무 낮아 아크의 높은 전압을 유지할 수 없어 GMAW에서 스프레이 이행 모드가 불가능하다. 다만 FCAW 용접에서는 플럭스의 도움으로 스프레이 이행 모드가 가능하며, GMAW에서 CO_2를 20% 정도 혼합한 Ar 가스도 스프레이 이행이 가능하여 많이 사용하고 있다.

3) 헬륨(He) 가스

He 가스는 스프레이 이행이 가능할 정도의 이온화 포텐셜(Ionization Potential)을 가지고 있으나, 열전도도(Thermal Conductivity)가 너무 높아 스프레이 이행이 가능할 정도의 아크 온도 유지가 어려워 스프레이 이행 모드는 불가능하다.

스프레이 이행 모드는 용접 품질 및 용접 속도가 좋아 많이 선호되는 이행이다. 하지만 루트 용접시 스프레이 이행 모드를 사용하게 되면 용락이 쉽게 발생하므로 적합하지 않다. 그리고 갭필링시에도 단락 이행이 훨씬 유리하다. 그러므로 용접시 사용하는 가스는 용접 목적 및 용도에 따라 적정하게 선정되어야 한다.

9.4. 추가 공부 사항

- 스테인리스강 용접에서 차폐가스에 질소 가스를 혼합 사용하는 이유
- 금속이행 모드 및 차폐가스의 종류에 따fms 스패터(Spatter) 발생량

[표 VII-6] 이행모드 및 스패터 발생량

구분	특성	용입	비드 외관	적용
단락 이행	CO_2 Gas를 이용한 GMAW의 저전류 영역	얕음	Spatter가 적고 비드 외관이 미려	박판의 Gab Bridge 용접, 수직 용접
입상용접 이행	CO_2 Gas를 이용한 GMAW	깊음	Spatter가 많이 발생	CO_2를 이용한 GMAW
스프레이 이행	Ar, CO_2 혼합가스 이용한 GMAW, Ti계 이용한 FCAW/SMAW	GMAW : 얕음 FCAW : 깊음	Spatter가 적고 비드 외관 미려	비드 외관 중요시 되는 구역은 Pulsed Arc Spray 적용

10 GMAW Narrow Gap 용접

10.1. 문제 유형

- 협 개선(Narrow Gap) 용접의 정의와 개선면의 용융부족 방지 방법에 대해 설명하시오.

10.2. 기출 문제

- 101회 3교시 : 내로우 갭 용접(Narrow Gap Welding, NGW)이란 무엇이고 장, 단점을 설명하시오.
- 81회 3교시 : 후판이 맞대기 용접을 FCAW와 GMAW로 시공하는 경우, 홈 각도가 20년전에 비해 최근에는 감소되는 경향이 있다. 이와 같이 홈각도가 감소되어도 불량이 생기지 않는 이유를 설명하시오.
- 74회 4교시 : (1) Narrow Gas Welding에 대하여 설명하시오. (2) Narrow Gas Welding이 가능한 용접방법 2가지에 대하여 설명하시오.

10.3. 문제 풀이

10.3.1. 개요

협 개선(Narrow Gap) 용접에 대해 현재까지 국제적으로 합의된 명칭은 없지만 통상 Narrow Gap이나 Narrow Groove란 용어를 많이 사용하는데, 그 용어의 의미를 통하여 용접 방법을 짐작 할 수 있다.

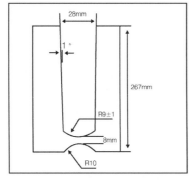
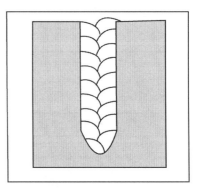

[그림 VII-33] Narrow Gap 용접 Groove형상

화학 공장과 화력 발전 설비 등에 사용되는 대형 후판의 맞대기(Butt) 용접에는 용접 생산성과 품질 확보를 위해 SAW(Submerged Arc Welding)이나 ESW(Electro Slag Welding)이 주로 사용 된다. 하지만 이들 용접법을 적용함에 있어서 일반적인 양면 V-개선을 하게 되면 넓은 개선 가공으로 재료의 손실이 많다. 그리고 용접량이 증대 되어 용접 변형이 커지고, 열영향부가 넓어 지며 결함 발생의 가능성이 높아진다. 그리고 많은 양의 용접이 이루어 지기 위해 용접시간과 에너지 소비가 커지는 단점도 있다. 이러한 단점을 극복하기 위해 협 개선(Narrow Gap) 용접방법이 개발되어 사용 되고 있다.

10.3.2. 적용 용접법

협 개선(Narrow Gap)으로 적용할 수 있는 용접 방법은 GMAW, SAW, FCAW, GTAW, ESW 등이다.

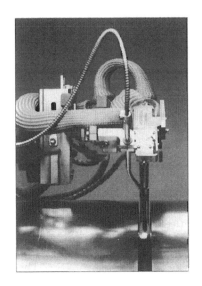

[그림 Ⅶ-34] GTAW 내로우갭

협 개선 용접을 적용하게 되면 그루브의 간격이 좁아 측면에 직접적인 열을 가하기 어려워 측면의 용융이 잘 되지 않는 어려움이 있다. 이를 극복 하기 위해 그림 Ⅶ-35 및 아래 설명과 같은 다양한 방법이 적용되고 있다.

1) Tandem과 Twin-Wire법

아크의 강제 이동 없이 2개의 와이어를 변형 시키거나 컨택팁(Contact tip)을 이용하여 측면을 용융 시키는 방법이다. Tandem 법은 2개의 와이어를 각각의 벽쪽으로 변형을 가해 측면을 용융 시키는 방법으로 중간 부분은 2개의 와이어가 겹치게 된다. Twin 와이어 법은 와이어 변형 없이 2개의 컨택팁(Contact tip)을 각각의 벽쪽으로 기울여 측면을 용융 시키게 된다. 두 방법 모두 0.8~1.2mm 두께의 와이어를 사용한다.

2) Oscillating 법

컨택팁(Contact tip)의 기계적인 움직임을 통해 아크를 오실레이션(Oscillation) 시키는 방법으로 그루브(Groove) 간격이 좁아 충분한 컨택팁(Contact tip) 움직임을 얻기가 어려워 잘 사용하지 않는다.

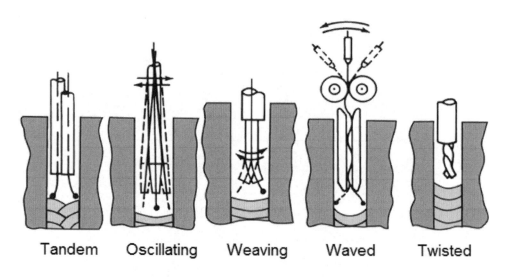

[그림 VII-35] 협 개선 용접부의 용접봉 공급 방법

3) Weaving 법

컨택팁(Contact tip)을 약 15도 정도 굽혀 용접이 진행 되는 동안 컨택팁(Contact tip)을 좌우로 움직이면서 측면을 용융 시키는 방법 이다.

4) Waved Wire 법

와이어 공급시 와이어에 물결 모양으로 변형을 주어 용접시 오실레이션(Oscillation)
이 되게 하는 것으로 컨택팁(Contact tip)을 접합부 중앙에 유지 시켜도 오실레이팅
(Oscillating)이 되기 때문에 아주 좁은 그루브(Groove)에도 적용이 가능하다.

5) Twisted Wire 법

컨택팁(Contact tip)의 강제 이동 없이 2개의 와이어를 꼬아서 컨택팁(Contact tip)에
공급 되는 것으로 용접시 연속적으로 아크 방향이 바뀐다. 특별한 위빙(Weaving) 장치
가 없어도 되는 이점이 있다.

10.3.3. 협 개선(Narrow Gap) 용접의 특징

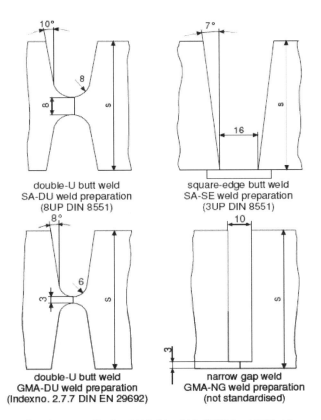

[그림 VII-36] 대표적인 협 개선 용접부 가공의 예

기존 SAW이나 ESW 대비 그루브(Groove)의 단면적 축소로 용접 입열이 감소 하고 사용 재료가 적어 경제성이 증대되고 능률이 향상 된다. 일반적으로 120mm ～ 200mm의 모재에 협 개선 용접 용접법을 적용하는 경우, 기존 SAW square edge개선 용접에 비해 66~75 %의 용접재를 절감할수 있다. 그리고 용착 금속량이 적어짐에 따라 열변형과 잔류응력이 감소하고, 수소 함량 적어 저온 균열 발생 가능성 또한 감소한다.

협 개선 용접의 또 하나의 장점은 기존 SAW이나 ESW은 특별한 장치가 없는한 아래보기나 수평 자세만 가능하나 협 개선 용접은 전자세 용접이 가능하고 흄(Fume)과 스패터 발생이 거의 없다. 하지만 개선면에 용융부족(LF) 발생과 슬래그 혼입이 쉽고, 용접기가 고가이고, 용접 조건별 아크 안정성 유지에 주의가 필요하다는 단점도 있다.

10.4. 추가 공부 사항

- 후판 맞대기 용접에서 과거에 비해 홈각도가 감소되어도 불량이 발생하지 않는 이유

⑪ FCAW 용접 특성

11.1. 문제 유형

- FCAW의 용접부는 기공발생이 많은데, 이에 대한 원인을 고찰하고 각 용접요소들과 연계하여 설명하시오.

11.2. 기출 문제

- 107회 1교시 : Flux Cored Wire를 사용하고 CO_2 가스를 사용하는 FCAW(Flux Cored Arc Welding)에서 전류값을 300A로 일정하게 두고 용접하던 중 어떤 원인에 의해 아크 길이가 짧아졌다. 그 이유를 열거하시오.
- 104회 2교시 : 플럭스코어 와이어로 용접 시 CO_2 가스를 100% 사용할 때와 혼합가스(Ar 80%+CO_2 20%)를 사용 할 경우의 비드 형상, 용착량, 작업성, 결함발생, 용적이행모드 등에 대하여 설명하시오.
- 90회 1교시 : 탄산가스 아크 용접법으로 작업한 용접부를 RT검사결과, 용착금속 내 기공을 상당수 검출하였다. 용접중 기공이 발생할 수 있는 원인 5가지를 열거하고 관련방지 대책을 기술하시오.

11.3. 문제 풀이

11.3.1. FCAW 기공 발생 과정

FCAW에서 기공발생이 많은 근본적인 이유는 CO_2 보호 가스에서 기인한다. CO_2가스는 아크열에 의해 다음과 같이 해리 된다.

$$2CO_2 \leftrightarrow 2CO + O_2$$

여기에서 발생한 산소 때문에 용융금속주위가 산성 분위기로 되고, 이로 인해 용접금속이 쉽게 산화철로 된다.

$$Fe + O \leftrightarrow FeO$$

이 산화철이 응고점 근처에서 용융금속에 함유된 탄소와 화합하여 일산화탄소가 발생한다.

$$FeO + C \leftrightarrow Fe + CO$$

이 일산화탄소의 생성은 응고점 근처에서 격렬히 발생므로 CO가스가 빠져나가지 못하고 용착금속내 산화된 기포(Porosity)로 존재하게 된다. 따라서 상용 FCAW 와이어에는 이러한 기포의 발생을 줄이기 위해 Mn(망간), Si(규소)등의 탈산제를 다량 첨가한다.

$$FeO + Mn \leftrightarrow MnO + Fe$$
$$2FeO + Si \leftrightarrow SiO_2 + 2Fe$$

11.3.2. 기공 발생 원인

적절한 용접재료를 선정하고 검증된 WPS를 적용 하였어도 용접시공상의 원인으로 용접부에 기공이 발생할 우려가 높아진다. 대략적인 시공상의 원인은 아래와 같다.

1) 보호가스 및 용접부 차폐 관련

- CO_2가스 유량이 부족한 경우, 적절한 유량은 15~20 l/min 임
- 호스의 손상이나 접촉부의 조임부 문제로 CO_2가스에 공기 혼입
- 병풍텐트 미설치 등에 의해 CO_2가스가 바람에 날림
- CO_2 봄베 또는 고정설비의 노후에 의한 CO_2가스 품질 불량
- 개선부 용접시 부적절한 토치각도 조절시 공기가 말려들어감

2) 아크가 불안정

- 팁의 치수가 불안정(와이어 크기에 맞는 팁사용) 한 경우
- 팁이 마모되어 팁구멍이 넓게 되어 전기접촉이 불량한 경우
- 전원 전압(1차 입력전압이 매우 심하게 변동) 및 와이어 송급이 불안전한 경우
- 팁과 모재간 거리가 먼 경우(보통 와이어지름의 10~15배가 적당)
- 용접전류가 낮은 경우(와이어지름에 알맞은 전류인가 확인)
- 어스의 접속이 불안한 경우

3) 오염

- 노즐에 스패터가 많이 부착된 경우(노즐 내경의 청결도 여부를 확인하며, 필요시 세척 또는 교체)
- 용접부위가 기름, 녹, 수분, 페인트등으로 오염(용접부의 청결도 및 가스호스내 의 오염여부를 확인하고 필요시 세척 또는 교체)

11.4. 추가 공부 사항

- FCAW에서 기공 발생을 줄이기 위한 Wire의 관리 기준을 설명하시오.

대입열 용접법

1 SAW(Submerged Arc Welding)

1.1. 문제 유형

- 서브머지드 아크 용접(SAW)의 특성과 용제의 종류에 대하여 설명하여라.

1.2. 기출 문제

- 107회 3교시 : 서브머지드아크용접(SAW)의 용접 금속(Weld Metal)에 대한 저온 충격시험을 하면 충격치가 매우 심하게 변동할 수 있다. 그 이유를 공정의 관점에서 설명하고 방지 대책을 설명하시오.
- 105회 2교시 : 탄소강의 서브머지드아크용접(Submerged arc welding)에서 용접 금속(Weld Metal)의 침상형 페라이트(Acicular ferrite) 생성에 미치는 인자를 금속학적으로 설명하시오.
- 99회 1교시 : 조선분야에서 사용하는 가장 일반적인 대입열 용접방법 2가지를 용접자세별로 구분하여 설명하시오.
- 95회 1교시 : 서브머지드 아크용접에서 용제(Flux)의 역할을 설명하시오.
- 87회 2교시 : 서브머지드 아크용접용 플럭스의 종류를 제조방법의 차이에 따라 분류하고 특징을 간단히 설명하시오.

1.3. 문제 풀이

1.3.1. 서브머지드 아크 용접법(SAW)의 개요

서브머지드 아크 용접법(SAW)은 아크(Arc)가 눈에 보이지 않는 상태로 용접이 진행되기 때문에 잠호 용접이라고 부르고, 영문 약어를 이용해 SAW로 많이 사용된다. 용접법은 입상의 미세한 용제(Flux)를 용접부에 도포하고, 그 속에 전극 와이어를 연속적으로 공급한다. 그러면 용제 속에서 모재와 전극 와이어 사이에 아크가 발생하고 그 열을 이용해 용접을 하는 방식이다.

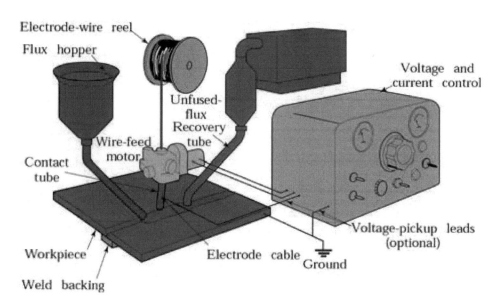

[그림 VIII-1] SAW 구성도

용제(Flux)는 전극 와이어에 앞서 용접부에 도포되게 되는데, 용융되기 전에는 부도체이기 때문에 최초 아크 발생이 쉽지 않다. 때문에 모재와 전극 와이어 사이에 금속울(Steel Wool)을 끼워 전류를 통하게 하거나 고주파를 이용하여 아크를 발생 시킨다. 용제가 용융이 되면 전도체가 되어 전류가 흐른다. 사용되는 용접전원은 직류나 교류전원 모두 가능하며, 용접기의 외부 전원 특성은 수하특성이나 정전압 특성이 사용되고, 전극은 주로 양극쪽에 연결 한다.

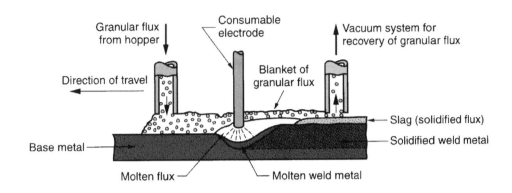

[그림 Ⅷ-2] 서브머지드 아크(SAW) 용접법

1.3.2. 서브머지드 아크 용접법(SAW)의 특징

서브머지드 아크 용접법의 특징은 다음과 같다.

1) SAW의 장점

- 용접 조건이 일정하게 유지된 상태에서 용접이 이루어 지기 때문에 용접부의 품질이 양호하고 신뢰도가 높음
- 대전류 사용으로 용접속도 빠르고, 용입이 깊다. 다전극 사용시 용접속도를 더 높일 수도 있음(SMAW 대비 두께 12mm에서 약 3배, 두께 25mm에서 6배, 두께 50mm에서 12배 정도 효율이 좋다.)
- 위빙(Weaving)을 할 필요가 없어 용접부 홈을 작게 할 수 있어 용접재료의 소비가 적고, 용접부의 변형도 적음
- 열효율이 높고, 비드(Bead) 외관이 미려함
- 유해광선이나 매연의 발생이 적어 작업 환경이 깨끗하고, 바람의 영향을 거의 받지 않음

2) SAW의 단점

- 용접선이 짧거나 불규칙한 경우 수동에 비해 능률이 떨어짐
- 분말형 용제를 사용하기 때문에 특수한 지그를 사용하지 않는 한 용접 자세가 아래보기로 제한 됨

- 용접 중에 용접 상태의 육안 확인이 불가함
- 용접 홈의 가공 정밀도가 좋아야 함
- 용접 입열량이 높아 열영향부(HAZ)의 결정립이 조대화 되어 인성이 떨어짐
- 수동 용접대비 설비비가 많이 듬

1.3.3. 용접제어

비드(Bead) 형성과 가장 관계가 깊은 것은 용접 전류와 전압, 용접 속도이다. 세부 영향도는 다음과 같다.

1) 용접 전류

용접 전류는 비드 형성에 가장 큰 영향을 미치는 인자로 용접 전류가 증가할수록 용착속도와 용입 깊이가 증대 하지만 과도하면 비드가 너무 높아져 오버랩이 생길 우려가 있다. 비드 폭과 용제의 소비량은 최초 전류 증대시 증가 되다 최대치가 된 후에는 감소한다. 용접 전류는 와이어의 용융속도를 결정하기 때문에 와이어 직경에 따라 달라지고, 용제의 종류에는 큰 영향을 받지 않는다.

2) 용접 전압

용접 전압은 아크 길이를 결정 짓는 변수로서 전압이 증가 할수록 아크 길이는 길어지게 된다. 이로 인해 비드 폭은 넓어지고 평평해 지며, 용제의 소비량은 증대한다. 용접 전압은 용착 속도에 직접적인 영향은 거의 없고, 비드 외관과 밀접한 관계를 가진다.

3) 용접 속도

용접 속도의 변화에 따른 와이어의 용융량은 거의 변화 없지만 용접 입열량이 감소하고 단위 길이당 용융 와이어의 양이 적어지기 때문에 비드 폭과 용입이 감소 한다. 용접 속도가 너무 빠르면 언더컷이 생기거나 및 비드 파형이 거칠어지고, 너무 느리면 용입은 다소 증가되고 비드가 높아져 오버랩이 생기게 된다.

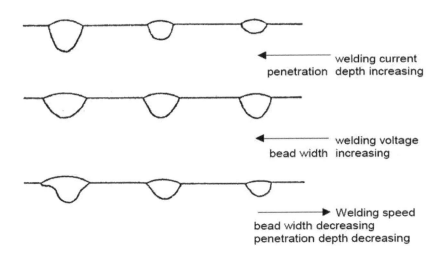

[그림 Ⅷ-3] SAW 용접 전류, 전압, 속도 증대에 따른 비드 형상

4) 와이어 지름

와이어 지름이 작으면 용입이 깊고, 비드 폭이 좁아진다. 전류에 따라 적당한 와이어 지름의 선정이 필요하다.

5) 와이어 돌출 길이

팁 선단에서부터 와이어 선단까지의 거리인데, GMAW이나 FCAW과 같이 와이어 돌출 길이를 길게 하면 와이어에서 저항열이 증가하여 와이어 용융량이 많아진다. 하지만 길이가 너무 과다하면 와이어가 용접 이음부의 적정 위치에 지속적으로 유지 되기 어려워 용입이 불균일 해진다. 통상 와이어 직경의 8배 정도가 적합하다.

6) 와이어 각도

와이어의 각도를 용접 진행 방향에 따라 변화 시키면 아크 바로 아래 용융금속의 유동방향이 바뀌게 되어 비드 폭과 용입을 변화 시킬 수 있다. 전진법을 사용하면 용융금속이 아크보다 선행하기 때문에 모재면에 아크가 직접 발생되지 않고 용융금속 위에 발생되어 용입이 얕고 비드 폭은 넓게 된다. 이런 평평한 비드는 언터컷이 잘 생기지 않아 고속 용접에 적당하나 홈이 깊은 곳에 사용시 슬래그 혼입이 생길 수 있다. 후진법을 사용하면 아크 불림이 커서 용융금속을 밀어내기 때문에 아크가 모재위에 직접 발생된다. 그래서 용입은 깊어 지고, 비드 폭은 높아 지는데 이는 홈이 깊거나 용입이 깊은 곳에 유리하다.

7) 용제의 영향

용융형 용제에서 입자가 거친 것을 높은 전류에서 사용하면 비드 파형이 거칠어져 외관이 나빠진다. 반면 입자가 미세한 용제를 낮은 전류에서 사용하면 가스의 방출이 원활하지 못하여 비드가 불균일하고 기공이 발생한다. 일반적으로 입자가 거친 용제는 용입이 깊고, 폭이 좁은 비드가 형성 되지만 입자가 미세한 용제는 용입이 얕고 비드폭이 넓어진다. 또한 용제의 종류에 따라서도 용입이 달라지는데, 용융형이 소결형 보다 더 좁고 깊은 용입이 얻을 수 있다. 도포된 용제의 두께(깊이) 또한 용접부의 품질에 영향을 줄수 있다.

8) 용접 전원

용접 전원은 직류나 교류 둘다 사용이 가능하다. 직류의 경우 아크 발생이 안정되고, 전류 조정이 용이한 이점이 있으나 자기불림이 생기는 단점도 있다. 반면 교류의 경우 자기 불림이 없고, 장비비가 저렴하나 초기 아크 발생이 어려운 단점이 있다.

용접기의 외부 특성은 수하 특성도 좋으나 정전압 특성의 용접기도 많이 사용된다. 아크 길이 조정은 외부 특성에 따라 방법이 다른데, 수하 특성(외부 조정)의 경우 아크 길이는 용접 전압 변화에 따른 와이어 송급 속도 조절로 이루어 진다. 반면 정전압 특성(내부 자동 조정)은 전압 변화에 따라 전류가 크게 바뀌고, 이에 따라 용융속도가 조절 되어 자동으로 아크 길이가 조정 되게 된다.

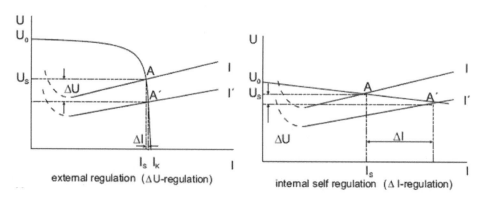

[그림 VIII-4] 아크 길이 조정 방법

직류 및 교류전원의 각 용접 전원별 특성은 다음과 같다.

(1) 직류

교류에 비해 비드 형상이나 용입이 우수하고, 아크 발생도 용이하다. 직류 아크가 사용되는 경우는 다음과 같다.

- 신속한 아크 발생 필요시 : 단속 용접을 효율 있게 할 때
- 아크 길이의 엄밀한 제어 필요시 : 박판의 고속 용접시
- 복잡한 곡선 용접시

직류 역극성에서 용입이 최대가 되며, 정극성에서는 용입이 최소가 되고, 용착 속도는 최대가 된다.

(2) 교류

자기 불림 현상을 크게 감소 시킬 수 있어 고속 용접에 적합하다. 교류 아크가 사용되는 경우는 다음과 같다.

- 큰 용착부를 얻고 싶을 때
- 두꺼운 플러그 용접과 같이 길이가 짧은 용접시
- 다전극 방식에서 사용

2개의 전극이 같은 극성의 직류일 경우 서로 흡인하고, 다른 극성일 경우 반발한다. 하지만 2개의 전극을 교류와 직류로 조합하면 이 현상은 크게 억제 된다. 더욱이 양쪽 모두 교류이면 서로간의 영향은 더욱 감소한다. 따라서 교류-교류 조합은 고속의 제관 용접에 많이 이용 된다.

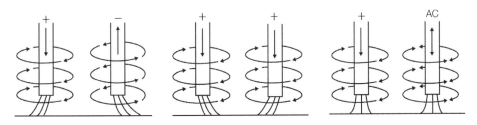

[그림 VIII-5] 전극 조합에 따른 아크 방향

9) 다전극(Tandem Wire)

다전극 용접방식은 용착속도를 증가하여 고속용접을 하는데 그 목적이 있다. 이 방식은 용접금속의 응고 속도가 느려 용착금속 내에서 기공 발생이 감소하는 장점이 있다. 두개의 전극 와이어를 독립된 전원(교류나 직류)에 접속하여 용접선에 따라 전극의 간격을 10~30mm 정도로 하여 2개의 전극 와이어를 동시에 녹게 하는데, 비드 폭이 좁고 용입이 깊으며 단전극 대비 2배 이상으로 용접속도가 빠르다. 3개 이상의 전극 사용시 2.5배 이상의 능률을 올릴 수 있으나 전원이 다른 장비를 각각 제어해야 되기 때문에 제어의 번거로움이 있다. 독립된 전원의 조합은 교류-직류, 교류-교류가 좋다.

(1) 횡병렬식

여러 전극을 한 종류의 전원(직류-직류 또는 교류-교류)에 접속하여 용접하는 것이다. 비드폭이 넓고 깊은 용입을 얻을 수 있어 홈이 크거나 아래 보기 자세로 큰 필릿 용접에 많이 적용 된다. 전원은 두개의 와이어가 하나의 콘택트 팁을 통해 전류를 공급하게 된다.

(2) 횡직렬식

두개의 와이어에 전류를 직렬로 연결해서 두 전극 사이에 발생하는 아크를 이용해 용접을 하게 된다. 복사열에 의해 용접이 이루어져 용입이 얕아 탄소강이나 스테인레스강의 덧붙이 용접에 자주 사용 된다. 두 와이어는 서로 45도 경사를 이루고 각기 다른 송급장치에 의해 개별로 제어 된다.

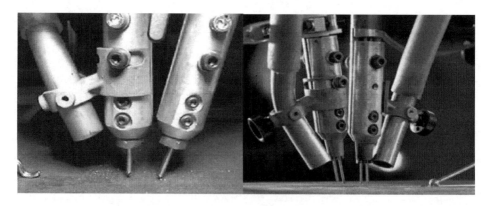

[그림 VIII-6] 탠덤식(Tandem) SAW

1.3.4. 용제(Flux)

용접용 용제는 용접부를 대기로부터 보호하고 아크를 안정시키며 용착금속의 성질을 개선시키는 역할을 한다. 하지만 관리를 소홀히 할 경우 흡습에 의해 용접부에 기공이나 균열을 만들 수 있기 때문에 용제는 항상 건조시켜 사용하는 것이 좋고, 수분 흡수 및 불순물 혼입을 막으면서 용제를 절약하기 위해 용제 회수기를 사용한다.

1) 용제 구비 조건

- 양호한 비드를 얻을 수 있게 적당한 용융온도와 점성을 가져야 함
- 안정된 용접을 위해 아크안정화 원소가 포함될 것
- 필요에 따라 용착금속에 적당한 합금 원소를 공급할 수 있도록 합금원소 첨가 되어야 하고, 탈산/탈화 등의 작용을 할 수 있어야 함
- 용접 후 슬래그 이탈성이 좋아야 함
- 아크 보호를 위해 입도 크기가 적당해야 함

2) 용융형 용제(Fused Flux)

- 석회(Lime), 루타일(Rutile), 마그네사이트(Magnesite), Quarz등의 각종 광물질의 원재료를 전기로에서 1,200℃ 이상으로 용융 시킨후 급랭 하여 분말 상태로 분쇄하여 만든다. 외관은 적당한 입도로 파쇄된 유리 형상이다.
- 용융형 플럭스는 화학 조성이 균일하고 슬래그 제거가 대체로 용이하며, 흡습성이 적어 보관 및 취급이 간단하고 재사용 과정에서 입도 및 조성의 변화가 거의 없다는 장점이 있다. 하지만 고온 용해의 제조 방법의 특성상 탈산제나 합금원소 첨가가 어려운(Netural Flux) 단점이 있다. 필요한 합금성분은 와이어로 공급해야 하기 때문에 적당한 와이어 선정이 매우 중요하다.
- 용융형 용제의 입도는 용제의 용융성, 발생가스의 방출 상태, 비드의 형상 등에 영향을 미치게 된다. 입도가 미세할수록 높은 전류가 적당하고, 낮고 넓은 비드가 얻어지고 비드 외형이 아름답게 된다. 반면 굵은 입도의 용제에 높은 전류를 사용하면, 아크 보호성이 나빠지고 비드가 거칠며 기공 및 언더컷 등의 결함이 생기기 쉬우므로 낮은 전류를 사용해야 한다.
- 용융형 용제의 특징은 다음과 같다.
  - 비드 외관이 깨끗함
  - 흡습성이 거의 없어 재건조가 필요하지 않음

- 미용융 용제는 재 사용 가능
- 용제의 화학적 성분의 균일성이 양호
- 용접전류에 따라 다른 입자 크기를 사용
- 용융시 분해되거나 산화되는 원소 첨가 불가

3) 소결형 용제(Agglomerated Flux)

- 소결형 용제는 원료 광석 및 합금 성분을 적당한 크기(200㎛ 이하)로 분쇄, 혼합하고 점결제인 규산나트륨 등의 Active Flux를 첨가하여 일정 크기로 입자화시킨 후에 원료 성분이 분해되지 않는 온도 범위에서 건조시켜 소결한다. 소결형 용제는 소결 온도에 따라 저온 소결형과 고온 소결형으로 구분되는데, 저온 소결형은 비교적 낮은 온도인 500~600 ℃에서 소결하고 고온 소결형은 800~1,000 ℃에서 소결한다.
- 용융형 용제는 일반적으로 탄소강에는 우수하지만 저합금강이나 스테인리스강의 용접에는 적당하지 않을 수도 있다. 가령 스테인리스강의 경우 용융형 용제 사용 시 슬래그 제거가 곤란하고 크롬(Cr)의 소모가 많아 화학성분이 규격에 맞지 않게 된다. 특히 최근에 많이 사용되고 있는 고장력강이나 조질계강은 강력한 탈산 작용이 가능하고, 합금원소의 첨가가 용이한 소결형 용제의 사용이 필요하다.
- 소결형 용제의 특징은 다음과 같다.
  - 고전류에서의 용접 작업성이 좋고, 후판의 고능률 용접에 적합
  - 탈산제 및 합금원소의 첨가가 용이하여 용접금속 성질이 우수함
  - 용융형 용제에 비해 용제의 소모량이 적음
  - 전류의 크기에 상관 없이 동일 입도의 용제 사용 가능
  - 흡습성이 높아 사용전 150~300℃에서 한 시간 정도 재건조 필요

[그림 VIII-7] 용융형 용제와 소결형 용제 제조 과정

4) 소결형(Active)과 용융형(Neutral) 용제

소결형(Active)용제는 Mn과 Si를 함유하고 있어 그 합금성분이 용접간 용착금속에 쉽게 전이 될수 있다. 만약 용접부에 Mn과 Si함량이 높아지면 용접부에 크랙을 발생시킬 우려가 높아 용접부의 화학성분과 용제의 소모량 관리를 위해 용접전압의 적절한 조절이 필요하다.

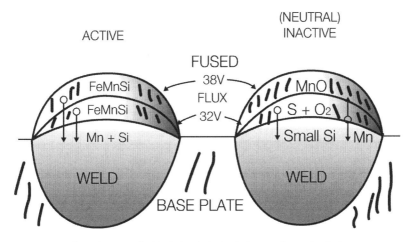

[그림 Ⅷ-8] 용제별 전압에 따른 Mn과 Si의 전이

용융형(Neutral) 용제는 상기에서 설명한바와 같이 특정 합금원소를 함유하지 않으며 용접전압의 변화에 큰 영향없어 용착금속의 화학성분에 영향을 주지 않는다.

1.4. 추가 공부 사항

- 용제(Flux)의 염기도에 따른 용접부의 Toughness 비교

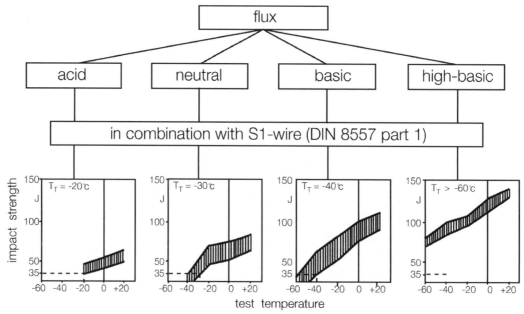

T_T = transition temperature for 35 J

[그림 VIII-9] 용제의 염기도에 따른 Impact 강도 비교

2 ESW(Electro Slag Welding, ESW)

2.1. 문제 유형

- ESW의 원리에 대하여 설명하라.

2.2. 기출 문제

- 101회 4교시, 93회 4교시 : Electroslag welding의 원리를 설명하고 장, 단점을 설명하시오.
- 84회 2교시 : 일반적 용접구조용 후판 강재를 입열량이 높은 대입열조건으로 용접하는 경우, 용접부에 발생하는 금속학적 현상과 문제점 및 대책을 설명하시오.

2.3. 문제 풀이

2.3.1. 일렉트로 슬래그 용접(ESW)의 원리

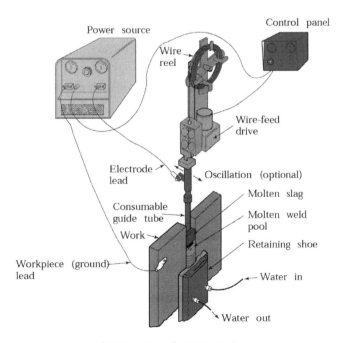

[그림 Ⅷ-10] ESW 구성도

후판의 다중 용접시 발생할 수 있는 변형이나 과다 입열의 문제를 해결하기 위해 개발한 용접법으로 일반 아크 용접법과는 다르게 용융 슬래그의 저항 발열을 이용하여 용가재 및 모재를 녹인다. 이때 용융 슬래그의 온도는 1,750℃ 정도이다. 아크 발생은 용융 초기를 제외하고는 없는데 이 부분이 다음에 설명할 일렉트로 가스 용접법(EGW)과 가장 큰 차이점이라 할 수 있다.

ESW은 우선 소모성 전극(Filler Metal)과 모재 사이에 플럭스 분말을 채우는데 이 미용융 플럭스는 비전도성이기 때문에 용접 초기에는 시작판과 전극 사이에서 짧은 시간 동안 아크를 발생시킨다. 이 아크 열에 의해 플럭스가 용융 되게 된다. 용융 슬래그는 전도성을 가지는데 일정한 두께가 되면 초기에 발생한 아크는 소멸 된다. 용융 용가재의 저항 발열에 의해 모재와 용가재가 용융되면 용융 슬래그 밑에 쌓이고 응고되어 용접부를 형성한다. 이때 용융 슬래그의 온도는 항상 홈의 측면의 용융 온도 보다 높아야 하고 용접부의 외부는 냉각판을 설치하여 용융 금속의 흘러 내림을 방지한다.

용가재는 소모식 노즐과 비소모식 노즐 방식으로 나눌 수 있는데, 소모식의 경우 전극과 가이드관이 모두 용가재로 역할을 하고, 때때로 가이드관 없이 전극만 사용될 수도 있다. 비소모식의 경우 가이드관은 와이어를 공급하고 전류의 통로가 된다.

2.3.2. ESW의 특징

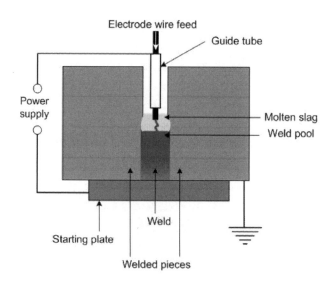

[그림 VIII-11] ESW 용접 개요

ESW의 가장 중요한 특징은 다른 용접법 대비 두꺼운 강재의 용접에 경제적이며 홈의 형상을 I형으로 그대로 사용할 수 있어 용접 홈의 준비가 쉽고 빠르며 각 변형이 적다.

용접 전원은 정전압형 교류가 적당하고, 용융 슬래그가 형성되어 아크가 소멸된 상태에서는 스패터가 발생하지 않고, 조용하며 용융 금속의 용착률은 100% 이다.

1) ESW의 장점

- 압력 용기나 대형 주물품, 조선등과 같은 후판용접시 타용접법에 비해 개선가공 등의 용접준비 과정이 상대적으로 단순하여 작업능률 및 생산성이 우수함
- 한번의 용접조건 설정으로 후판의 단층 용접이 가능하고 잔류응력과 변형이 타 용접법에 비해적음
- 용접간 아크 불꽃이 없고 스패터가 발생하지 않음

2) ESW의 단점

- 19mm 이하 두께와 같은 박판에 적용이 곤란하고, 모재두께가 60mm 이하인 경우에는 SAW을 적용하는 것이 더 경제적임
- 용접부의 결정립 조대화로 인성이 저하될 우려가 있다. 고온 균열의 발생우려가 높아 질수 있고 특히 열영향부에서 Notch Sensitivity가 높아질 우려가 있음
- 용접 진행중 용접부를 직접 관찰 할 수 없어 작업중 품질 관리가 어려움
- 용접 장비가 복잡하고, 냉각 장치가 필요하여 장비비가 고가임
- 복잡한 형상에 적용이 어렵고 전자세 용접 적용에 한계가 있음
- 냉각 판 누수 등에 의한 흡습시 기공이 발생 될 우려가 있음

2.3.3. ESW의 현장 적용

최근 석유화학공업, 화학 플랜트 그리고 담수화 설비등에서 강재의 내식성, 내마모성 등을 확보하기 위한 소요가 증가하고 있다. 이에 산업계는 제품의 기능성과 활용도를 높이고 경제성있는 설계를 위하여 모재인 탄소강재에 스테인레스계 또는 비철금속계를 결합시키는 웰드 오버레이(Weld Overlay) 방법으로 ESW을 널리 적용하고 있다.

[그림 VIII-12] ESW 웰드 오버레이(Weld Overlay)

ESW 스트립 라이닝(Strip Lining)은 기존 SAW의 스트립 라이닝(Strip Lining) 보다 희석률(Dilution Rate)이 낮아 우수한 용접품질을 얻을 수 있다.

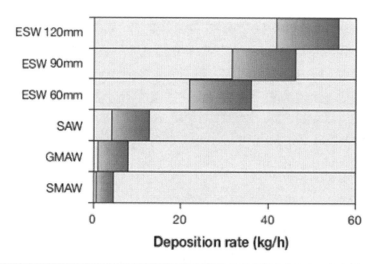

Process	MMA	MIG	Submerged Arc SAW		Electro Slag ESW		
			Single, 4 mm	60 mm strip	60 mm strip	90 mm strip	120 mm strip
Deposition Rate Typical kg/hr	2	4	7	20	30	40	50
Dilution Typical %	20-40	20-45	40-70	15-30	7-18		

[그림 VIII-13] 용접방법별 용접금속의 희석률 비교

2.4. 추가 공부 사항

- 소모성 가이드(Consumable Guide)의 재질은 무엇이며 용접부의 화학성분에 어떠한 영향을 주는지 설명

- ESW 라이닝(Lining)에서 과대한 스트립(Strip) 너비를 적용하였을 때 발생할 수 있는 문제에 대하여 설명

- SAW 스트립 라이닝(Strip Lining)과 ESW 스트립 라이닝(Strip Lining)을 비교

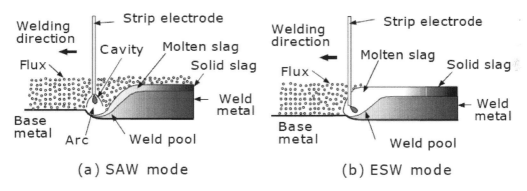

[그림 Ⅷ-14] SAW과 ESW의 스트립 라이닝 비교

3 EGW(Electro Gas Welding, EGW)

3.1. 문제 유형

- EGW 특징에 대하여 설명하라.

3.2. 기출 문제

- 99회 1교시 : 조선분야에서 사용하는 가장 일반적인 대입열 용접방법 2가지를 용접자세별로 구분하여 설명하시오.

3.3. 문제 풀이

3.3.1. 일렉트로 가스 용접(EGW)의 원리

EGW은 후판의 수직 용접을 한번에 할 수 있는 수직 단층 연속 용접법의 일종으로 ESW를 바탕으로 1961년경에 개발되었다. 용접의 특징은 ESW과 유사하지만 기본적으로 GMAW의 특수한 형태로 볼 수 있다. GMA 기기에 Flux Cored 와이어를 주로 사용하고, 보호 가스는 Ar-O$_2$를 가끔 사용하기도 하나 대부분 CO$_2$를 많이 쓴다. 이는 ESW과의 차이점으로 ESW은 용제의 저항열과 슬래그의 대기 차단을 이용하나 EGW은 CO$_2$ 가스의 보호 분위기에서 아크 열을 이용해 용접을 하게 된다. 이때 아크는 소모성 전극 (Consumable Electrode)과 모재 사이에 발생한다.

EGW의 용접부 외부는 그림 VIII-15와 같이 맞대기 이음부에 수랭식 동판을 위쪽으로 서서히 이동 시켜서 연속적인 용접이 되게 한다.

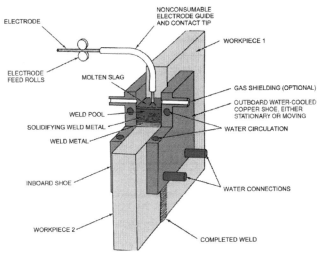

[그림 Ⅷ-15] EGW의 개략도

3.3.2. EGW의 특징

EGW은 대입열을 통해 수동 아크 용접 대비 매우 높은 능률을 가지고, 수직자세에서 발생하는 용융금속의 낙하나 스패터 등의 손실을 고려할 필요가 없어 용착 효율도 95%로 매우 높다. ESW 대비 홈의 간격이 적어 용접 입열이 적고 작업성도 양호 하다.

1) 장점

- 모재두께 20mm~70mm정도의 용접시 SAW, FCAW 그리고 ESW 보다 저렴한 비용으로 고품질의 용접이 가능하다.

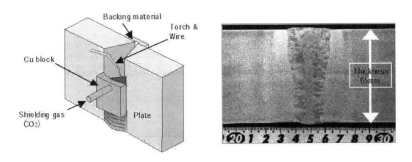

[그림 Ⅷ-16] EGW 작업과 완성된 용접금속

- ESW 대비 홈이 좁아 용접속도 빠르며, 용접입열이 적다. 이에 용접 후열처리가 적용되지 않는 용접의 경우 EGW를 적용하면 우수한 용접품질을 확보할수 있다. 그리고 고전류 및 단층 용접으로 용접 효율이 높으며, 자동 용접법으로 용접 작업자의 기량 의존도가 낮다.

2) 단점

- ESW의 슬래그에 비해 보호 가스의 차폐가 효율적이지 못하므로 후판에 적용시 기공발생 우려가 높아진다. 그리고 입열이 높아 용접부 조직이 조대화되어 인성이 떨어 지며, ESW 대비 스패터 및 가스 발생이 많다.
- 모재의 두께가 75mm를 초과하는 후판의 경우 그 생산성이 ESW보다 낮아 현업에서 잘 적용하지 않는다.

3.4. 추가 공부 사항

- Form Factor의 정의와 용접품질에 미치는 영향

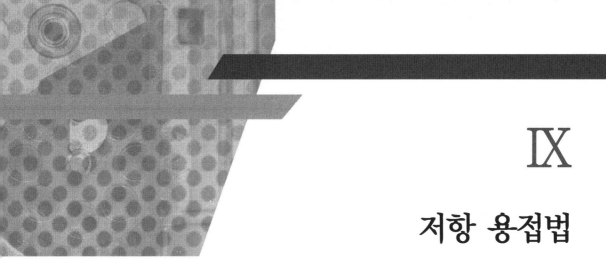

IX

저항 용접법

1 저항 용접 종류

1.1. 문제 유형

- 저항 용접의 기본 원리와 대표적인 저항 용접에 대해 설명하시오.

1.2. 기출 문제

- 108회 1교시 : 저항심용접(resistance seam welding)방법 중, 매쉬심용접(mash seam welding)과 겹치기심용접(lab seam welding)의 차이점에 대하여 설명하시오
- 87회 1교시 : 저항용접의 원리를 간단히 기술하고, 대표적인 저항용접방법을 3가지 이상 열거하시오.

1.3. 문제 풀이

1.3.1. 저항용접의 개요

용접하려고 하는 두 재료를 접촉시켜 놓고 양측에서 전류를 통하여 주면 접촉부분의 저항열에 의하여 부분적으로 용융되며 이 상태에서 가압하여 접합하는 방법이다. 여기서 저항열은 $Q = I^2RT$(주울의 법칙)에 의해 발생되며 여기서, Q=발열량(cal), I=전류(A), R=저항(Ω), t=통전시간(sec) 이다.

저항용접의 용접부 온도는 열의 발생과 냉각의 차이에 의해 증가하게 된다. 발열량은 전류, 통전시간, 고유저항(ρ), 열의 냉각은 모재 형상과 두께, 열전도계수와 가압력 및 전극의 소재와 접촉면적 등에 민감하게 영향을 받는다.

1.3.2. 저항 용접법의 종류

저항 점용접의 용접법은 다양하지만 실용적으로 많이 쓰이는 기법으로는 점(spot), 심 (seam) 및 돌기(projection) 용접이 있다.

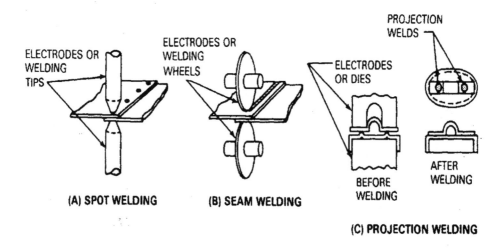

[그림 IX-1] 저항 용접의 세부 구분(좌: 점용접, 중:심용접, 우:돌기용접)

점용접은 봉모양의 전극을 이용하여 점용접부를 얻는 방법이며, 자동차 차체 조립공 정 등에서 주로 사용된다. 심용접은 저장 용기 등의 기밀 및 수밀과 같은 유체 또는 기체 들의 보관 용기에 주로 사용되며, 원판형의 전극을 회전시키면서 용접전류와 압력을 부 여하는 용접법이다. 돌기용접은 점 용접의 변형으로 자동차 등의 구조 부재 조립을 위한 브래킷 용접 또는 너트 등의 용접에 많이 이용되며, 볼록형의 전극으로 여러점을 동시에 접합하여 생산성 측면에서 유리하다.

1) 점(Spot) 용접

점(Spot) 용접은 줄(Joule)발열을 이용하는 저항 용접의 일종으로 용접속도가 빠르기 때문에 박판재료를 다루는 산업현장에서는 가장 중요한 용접법의 하나이다. 저항 점 용 접은 2개 혹은 그 이상의 금속재를 두 전극사이에 넣고 상부 및 하부에 Cu계 합금전극을 이용하여 높은 전류를 인가하면 금속재의 고유저항에 의해 판재 계면에서 저항열이 발 생하여 국부적인 반용융이 일어나고, 이와 동시에 압력이 가해져 너겟을 형성하며 두 금 속의 접합을 이룬다.

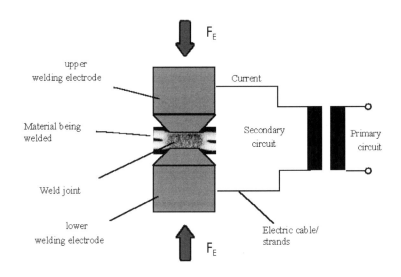

[그림 IX-2] 저항 점 용접 개요

2) 심(Seam) 용접

점(Spot) 용접과 동일한 원리인 주울(Joule)열로 높은 온도로 가열되나 심(Seam) 용접의 경우 원판형의 전극을 회전시키면서 용접전류와 압력을 부여하는 용접방법이다.

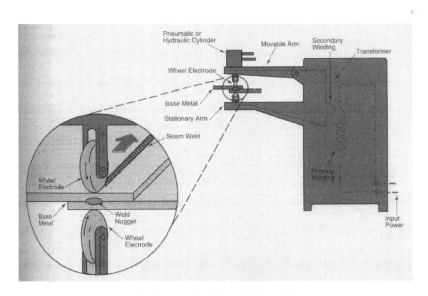

[그림 IX-3] 저항 심용접 개요

기계적 강도나 완전 밀봉이 요구되는 용접부 또는 저장용기의 제조에 활용 될 수 있다.

4) 돌기(Projection) 용접

돌기(Projection) 용접은 점용접의 변형이라고 할 수 있으며 블록타입의 전극 사이에 돌기를 성형한 판재에 삽입하고 용접전류와 압력을 부과하여 용접을 실시한다.

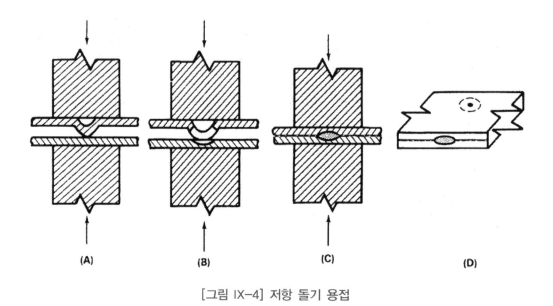

[그림 IX-4] 저항 돌기 용접

성형된 돌기는 국부적인 용접전류 밀도를 증가시켜 돌기부의 온도를 급속히 상승시켜 너겟(Nugget)을 형성 시킨다. 따라서 여러점의 돌기를 형성 시킬 경우 블록형 전극을 사용하기 때문에 여러 점을 동시에 접합 시킬 수 있는 장점이 있다.

1.4. 추가 공부 사항

- Upset Welding 및 Flash Welding

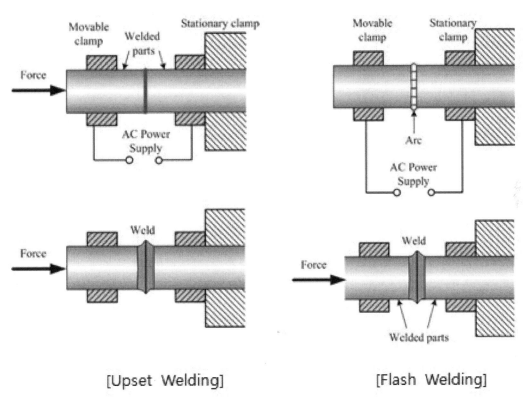

[Upset Welding]   [Flash Welding]

[그림 IX-5] 업셋 용접과 플래쉬 용접

● Flash Welding과 Thermit Welding 비교

[표 IX-1] Flash Welding과 Thermit Welding

Features	Flash Butt Weld	Thermit Weld	Advantage - Flash Butt
Basic Metallurgy	Forging	Casting	No porosity, Void, Inclusion, Filler Metal
Automated Process	Yes	No	
HAZ	40 ~ 60mm	145 ~ 185mm	
Environmental Pollution	Low	High	
Personal Hazard	Low	High	No 용융금속
Failure Rate	Low	High	Higher efficiency and poductivity

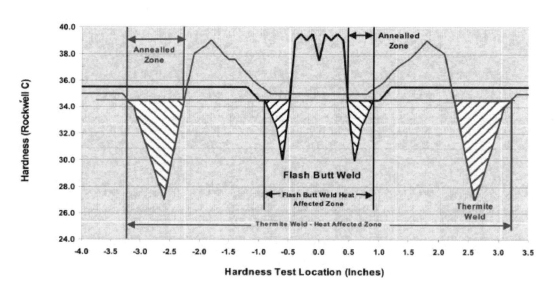

[그림 IX-6] 경도 프로파일 비교 : 플래쉬 용접과 테르밋 용접

2 　저항 용접원리

2.1. 문제 유형

- 저항용접의 원리 및 용접 공정변수와 그들의 영향에 대하여 기술하시오.

2.2. 기출 문제

- 102회 4교시 : 저항점용접(Resistance spot welding)에서 전극 가압력, 전류 및 시간 별로 나타내는 용접사이클(Welding cycle)을 도시하고 설명하시오.
- 84회 1교시 : 저항 점용접법인 점(Spot) 용접조건을 결정하는 3가지 주요인자를 쓰시오.
- 83회 4교시 : 저항용접에 관한 다음사항에 대하여 설명하시오.
  가. 주울(joule)열
  나. 가압력의 영향
  다. 용접이음형태에 따른 저항용접법 분류
  라. 점 용접에서의 로브곡선(Lobe Curve)
  마. 점 용접에서 너겟

2.3. 문제 풀이

　저항용접은 용접하려고 하는 두 재료를 접촉시켜 놓고 양측에서 전류를 통하면 접촉 부분의 저항열에 의하여 용융되며 이 상태에서 가압하여 접합하는 방법이다. 줄(Joule) 의 법칙을 발견한 영국의 줄이 1875년에 최초로 시도한 것으로 알려지고 있으나, 당시에 는 대형 전원장치가 없어서 실용화에는 실패하였다. 그 후 1886년 미국의 톰슨 (E.Thomson)이 전원문제를 해결하여 업셋용접기의 특허를 취득하였다. 점 용접(Spot welding) 장치의 최초 발명특허는 1900년경 미국의 해머드(Hamad)가 얻어서 실용화를 추진하였다.

[그림 IX-7] 전기 저항 용접 장치(Electric Resistance Spot Welding Machine)

2.3.1. 저항 점 용접 개요

저항 점 용접은 줄(Joule)발열을 이용하는 저항 용접의 일종으로 용접속도가 빠르기 때문에 박판재료를 다루는 산업현장에서는 가장 중요한 용접법의 하나이다. 2개 혹은 그 이상의 금속재를 두 전극사이에 넣고 전류를 통전시키면 금속재의 고유저항에 의해 판재 계면에서 저항열이 발생하여 국부적인 반용융이 일어나고, 이와 동시에 압력이 가해져 두 금속의 접합이 이루어 진다.

여기서 두 금속의 접합에 영향을 미치는 여러 변수들이 있는데 그 중에서 용접전류, 가압력, 통전 시간을 점 용접의 3대 조건이라 부르며 품질을 결정하는 가장 기본적인 인자가 된다.

아래 식은 줄(Joule)열에 영향을 미치는 주요 인자를 수식화 시켜 놓은 것이다.

$Q = I^2 RT$, Q는 발열량(cal), I는 전류(A), R은 저항(Ω), T는 통전시간(sec)

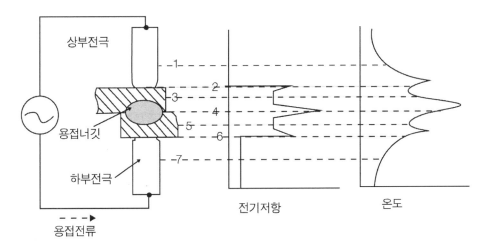

[그림 IX-8] 저항 용접의 용접부 전기 저항 및 온도 분포도

2.3.2. 주요 공정 변수

1) 용접 전류

용접전류(Weld Current)는 용접 시간과 더불어 용접부의 입열량에 직접적인 영향을 미치는 인자로 점용접시 저항 발열에 주요 인자로 작용한다.

용접 전류는 전기가 흐르는 양의 크기로 너겟(Nugget) 형상과 밀접한 관계가 있다. 너겟 직경이 증대될수록 용접부 강도는 증대 되는데, 전류가 부족하면 너겟이 충분히 형성되지 않아 충분한 강도가 확보 되지 못한다. 반면 전류가 너무 과다하면 중간날림 (Spatter or Expulsion)이 발생되어 너겟직경이 오히려 감소 되거나 기공이 발생할 수 도 있다. 그리고 판재 표면에 오목자국이 크게 되거나 전극팁의 표면 오염도 많아 지게 된다.

만약 피용접재의 접촉면이 평탄하지 않거나 접촉 상태가 불안정 하면 초기에 날림이 심해져 강도가 불균일 해질 수 있는데 이러한 경우에는 전류를 서서히 증가 시키는 통전 파형, 즉 업슬로프(Up slope) 파형을 선택하면 좋다.

2) 통전 시간

전류가 가해진 시간으로 저항 발열을 결정 하게 된다. 장시간의 소전류는 단시간의 대전류와 비슷한 열량을 나타낸다. 하지만 열전도도도 시간에 따라 증가하기 때문에 전류를 작게 하고, 시간만 증가 한다고 용접이 되는 것은 아니다. 전류를 높이고 통전 시간을 지나치게 짧게 하면 열전도의 여유가 없어 원통형 너겟이 형성 되어 용융 금속의 날림과 기공 등이 생기기 쉽다.

  반면 통전 시간이 너무 과다하면 오목 자국이 커져 용접 품질이 저하하고, 통전 중에도 냉각, 응고를 개시하여 너겟 주변부에 링 모양이 생기며 인장 강도가 떨어 지게 된다.

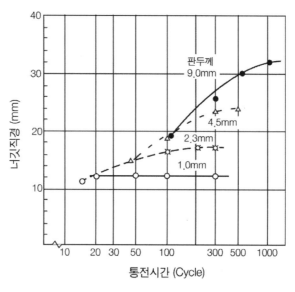

[그림 IX-9] 통전 시간과 너겟 크기

3) 가압력

  전류 밀도를 결정하는 중요한 인자로 저항 용접에서는 피용접재에 강력한 가압력을 가해 전류의 통전 면적을 작게해서 전류 밀도를 높이고, 여기서 발생하는 저항열을 통해 너겟을 형성 시킨다. 가압력은 자율 적용의 가장 큰 지배 인자로서, 용접 전류를 크게 하면 그에 따라 가압력도 크게 해야 한다. 가압력이 너무 낮거나 통전 중에 갑자기 낮아 지면 중간 날림이 생기기 쉽고(전류 밀도 증대), 반대로 가압력이 너무 높으면 전류 밀도가 감소하여 너겟이 작아지고, 판재 표면에 압흔이 커져 용접 품질에도 저하를 가져 온다.

3 로브 곡선(Lobe Curve)

3.1. 문제 유형

- 로그 곡선을 그리고 설명하여라.

3.2. 기출 문제

- 95회 2교시 : 동일한 두께의 두 금속판재를 저항 점용접을 하고자 한다. 허용 너 겟을 얻을 수 있는 최적의 용접조건을 확립하기 위한 로브곡선(Lobe curve, 용접 전류-통전시간 관계곡선)을 도시하고 설명 하시오.

3.3. 문제 풀이

로브 곡선은 저항 점 용접의 주요 공정 변수의 양호한 범위를 알기 위해 구하는 것으 로 일반적인 로브 곡선은 가압력을 고정하고, 용접전류와 통전시간을 변화 시키며 구하 게 된다. 하지만 자동차 회사에서는 생산성이 매우 중요하기 때문에 통전 시간을 고정하 고 가압력과 용접전류를 변화 시킨 로브 곡선을 만들기도 한다.

가압력을 고정한 용접시간-용접전류 로브 곡선과 용접시간을 고정한 가압력-용접전류 로브 곡선은 IX-10의 그림과 같다.

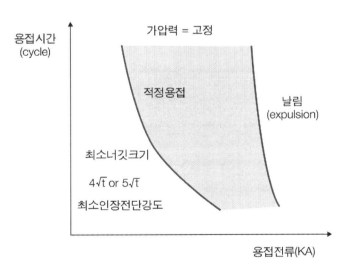

[그림 IX-10] 용접시간-용접전류 로브 곡선

일반적으로 최적의 용접조건은 적정용접 범위의 70-80% 정도에 위치한다. 최근 너겟 측정의 어려움으로 이를 대신할 물성치로 인장 전단강도값을 이용하며, 날림의 발생도 정량적인 평가를 위해 오목자국 깊이 등 사용하기도 한다.

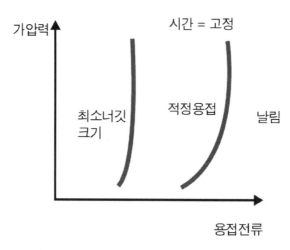

[그림 IX-11] 가압력-용접전류 로브 곡선

로브 곡선은 그림 IX-12와 같이 접촉저항의 변화에 따라 그래프의 위치가 변동될 수 있다. 이는 접촉저항이 증가함에 따라 전류 흐름에 더 많은 방해가 생기고 이로 인해 열을 발생하게 된다. 결과적으로 접촉저항이 클 수록 더 적은 전류와 짧은 시간에 용접이 가능하므로 로브곡선이 왼쪽으로 더 이동하게 된다.

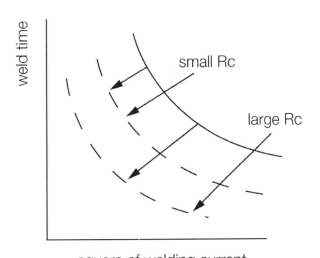

[그림 IX-12] 접촉 저항의 변화에 따른 로브 곡선 이동

벌크(Bulk) 저항도 접촉 저항과 같은 원리로 벌크 저항이 클수록 같은 전류 일 때 더 많은 발열을 생성한다. 이에 로브 곡선은 벌크(Bulk) 저항의 변화에 따라 그 형상이 변동될수 있으며 벌크(Bulk) 저항이 더 큰 소재의 스폿 용접일 경우 로브 곡선이 왼쪽으로 이동한다.

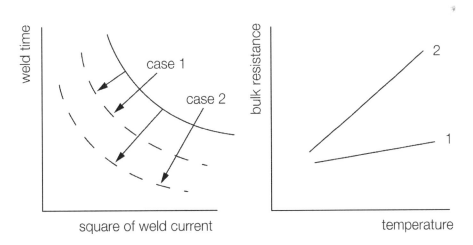

[그림 IX-13] 벌크(Bulk) 저항 변화에 따른 로브 곡선 이동

연속 타점 수명

4.1. 문제 유형

- 전극의 연속타점 수명이 중요한 이유와 일반적인 측정방법에 대하여 설명하시오.

4.2. 기출 문제

- 95회 2교시 : 동일한 두께의 두 금속판재를 저항 점용접을 하고자 한다. 허용 너 겟을 얻을 수 있는 최적의 용접조건을 확립하기 위한 로브곡선(Lobe curve, 용접 전류-통전시간 관계곡선)을 도시하고 설명 하시오.

4.3. 문제 풀이

4.3.1. 진동 용접성 그래프(Oscillating Weldability Graph)

진동 용접성 그래프(Oscillating Weldability Graph)는 전극의 수명을 예측하는 단순한 방법으로서, 적정한 용접전류와 통전시간 및 압력 조건에서 점 용접을 연속적으로 수행하고, 용접된 판재를 분리시켜 너겟의 직경을 측정하여 용접성을 판별한다. 너겟의 직경이 기준값 이하로 감소하게 되면 이를 전극의 수명으로 정의한다. 일반적으로 전극의 수명은 판재의 표면처리에 의해 크게 영향을 받는다. 알루미늄과 같이 표면에 부전도성 산화막이 생성된 경우나 아연도금 강판과 같이 표면이 코팅된 경우에는 전극의 수명이 급격하게 감소한다. 특히 아연도금 강판의 경우, 전극의 Cu 성분이 Zn과 반응하여 전극의 표면에 황동을 형성한다. 황동은 경도가 높기 때문에 압력을 가하는 경우 충격에 의해 파괴되어 전극의 마모가 촉진되므로 전극의 수명이 크게 단축된다.

자동차 산업의 차체 조립공정과 같이 자동화된 생산 현장에서 전극의 수명을 정확하게 예측하여 적절한 시기에 전극을 교체하는 것이 품질과 생산성 향상에 매우 중요하다.

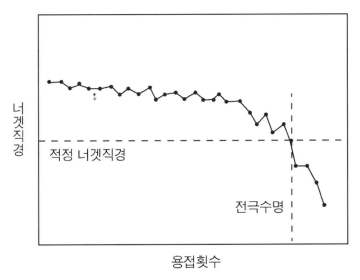

[그림 IX-14] 용접 횟수에 따른 너깃 직경

4.3.2. 표면처리강판의 연속 타점 수명

표면처리 강판은 일반적인 비표면처리 강판에 보다 전극수명이 짧은 특징을 지닌다. 이러한 이유로는 전극에 존재하는 도금층으로 인해 용접 전극의 합금화가 발생하여 전극의 마모를 가속 시키게 된다. 이때 발생하는 전극의 마모는 전극의 팁 선단경을 증가시킴에 따라 인가된 일정 전류에 대하여 전류 밀도가 낮아지게 되어 전체 발열을 위한 주울열을 감소시키게 된다.

따라서 동일한 용접 전류에서도 전극 선단경의 증가에 따라 너겟직경이 최종적으로는 접합강도를 유지하기 어려운 크기까지 감소하게 된다. 따라서 표면처리강판의 경우 전극의 열화에 따른 전극 선단경 증가로 인해 잦은 전극의 교환 및 드레싱으로 인한 빈번한 생산지연을 야기하게 된다. 또한 아연도금강판의 저항 점용접은 아연 도금층의 존재로 인해 냉연강판보다 높은 전류조건이 필요하게 되며, 이러한 높은 전류, 도금층으로 인한 전극의 열화 및 합금화에 의해 전극의 수명을 단축시키는 요인으로 작용된다.

일반적으로 전극의 연속타점 수명평가는 0타점을 시작으로 100타점 간격으로 전단인 장강도 시험 및 필오프(Peel-Off Test)를 시행하게 되며, 적정 버튼크기(모재두께의 4√t) 이하 또는 최소 용접강도 이하가 발생되는 용접전류 구간까지 용접을 수행하게 된다. 이때 연속타점 전극으로 성장하는 전극의 직경변화를 관찰하기 위해 전극 선단부의 드레싱을 실시하지 않고 최초 타점과 이후 100타점 간격으로 카본 페이퍼(Carbon Paper)를 이용하여 전극 마모에 따른 직경변화를 측정하게 된다.

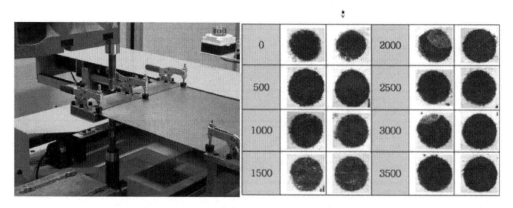

[그림 IX-15] 전극 연속타점 수명평가 실험 장비 및 전극 직경 변화의 측정

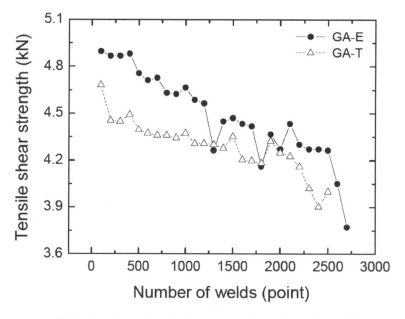

[그림 IX-16] 전극 연속타점 수명평가에 따른 인장 전단강도

5 　　**션트 효과(Shunt Effect)**

5.1. 문제 유형

- 전기저항 점용접에서 션트 효과(Shunt Effect) 대해 설명하시오.

5.2. 기출문제

- 104회 2교시 : 용융아연 도금판의 저항점용접 시 발생하는 무효분류현상의 원인 및 대책에 대하여 설명하시오.
- 63회 2교시 : 저항용접의 3대 조건과 분류(shunting current)에 대해 설명하고, 분류에 대한 대책을 제시하시오.

5.3. 문제 풀이

　용접 점 사이의 거리는 연속하여 점 용접을 실시하는 경우에 용접부 사이의 간격을 의미한다. 후속되는 용접부에서는 용접전류의 일부가 선행 용접부를 통하여 흐르는 분류현상(무효분류)의 영향을 받으며 이를 션트 효과(Shunt Effect or Stray Current) 라고 부른다. 션트 효과를 방지하려면 점 용접부 사이에 최소 거리가 유지되어야 하며, 최소거리는 전기전도도, 모재의 두께, 너겟의 직경 또는 접촉면의 표면상태에 따라 다르다. 션트 효과가 심할 경우 전체 용접전류의 30 % 정도가 된다고 보고되고 있으며, 용접부 설계시 용접 점 사이의 충분한 거리를 확보해야 한다.

5.3.1. 모서리 거리

　모서리 거리(Edge Distance) 는 너겟의 중심에서 판재의 모서리까지의 거리를 의미한다.
　모서리 거리가 충분하면 용접 과정에서 발생하는 용융물의 비산을 방지할 수 있어 양호한 너겟이 얻어진다. 한편, 모서리 거리가 너무 짧으면 이 부분의 과열과 함께 용접부 품질을 떨어뜨리므로 주의하여야 한다. 모서리 거리의 적정값은 모재의 화학적 조성, 인장강도, 두께, 전극 선단의 모양 및 용접 조건과 관계가 깊다.

5.3.2. 겹치기 간극

점 용접과 같은 겹치기 용접에서 발견되는 판재 사이의 간극은 용접될 판재의 평탄도가 나쁘거나 프레스 성형된 부재로써, 특히 곡면을 이루고 있을 때 문제가 된다.

이는 용접이 이루어져야 할 부분이 통전 직전에 밀착되지 못하여 약간의 간극을 형성하기 때문에 발생하며, 대부분의 경우는 전극 가압력을 높임으로써 해결 가능하다. 그러나 일부 성형 판재에서 가공시의 정밀도 불량 때문에 겹침부의 변형이 커지면 용접 공정에서 소정의 압력이 가해져도 밀착되지 못하여, 통전시 스패터가 크게 발생하기도 하므로 주의하여야 한다. 겹치기 간극은 상하 전극의 중심선 벗어남에도 영향을 받는다. 이러한 용접전극의 정렬 불량은 정치식 용접기 또는 C형 용접 건을 장착한 장치보다 X형 용접 건을 가진 장치에서 많이 발생한다.

5.3.3. 용접 점 사이의 거리

용접 점 사이의 거리는 연속하여 점 용접을 실시하는 경우에 용접부 사이의 간격을 의미한다. 후속되는 용접부에서는 용접전류의 일부가 선행 용접부를 통하여 흐르는 분류현상의 영향을 받으며 이를 션트 효과(Shunt Effect) 라고 부른다. 션트 효과를 방지하려면 점 용접부 사이에 최소 거리가 유지되어야 하며, 최소 거리는 전기전도도, 모재의 두께, 너겟의 직경 또는 접촉면의 표면상태에 따라 다르다. 션트현상이 심한 경우 전체 용접전류의 30 % 정도가 된다고 보고되고 있으므로 용접부 설계시 용접 점 사이의 충분한 거리를 확보해야 한다.

상기에서 살펴본바와 같이 션트효과(무효분류, Stray Current)는 전류와 가압력이 높을 때보다 전류 및 가압력이 낮을 때, 전극간 간격이 좁을 때, 재료의 전기전도도가 높을 때 그리고 판재의 두께가 두꺼울 때 그 발생이 쉬운것으로 파악된다.

5.4. 추가 공부 사항

* 저항용접부의 품질검사방법에 대하여 설명하시오.

6 **재질별 점 용접 특성**

6.1. 문제 유형

- 저항 점용접(Spot Welding)을 여러가지 모재에 적용하는 경우, 그 용접특성 및 고려사항에 설명하시오.

6.2. 기출 문제

- 102회 4교시 : 저항점용접(Resistance spot welding)에서 전극 가압력, 전류 및 시간 별로 나타내는 용접사이클(Welding cycle)을 도시하고 설명하시오.
- 81회 4교시 : 아연도금강판의 저항점용접(Resistance spot welding)이 곤란한 이유를 설명하시오.

6.3. 문제 풀이

6.3.1. 저항용접 조건의 영향

일반적으로 아연도금 강판의 저항 점용접에서의 용접조건의 영향은 다음과 같다.

1) 용접전류

저전류 조건에서는 냉연강판에 비해 아연도금 강판의 용접품질이 양호하며, 반면 고전류 조건에서는 냉연강판과 아연도금 강판의 용접품질은 상호 유사하게 나타난다. 그 이유는 저항 점용접의 저전류 조건에서 초기발열과 도금층의 발열이 크게 작용하기 때문이며, 고전류 조건에서는 전체 발열에 미치는 아연 도금층의 영향이 적기 때문에 유사한 용접품질을 관찰 할 수 있다.

2) 통전시간

양호한 용접품질을 확보하기 위해서는 로브곡선의 적정용접범위 내에서 대부분 용접이 이루어지지만, 실제 점 용접을 이용한 생산 공정에서는 최적 용접품질을 확보할 수 있는 최소 전류와 용접시간이 중요시 되고 있다. 짧은 통전시간에서는 접촉저항에 미치는 아연도금층의 영향이 크게 작용되어 발열이 크게 발생되므로 냉연강판에 비해 양호한 접합부 품질 및 접합강도를 가지게 된다.

3) 가압력

점 용접에서의 접촉저항은 이러한 소성변형 정도에 의해 큰 영향을 받으므로 전극 가압력과 밀접한 관련이 있다. 높은 가압력의 경우 판재 접촉부의 소성변형이 크며 접촉면적은 증가한다.

이러한 접촉면적의 증가에 따라 접촉저항의 감소와 함께 전류밀도 또한 감소되어 용접부의 발열량 감소로 귀결된다. 여기서 접촉면적과 접촉저항, 전류밀도의 상관관계를 살펴보면 접촉면적은 접촉저항과 전류밀도에 반비례하며, 접촉저항과 전류밀도는 서로 비례하는 것을 알 수 있다. 이러한 이유로 일반 냉연강판에 비해 아연도금강판에서는 가압력에 의한 영향이 크게 작용된다.

6.3.2. 아연도금 강판의 문제점

일반적으로 아연도금강판의 전단 인장강도가 연속타점수에 따라서 낮아지는 이유는 전극선단의 소성변형에 의한 접촉면적 증가에 따른 전류밀도의 감소와 전극팁에서 도금금속과 전극재료와의 합금화에 의한 전기저항 증가와 합금화에 따른 취성 증가에 병행된 용착에 따른 손모 과정에 의해 너겟파단이 발생하는 등의 불량화 현상이 발생하게 된다.

그림 IX-17에서 연속타점에 따른 너겟직경 변화에 대한 결과에서 SPCC 냉연강판은 약 10,000 이후까지 너겟직경이 유지되는 결과를 볼 수 있으나, 합금(Alloy)강판은 약 1,000타 이후 급격한 너겟직경 감소를 보이며, 아연이 도금된 EG강판의 경우 약 3,000타 이후 용접 너겟이 형성되지 않는다.

이러한 합금강판과 EG강판의 너겟직경 감소는 합금강판의 경우 연속타점에 따른 전극의 열화로 인해 양호한 너겟직경 형성을 위한 전극선단경이 크게 감소된 반면, 아연이 도금된 EG강판의 경우 아연 도층금 합금화 현상으로 인해 합금강판에 비해 서서히 너겟직경이 감소되는 것을 확인할 수 있다.

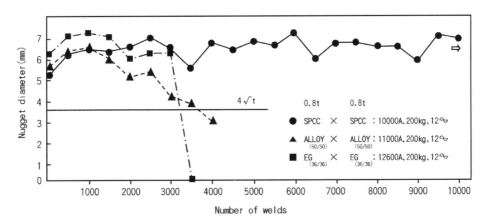

[그림 IX-17] 각 강판별(SPCC, Alloy and EG) 연속타점에 따른 너깃직경 변화

	Number of weld	Electrode top : DR type (6 φ · 40R)
Galvannealed Steel (N_B≥6000welds)	6000 welds	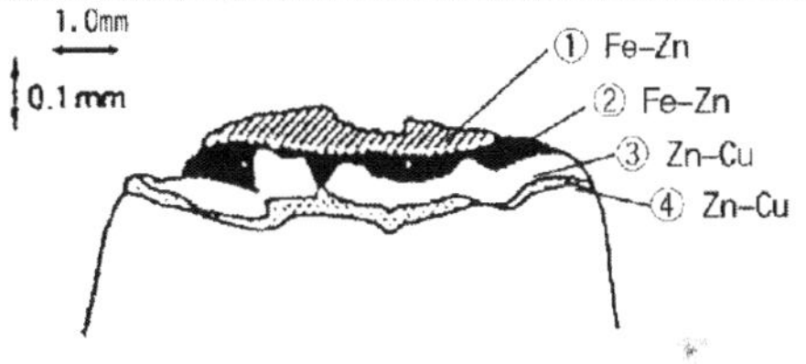 1.0mm 0.1mm ① Fe-Zn ② Fe-Zn ③ Zn-Cu ④ Zn-Cu
Zinc alloy Electrogalvanized Steel (N_B=1500welds)	6000 welds	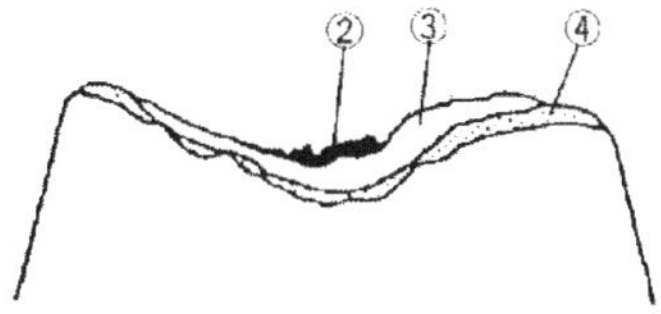 ② ③ ④

[그림 IX-18] 전극합금화 현상에 대한 설명

이때 발생하는 전극의 마모는 전극의 팁 선단경을 증가시킴에 따라 인가된 일정 전류에 대하여 전류 밀도가 낮아지게 되어 전체 발열을 위한 주울열을 감소시키게 된다. 따라서 동일한 용접 전류에서도 전극 선단경의 증가에 따라 너겟직경이 최종적으로는 접합강도를 유지하기 어려운 크기까지 감소하게 된다. 따라서 표면처리강판의 경우 전극의 열화에 따른 전극 선단경 증가로 인해 잦은 전극의 교환 및 드레싱으로 인한 빈번한

생산지연을 야기하게 된다. 또한 아연도금강판의 저항 점용접은 아연 도금층의 존재로 인해 냉연강판보다 높은 전류조건을 필요로 되며, 이러한 높은 전류, 도금층으로 인한 전극의 열화 및 합금화에 의해 전극의 수명을 단축시키는 요인으로 작용된다.

그림 IX-19은 저항 점 용접부의 접합 강도를 확인하는 Peel-off 시험이다.

[그림 IX-19] 필오프(Peel Off) 시험

6.3.3. 저합금강(박판)

저합금강의 박판 용접에서의 가압력, 용접시간 및 용접전류는 상호 보완적인 관계가 있다.

용접 가압력이 높아지면 용접부 접촉 저항이 낮아지며, 이에 따라 충분한 너겟직경을 얻기 위한 용접전류나 시간을 증가시켜야 한다. 특히 용접시 전류가 부족하면 너겟의 충분한 형성이 곤란해져서 용접부에 대한 인장 전단시험을 실시하면 전단파단(Surface Fracture)이 생기면서 강도가 떨어진다. 반면 전류가 과대해지면 판재 표면에 오목자국이 크게 남고 전극팁 표면의 오염도가 현저하게 된다. 또한 중간날림(Expulsion)이 생겨서 니깃에 기공이 남기도 하며, 더욱 과대한 전류가 흐르거나 전극과 피용접재 표면에서 발열이 과대하게 되면 표면날림(Surface Flash)이 심하게 된다.

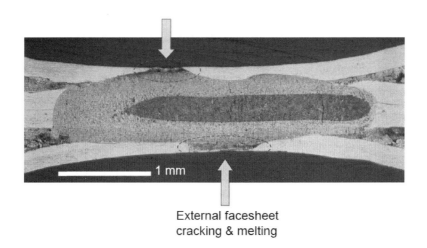

External facesheet
cracking & melting

[그림 IX-20] 저항 점 용접의 외부 불량

한편 피용접재의 접촉면이 평탄하지 않거나 접촉상태가 불안정하면 초기에 날림이 심해져서 강도가 불균일해지는 수가 있는데, 이러한 경우에는 전류를 서서히 증가시키는 통전파형 즉, Up Slope 파형을 선택하면 좋다. 저항 점용접시에 적용되는 전류는 주로 단상 직류이지만 최근에는 인버터(Inverter)의 적용으로 교류 용접을 하는 경우도 많아지고 있다.

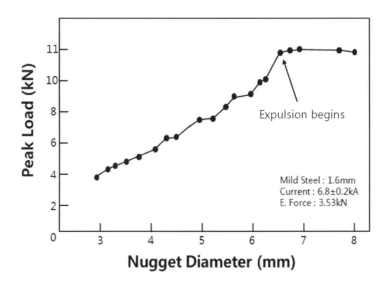

[그림 IX-21] 저합금강의 용접전류에 너깃직경 성장에 따른 최대하중

박판강재의 저항 용접시 기공이 전체 너겟 체적의 15 % 이상이 될 경우 접합강도를 저하시킬 수 있다. 따라서 박판 강재의 저항 점용접부 기공의 발생을 최대한 억제하는 것이 필수적이다. 저항 점용접 시 기공 발생의 원인은 크게 3가지로 분류 될 수 있다.

첫째, 대부분 강재에 잔류하는 불순물(참고로 아연도금강판의 경우 아연 도금층)이 용접 과정에서 기화가 되고 이때 저항 점용접 변수의 부적절한 선택과 결합될 경우 기공이 크게 형성 될 수 있다.

둘째, 너겟이 응고되는 과정에서 열적 수축이 크게 작용하는 경우 최종적으로 응고하는 너겟의 중심부에 수축 기공(Shrinkage Cavity)이 발생된다.

셋째, 저항 점 용접 입열이 과대할 경우 폭발(Expulsion)이 발생하며 이때 용융 너겟이 비산하고 남은 공간이 기공으로 잔류하게 된다. 따라서 용접전과 용접 과정 두 측면에서 기공 결함의 발생을 억제 시킬 수 있다. 이를 위해 강재의 표면에 잔류하고 있는 불순물(방청유, 프라이머 등)을 저항 용접 전 제거하여야 저항 용접 중 발생하는 기공 중 수축 기공의 경우 용접전류의 통전직 후 전극의 가압 유지시간을 충분히 확보하여 전극에 의한 가압으로 너겟 중심부의 기공를 강제적으로 억제할 수 있다. 또한 폭발(Expulsion)에 의해 발생되는 기공의 경우 용접 입열을 제어하여 폭발의 발생을 최대한 억제하는 것이 중요하다. 저항 점용접의 입열은 주울열($Q=I^2RT$)에 의해 결정 되므로 통전전류를 감소시킬 경우 폭발의 발생을 가장 효과적으로 억제할 수 있다. 또한 초기 가압력을 증가시킬 경우 미세한 폭발이 발생 하여도 높은 가압에 의해 기공을 강제로 제거할 수 있는 효과도 있다.

6.3.4. 고장력강 판재

전극 가압력과 통전시간이 일정 한 조건에서 용접 전류를 변화시키면, 일정 전류값 이상에서는 점 용접부인 너겟(nugget) 이 형성되기 시작하고 전극에 의해 판재의 표면에 압흔이 발생 한다.

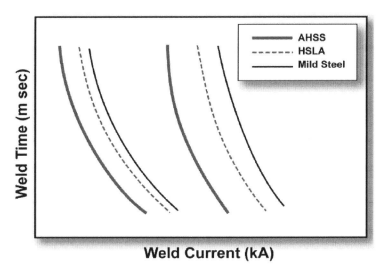

[그림 IX-22] 재질별 로브 곡선 비교

    용접 전류를 증가시키면 압흔이 깊어지며 용접부에서 스패터가 발생 한다. 스패터가 발생하면 용접부의 표면 품질 저하는 물론 너겟 내부에서도 응고 균열이나 기공 결함이 발생할 가능성이 높아진다. 점 용접부의 강도는 너겟의 크기에 비례하며, 그림 IX-23은 두께 1.6mm 연강판을 점 용접하는 경우에 너겟의 직경과 인장전단 강도의 관계를 나타낸다. 너겟의 직경이 증가할수록 인장강도가 증가하지만, 너겟의 직경이 필요 이상으로 커지면 스패터와 압흔 깊이가 증가하여 용접 품질이 감소하기 때문에 인장강도는 더 이상 증가하지 않는다. 용접전류가 증가하면 너겟 크기가 증가하여 용접부의 강도가 증가하지만, 전류가 과도하면 스패터가 발생하여 강도가 감소한다.

    그러므로 적정 범위의 용접전류를 사용해야 한다. 적정 용접전류 구간은 저항 점용접부 파단형상에 의해 결정되며, 연강의 경우 불충분한 용융에 의해 너겟경이 성장하지 못하여 계면파단이 대부분 발생된다. 그러나 고강도 강판의 경우 충분한 용융과 너겟경이 확보되어도 용융부에 존재하는 마르텐사이트와 같은 경화 조직에 기인한 높은 경도와 모재 강도 상승 및 용접부 취성파단 가능성 증대 등의 이유들로 계면파단 및 부분 계면 파단 발생이 용이하다.

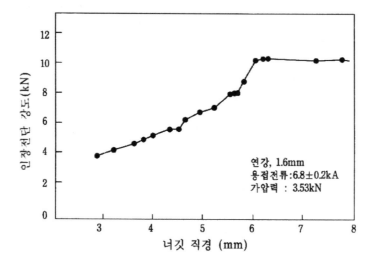

[그림 IX-23] 너깃 크기와 인장전단 강도

6.4. 추가 공부 사항

- 전기저항 용접용 전극재료의 종류 및 주요 용도

[표 IX-2] RWMA의 전극 분류 기준

RWMA Material Classifications

Class	Hardness[a]	Conductivity[b]	Common Materials	General Purpose
1	65	80	CuZr (C15000)	Spot and seam welding of aluminum/magnesium alloys, coated materials, brass, and bronzes.
2	75	75	CuCrZr (C18150) CuCr (C18200)	Spot and seam welding of cold- and hot-rolled steel, stainless steel and low-conductivity brass and bronze. They are also used for welding galvanized steel and other coated materials
3	90	45	CuCoBe (C17500) CuNiBe (C17510) CuNiSiCr (C18000)	High hardness makes them ideal for spot and seam welding of high resistance materials such as stainless steels, Nichrome, Inconel and Monel metal. Also used for current-carrying structural parts.
11	94	40	CuW (C74400)	Projection welding electrodes; flash and butt welding electrodes.
20	45	75	$CuAl_2O_3$ (C15760)	Welding of metallic coated metal such as galvanized steel terne plate, etc.

스터드 용접(Stud Welding)

7.1. 문제 유형

- 저항용접의 Process중 스터드 용접에 대하여 설명하시오.

7.2. 기출 문제

- 104회 3교시 : 건타입 아크스터드 용접의 작동원리와 장점 및 적용방법에 대하여 설명하고 뒷면에서의 품질확인이 불가능한 구조인 경우 품질보증 방안에 대하여 설명하시오.
- 86회 2교시: 스터드용접(stud welding)의 원리와 시공법에 대하여 설명하시오.

7.3. 문제 풀이

7.3.1. 스터드 용접의 개요

스터드 용접(Stud Welding)은 볼트나 너트 및 핀과 같은 다양한 형상의 금속 스터드 한쪽 면과 모재 사이에 아크를 발생시켜 스터드와 모재를 용융시키고, 스터드를 스프링 또는 공압으로 모재의 용융부로 이동시켜 용접부를 형성 한다. 그러므로 스터드 용접은 소모성 용접봉을 사용하는 피복아크 용접공정과 유사하고, 스터드에 압력을 가해 모재의 용융부와 접합하는 점에서는 저항 점용접과도 유사하다. 스터드 용접을 이용하면 볼트나 핀 등을 고속으로 모재에 용접할 수 있기 때문에 조선, 철도, 건축, 자동차, 항공기 등의 다양한 분야에서 사용하고 있다.

스터드 용접은 아크 스터드와 커패시터 방전(Capacitor Discharge, CD) 스터드 용접 공정으로 분류할 수 있다. 아크 스터드 용접은 SMAW에서 사용하는 용접기와 유사한 수 하특성의 용접기를 사용한다.

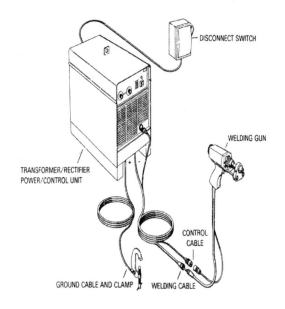

[그림 IX-24] 스터드 용접 개요

  스터드 용접의 원리는 스터드 끝에 가공된 작은 돌출부(Ignition Tip)를 모재에 접촉시키고 높은 전류를 인가하면 저항 발열에 의해 돌출부가 용융되면서 순간적으로 아크가 발생하여 모재와 스터드의 접촉면이 용융된 스터드에 압력을 가하면 스터드가 모재의 용융부로 이동하여 두 용융부가 접촉하면서 용접이 완료 된다.

  아크 스터드 용접에 사용되는 스터드의 끝은 원추형으로 가공하고 아크 안정제, 탈산제 등의 플럭스가 충전되어 있다. 아크를 보호하기 위하여 세라믹 재질의 페룰(Ferrule)을 사용하는 경우가 많은데, 페룰은 용접하기 전에 스터드와 함께 스터드 건에 장착하고 모재에 접촉시킨 상태에서 스터드 용접을 한다. 스터드 용접은 사용되는 전원의 종류에 따라 직류 전원을 이용하는 아크 스터드 용접방식과 컨덴서를 이용한 커패시터 방전 방식으로 구분된다.

7.3.2. 아크 스터드 용접(Arc Stud Welding)

  직류 전원을 사용하고 아크 열에 의해 용접 대상물을 용융시켜서 용접을 시행하는 점에서 기존의 SMAW와 유사한 특징을 가진다. 스터드 끝에 가공된 작은 돌출부를 모재에 접촉시키고 높은 전류를 인가하면 저항 발열에 의해 돌출부가 용융되면서 순간적으로 아크가 발생되어 모재와 스터드의 접촉면이 용융된다. 또한 적용분야에 따라 드론 (Drawn) 아크 방식과 Short Cycle 방식이 사용된다.

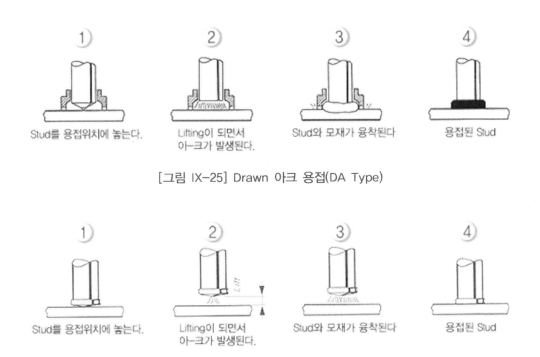

[그림 IX-25] Drawn 아크 용접(DA Type)

[그림 IX-26] Short cycle 용접(SC Type)

7.3.3. 커패시터 방전 스터드 용접(Capacitor Discharge Stud Welding)

전기 에너지를 충전기에 담아 두었다가 순간적으로 방전 시키면서 용융된 용접재에 압력을 가해서 용접하는 방식으로 접촉(Contact), 갭(Cap) 및 드론 아크(Drawn Arc) 방법이 있다.

접촉방법은 돌출부와 모재를 접촉시킨 상태에서 아크를 발생시키고, 갭 방법은 스터드를 모재에 이동시키면서 스터드의 돌출부가 모재에 접촉하는 순간에 아크가 발생된다.

또한 드론 아크 방법은 아크 스터드 용접 방법과 유사하게 스터드를 모재에 접촉시키고 솔레노이드 코일을 이용하여 스터드를 용접할 재료로부터 분리시키는 순간 아크를 발생시켜 용접을 수행하게 된다.

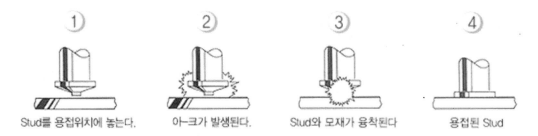

| ① | ② | ③ | ④ |
| Stud를 용접위치에 놓는다. | 아-크가 발생된다. | Stud와 모재가 융착된다 | 용접된 Stud |

[그림 IX-27] 커패시터 방전 스터드 용접

7.4. 추가 공부 사항

- 모재 재질에 따라 일반적으로 적용가능한 스터드 용접재질(Stud Metal)

[표 IX-3] 모재 재질별 스터드 용접재질

Base Metal	Stud Metal for Capacitor Discharge
Low carbon steel, AISI 1006 to 1022	Low carbon steel, AISI 1006 to 1010 Stainless steel, series 300 Copper alloy 260 and 268(brass)
Stainless steel, series 300 and 400	Low carbon steel, AISI 1006 to 1010 Stainless steel, series 300
Aluminum alloys, 1100, 3000 series, 5000 series, 6061 and 6063	Aluminum alloy 1100, 5086, 6063
ETP copper, lead free brass, and rolled copper	Low carbon steel, AISI 1006 to 1010 Stainless steel, series 300 Copper alloys 260 and 268(brass)
Zinc alloys(die cast)	Aluminum alloys 1100 and 5086

8 ## 고주파 전기저항 용접

8.1. 문제 유형

- 고주파 용접의 원리에 대해 서술하시오.

8.2. 기출 문제

- 99회 2교시 : 고주파유도용접과 고주파저항용접을 비교 설명하고, 고주파의 특징 인 근접효과(Proximity Effect)와 표피효과(Skin Effect)에 대하여 설명하시오.
- 93회 1교시 : 고주파용접은 2가지 중요한 효과에 의해서 이루어진다. 이 두 가지 의 효과를 쓰고 설명하시오.

8.3. 문제 풀이

8.3.1. 고주파 용접 종류

고주파 용접은 높은 주파수(450 KHz 정도)의 전류를 용접대상물에 통전하여 그때 발생하는 열로 용접을 실시하는 방법이다. 고주파 용접은 직접 용접 대상물에 전류를 흐르게 하여 용접 열을 얻는 고주파 저항 용접(HFRW, High Frequency Resistance Welding)과 용접 대상물에 직접 전류를 통전 시키지 않고 유도전류 코일(Induction Coil)에 의해 모재에 유도된 전류의 열을 이용하여 용접을 실시하는 고주파 유도 용접(HFIW, High Frequency Induction Welding)으로 구분 된다. 두 방법은 전류가 공급되는 방식의 차이만 있지 고주파 전류에서 발생되는 저항 열을 이용하는 점에서 기본원리는 같다.

일반적인 용접기에서 사용되는 저주파의 경우 용접을 실시하기 위해서는 높은 전류가 필요하지만 고주파 용접에서는 전류가 표면에 집중되기 때문에 상대적으로 낮은 전류만으로도 용접을 실시 할 수 있어 에너지 효율이 높고 용접속도가 빠르다.

1) 고주파 유도 용접(HFIW : High Frequency Induction Welding)

유도코일을 이용해 피용접재에 고주파 전류를 유도시켜 가열하는 방법으로 고주파 유도 용접은 주로 튜브와 파이프 제작에 많이 적용 된다. 모재 전체를 가열하기 때문에 경제적이지 않아 후판 용접은 HFRW이 유리하다. 그리고 유도코일의 형상에 따라 생산 할 수 있는 제품의 형상에 제한이 있다.

2) 고주파 저항 용접(HFRW : High Frequency Resistance Welding)

접촉자를 피용접에 접촉시켜 고주파 전류를 직접 인가하는 방법으로 두께에 따른 용접 효율 차이는 거의 없고, 고주파 유도 용접과 달리 생산 제품의 형상에 특별한 제한은 없다.

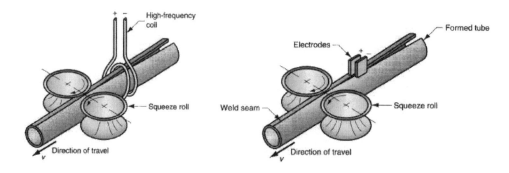

[그림 IX-28] 고주파 유도 용접(좌)과 고주파 저항 용접(우)

8.3.2. 고주파 용접 장단점

1) 고주파 용접의 장점

- 전류가 표면에 집중 되므로 상대적으로 낮은 전류로 용접 가능하다. 즉 에너지 집중이 좋아 용접속도가 빠름(대량 생산 가능)
- 국부적인 가열로 매우 좁은 열영향부를 형성하며, 용접부 산화나 변형의 위험성이 적고, 용접부 성능 개선을 위한 열처리가 거의 필요 없음
- 자동화가 용이하고, 강종의 제한이 거의 없고 용접 두께의 폭이 넓음

2) 고주파 용접의 단점

- 열집중이 심하고 자동으로 선형의 용접을 실시하므로 Joint의 정확한 맞춤 작업이 필요함
- 고주파 사용으로 주변의 다른 기기에 영향을 줄 수 있고, 고주파 용접용 발전기(Generators)는 고전압에서 작동하므로 작업자의 안전 관리에도 주의가 필요함 (Station에서 발생되는 소음은 청각에 문제를 일으킬 수도 있음)
- HFIW시 유도전류 코일에 따라 생산할 수 있는 크기 및 형상이 제한 됨
- 비금속개재물이 많으면 용접이 어려울 수 있음

8.3.3. 고주파 용접 원리

1) 표피 효과(Skin Effect)

일반적으로 강(Steel)에 직류 전류를 통전 시키면 전류가 강의 단면에 균일하게 분포된다. 하지만 고주파 용접의 경우 전류가 표면에 집중되는 현상이 나타나고 이는 주파수가 높아 질수록 그 경향성이 커져 표면에 열이 집중 된다.

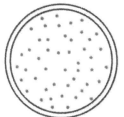

Cross section through a conductor carrying direct current.

Cross section through a conductor carrying high frequency alternating current.

[그림 IX-29] 직류전류와 고주파교류의 열영향부

이를 표피효과(Skin Effect)라고 하는데, 이는 근접 효과와 함께 고주파 용접을 가능하게 만드는 기본 원리 중의 하나이다. 표피 효과는 주파수가 높은 전류가 도체에 흐를 때 전류 방향이 급격히 바뀌고, 그에 따라 도체 내부에 기전력이 발생되기 때문에 나타나는 현상이다.

전류의 침투 깊이는 재료의 전기 저항에도 영향을 받는데, 이 전기 저항은 온도에 영향을 받기 때문에 주파수와 온도를 적절히 제어 하면 전류의 침투 깊이를 제어 할 수 있다.

2) 근접효과(Proximity Effect)

고주파 전류를 흘려주면 리액턴스가 작아지도록 서로 근접한 면에 전류가 흐르는 현상을 말한다. 그림 IX-30와 같이 도선을 접속하여 통전하는 경우, 상용주파수 전류는 저항이 낮아지도록 (1)의 경로로 흐르지만, 고주파 전류는 리액턴스가 작아지도록 자신의 도체에 근접하여 (2)와 같은 경로로 멀리 돌아 흐른다. 이러한 현상은 주파수가 높을 수록 강하고, 도체와 재료의 거리의 제곱에 반비례 한다. 강관 제조시 수mm 이하로 근접하기 때문에 이 효과가 현저해진다.

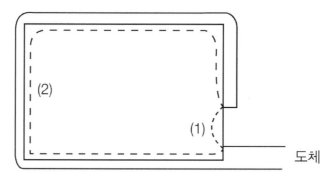

[그림 IX-30] 근접효과(Proximity Effect)

8.4. 추가 공부 사항

- 고주파 용접이 적용되는 제품들을 예시하고, 다른 용접법 대신 고주파 용접을 적용하는 사유에 대하여 설명하시오.

기타 용접법

X

1 산소-아세틸렌 용접

1.1. 문제 유형

- 산소-아세틸렌 용접에서 불꽃의 종류와 그 분위기에 대해 설명하라.

1.2. 기출 문제

- 95회 1교시 : 가스불꽃에 의한 재료의 절단 시 절단효율 η를 구하는 방법을 나타내시오.
  (단, 절단속도 v(mm/min), 판 두께 t(mm), 산소 사용량 Q(l/min)이다.
- 86회 3교시 : 산소-아세틸렌 불꽃의 형상 및 온도 분포에 대하여 설명하시오.

1.3. 문제 풀이

1.3.1. 산소-아세틸렌(C_2H_2) 용접이란?

가스용접은 사용하는 가스의 종류에 따라 산소-아세티렌 용접, 산소-프로판 용접, 산소-수소 용접, 공기-아세틸렌 용접 등으로 나눌 수 있으나, 이중 산소-아세틸렌 가스가 가장 많이 사용되기 때문에 가스 용접이라 함은 통상 산소-아세틸렌 용접을 말한다.

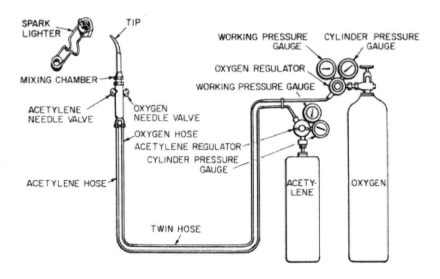

[그림 X-1] 산소-아세틸렌 용접법

산소-아세틸렌 용접은 산소와 아세틸렌을 혼합하여 연소시킬 때 발생하는 3,000℃ 이상의 열을 이용해 금속의 일부를 녹여 접합하게 되는데, 필요에 따라 용접봉과 용제를 사용 하기도 한다.

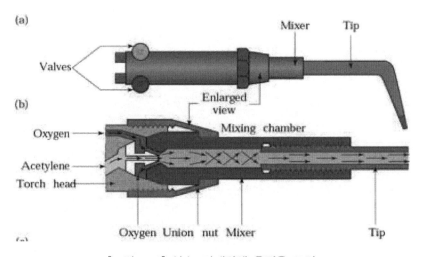

[그림 X-2] 산소-아세틸렌 용접용 토치

산소-아세틸렌의 중요한 이점은 각종 금속에 대한 응용 범위가 넓고, 가열 조절이 비교적 자유로워 작업이 쉽고, 운반이 편리하며 설비비가 싸다는 것이다. 실제로 이 용접법은 열에 민감하여 균열 발생의 염려가 있는 금속, 엷은 판, 비철 합금 등에 사용되며, 특히 용융점, 증발점이 낮은 금속의 용접에도 사용된다.

단점으로는 용접에 직접적으로 사용되는 열효율이 낮고, 폭발의 위험성이 있고, 소모품 비용이 많이 든다. 또한 용접재의 탄화 및 산화의 우려가 있고 금속 아크에 비교하여 가열 범위가 넓고, 가열 시간이 많이 걸리기 때문에 재질에 따라서는 기계적 성질이 나빠 질 수 있다.

1.3.2. 불꽃의 구성

산소와 아세틸렌을 1:1로 혼합하여 연소 시키면 아래와 같이 3가지 불꽃이 나타난다.

1) 불꽃심(Centre Cone)

아세틸렌의 분해 일어남, 3,200~3,500℃, $C_2H_2 \rightarrow 2C + H_2$

2) 속불꽃(Welding Zone)

1차 연소 일어남, 2,900 ℃, $2C + H_2 + O_2$(실린더) $\rightarrow 2CO$

3) 겉불꽃(Outer Flame)

2차 연소 일어남, 2,000~2,700 ℃, $4CO + 2H_2 + 3O_2$(공기) $\rightarrow 4CO + 2H_2O$

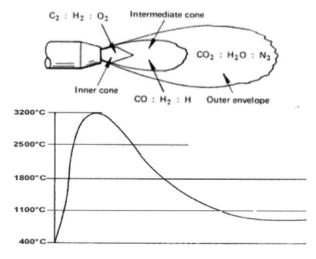

[그림 X-3] 산소-아세틸렌 불꽃의 구성 및 온도분포

1.3.3. 불꽃의 종류

아세틸렌과 산소를 혼합 연소시 공급되는 산소량에 따라 다음과 같이 3가지 불꽃으로 나눌 수 있다.

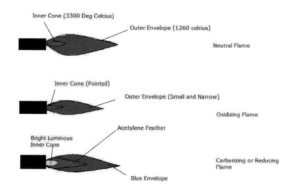

[그림 X-4] 불꽃의 종류

1) 탄화불꽃(Carbonizing or Reducing Flame)

산소와 아세틸렌의 용적혼합비 1:1을 기준으로 아세틸렌의 양이 더 많을 때 얻어지는 불꽃으로 환원작용이 있다. 아세틸렌 과잉 불꽃이라고 하며 속불꽃과 겉불꽃 사이에 백

색의 아세틸렌 페더(Feather)가 있다. 아세틸렌 불꽃의 길이가 백심의 2배면 아세틸렌 2배 과잉, 3배면 3배 과잉 불꽃이라고 한다. 탄화불꽃은 용접과정에서 금속표면에 침탄 작용을 일으킬 우려가 있다.

2) 중성불꽃(Neutral Flame)

용융금속에 대해 산화성도 환원성도 없는 가스불꽃으로, 용접, 절단 등에 표준적으로 사용되므로 표준 불꽃이라 한다. 산소와 C_2H_2의 혼합비율은 용적비로 약 1:1(실제로는 1.1 ~ 1.2 : 1)이고, 연강, 반연강, 주철, 구리, 청동, 알루미늄, 아연, 납, 모넬, 은, 스테인리스강 등의 용접에 사용된다.

3) 산화불꽃(Oxidizing Flame)

산화 불꽃은 산소 과잉 불꽃이라고도 하며, 중성 불꽃에 비해 백심 근방에서의 연소가 보다 완전히 이루어지므로 온도가 높아 간단한 가열이나 가스 절단 등에는 효율이 좋으나 산화성 분위기를 만들기 때문에 일반적인 가스 용접에서는 사용하지 않고 구리, 황동에만 제한적으로 사용된다.

[표 X-1] 산소-아세틸렌 혼합 비율에 따른 불꽃 온도 및 분위기

Ratio of (cylinder) Oxygen/Acetylene	Flame Temperature °F (°C)	Flame Characteristics
0.8 to 1.0	5,550 (3066)	Carbonizing
0.9 to 1.0	5,700 (3149)	Carbonizing
1.0 to 1.0	5,850 (3232)	Neutral
1.5 to 1.0	6,200 (3427)	Oxidizing
2.0 to 1.0	6,100 (3371)	Oxidizing
2.5 to 1.0	6,000 (3315)	Oxidizing

1.4. 추가 공부 사항

- 연료가스의 종류에 따른 발열량과 불꽃온도를 비교 설명하시오.

② 가스절단

2.1. 문제 유형

가스절단의 원리와 스테인레스강의 절단 방법을 설명하여라.

2.2. 기출 문제

- 105회 1교시 : 알루미늄 합금과 스테인리스강의 분말절단 방법 및 종류에 대하여 설명하시오.
- 104회 1교시 : 두께 40mm의 연강판과 두께 20mm의 스테인리스강판을 각각 열 전달 하려고 한다. 각각의 재료에 맞는 경제적인 절단방법을 선정하고 각각의 재료에 대한 절단원리를 설명하시오.
- 99회 2교시 : 가스절단으로 저탄소강은 쉽게 절단할 수 있지만 합금원소의 함유량이 증가하면 절단이 어려워진다. 이러한 관점에서 스테인레스강을 가스절단하기 어려운 이유를 설명하시오.
- 89회 4교시 : 산소-아세틸렌 토치로 절단하는 경우 비철금속이나 오스테나이트계 스테인레스강은 탄소강만큼 절단이 잘 되지 않는 이유에 대하여 설명하시오.

2.3. 문제 풀이

2.3.1. 가스 절단 원리

가열 화염으로 절단재를 연소가 가능한 온도로 가열 후 순도(99.7 % 이상)가 높은 산소를 분출 시키면 급격한 연소 작용을 일으켜 강렬한 반응열이 발생한다. 이때 산소의 불출력을 이용하여 산화철(Steel 절단의 경우)을 밀어 내며 절단을 하게 된다.

절단이 진행되는 동안 절단재의 상부는 화염에 의해 지속적으로 연소 온도 이상으로 가열되고, 상단 밑과 하단은 전도와 대류에 의해 연소 온도에 도달 한다. 철강재료를 가스 절단할 때 절단 홈의 표면에서 일어나는모재와 산소와의 반응식을 정리하면 다음과 같다.

- 제 1 반응 : $Fe + O \rightarrow FeO + $ 열(64 kJ)
- 제 2 반응 : $2Fe + 1.5O_2 \rightarrow Fe_2O_3 + $ 열(190.7 kJ)

- 제 3 반응 : $3Fe + 2O_2 \rightarrow Fe_3O_4 + 열(266.9 \text{ kJ})$

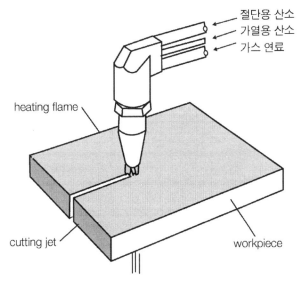

[그림 X-5] 가스절단 개요

2.3.2. 가스 절단 조건

가스 절단법은 오래된 공정이고, 근래에 플라즈마나 레이저 절단과 같은 최신 절단법이 많이 보급되었지만 설비비가 싸고 사용법이 쉬워 현재까지 많이 사용되고 있다. 그리고 철과 산소의 연소 반응에 의해 발생되는 에너지를 직접 이용하기 때문에 에너지 사용 효율이 높다는 장점이 있다.

하지만 가스 절단법은 절단 대상재가 연소가 가능토록 예열이 필요하고, 수 mm 이하의 얇은 판에는 적용이 곤란하다는 것과 절단속도가 비교적 늦으며 열변형도 크다는 단점이 있다. 특히 가스 절단법은 다음의 조건을 만족해야 적용이 가능하다.

- 절단 대상재의 연소 온도가 용융 온도 보다 낮아야 할 것
- 절단 대상재의 산화물 또는 슬래그가 모재 보다 저온에서 녹고, 유동성이 양호하고, 모모재부터 박리성이 좋을 것
- 절단부는 연소 온도로 지속 유지 되어야 할 것(열전도도가 너무 높으면 곤란)

이러한 조건을 만족 시킬 수 있는 재질은 탄소강과 티타늄인데, 티타늄은 다른 이유로 가스절단이 어려우므로 실질적으로는 탄소강에 가장 적합하다고 할 수 있다.

하지만 탄소강도 탄소나 다른 합금 원소가 많아지면 상기 조건을 맞추기 어려워 가스 절단이 불가할 수도 있다. 가령 탄소 함량이 0.45wt% 이하의 탄소강은 예열이 없이도 절단이 가능하고 탄소 함량이 0.45~1.6wt% 정도가 되면 예열 필요하다. 탄소 함량이 그 이상 많아지게 되면 그림 X-6에서처럼 탄소강의 연소 온도는 높고, 용융 온도는 낮아 절단이 어렵게 된다.

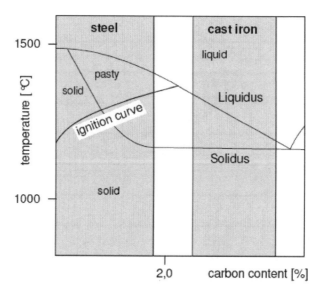

[그림 X-6] Fe-C 상태도와 강의 연소 온도

2.3.3. 분말 절단(Powder Cutting)법

가스 절단의 절단 조건에 부합하지 않는 주철이나 스테인리스강, 알루미늄 등은 보통의 가스절단법 적용이 곤란하다. 이런 재질은 철분이나 플럭스의 미세한 분말을 연속적으로 절단 산소에 혼입시켜 공급하여 예열 불꽃 중에서 연소 반응 시켜 산화물을 용해 제거하여 연속적으로 절단을 행할 수 있다.

분말의 절단 능력은 분말의 조성, 입도, 형상 및 건조 정도에 영향을 받게 된다. 최근에는 플라즈마 아크 절단법이 크게 발전하여 분말 가스 절단법을 많이 대체하고 있다.

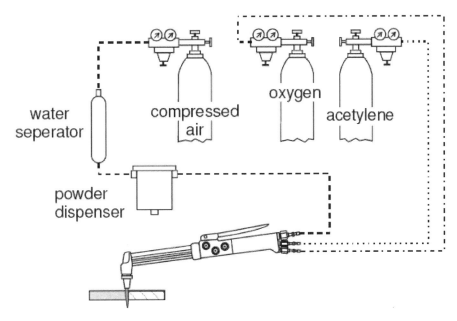

[그림 X-7] 분말 화염 절단법

1) 철분 절단법(반응열 이용)

철분에 알루미늄 분말을 혼합한 미세 분말을 압축공기나 질소가스로 공급하는 방식으로 철분의 연소열로 절단부의 온도를 높여 녹이기 어려운 산화막을 용융 제거하여 절단하는 방법이다. 주로 스테인리스강이나 구리, 청동, 주철 등에 효과적이다.

2) 플럭스 절단법(용제 작용)

주로 스테인리스강 절단에 많이 적용 되는 방법으로 탄산염이나 중탄산염을 주성분으로 한 용제 분말을 이용해서 융점이 높은 스테인리스강의 Cr 산화물층을 제거하는 하면서 절단을 하게 된다.

3 Kerf와 Drag

3.1. 문제 유형

가스절단간 생성되는 Kerf와 Drag라인에 대하여 설명하시오.

3.2. 기출 문제

- 105회 1교시 : 가스절단 시 드래그 길이(Drag length)에 미치는 인자 2가지를 쓰고 설명하시오.
- 101회 1교시 : 강판을 가스 절단시 절단면에 나타나는 드래그(Drag)와 절단폭(Kelf)에 대하여 설명하시오.
- 90회 1교시 : 가스절단시 절면면에 생기는 드래그라인(Drag Line)에 대하여 설명하고 강판두께가 25.4mm일 때 표준 드래그길이는 얼마가 적당한지 설명하시오.

3.3. 문제 풀이

가스절단은 산소와 금속광의 산화반응을 이용하여 절단하는 방법으로 소재의 절단부분을 산소-아세틸렌가스 불꽃등으로 약 800~900℃로 될때까지 예열한후 고압의 산소를 불어내면 철은 연소하여 산화철이 되고 그 산화철의 용융점은 강보다 낮으므로 용융과 동시에 절단되는 성질을 이용한 방법이다.

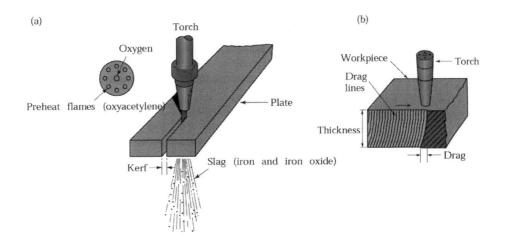

[그림 X-8] 가스절단과 절단면

그림 X-8과 같이 일정 속도로 가스절단을 실시하면 용융절단되는 폭을 커프(Kerf)라고 하며 절단면 아래부분에서 슬래그의 방해, 산소압력의 저하 그리고 산소의 오염 등의 원인으로 인하여 절단이 지연되고 절단면에서 일정한 간격의 곡선이 진행방향으로 나타나는것을 드래그 선(Drag Line)이라고 하며, 하나의 드래그선의 시작점에서 끝점까지의 수평거리를 드래그 길이(Drag Length)라고 한다.

드래그는 보통 강판두께 1 인치(inch) 이하의 경우 20%정도가, 1 인치(inch)를 초과하는 경우 10%가 적당하며 드래그의 정도를 나타내는 식은 다음과 같다.

드래그% = Drag Length / 강판두께 × 100

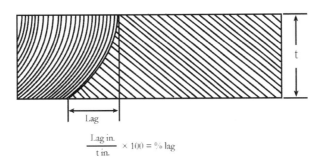

[그림 X-9] 가스 절단면의 드래그(%)

그림 X-10은 절단속도와 압력등의 절단조건에 따른 절단면의 드래그(Drag) 정도를 나타내고 있다.

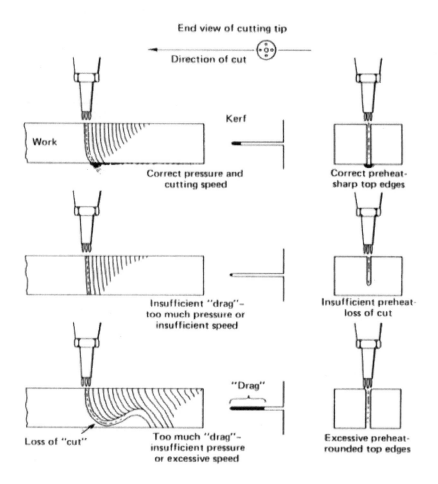

[그림 X-10] 절단 속도와 압력에 따른 드래그 변화

또한 강판두께별 표준드래그 길이는 다음과 같이 추천하고 있다.

[표 X-2] 강판두께별 표준드래그 길이

Plate 두께	12.7mm	25.4mm	51mm	51~152mm
Drag length	2.4	5.2	5.6	6.4

3.4. 추가 공부 사항

연료Gas의 종류에 따른 열집중도(kJ/m^3) 비교

[표 X-3] 사용되는 연료에 따른 발열량

Fuel Gas	Maximum Flame Temperature °C	Oxygen to Fuel Gas Ratio (vol)	Heat Distribution kJ/m_3	
			Primary	Secondary
Acetylene	3,160	1.2:1	18,890	35,882
Propane	2,810	4.3:1	10,433	85,325
MAPP	2,927	3.3:1	15,445	56,431
Propylene	2,872	3.7:1	16,000	72,000
Natural Gas	2,770	1.8:1	1,490	35,770

4   브레이징(Brazing)

4.1. 문제 유형

- 브레이징(Brazing)의 원리 및 그 적용에 대하여 설명하시오.

4.2. 기출 문제

- 110회 1교시 : 브레이징(Brazing) 작업절차서의 Flow Posion 4가지에 대해 설명하시오.
- 107회 2교시 : 경납땜(Brazing)의 원리와 경납재별 특성 및 용도에 대해서 설명하시오.
- 99회 3교시 : 저항브레이징(Resistance Brazing)의 기본 원리와 종류를 열거하여 설명하시오.
- 93회 2교시 : 브레이징(Brazing)과 솔더링(Soldering)의 차이점을 포함하여 각각을 설명하시오.
- 90회 4교시 : 브레이징 용접에 대한 다음사항을 설명하시오.
- 젖음(Wetting) 현상의 정의와 양호한 젖음이 일어나기 위한 조건에 대하여 설명하시오.
- 젖음각과 브레이징 용접성과의 상관관계를 설명하시오.

4.3. 문제 풀이

브레이징(Brazing, 경납)과 솔더링(Soldering, 연납)은 접합하려는 모재는 거의 용융시키지 않고, 삽입금속(Filler Metal or Insert Metal)만 완전 용융시켜 접합부를 형성한다. 용융 삽입 금속은 모재의 표면을 적시면서 모세관현상에 의해 접합부 간격 사이로 유입 시켜 채워 나갈 수도 있고, 모재 사이에 미리 삽입금속을 놓고 용융, 응고시켜 접합시킬 수도 있다.

4.3.1. 브레이징(Brazing), 솔더링(Soldering), 용접(Welding) 차이점

용가재를 이용해 접합하는 방법은 크게 용접(Welding), 솔더링(Soldering), 브레이징 (Brazing)으로 나눌 수 있는데, 주요 차이점은 아래와 같다.

[표 X-4] Brazing, Soldering, Welding 비교

구 분	Soldering(경납)	Brazing(연납)	Welding(용접)
접합온도	〈 450 ℃	450 ℃ ~ 모재 용융점	〉모재 용융점
주요 열원	인두, 초음파, 오븐, 가스 등	가스, 저항, 유도가열, 로, 적외선	아크, 저항, 플라즈마, 전자빔, 레이저 등
강도	낮음	높음	높음
기밀성	좋음	좋음	양호
접합 후 변형정도	거의 없음	적음	심함
접합 후 잔류응력	없음	없음	있음
기타 특성	Soldering, Brazing은 Welding 대비 다부품 접합에 유리		

브레이즈 용접(Braze Welding)은 브레이징(Brazing)과 동일하게 용가재 용융만을 이용 하지만 이 용융 용가재는 모세관 현상 없이 용접과 같이 용접부를 채워 넣는다. 주로 주물 제품의 균열이나 파손 제품의 보수 등에 이용된다.

4.3.2. 접합과정

브레이징(Brazing)의 가장 기본적인 과정은 용융 삽입 금속이 모재 표면에 젖는 과장 인데, 이를 위해서는 표면 에너지가 필요하기 때문에 소재 표면은 깨끗해야 한다. 표면 의 청정도를 위해서 플럭스를 사용하거나 환원성 분위기 또는 진공 분위기에서 가열해 산화물층을 제거하게 되는데 이렇게 청정한 표면을 얻게 되면 표면의 활성도가 증가된 다. 이후의 접합 공정은 다음의 과정을 걸쳐 일어난다.

1) 젖음 현상

액체가 고체와 접촉할 때 고체 표면 위에 액체가 부착 되거나 스며드는 현상을 젖음 (Wetting) 이라고 한다. 젖음성은 브레이징(Brazing)에서 접합부의 특성에 미치는 중요 한 인자이며, 접합과정의 핵심이다. 젖음 현상은 액/고 부착장력이 액체 자신의 응집력

보다 큰 경우에만 발생하므로 젖음성으로 용융 용가재와 모재간의 친화력과 플럭스 성능을 평가 할 수 있다.

2) 모세관 현상

용융 삽입 금속은 접합부의 좁은 틈 사이로 모세관 현상에 의해 흘러 들어간다. 삽입금속의 선단에는 젖음에 의해 곡면이 형성되고, 모세관 현상의 구동력인 모세관 압력(PK)이 발생한다. 모세관 현상은 접합간격과 대단히 밀접한 관계가 있고, 용제의 종류와 점도, 온도, 밀도, 접합면의 중력에 대한 위치, 가열 방법 등과도 관계가 있다.

3) 확산과 합금층 형성

용가재의 확산에 의해 모재와 금속간 화합물을 형성한다.

4.3.3. 브레이징(Brazing)의 특성

- **이종금속 접합** : 재료 원가 절감 및 새로운 부품 개발 가능
- **크기가 상이한 부품 접합** : 불필요한 부품 원가 절감 및 다양한 부품 설계
- **강한 접합 강도** : 브레이징(Brazing)의 경우 일반적으로 겹치기 이음부를 사용하기 때문에 접합부 강도가 용접에 비해 떨어지지 않음(모재와 동등하거나 그 이상의 강도)
- **미려하고 정교한 접합부** : 깨끗한 접합부를 얻을 수 있어 특별한 경우가 아니면 기계 가공 불필요
- **기타** : 기밀성, 연성, 내충격성, 내진동성, 열전도성, 내부식성, 전기적 특성이 우수

4.3.4. 삽입금속 특성

삽입금속은 젖음성이 좋아야 하고 융점은 낮고 적당한 용융폭을 가지는 것이 가장 중요한 인자이다. 이외 접합 온도에서 증발하기 쉬운 성분이 적어야 하고, 접합시 각 성분이 액상 상태에서 분리 되지 않아야 한다. 그리고 접합부의 기계적 성질 및 내식성이 사용 목적에 적당해야 하고, 필요에 따라 판이나 선재로 가공도 용이해야 한다. 젖음성과 융점의 상세 특성와 다음과 같다.

1) 젖음성(Wetting)

모재와 삽입금속의 조합과 플럭스가 가장 큰 영향을 미친다. 모재와 고용체 혹은 금속간 화합물을 이루는 성분이 포함돼 있으면 삽입금속의 젖음성이 양호해 진다. 하지만 모재 중에 Al, Ti, Cr 등과 같이 안정한 산화물을 쉽게 생성하는 원소들이 함유된 경우 젖음성이 떨어지기 때문에 강력한 플럭스를 사용하던가 도금 등과 같은 표면처리해서 젖음성을 개선할 필요가 있다.

2) 젖음성 이론

젖음이란 고체의 표면에 액체가 부착 되었을 때, 고체와 액체 원자간의 상호작용에 의해 액체가 고체 위에 퍼지는 현상을 말한다. 즉, 용융된 용가재가 금속 표면에 퍼지는 것이 젖음 현상이며, 젖음 현상이 일어나지 않으면 브레이징(Brazing)이 불가하다. 젖음은 여러 가지 형태를 보이는데, 젖음각(θ)이 작을수록 브레이징(Brazing)성이 좋으며, θ가 90도 이상에서는 브레이징(Brazing)이 어렵다. 통상 젖음성이 좋다고 하는 것은 20도 이하를 이지만, 실제 젖음은 20~60도 정도이고, 60~90도면 잘 젖지 않은 것이고, 90도 이상이면 젖지 않은 것으로 판단한다.

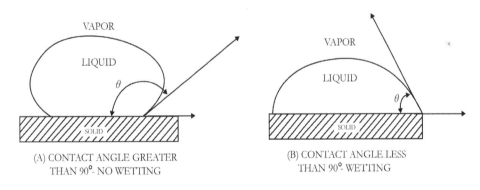

(A) CONTACT ANGLE GREATER THAN 90° - NO WETTING

(B) CONTACT ANGLE LESS THAN 90° WETTING

[그림 X-11] 브레이징에서의 젖음각

젖음성은 고체-액체간 계면장력(γ_{SL}), 고체-기체간 표면장력(γ_{SV}), 액체-기체(γ_{LV})간 표면 장력의 관계를 영의 식(Young's Equation)으로 나타내면 다음과 같다.

[그림 X-12] 영의 식(Young's Equation)

여기서 젖음각(θ)이 작기 위해서는 γ_{SV} 가 커져야 하는데, 이를 위해서는 고체 표면에 불순물이 없이 청정해야 하고 이를 유지하기 위해 플럭스나 보호가스가 필요하게 된다. γ_{SL}와 Y_{LV}은 값이 작아야 하는데, γ_{SL}은 온도와 재료의 종류의 영향을 받는 인자인데, 통산 재료는 정해지기 때문에 온도를 높여 γ_{SL}를 낮출 수 있다. Y_{LV}은 분위기의 압력과 조성을 통해 변화 시킬 수 있는데, 진공과 같이 압력을 낮추면 Y_{LV} 값은 작아 지게 된다.

3) 융점

공정 조성이나 최저 융점 조성이 최적이라고 말할 수 있다. 하지만 이를 위해 저융점 원소를 다량 함유 시키면 삽입금속 자체의 성질이 경하고, 취약해 가공이 불량 해지고, 접합 강도에도 문제 발생 가능성이 있어 많이 넣지 않는 것이 좋다. 일반적으로 용융 범위가 삽입금속은 가열 속도가 느리면 저융점 금속과 고융점 금속이 분리되기 쉽고, 유동성이 좋지 않기 때문에 될 수 있는 한 급속 가열이 좋다. 공정 조성과 같이 용융온도 범위가 좁은 삽입금속은 대체로 유동성이 양호해 좁은 간격에도 잘 유입 되므로, 접합부에 미리 삽입한 상태로 가열 접합해서 제조하는 방법에 많이 사용되고 가열 속도에는 거의 영향을 받지 않는다.

4.3.5. 삽입금속 종류

1) 은(Ag)

접합 온도가 낮아 모재의 열영향부가 적어지고, 접합 작업이 쉽다. 접합성이 우수해서 전자제품, 공업기기, 설비 등의 대형부재 접합 및 세라믹 재료나 Ti 합금과 같은 신소재 접합에도 널리 사용 된다.

2) 동(Cu) 및 황동(Cu-Zn)

가격이 저렴하고 가공성이 양호해 철강재료 접합에 많이 사용한다. 보통 붕사붕산계의 고융점 플럭스를 사용해 화염, 로, 고주파 브레이징(Brazing)으로 시공 하지만 Zn은 휘발성이 강해 과열 되지 않도록 주의가 필요하다. 그리고 진공 브레이징(Brazing)이나 진공 중에서 사용하는 제품에는 적합하지 않다.

3) 인동(Cu-P)

동 및 동합금에 플럭스 없이 낮은 온도에서 접합 가능 하지만 경도가 높고 취약해 가공성이 나쁘고, 접합부의 연성 및 인성이 좋지 않다. Ag 첨가시 유동성과 가공성이 개선 된다.

4) 금(Au)

공업용, 보석용, 반도체용, 치과용으로 주로 사용된다. 내열, 내식 재료에 많이 함유된 Ni, Co, Mo, Ta, Nb, W 등에 접합성 양호하다.

5) 니켈(Ni)

융점을 낮추기 위해 공정 조성을 이루는 B, Si, P를 첨가하고, 기계적 성질 증대 위해 Cr, Co 등을 첨가한 삽입금속 이다. 접합 이음부는 고온 강도가 높고, 내식성 및 고온 내산화성이 우수해 항공기, 각종 엔진, 터빈 원자로 등에 사용 된다.

6) 알루미늄(Al)

Al-Si계와 Al-Si-Mg계로 나눌 수 있다. Al-Si의 경우 11.7 % Si에서 공정점을 이루므로 공정점 근처 조성에서 사용한다. Al 접합시 모재가 융점에 가깝기 때문에 가열 도중 모재의 입계가 액화 되지 않도록 주의가 필요하다.

4.3.6. 플럭스 & 분위기

브레이징(Brazing)이나 솔더링(Soldering)을 위해서는 청정한 모재 표면이 필요하기 때문에 전처리로 산화피막 및 오염층을 제거 하나, 브레이징(Brazing)이나 솔더링

(Soldering) 중의 가열에 의해 모재가 다시 산화될 수 있다. 플럭스(Flux)를 사용하면 접합온도에서 모재가 산화하는 것을 방지하고, 모재 표면에 남아 있는 산화물을 분해 하거나 제거하기 때문에 젖음성을 개선한다.

진공이나 가스 분위기에서 작업하는 것도 하나의 방법인데, 플럭스를 사용하지 않아도 되기 때문에 잔류 플럭스나 슬래그 처리 필요하지 않고 복잡한 부품도 다량으로 제조할 수 있는 장점이 있다. 하지만 증발성 합금이 있을 경우 진공 분위기를 사용하기 어렵다는 단점이 있다.

4.4. 추가 공부 사항

- 아크 용접대신 브레이징(Barzing) 적용시 야금학적인 측면에서의 장·단점
- 용가재(Filler Metals)에 따른 브레이징(Brazing) 온도범위

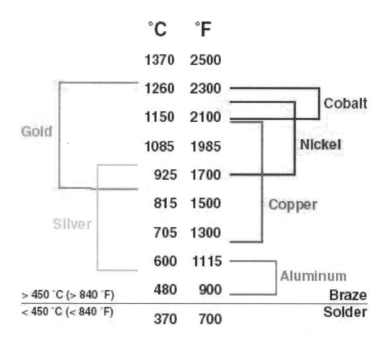

[그림 X-13] 금속별 브레이징 온도 범위

5 용사법(Thermal Spraying Process)

5.1. 문제 유형

- 용사법의 원리를 이해하고 그 적용 분야에 대하여 설명하시오.

5.2. 기출 문제

- 92회 3교시 : 저온 분사코팅(Clod Sprayed Coating)기술에 대하여 설명하시오.
- 80회 2교시 : 용사(Thermal Spray)의 원리와 종류 및 적용사례를 기술하시오.

5.3. 문제 풀이

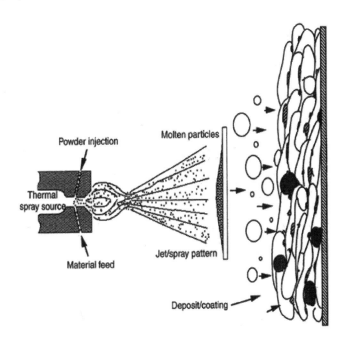

[그림 X-14] 열용사법 개략도

용사법(Spraying Process)은 제품의 내마모성이나 내식성, 내열성 등의 향상을 목적으로 금속이나 세라믹 등의 재료를 대기나 진공분위기에서 플라즈마 등의 다양한 열원을 사용하여 용융, 반용융 시킨 후 압축 공기 등을 이용해 입자로 분사하여 모재 표면에 코팅하는 방법이다.

열용사법(Thermal Spraying Process)은 적용할 수 있는 재료의 범위가 아주 넓고 다양한 공정변수 조절을 통해 미세조직을 제어 할 수 있다. 사용 열원에 따라 가스식(Combustion), 전기식(Electrical)으로 나눌 수 있다.

5.3.1. 가스식 용사법(Combustion Process)

가스식 용사법은 아세틸렌(Acetylene), 프로판(Propane), 수소(Hydrogen), 메틸아세틸렌(Methylacetylene) 혹은 등유 등을 주요 연료로 사용하고, 플레임(Flame) 온도는 연료의 종류와 산소 량을 통해 조절 하게 된다.

1) 화염용사(Wire Flame Spraying, Powder Flame Spraying)

봉이나 선재, 분말을 Oxyfuel 화염에 연속적으로 공급하고, 압축 공기로 용융된 원료를 분사해서 코팅하고자 하는 모재의 표면에 입히는 공정이다. 작업이 쉽고 용사법 중 가장 경제적인 방법이지만, 기공과 산화가 많아 품질이 떨어지고, 코팅층과 모재간 결합력이 떨어지는 단점이 있다. 분사 속도는 최대 400m/s 이다.

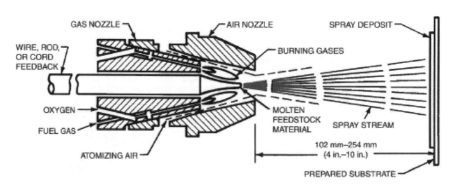

[그림 X-15] 화염 용사

2) 고속가스용사(High-Velocity Oxyfuel Spraying, HVOF)

화염용사와 유사하게 스프레이건(Spray Gun) 내에서 연료가스를 산소와 함께 연소시키거나 연소실에서 더 고압을 형성시키고 분말을 수렴노즐(Converging nozzle)로 통과 시켜 고속의 Jet를 발생시키는 것이다. 분사 속도가 500~1,000m/s로 아주 빨라 압축 잔류 응력이 발생하고, 접합강도가 우수해 수 mm 이상의 두께로 코팅이 가능하다. 우주항공, 발전, 자동차 등 다양한 분야에 적용이 가능하고, 특히 다른 연소식 용사법 보다 낮은 온도의 Jet를 사용하기 때문에 온도에 민감한 텅스텐 카바이드 내마모 코팅에 많이 사용된다.

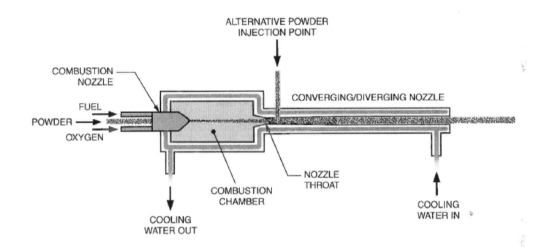

[그림 X-16] 고속가스 용사

3) 폭발용사(Detonation Flame Spraying)

폭발용사는 수냉 되는 긴 관에 분말과 주입가스(산소와 아세틸렌(Acetylene) 혼합가스)를 넣고 전기 스파크(Spark, Arc)로 가스폭발, 용융 입자 고속 분사가 순차적으로 일어나는 단속 공정이다. 폭발용사는 산소와 아세틸렌의 폭발에 의해 발생하는 고온, 고속의 화염을 이용하기 때문에 분사속도가 700~1,000m/s으로 매우 빨라 결합력이 강하고, 기공과 산소량이 아주 적다.

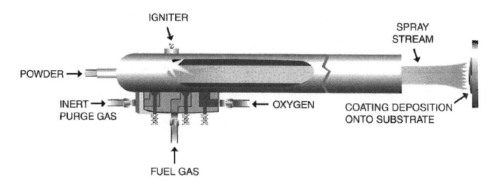

[그림 X-17] 폭발 용사

5.3.2. 전기식 용사법(Electrical Process)

전기 아크(Electric Arc)를 열원으로 사용하는 용사법이다.

1) 아크 용사(아크 Spraying, Wire 아크 Spraying)

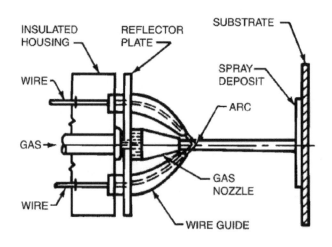

[그림 X-18] 아크 용사

두개의 선재를 각각 양극과 음극에 연결해서 하나의 전극으로 만들고, 전극 끝 부분에 아크를 발생시켜 재료를 용융 시킴과 동시에 압축공기를 Jet로 분사 시켜 코팅하는 방법이다.

아크로 재료를 용융시키기 때문에 고능률 작업이 가능한 장점이 있다. 하지만 전도성이 있는 용사원료가 필요하고 아크열에 의하여 재료의 성분이 변화하므로 미리 조성을 조정한 재료를 사용할 필요가 있다.

2) 플라즈마 용사(Plasma Spraying, non-transferred Arc Plasma)

Ar, He, N₂ 등의 가스를 아크로 플라즈마화 하고, 이것을 노즐로부터 배출시켜 초고온, 고속의 플라즈마 제트를 열원으로 하는 피막형성 기술이다.

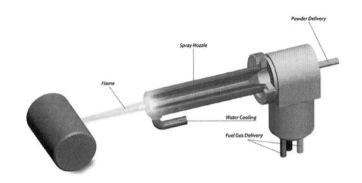

[그림 X-19] 플라즈마 용사

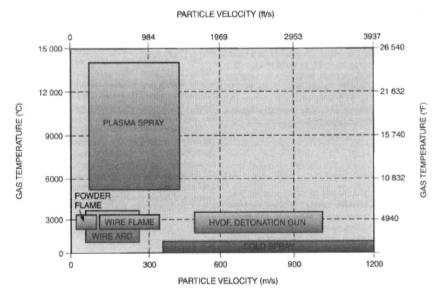

[그림 X-20] 용사 종류별 사용 온도와 분사 속도

플라즈마 발생장치는 Cu로 된 원형의 양극과 W로 된 음극으로 구성되며, 플라즈마 발생장치에서 전기 아크 방전을 이용해 작동가스를 플라즈마화 하여 제트를 형성 시킨다. 플라즈마 용사는 화염온도가 5,000~20,000 ℃로 매우 높아 고융점 W, Mo 같은 금속과 세라믹 코팅에 사용되고, 플라즈마 Jet에 의해 고속 분사가 가능해 고밀도 코팅이 가능하다

5.3.3. 용사피막

용사피막은 용사입자들이 용융 또는 반용융 상태로 가열 가속된 후 모재에 충돌, 응고되어 형성된다. 입자가 충돌될 때 발생하는 여러가지 현상들에 의해 기공과 미세균열이 발생할수 있다.

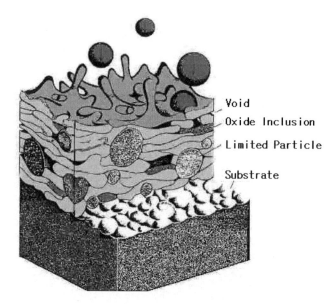

[그림 X-21] 열용사 피막 단면

표 X-5는 각 열용사법에 의한 용사피막의 특성을 정리한 것이다.

[표 X-5] 각 열용사법에 따른 피막 특성

	Particle velocity (m.s⁻¹)	Adhesion (MPa)	Oxide content (%)	Porosity (%)	Deposition rate (kg.hr⁻¹)	Typical deposit thickness (mm)
Flame	40	<8	10-15	10-15	1-10	0.2-10
Arc	100	10-30	10-20	5-10	6-60	0.2-10
Plasma	200-300	20-70	1-3	5-10	1-5	0.2-2
HVF	600-1000	>70	1-2	1-2	1-5	0.2-2

비교된 열용사법 중 고속가스용사(HVOF)법이 용사조직내 기공 비율이 가장 낮음을 알 수 있다.

5.4. 추가 공부 사항

5.4.1. 저온분사법(Cold Sparying Process)

비교적 최근에 개발되어 발전되고 있는 기술로 금속이나 복합재료 분말을 250~450℃ 정도로 예열된 압축가스(He, N_2, 공기, 혼합가스)를 이용해서 분사하는 방법이다. 열용사와 방법은 유사하나 열용사가 열과 운동에너지를 동시에 사용하는 것과 달리 저온 분사법은 운동에너지만을 이용한다.

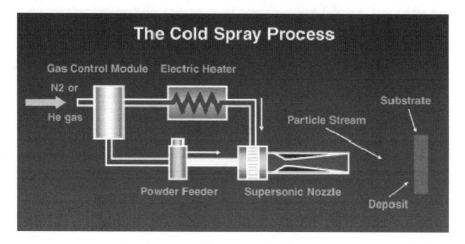

[그림 X-22] 저온 분사 개략도

압축가스를 800℃까지 예열하는 경우도 있지만 이것은 코팅 재료를 녹이기 위한 것이 아니라 분사 속도 증대를 위해서이다. 코팅될 입자들은 초음속으로 분사되어 상온 정도의 온도에서 모재에 충돌하고 그때 발생하는 높은 변형 에너지를 이용해서 코팅층을 형성 시킨다. 일종의 폭발용접 과정과 유사한 개념으로 모재에 결합하게 된다고 생각하면 된다.

저온분사 공정은 열용사 적용시 발생 할 수 있는 모재의 열적 제한성, 코팅입자의 공정 중 산화, 상변화 및 잔류응력의 형성과 같은 문제가 거의 없어 티타늄 이나 구리 같은 재질에도 적용이 가능하다. 산화물 및 기공 형성이 매우 낮기 때문에 열용사 비해 열전도성 및 전기전도도성이 좋아진다. 그리고 열용사 대비 코팅부의 밀도와 결합 강도가 높기 때문에 열용사 보다 훨씬 두꺼운 코팅이 가능하다. 또 최초 코팅재료의 고유 물성 유지가 가능하고, 잔류 응력도 적고, 작업 환경도 개선 시킬 수 있는 장점이 있다. 하지만 연성이 떨어지는 재료에 적용이 곤란하고, 결합방식 차이로 금속-세라믹간의 이종 접합이 어렵다.

6 **확산 용접(Diffusion Welding)**

6.1. 문제 유형

- 확산 용접(Diffusion Welding)을 원리와 적용 분야를 설명하시오.

6.2. 기출 문제

- 101회 2교시 : 확산 용접 방법(Diffusion Welding)의 특징, 종류, 확산용접조건, 확산용접단계 및 장, 단점에 대하여 설명하시오.
- 93회 2교시 : 확산접합을 이용하여 금속(metal)과 세라믹(ceramic)을 접합하고 자 한다. 그 원리와 장단점을 설명하시오.
- 92회 3교시 : 열간등압성형(HIP: Hot Isostatic Pressing)의 원리, 시공방법, 효과 및 응용분야에 대하여 기술하시오.
- 84회 3교시 : 마찰 용접, FSW(Friction Stir Welding), 확산용접(Diffusion welding), 폭발압접(Explosion welding), 초음파 용접(Ultrasonic Welding) 등은 대표적인 고상 상태 용접(Solid State Welding)법의 예시이다. 일반적인 용융용접(fusion welding)에 비하여 고상 용접법의 이점(장점)을 3가지 이상 열거하여 설명하시오.

6.3. 문제 풀이

6.3.1. 고상접합

접합하고자 하는 재료를 밀착시켜 융점 이하의 온도와 탄성변형 영역내의 압력을 가해서 접합면 사이에서 발생하는 원자의 확산을 통해 접합하는 방법을 말한다.

확산접합은 산화를 방지하고 확산을 촉진하기 위하여 주로 진공분위기나 불활성가스 분위기에서 이루어지는데, 이종접합재료간의 접합에서 금속간화합물이 생성되거나 산화가 잘 되는 금속, 소성변형이 어려운 고융점금속 등의 접합에는 삽입금속이 사용되기도 한다. 최근에는 삽입재료를 저융점 금속으로 사용하는 액상확산접합(Liquid Diffusion Bonding)이 개발 되었다.

6.3.2. 접합기구

확산접합은 고온 크리프에 의한 소성변형과 원자들의 확산에 의한 간극(Pore) 소멸 및 입계이동에 의해 이루어진다. 세부 접합 기구는 다음과 같다.

1) 변형 및 계면 형성

가열과 가압에 의해 고온 크리프 변형과 유사한 소성변형이 생겨 각종 표면피막이 파괴되고 국부적으로 순수한 표면이 나타난다. 시간이 증가함에 따라 순수금속에 접촉하고 있는 면적이 증가하며, 동시에 모재 상호간에 확산이동이 일어난다.

2) 입계이동 및 간극(Pore) 축소

미접촉부에 가늘고 긴형상으로 잔존하던 보이드는 에너지적으로 안정되기 위해 구상화한다. 접합이 점차 진행됨에 따라 입계확산에 의해 간극은 점점 축소되고, 선상의 입계는 입계에너지를 안정된 상태가 되도록 이동한다.

3) 부피확산에 의한 간극 소멸

입계가 이동하고, 부피확산에 의해 잔존 간극이 거의 소멸된다. 이 과장에서는 결정립의 성장이나 재결정현상이 나타나는 경우가 많다. 각종 산화피막이나 표면피막은 일반적으로 고용 또는 미세화되고 모재에 분산한다. 그러나 이종금속간의 접합은 접합계면 근처에서 금속간화합물이 형성되는 경우가 많기 때문에 접합과정이 복잡하다.

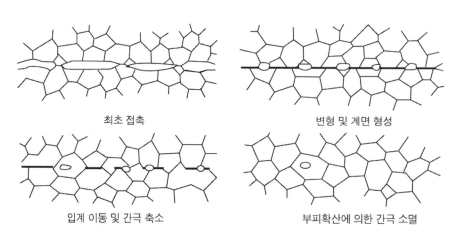

최초 접촉

변형 및 계면 형성

입계 이동 및 간극 축소

부피확산에 의한 간극 소멸

[그림 X-23] 확산 접합 기구

6.3.3. 액상 확산 접합(Liquid Diffusion Bonding)

브레이징과 확산접합을 조합한 접합법으로 확산 브레이징(Diffusion Brazing)이라고도 한다. 삽입금속을 모재 사이에 삽입하고 가열하여 접합과정 중에 일시적으로 액상을 형성시키는 것은 브레이징의 접합과정과 동일하지만, 접합온도에 계속 유지하여 융점저하원소를 확산시켜 액상을 등온응고시키는 것은 확산접합과 유사한 접합과정이다. 이러한 이유 때문에 천이액상접합(Transient Liquid 상 Diffusion Bonding, TLP bonding)이라고 부르기도 한다.

이 접합법은 접합계면에 일시적으로 액상이 형성되기 때문에 고상확산접합에 비해 비교적 쉽게 금속결합을 이룰 수 있을 뿐만 아니라 정밀하게 표면을 가공할 필요가 없으며, 접합압력이 거의 필요 없다는 장점이 있다. 또한, 접합온도에 등온응고 되기 때문에 브레이징법과 비교하여 접합계면에 취약한 금속간화합물이 생성되지 않으므로 기계적 성질 및 내식성이 우수한 접합이음부를 얻을 수 있다는 이점도 있다. 원리적으로 모재와 거의 같은 정도의 물리적, 화학적, 기계적 성질을 갖는 접합이음부를 얻을 수 있다.

액상확산접합은 삽입금속의 용융 → 모재의 용해(액상부 넓어짐) → 액상의 응고 → 성분원소의 균일화(고상 상태 용질 재 분배)의 과정으로 일어난다.

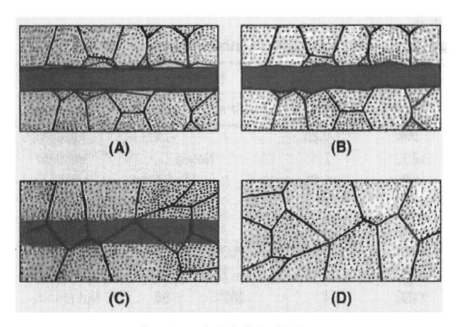

[그림 X-24] 액상 확산 접합기구

6.3.4. 열간등방압가압법(HIP, Hot Isostatic Pressing)

열간등방가압법(HIP)은 복잡한 형상에 많이 이용되는 주조나 우수한 기계적 성질을 가질 수 있는 단조를 대신할 수 있는 최신 생산 기법으로 최근 2.05m 직경(Giga HIP) 이상의 큰 제품을 생산할 수 있는 설비들이 개발 되고, 사용 가능한 가스 오토마이즈 (Gas atomized) 분말이 많아지면서 고합금강과 슈퍼알로이 위주로 많이 사용되고 있다.

HIP 공정은 특별히 제작된 압력 용기에서 100~2,000℃(최대 2,500℃)의 온도와 100~300 MPa의 압력을 가하는데, 주로 불활성 가스인 Ar을 이용해서 등방적인 압력을 피처리체에 가하기 때문에 Hot Isostatic Pressing이라 부른다. 드물지만 질소를 이용하기도 한다. 통상 슈퍼알로이는 1,100~1,260℃, 100~200MPa에서 수시간 유지를 하고, 공구강은 탄화물(Cemented Carbide)의 내부 기공 제거 위해 1500℃까지 가열 한다.

HIP은 일반적으로 소결품이나 주조품의 내부 기공을 제거하고 밀도를 증대시켜 기계적 성질을 좋게 하거나, 치수 정밀도를 높일 목적으로 사용한다. 공구강의 경우 탄화물을 아주 미세하게 분산 시킬 수 있기 때문에 내마모성 증대 목적으로도 사용된다.

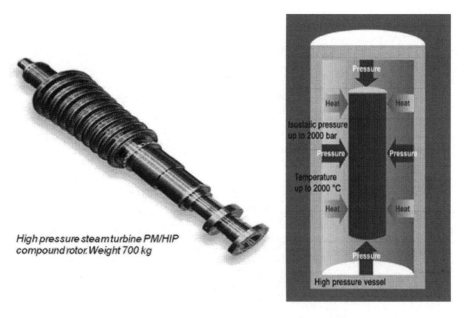

High pressure steam turbine PM/HIP compound rotor. Weight 700 kg

[그림 X-25] HIP(Hot Isostatic Pressing)

주조품이나 소결품이 아닌 금속 분말을 바로 사용할 경우에는 사전에 제작된 캡슐(Capsule)에 분말을 넣고, 그 캡슐(Capsule)을 HIP 설비에 넣어 확산접하 시켜 원하는 모양의 제품을 만들게 된다. HIP 종료 후에는 기계 가공이나 산세로 외부 캡슐(Capsule or Container)을 재질을 제거한다.

HIP으로 제작된 제품들은 기계적 성질이 단조나 기계 가공품과 유사해 주조 보다 우수하고, Near net shape 공정이라 복잡한 제품도 하나의 Solid로 만들 수 있어 단조나 기계 가공 대비 재료 손실이 적고, 공정도 간단해 진다. 그래서 HIP은 형상이 복잡할수록 경제성이 높아진다.

6.4. 추가 공부 사항

천이 액상접합(TLP)에서 삽입금속의 야금학적 특성에 대하여 설명하시오.

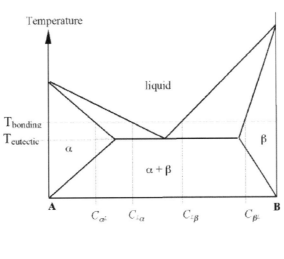

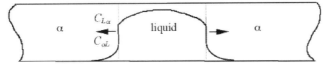

[그림 X-26] 천이 액상접합에서 삽입금속 성상

전자빔 용접(Electron Beam Welding)

7.1. 문제 유형

- 전자빔 용접의 특징과 발생 가능한 결함에 대하여 논하라.

7.2. 기출 문제

- 110회 1교시 : 전자빔 용접시 발생되는 아킹(Arching) 현상, 기공 및 스파이크 결함에 대해 각각 설명하시오.
- 98회 2교시 : 전자빔 용접시 발생 가능한 용접 결함 5가지를 쓰고, 방지 방안에 대하여 설명하시오.
- 95회 1교시 : 전자빔 용접이 필요한 금속의 예를 들고 그 용접방법에 대하여 설명하시오.

7.3. 문제 풀이

7.3.1. EBW(Electron Beam Welding) 개요

높은 진공(10^{-4}~10^{-6}mmHg) 속에서 필라멘트를 가열하여 나온 전자를 고전압으로 가속시키면 전자의 에너지가 증대 된다. 이렇게 에너지가 높아진 전자들을 전자렌즈로 집속 하여 극히 적은 면적에 집중적으로 조사하면 용접 대상재의 조사부는 순간적으로 용융되어 극히 좁고 깊은 용입이 얻어진다. 그리고 가속 전압을 높여 빔의 집중을 아주 좁게 하면 큰 에너지가 집중되어 조사부가 짧은 시간에 증발하게 되므로 고속의 절단이나 천공을 용이하게 할 수 있다.

EBW를 사용시 가열 면적이 아주 작기 때문에 용접 변형이 작고 모재의 성질을 변화시키지 않고 용접할 수 있다. 또 진공 속에서 용접을 하기 때문에 공기중의 유해한 원소에 의해 용융 금속이 오염되는 일도 없으므로 Ti, Mo, Zr, Ta과 같은 활성 금속의 용접이 가능하다.

그리고 전자렌즈에 의해 에너지가 집중되기 때문에 Mo, W, Ta와 같은 고융점(Mo 용점 : 2,623 ℃, W 융점 : 3,422 ℃, Ta 융점 : 3,017 ℃) 재료도 용접이 가능하다. 그리고 일반적으로 용접봉을 사용하지 않으므로 슬래그 섞임 등의 결함이 없는 장점 들이 있다.

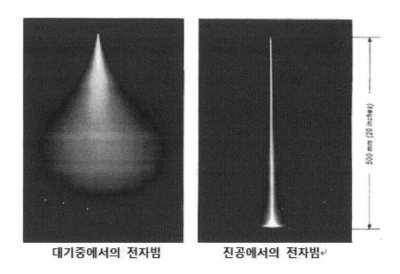

[그림 X-27] 진공에 따른 EBW 에너지 집중도

　하지만 진공에서 용접하기 때문에 용접 대상재의 크기가 제한 되고, 또 진공을 위한 장치가 필요하고 장치가 복잡해 고가이다. 그리고 X선이 많이 누출되므로 X선 방호 장비를 착용해야 하는 단점이 있다.

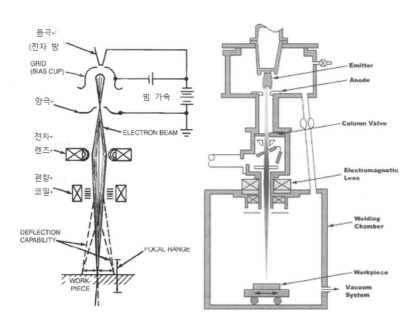

[그림 X-28] 전자빔 용접 개략도

7.3.2. EBW의 특징

전자빔 용접은 분위기의 순도, 에너지의 집중도, 깊은 용입등 다른 용접법에서 볼 수 없는 특징이 있으며 이 특징을 살린 독특한 적용 방법이 고안 되고 있다.

1) 깊은 용입

출력이 작으면 일반 아크 용접과 같은 형태의 열전도형 용접이 이루어 지나, 출력이 커지면 두꺼운 판재도 단일 패스로 용접이 가능하다.

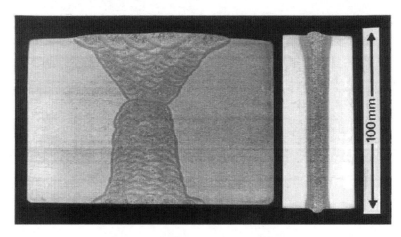

[그림 X-29] SAW 와 EBW의 용접부 단면

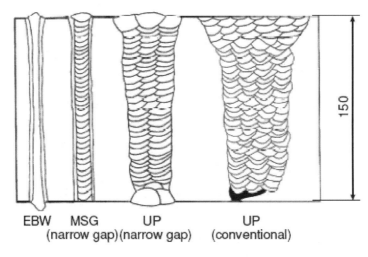

[그림 X-30] 각 용접법별 용접부 단면

2) 정밀 용접

빔 압력을 정확하게 제어할 수 있어 박판에서 후판까지 광범위한 용접이 가능하다.

3) 유해 가스량

$10^{-4} \sim 10^{-6}$mmHg 정도의 높은 진공에서 용접이 이루어 지므로 대기 중의 산소나 질소 등에 의한 오염은 고려할 필요가 없다.

4) 성분 변화

높은 증기압으로 알루미늄 합금에서는 Mg, 철강 중의 Mn, Zn 합금 중의 Sn 등이 증발 할 수 있어 용접부의 기계적 성질이나 내식성이 저하 될 수 있다.

5) 가스의 제거

높은 진공에서 용접하면 합금 원소나 불순물이 휘발하여 성분이 변화된다. 휘발 반응은 재료의 종류, 진공도, 가열 온도와 시간 등에 따라 변화되나 일반적으로 증기압이 10^{-6}기압 이상이 되면 빨리 진행된다. 금속 탈산제를 첨가하여 휘발 시켜 탈산 시킬 수 있다.

7.3.3. 용접결함과 방지법

1) 기공(Porosity)

산소나 탄소, 수소 등의 불순물이 다량 함유된 금속에서는 증발 현상과 용접부 급냉 (용입이 깊고, 용융 금속량 적음)으로 내부 기공이 발생 할 수 있다. 기공 방지를 위해서는 빔 오실레이션이 좋고, 림드강 용접시에는 탈산제를 함유한 용접 재료를 사용한다.

2) 스파이크와 루트 기공(Spiking and Root Defects)

빔 선단부의 특성에 의해 평균 용입선 보다 갑자기 용입이 증가하여 용접금속이 스파이크 모양으로 나타나는 결함을 말한다. 전자빔 용접의 부분용입 용접부에서 자주 발견되는데 에너지 밀도가 클수록 현저하게 된다. 스파이크들은 대부분 기공을 포함하고 있어 루트 기공이 나타나게 된다. 스파이크는 용입의 깊이와 아주 깊은 관련이 있는데 적정한 출력을 통해 용입 깊이는 낮추게 예방책이 될 수 있다.

3) 콜드셧(Cold Shuts)

스파이크와 깊은 관계가 있는데 순차적으로 용융된 용융금속이 키홀로 유입되어 용융 측벽이 충분히 융합되지 못하기 때문에 발생한다. 용융부의 급냉에 의해 발생하므로 용접속도를 늦추거나 빔을 오실레이션 시켜 용융부의 냉각속도를 늦추는 것이 좋다. 그리고 에너지 밀도를 낮추어 용접부 폭을 넓히는 것도 콜드셧을 방지 할 수 있다.

4) 아킹(Gun Discharging)

용융부로부터 발생한 금속증기나 가스가 전자총에 유입되어 발생하는데, 아킹이 발생하면 전자빔이 중단되기 때문에 용접부에 결함을 유발하고, 보수가 필요하게 된다. 이러한 문제점을 해결하기 위해 아킹시 서지 에너지(Surge Energy)를 흡수하거나 서지 에너지를 작게 설계해서 아킹에 의해 전자빔 발생이 중단 되더라도 즉시 복귀 시킬 수 있는 방법이 사용된다.

5) 험핑비드(Humping Bead)

고속용접시 비드 표면에 혹 모양의 울퉁불퉁한 비드가 형성되는 것을 말하며 험핑비드와 언드컷은 형성되는 경우가 많다. 빔 직경을 작게하고 용접속도를 늦추면 방지 할 수 있다.

7.3.4. EBW 분류

전자 빔 용접법을 크게 분류하면 두 가지로 나눌 수 있다. 하나는 진공도에 의한 방법이고, 다른 하나는 전류 전압 등의 전기적인 분류 방법이다.

1) 전기적인 분류

다른 조건이 일정할 경우 전압이 높을수록 깊은 용입을 얻을 수 있다.

(1) 고전압 소전류형(가속전압이 70~150 KV)

전자빔의 집속이 쉬워 천공, 절단 등에 적합하며, 전압이 높을수록 다량의 X-선이 발생 하므로 안전한 보호 장치가 필요하다.

(2) 저전압 대전류형(가속전압이 20~40 KV)

전자 빔을 용접에만 이용할 경우 용접부의 온도가 비점에 도달할 정도만 되면 된다. 특히 크기고 작고 얇은 용접 대상재의 경우 저전압을 이용할 경우 X-선 발생이 줄어 용접의 편의성을 증대 시킬 수 있다.

2) 진공도에 의한 분류

다른 조건이 일정할 경우 진공도가 클수록 빔의 직경은 작아지고, 빔의 밀도는 커진다.

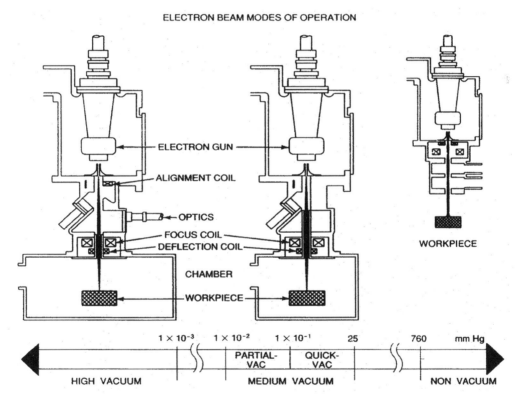

[그림 X-31] 진공도에 따른 전자빔 용접의 구분

(1) 고진공형(10^{-6}~10^{-3} torr)

진공 분위기를 만들기 위한 시간이 많이 걸리고, 용접물의 크기에 제한이 있으나 좁고 깊은 용입을 얻을 수 있어 수축에 의한 용접 변형이 적고, 용접부 오염이 적다. 산화 혹은 질화 및 주변 환경 조건에 따라 오염이 쉽게 발생하는 활성 금속의 용접에 적당하다.

(2) 저진공형(10^{-3}~25 torr)

고진공형 대비 진공을 위한 배기 시간이 짧아 양산형 용접기로 많이 사용되며 활성금속을 제외하고는 다른 금속에서는 고진공형과 동등한 용접 품질을 얻을 수 있다.

(3) 대기압형

전자빔을 만드는 전자총은 진공으로 유지되지만 용접 대상물을 진공실 안에 넣어 둘 필요가 없기 때문에 용접물의 크기 제한이 없고, 진공을 위한 배기 대시 시간이 상대적으로 작아서 비용이 저렴하다. 적당한 보호가스 분위기만 형성되면 Cu, Ti 및 그 합금을 용접 할 수 있다. 하지만 빔의 집중은 진공형 대비 많이 떨어진다.

7.4. 추가 공부 사항

- 현업에서 EBW Process 적용이 제한되는 경우에 대하여 설명하시오.
- 고밀도 에너지 용접에 대해 설명하시오.

7.4.1. 고밀도 에너지 용접

전자빔이나 레이저빔 또는 플라즈마 아크를 진공이나 가스분위기 중에서 고밀도로 집속하여 용접하는 방법을 고밀도 에너지 용접이라고 한다.

고밀도 에너지 용접은 키홀 모드(Key-hole Mode)에 의한 용접이 가능해 GMAW이나 GTAW 대비 용입이 깊고, 용접부 산화나 변형이 적고, 고속 용접이 가능한 장점이 있다. 그리고 용접 후 가공이 필요 없기 때문에 용접 비용의 절감 효과가 커서 고부가가치 재료의 동종 또는 이종 재료 용접에 폭넓게 사용되고 있다.

하지만 LBW(Laser Beam Welding)이나 EBW(Electron Beam Welding)은 빔이 작아 용접부의 정밀한 가공과 전처리가 필요하고, 소재에 따라 적합한 빔 모드와 작용 가스 등 각종 변수를 정밀하게 제어하지 않으면 고정밀의 우수한 특성을 살릴 수 없다. 그리고 이러한 변수는 용접 진행 동안에도 엄밀히 관리 되어야만 좋은 품질을 유지할 수 있다.

레이저빔(Laser Beam)이나 전자빔(Electron Beam), 플라즈마 아크는 용접 뿐만 아니라 표면처리에도 이용될 수 있는데 PTA(Plasam Transferred 아크) 분체 육성, 표면 경화, 클래딩(Cladding) 등의 방법으로 사용된다. 그리고 특정한 부위만 원하는 조성의 성분을 가지는 합금층을 진공 및 불활성 가스 분위기에서 만들어 내식 및 내마모성, 내열성 등을 증대 시킬 수도 있다.

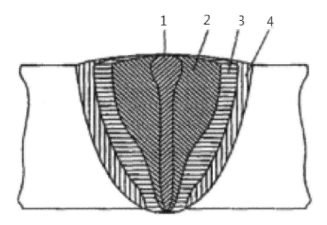

1. 전자빔 용접 2. 플라즈마 아크 용접
3. GMAW 용접 4. GTAW 용접

[그림 X-32] 용접법에 따른 용입형상 및 열영향부

8 레이저 빔 용접(Laser Beam Welding)

8.1. 문제 유형

- 레이저빔(Laser Beam) 용접에서 고체레이저와 기체레이저의 특성에 대하여 설명하라.

8.2. 기출 문제

- 108회 1교시 : 전기아크용접에 비하여 레이저 용접의 장단점을 3가지씩 설명하시오.
- 108회 4교시 : 자동차용 강판의 레이저용접에는 가스레이저와 고체레이저가 사용된다. 아래의 사항에 대하여 설명하시오.
  가. 가스레이저(1가지) 및 고체레이저(2가지)의 종류
  나. 가스레이저 및 고체레이저의 특징(파장, 빔의 전송 등)
- 99회 3교시 : 용접용 레이저로서 상용화된 기체레이저와 고체레이저의 종류를 열거하고, 이러한 두 종류의 특징을 비교 설명하시오.
- 98회 4교시 : CO_2 레이저와 Nd:YAG 레이저의 차이점을 설명하고 용접시 어떤 특성을 갖는지 설명하시오.
- 89회 2교시 : 레이저빔 용접의 발진 출력형태를 도식화하여 열거하고 그 특성을 설명하시오.
- 87회 1교시 : 전자빔 용접 및 레이저빔 용접이 일반적인 아크용접과는 달리 키홀(Key-hole)용접이 가능한 가장 큰 이유를 설명하시오.

8.3. 문제 풀이

8.3.1. 레이저(Laser)의 기본 특성

LASER는 Light Amplification by Stimulated Emission of Radiation의 머리글자로 우리 말로 번역하면 유도 방출 과정에 의한 빛의 증폭이라고 할 수 있다. 여기서 증폭이란 자연광이나 보통의 전구에서 발생해서 제각기 흩어져 있는 빛의 각 원자들을 한곳에 모은 것이 아니고 각 원자에서 방출되는 빛의 위상을 가지런하게 하여 이들의 중첩

작용으로 진폭을 증대하고 완전히 평면파로 되게 한 것이다.

레이저는 위상이 고른 단일파장의 빛이므로 매우 작은 크기로 집속이 가능하여 금속 뿐만 아니라 유리, 세라믹, 플라스틱, 목재 등 대부분의 재료를 가공할 수 있다. 특히 빔 품질이 우수한 펄스레이저를 사용하는 경우 빔 직경이 작고 에너지 밀도가 높기 때문에 전자, 의료용 장비 등의 정밀 가공이 가능하다.

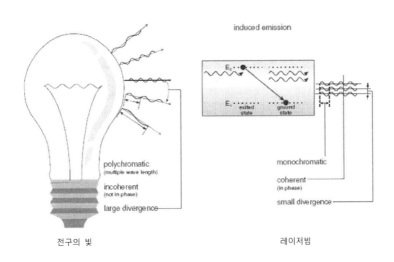

[그림 X-33] 레이저빔의 특성

8.3.2. 레이저 용접의 원리

레이저빔은 빛의 일종으로 빛은 에너지를 얻은 원자나 분자로부터 방출되는 것이다. 레이저빔 용접은 이러한 빛을 고밀도로 집속시켜 재료를 가열, 용융시켜 접합하는 방법 이다.

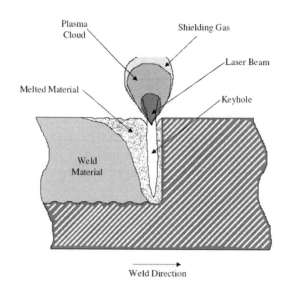

[그림 X-34] 레이저 용접 개요

레이저빔을 저밀도(10^5 W/cm^2)로 집속하면 재료가 수 ㎳에 용융이 일어나면서 재료의 표면부만 용융되어 열전도형 용접이 이루어 지면서 용입이 얕게 된다. 하지만 레이저빔이 임계 밀도값(10^5 W/cm^2) 이상이 되면 수 ㎲만에 재료가 기화온도 이상으로 상승한다.

대부분 금속재료는 가공용 레이저 파장에 대해 높은 반사율을 가지지만 적은 양의 레이저라도 흡수되면 모재를 급속히 가열시키면서 레이저빔의 흡수율을 높이게 되고, 결과적으로 금속재료는 비등점 이상으로 가열되면서 증기와 전자, 이온을 생성 시키게 된다. 이와 같은 효과를 이용해 용접하는 것을 키홀 모드(Key Hole Mode)라고 한다.

통상의 아크 용접은 아크 열에 의한 모재의 용융과 열전도에 의한 용접 에너지 전달을 기본으로 하고 있기에 용접부의 폭이 깊이에 비해 크다. 따라서 두꺼운 재료 용접시 그루브(Groove) 가공이 필요하고, 용접봉 등의 용가재를 사용하여 다층 용접을 하는 것이 일반적이다. 반면 레이저빔 용접의 키홀 모드는 용접에 필요한 에너지를 재료 표면에서부터 점진적으로 전달하는 것이 아니라 두께 방향으로 직접 투입하기 때문에 두꺼운 재료도 한번에 용접이 가능하게 된다.

레이저 용접은 이렇게 열전달을 기본으로 하는 Conduction Mode의 용접과 두꺼운 후판을 한번에 관통된 용융홀을 만들면서 용접을 진행하는 Keyhole Mode의 두가지 용접을 모두 진행할 수 있다.

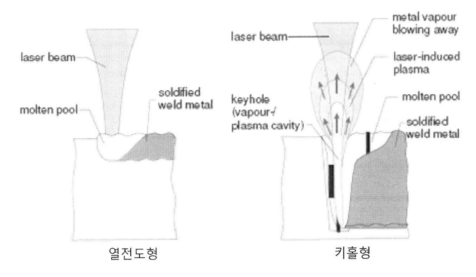

열전도형	키홀형

[그림 X-35] 레이저빔 용접법

8.3.3. 레이저빔 용접 종류

현재까지 30여 종류의 다양한 종류의 레이저가 개발되어 있지만 실제 용접 및 절단에 유용하게 사용될 수 있는 레이저는 몇가지 되지 않는다.

레이저를 발생 시키기 위해서는 레이저 매질이 필요한데, 이 매질의 종류에 따라 액체, 기체, 고체 레이저로 나눌 수 있다. 용접에는 기체 레이저인 CO_2나 고체 레이저인 Nd:YAG를 많이 사용한다.

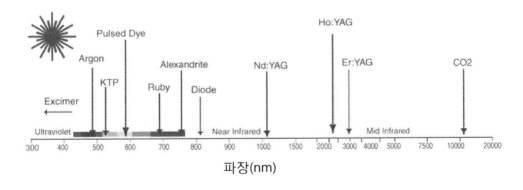

[그림 X-36] 레이저 종류별 파장

1) CO₂ 레이저

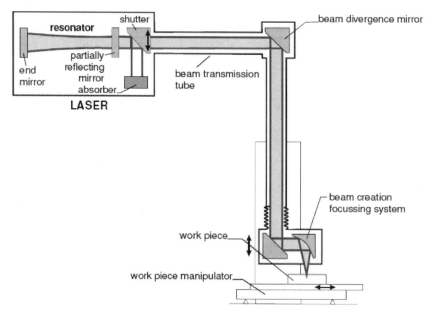

[그림 X-37] 레이저 용접기 개략도

CO₂ 레이저는 발진파장이 원적외선 영역인 $10.6\mu\mathrm{m}$으로 대기중에서 흡수손실이 대단히 적어 금속이나 비금속 등 어느 경우에도 에너지 흡수가 우수하여 가공에 적합하다. 그리고 CO₂ 분자의 진동 및 회전 에너지를 이용하기 때문이 효율이 매우 높고 대출력의 연속 발진이 가능하다. 산업용으로 통상 5~20kW의 출력을 사용하는데 최대 40 kW까지도 사용한다. 전력에 대한 레이저 츨력으로서의 효율은 통상 20% 정도에 이른다.

2) Nd:YAG 레이저

Nd:YAG 매질은 YAG(Yittrium Aluminum Garnet, $Y_3Al_5O_{12}$) 봉(rod)에 활성이온인 Nd^{3+}을 소량 도포한 것으로 YAG 결정의 여기로 파장 $1.06\mu\mathrm{m}$의 강력한 근적외광을 발진시킬 수 있다. CO₂ 레이저 대비 파장이 짧기 때문에 집광성이 우수하고 미세가공에 적합하여 소형 전자부품의 가공에 적합하다. 또 금속표면에서 반사율이 작아 Cu, Al 등과 같은 고반사 재료의 가공에도 유리하다.

Nd:YAG 레이저는 출력과 효율은 CO₂ 레이저 대비 떨어지는데, 최대 출력은 4.5kW이고, 효율은 4% 이하로 낮다. 하지만 CO₂ 레이저 일반적으로 반사 거울만 가능한데 비해 Nd:YAG은 반사 거울 뿐만 아니라 광섬유도 가능하기 때문에 작업성에 유리하다.

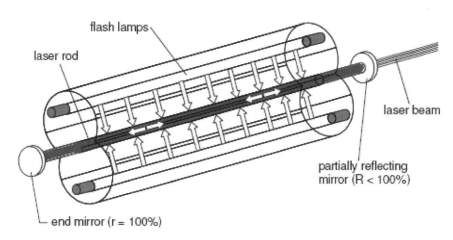

[그림 X-38] Nd:YAG 레이저 개략도

[표 X-6] CO_2 레이저와 Nd:YAG 레이저 용접비교

Property	CO_2 Lasers	Nd:YAG Lasers
Lasing Medium	CO_2 + N_2 + He gas	Single crystal rod neodymium doped yttrium aluminum garnet
Radiation Wavelength	10.6 μm	1.06 μm
Excitation Method	Electric discharge	Flash lamps
Consumables	CO_2, N_2, He, electricity	Flash lamps, electricity
Output powers	Up to 45 kW	Up to 4.5 kW
Beam Transmission	Polished metal mirrors	Fiber optics or mirrors

3) 파이버(Fiber) 레이저

파이버 레이저는 가공용으로는 최근에 개발된 방법으로 Nd:YAG 레이저와 같은 고체 레이저이다. 레이저 매질은 파장에 따라 다양하게 있지만 가공용으로는 이터븀(Yb)으로 도핑된 광섬유를 많이 사용한다.

고출력 파이버 레이저는 여러 가지 장점을 가지는 있는데, 효율이 25% 정도로 램프나 다이오드에 의해 증폭된 Nd:YAG 레이저 보다 좋고, 램프 여기 시스템에 비해 더 작은 직경의 파이버가 사용되기 때문에 에너지 밀도를 높일 수 있다. 또 레이저 장치가 매우 소형화되고 공정 유연성이 증가하여 기존의 레이저 기술로는 불가능했던 응용 분야에도 적용이 가능하다.

8.3.4. 레이저 용접의 특징

레이저 용접은 높은 에너지 밀도의 점 열원을 이용하는 이른바 키홀(Key-hole) 용접법이기 때문에 용접부 형성 기구가 아크 용접 등 통상의 용접법과는 차이가 있다.

1) 깊은 용입

출력이 충분하면 두꺼운 판재도 단일 패스로 용접이 가능하기 때문에 그루브 가공과 용접봉의 사용을 생략할 수 있어 유리하다.

2) 적은 입열 에너지

투입되는 입열 에너지가 아주 적기 때문에 열변형을 줄일 수 있다. 그리고 열영향부의 결정립 조대화나 취화부를 줄일 수 있다.

3) 높은 효율

용접 속도 수 m/min까지 가능하고, 하나의 레이저 발진기로 여러 곳을 작업할 수 있기 때문에 용접 효율이 높다.

4) 복잡한 작업 준비

집속광의 직경이 1mm 이하이기 때문에 용접면의 정밀 가공이 필요하고 레이저 집속광과 용접선의 정렬도 매우 중요하다. 이러한 조건은 용접재의 두께가 얇을수록 중요하다.

5) 용접 비용 고가

레이저 용접장치는 에너지 변환효율이 낮고 장치가 복잡해 제조비용이 고가이며 출력이 증대 될수록 가격은 기하급수적으로 증대 된다. 또한 Al, Cu와 같은 비저항이 낮고, 열전도도가 좋은 소재는 레이저의 흡수율이 낮기 때문에 상대적으로 더 높은 출력의 레이저가 요구돼 비용이 더 증대 된다.

6) 저인성

냉각 속도가 빠르기 때문에 변태경화계 강의 경우 다른 용접법 대비 국부적으로 경도
가 아주 높아 질수 있고, 이로 인해 인성이 떨어 질 수 있다.

8.4. 추가 공부 사항

8.4.1. 레이저빔 이송방법

[표 X-7] 레이저 이송 방법

구 분	레이저빔 이송방법	
	거울	광섬유
Source	CO_2 레이저, Nd:YAG 레이저	Nd:YAG 레이저
이송출력	수십 kw	수 kw
재질	구리, 알루미늄, 실리콘, 몰리브덴	석영계의 유리섬유

레이저 하이브리드 용접(Laser Hybrid Welding)

9.1. 문제 유형

- 레이저 아크 하이브리드 용접의 원리와 레이저 용접 대비 장점에 대해 설명하라.

9.2. 기출 문제

- 102회 2교시 : Laser-MIG 하이브리드용접에서 1)Laser-MIG 하이브리드용접의 장점을 laser용접, MIG용접과 비교하고, 2) 위의 3가지 용접법의 용입현상을 구분하여 설명하시오.
- 80회 1교시 : 레이저 하이브리드 용접의 개요와 장점을 설명하시오.
- 74회 1교시 : 레이저-아크 하이브리드 용접공정의 원리와 그 효과에 대해서 설명하시오.

9.3. 문제 풀이

9.3.1. 레이저 하이브리드 용접 개요

레이저 용접장치는 에너지 변환효율이 낮고 장치가 복잡해서 제조비용이 고가인데, 출력이 증대 될수록 가격은 기하급수적으로 증대 된다. Al, Cu와 같은 비철 금속은 비저항이 낮고, 열전도도가 높아 레이저의 흡수율이 낮으므로 상대적으로 더 높은 출력의 레이저가 요구돼 비용이 많이 올라 가게 된다. 그리고 용접시 냉각속도가 매우 빠르기 때문에 합금 원소 함량이 높은 고강도강이나 Al 등에서 기공이나 균열과 용접 결함의 문제점도 발생한다.

하지만 이런 제약 조건에도 불구하고 레이저 용접은 현재까지 개발된 용접법 중에서 적용 범위가 가장 넓고, 품질 및 생산성이 우수하다. 따라서 용접 비용, 이음부 정렬 정밀도, 용접부 품질 등의 단점만 보완 된다면 그 활용도는 크게 증대 될 수 있다. 이를 위해 개발된 것이 레이저 아크 하이브리드 용접법인데, 이는 위에서 언급한 레이저 용접의 단점을 가격이 저렴한 아크 열원 보완하는 기술이다.

9.3.2. 레이저 하이브리드 용접 원리

레이저 빔의 흡수율은 재료의 고유저항에 비례하고, 이 고유저항은 통상 온도가 높아
질수록 증대하게 된다. 레이저 아크 하이브리드 용접의 기본 원리는 제2의 열원, 즉 저
렴한 아크 열원을 이용하여 재료의 표면을 가열시켜 레이저 빔의 흡수율을 증가시키는
것이다.

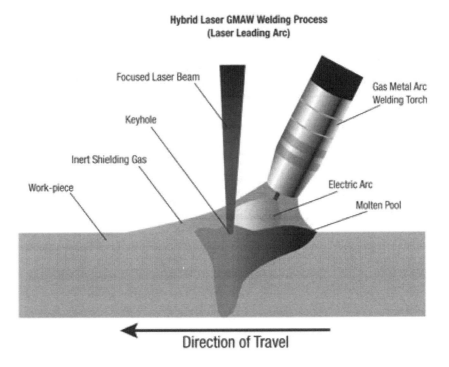

[그림 X-39] 레이저 GMAW 하이브리드 공정

그림 X-39와 같이 아크 열원을 GMAW로부터 얻는 방법으로 전극과 모재 사이에서 아
크에 의해 모재가 가열되면 국부적으로 재료의 용융이 발생하여 용탕이 형성된다. 용탕
의 중심은 전자기력, 용탕 유동, 플라즈마의 팽창압 및 분위기 가스의 압력 등에 의해
중간이 움푹 들어가는 모양의 형상이 형성된다. 여기에 레이저 빔을 조사하면 고온으로
가열된 재료에서 빔의 흡수율이 증대되고, 기하학적 형상으로도 레이저빔의 집속이 유
리해 진다.

일반적으로 레이저 아크 하이브리드 용접법은 레이저 용접 장치에 아크 용접용을 토

치를 부가적으로 붙인 형태나 하나의 토치에 레이저와 아크 두 열원이 함께 있는 것도 있다.

9.3.3. 레이저 하이브리드 용접 특성

레이저 하이브리드 용접은 보조 열원으로 파장이 다른 레이저나 유도가열 등을 이용할 수도 있으나 대부분 아크 열원을 이용하고, 아크 열원의 종류에 따라 L-GMAW, L-GTAW, L-PAW등으로 나눌 수 있다.

레이저 아크 하이브리드 용접의 특징은 다음과 같다.

- 아크 용접 대비 용접 속도가 빠름
- 낮은 용접 입열량을 적요하기 때문에 용접부 특성이 개선
- 요구되는 레이저 출력이 일반 레이저빔 용접 대비 낮아 비용 절감
- 용접부 이음부 관리가 용이
- 자동화가 용이

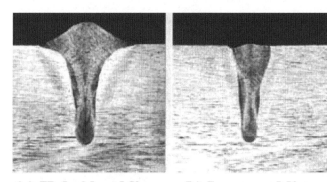 

(a) Hybrid welding　　**(b) Laser welding**　　**(c) Arc welding**

[그림 X-40] 용접법별 용접부 형상 비교

9.4. 추가 공부 사항

맞대기 용접(Butt Joint) 준비간 레이저 용접에서 추천되는 루트 갭(Gap)은 얼마이며 하이브리드(Hybird) 용접법 적용시 예상되는 장점에 대하여 설명하시오.

마찰교반용접(FSW)

10.1. 문제 유형

마찰교반용접(Friction Stir Welding)에 대하여 설명하여라.

10.2. 기출 문제

- 102회 1교시 : 마찰교반용접(Friction stir welding)의 원리와 특징을 설명하시오.
- 92회 1교시 : 마찰교반용접(FSW) 기술의 철강재 적용시 접합 툴(tool)의 재료는 크게 3가지로 나눌 수 있다. 그 중 2가지를 설명하시오.

10.3. 문제 풀이

마찰교반용접(FSW)의 개발로 기존 마찰용접이 원형 단면부재의 접합에만 적용되는 한계를 넘어 판형 강재 및 곡면의 맞대기 용접부 그리고 기존 용접법으로는 적용이 어려웠던 알루미늄등의 경량합금 구조물등에 적용이 가능하게되었다.

10.3.1. 마찰교반용접의 원리

마찰교반용접은 그림 X-41과 같이 접합할 모재를 고정시킨후 이음부의 맞대기 면을 따라 접합할 모재에 비해 경한 재질인 비소모식 회전 툴(Tool) 또는 회전봉(Stir Rod)의 일부가 삽입되어 회전을 하게 된다. 툴과 접합할 모재의 상대적 운동에 의해 마찰열을 발생되는데 이 열은 모재의 변형저항을 낮추어 연화시키기에 충분한 온도로 가열되고 기계적인 힘을 가해 접합을 하게 된다. 통상 모재의 용융온도의 80%이하에서 접합이 이루어 지므로 고상접합 용접법의 일종이라고 할 수 있다.

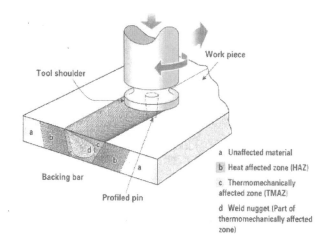

[그림 X-41] 마찰교반 용접법 개략도

[그림 X-42] 마찰교반 용접 비드(316SS, 5t)

10.3.2. 마찰교반용접의 장점

- 툴(Tool)과 모재에 의한 마찰열에 의한 고상용접이므로 모재의 변형이 적음
- 키홀 용접(Key-hole Technic)법을 구현할 수 있어 변형 없이 용접이 가능함
- 경량합금(Al. Mg. Ti합금) 등으로 제조된 주조제품, 금속기지 복합재료등 기존용 접기술의 적용이 거의 불가능했던 재료도 접합가능함
- 용가재, 차폐 가스등을 사용할 필요가 없으며 용접부위의 전처리 불필요함
- 용융용접에 대하여 변형이 적기 때문에 용접부의 기계적 강도 우수함
- 접합중 유해가스나 유해광선이 발생치않아 작업환경이 친환경적임

10.3.3. 마찰교반용접의 단점

- 용접 끝부분에 공구 돌기구(Profile Pin)의 구멍(Key hole)이 남음, 따라서 End Plat를 부착하여 FSW의 용접심 연장하거나, FSW용접 후 아크 용접을 이용하여 보수용접이 적용 요구됨
- 복잡한 3차원 곡면형상의 접합이 어려움(최근에는 기술 발전으로 3차원 곡면 형상의 용접도 가능함)
- 기본적으로 모재를 강하게 클램핑(Clamping)하여야 하며, 접합부 뒷면에 마찰압력에 견딜수 있는 백업(Back-up)재가 필요함
- 접합용 공구재료의 제한으로 피접합재료가 아직까지 경금속 또는 재용접 금속에 한정되어 있음(최근 기술 동향으로는 전 금속에 걸쳐 가능함)

10.3.4. 마찰교반용접 툴(Tool) 재질

1) 툴(Tool)재질 특성

용접 대상 모재에 직접 관통하여 용융층을 형성하게 되는 교반툴은 고온에 노출되기 때문에 고온 강도를 비롯하여 아래와 같은 기능을 확보해야 한다.

- 작업간 발생하는 압축응력 및 전단응력을 변화 되는 온도에서 충분히 견딜 수 있는 강도를 가지고 있어야 함
- 고온에서 치수변화가 없어야 함
- 저속 및 고속 회전 영역에서 충분한 내마모성을 가지고 있어야 하고, 화학적 마모에 대해서도 저항성이 있어야 함
- 용접 대상재와 반응성이 없어야 한함
- 복합 금속으로 구성된 경우, 열팽창계수가 고려되어야 함
- 재질확보가 쉬어야 하며 가공성이 있어야 함
- 파괴 인성이 충분히 높아야 함

일반적으로 용접적용되는 모재별 추천 툴(Tool)재질은 다음과 같다.

[표 X-8] FSW의 툴 재질

모 재		Tool 재질
재 질	두께mm	
Aluminum Alloys	〈 12	Tool Steel, WC-Co
	〈 26	MP159
Magnesium Alloys	〈 6	Tool Steel, WC
Copper and Copper Alloys	〈 50	Nickel Alloys, PCBN, 텅스텐(Tungsten) Alloys
	〈 11	Tool Steel
Titanium Alloys	〈 6	텅스텐(Tungsten) Alloys
Stainless steels	〈 6	PCBN, 텅스텐(Tungsten) Alloys
Low Alloy Steels	〈 10	WC, PCBN
Nickel Alloys	〈 6	PCBN

2) 일반공구강(Tool Steels)

- 알루미늄 합금의 FSW용으로 가장 많이 이용
- 대표 사양으로는 ANSI H13(Cr-Mo hot worked air-hardening steel)이 있음
- 고온 강도 및 열피로, 내마모성이 우수
- 무산소 동의 용접에 적용 가능
- SKD61: Max 600 ℃까지 적용.

3) Ni & Co 합금(스텔라이트)

- 크립 강도가 높고, 내식성이 우수함
- Stellite 12(Tool형태로 가공이 어렵다), Inconel 718, MP 159(상대적으로 가공이 용이)의 상용재질들이 적용
- 일반적으로 600~800℃나 1110~1470℃에서 용접되는 구리나 구리합금에 적용

4) 내화 금속(Refractory Metals)

- W, Mo, Nb and Ta을 분말 소결로 제작
- 1000~1,500℃의 고온에서도 강도 유지

5) PCBN(복합재료)

- Polycrystalline Cubic Boron Nitride이라고 하며 툴 재질로 최초개발
- 제작비용 높고 파괴 인성이 낮은 단점이 있음

10.3.5. 적용사례(TWI에서 소개된 사례)

- 용접부의 기계적 성질이 향상 되어 탑재화물 증가 가능하여 실제 항공사에서 중앙동체부에 적용하거나 리벳이음 대신 적용하고 있음
- 일본의 신칸센과 경전철 객차의 벽면에 적용된 사례가 있음
- 선박해양 분야에서 Al 판넬 및 선박의 데크(Deck Floor) 등에 적용되고 있음

10.3.6. 최근기술 동향

FSW의 응용기술로 H-Beam 및 심리스 배관(Seamless Pipe) 용접의 응용기술로 연구되고 있으며 생산성 향상 목적으로 갭(Gap) 발생부에 핫 티그 와이어(Hot TIG Wire)를 사용하는 GTAW 하이브리드(Hybrid) 기술도 연구되고 있다.

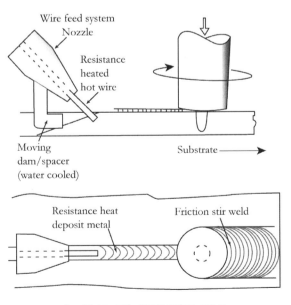

[그림 X-43] 하이브리드 FSW

10.4. 추가 공부 사항

FSW용접부와 모재부의 조직특성을 야금학적인 관점에서 설명하시오.

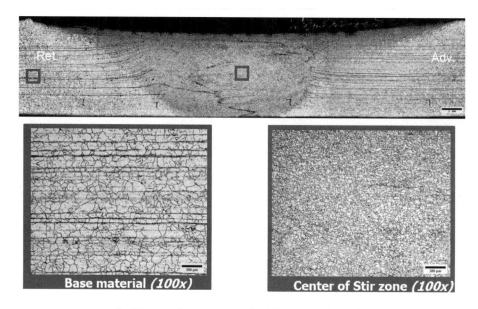

[그림 X-44] Alloy 600의 마찰교반용접(FSW)부

용접 설계

1 용접구조 및 이음 설계

1.1. 문제 유형

- 압력용기의 강도계산시 요구되는 설계인자들에 대하여 설명 하시오.

1.2. 기출 문제

- 92회 1교시 : 압력용기(ASME Sec. VIII)를 설계 할 때 맞대기 용접 이음효율 (Joint Efficiency)의 정의와 최대허용 이음효율에 따라 방사선투과시험(RT) 촬영 조건을 설명하시오.

1.3. 문제 풀이

압력용기(Pressure Vessel)란 압력을 가진 유체(액체 또는 기체)를 수용하는 모든 용기로서 보일러도 포함한다. 좁은 의미의 압력용기라 함은 석유화학공업에서 액체 또는 기체를 저장, 반응, 분리 등의 목적으로 만들어진 용기로서 압력에 견딜 수 있도록 설계, 제작된 용기를 말한다. 그리고 운전중에 연소하고 있는 고체 혹은 화염등을 취급하는 것은 Fired Pressure Vessel, 화기를 취급하지 않는 것을 Unfired Pressure Vessel이라고 한다.

압력용기의 제작 설계를 위해서는 기본적으로 적용 규격과 Local 법령이 필요하고 Specification, 설계를 위한 참고 문헌 등이 필요하며 압력부(Pressure Part)의 상세한 설계 자료로는 아래사항이 확인되어야 한다.

1.3.1. 설계압력

용기의 설계압력은 운전조건에서 용기의 최상부에서의 설계상 필요한 게이지 압력(Gauge Pressure)이다. 내압(Internal Pressure)은 용기의 두께를 결정하는 주요한 인자가 되며 각 규격별로 내압에 대한 제한을 두기도 한다. 외압(External Pressure)은 최대 진공(Full Vacuum) 또는 하프 진공(Half Vacuum) 등이 있으며 때로는 복합압력용기(Combination Vessel)에서는 압력의 차이가 외압으로 작용할 수도 있다.

1.3.2. 설계온도

일반적으로 최대설계온도(Max. Design Temperature)를 기준으로 허용응력값을 구하여 두께를 계산한다. 더불어 최저설계온도(Min. Design Temperature)를 기준으로 충격시험여부를 결정하고 MDMT(Minimum Design Minimum Metal Temperature)에서 충격시험에 견딜 수 있는 재료를 선정한다.

1.3.3. 주요치수(Demension)

압력용기의 최소필요두께 계산을 위해서는 동체의 내경, 외압이 작용할 경우 동체의 길이 그리고 비압력부인 지지부의 형상 및 치수 등이 있어야 한다.

1.3.4. 부식여유(Corrosion Allowance)

부식여유는 운전중 최대로 발생할 수 있는 부식에 대한 여유이므로 강도계산에는 제외된다. 그리고 강재를 클래드(Clad)할 경우 크래딩 두께도 강도 계산에서 제외 한다. 탄소강이나 저합금강의 최대 부식여유는 6.4mm 이하이고 그것을 초과할 경우에는 더 높은 재질을 사용하거나 더 높은 재질로 클래딩을 해야 한다.

1.3.5. 허용응력(Allowance Stress)

허용응력은 설계온도에 따라 결정되며, 각국의 규격에 따라 다른 값이 주어진다.

응력해석(Stress Analysis)중 허용응력에 대한 분류는 ASME SEC. VIII Div.1 UG-23에서는 Primary Membrane + Primary Bending : 1.5*S , Pressure Stress + Wind or Seismic Load : 1.2*S, Creep and Rupture : 1.2*S를 적용하고 ASME SEC. VIII div.2의 경우는 Appendix.4 표4-120.1 and Fig.4-130.1을 적용한다.

1.3.6. 맞대기 용접 이음효율(Joint Efficiency)

모재의 허용응력을 기준으로 하여 사용재료, 시공방법, 사용 조건등에 따라 이음의 허용응력을 낮게 하여 주는 비율을 이음 효율이라고 한다.

$$\text{이음효율} = \frac{\text{용접이음의 허용응력}}{\text{모재의 허용응력}}$$

용접부 이음의 효율은 요구 두께등을 계산할 경우에 Code에서 명시하고 있는 허용응력에 대한 변수로서 적용되는 무차원 변수이며 최대값은 1.0 이다.

압력용기 설계시 사용되는 이음 효율은 ASME Sec.VIII, Div.1의 UW-12에 근거하여 결정된다.

설계시 이음 효율을 결정하는 주요 인자는 다음과 같은 것들이 있다.

- 검사 방법(방사선 검사, 기계적 시험, 내압 시험 등)
- 이음의 종류(맞대기 용접, 필릿, 홈 용접, 뒷면 따내기의 유무 등)
- 하중의 종류와 크기(정하중, 동하중, 충격하중 등)
- 사용 용도, 압력, 부식 환경

최대 허용 이음효율에 따른 방사선 투과시험(RT) 촬영 조건은 표 XI-1에 정리한 바와 같다.

[표 XI-1] 방사선 투과 시험 조건에 따른 이음 효율

이음의 종류	제한 조건	이음 효율	방사선투과 시험
맞대기 양면 용접	무제한	1.0	Full
		0.85	Spot
		0.7	None
받침쇠를 사용한 맞대기 한면 용접	원주이음에서 한쪽 Plate Offset을 제외하고는 무제한	0.9	Full
		0.8	Spot
		0.65	None
받침쇠를 사용하지 않는 맞대기 한면 용접	두께 16mm를 초과하지 않고 외경 24인치를 초과하지 않는 원주이음	N/A	–
		N/A	–
		0.6	None

1.4. 추가 공부 사항

1.4.1. 용접기호

1) Double Fillet Weld Symbols for Two Joints

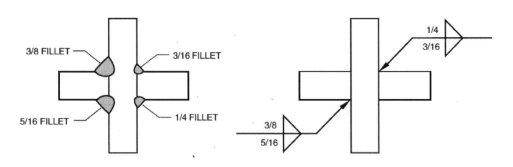

2) Groove Welds

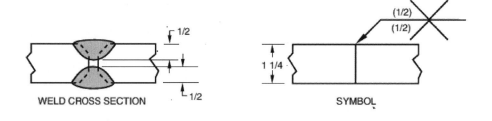

3) Back Weld Symbol

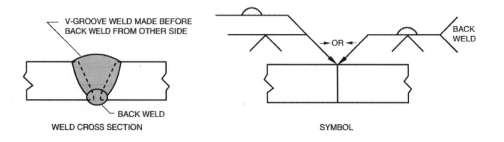

4) Backing Weld Symbol

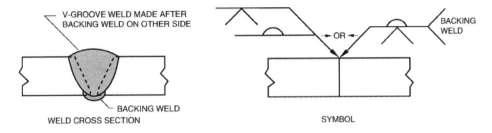

5) Backgouging after Welding from One Side with Both Sides Grooved

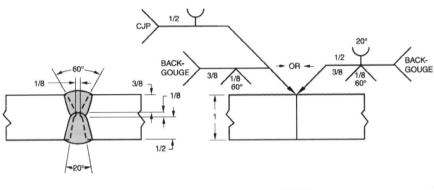

② 용접설계 강도 계산

문제풀이를 통하여 각종 압력부 및 용접부 치수 및 강도 요구사항등 설계기준을 확인하여라.

2.1. 용접설계 강도 계산 문제 1

2.1.1. 기출 문제

- 86회 1교시 : 보일러용 압력용기에서의 후프응력(Hoop Stress)에 대하여 설명하시오.

2.1.2. 문제 풀이

후프응력(Hoop Stress)은 원주응력, 즉, 내압을 받는 원통 등에 있어 원주 방향으로 작용하는 수직응력을 말한다

보일러용 압력용기는 벽두께가 두꺼운 경우로 두께가 두꺼운 원통형에서 벽단면의 주어진 점에서의 후프응력(σ_t)은 다음과 같이 계산될 수 있다.

$$\sigma_t = \frac{Pr_1^2(r_2^2 + r_1^2)}{r^2(r_2^2 - r_1^2)} \text{ [Pa]}$$

σ_t : 후프 응력
P : 내압
r : 후프응력이 일어나는 반경
r_2 : 외측 반경
r_1 : 내측 반경

최대 후프 응력은 $r = r_1$인 내경 벽표면에 일어나며

$$\sigma_{t\max} = \frac{Pr_1^2(r_2^2 + r_1^2)}{r_1^2(r_2^2 - r_1^2)} = \frac{P(r_2^2 + r_1^2)}{(r_2^2 - r_1^2)} \text{ [Pa]}$$

최소 후프 응력은 $r = r_2$인 외벽에 일어나며

$$\sigma_{tmax} = \frac{Pr_1^2(r_2^2 + r_2^2)}{r_2^2(r_2^2 - r_1^2)} = \frac{P \cdot r_1^2 \cdot 2 \cdot r_2^2}{r_2^2(r_2^2 - r_1^2)} = \frac{2 \cdot P \cdot r_1^2}{(r_2^2 - r_1^2)} \text{ [Pa]}$$

2.2. 용접설계 강도 계산 문제 2

2.2.1. 기출 문제

- 65회 4교시 : 그림과 같이 P=400kN의 하중이 걸리는 부위에 200mm ×14mm의 강판을 온둘레 필릿용접으로 연결코자 한다. 강판의 허용응력=160MPa이고 용접 이음의 전단허용응력=90MPa일 때 필요한 필릿용접의 칫수(목두께)를 구하라.

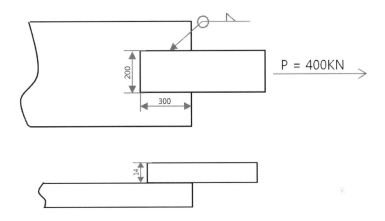

2.2.2. 문제 풀이

구하는 각목 두께를 a 라고 할 때,

전단허용응력 $\zeta_a = \dfrac{\text{하중(P)}}{\text{용접부 전단면적(A)}} = \dfrac{p}{a \, l}$

여기서 용접길이 l = 200 +(300 x 2)= 800 [mm] = 0.8 [m] 이므로

∴ 각목두께 $a = \dfrac{p}{\zeta_a \, l} = \dfrac{400 \text{ [kN]}}{90 \text{[MPa] x 0.8 [m]}}$ = 5.55 x 10^{-3} m = 5.55 mm

따라서 목두께 a는 약 5.5 mm 보다 크게 해야 안전한 용접부를 얻을 수 있다.

2.3. 용접설계 강도 계산 문제 3

2.3.1. 기출 문제

- 65회 4교시 : 그림과 같이 4각 철재를 이용해서 500kN의 정하중을 견딜 수 있도록 하고자 한다. 필릿용접의 목두께를 (1) 4mm로 할 경우와 (2) 8mm로 할 경우에 필요한 철재의 치수를 구하고 각 경우에서의 용접량을 비교하시오.

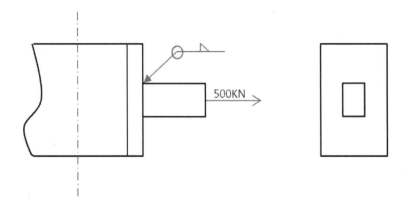

단, 철재의 허용응력은 160MPa, 용접이음의 허용응력은 120MPa이다.

2.3.2. 문제 풀이

주어진 철재의 허용응력(σ_{sa})을 갖기 위한 필요 단면적의 최소 값은 아래와 같다.

$$\sigma_{sa} = \frac{\text{하중(P)}}{\text{용접부 면적(A)}}$$

$$A = \frac{p}{\sigma_{sa}} = \frac{500\,[kN]}{160\,[MPa]} = 3.125 \times 10^{-3}\ m$$

용접이음의 허용응력(σ_a) 는

$$\sigma_{sa} = \frac{하중(P)}{용접부\ 면적(A)} = \frac{p}{a\ l}$$

$$\therefore\ l = \frac{p}{\sigma_a\ a}$$

1) 각목두께 a = 4 mm 인 경우

최소용접길이를 l_1 이라고 하면

$$l_1 = \frac{p}{\sigma_a\ a} = \frac{500\ [KN]}{120[MPa] \times 0.004[mm]} = 1.042\ [m]$$

2) 각목두께 a = 8 mm 인 경우

최소용접길이를 l_2 이라고 하면

$$l_2 = \frac{p}{\sigma_a\ a} = \frac{500\ [KN]}{120[MPa] \times 0.008[mm]} = 0.521\ [m]$$

필렛 용접시 용접강도는 용접단면적과 관계가 있으며, 용접단면적은 용접량(용접체적)과 관계가 있다. 용접강도를 2배로 증가시키기 위해서는 용접단면적을 2배로 증가시켜야 한다.

용접단면적을 2배로 증가 시키는 방법은 2가지 방법이 있으며, 첫번째는 목두께를 2배로 증가시키는 방법과 두 번째는 용접길이를 2배로 증가 시키는 방법이 있다.
목두께를 2배로 증가시키는 방법은 목길이 또한 2배로 증가하여 원래의 체적보다는 4배, 용접길이를 2배로 증가 시키는 방법의 용접량(용접체적) 보다는 2배로 증가 된다.

따라서, 목두께 8[mm]인 경우가 목두께가 4[mm]인 경우에 비해 용접량(용접체적)이 2배로 증가 되어 그만큼 비용이 많이드는 단점을 초래 하게 된다.

한편 응력 집중의 관점에서 용접길이가 2배가 되면 단위길이당 작용하는 응력이 1/2로 되므로 유리하다. 결론적으로 필렛 용접의 목두께 결정시 용접량과 함께 용접부위에 작용하는 응력집중 현상을 함께 고려하여 적정한 목두께를 선정한다.

2.4. 용접설계 강도 계산 문제 4

2.4.1. 기출 문제

- 72회 4교시 : 왼쪽 그림과 같은 리프팅러그(Lifting lug)를 용접코자 한다. 용접이음의 허용 응력이 120MPa 일때에 이 러그가 견딜수 이는 최대허용 하중을 구하시오.

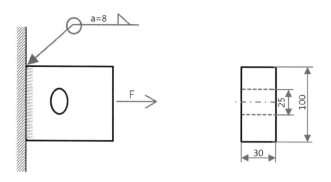

2.4.2. 문제 풀이

러그의 필렛 용접부가 견딜 수 있는 최대허용하중은

$$\sigma_a = \frac{허용하중(P_a)}{용접부 면적(A)} = \frac{P_a}{a\,l}$$

$$\therefore\ P_a = \sigma_a\,a\,l = 120,000,000\ [\text{N/m2}]\ \times\ 0.008[\text{m}]\ \times\ 2(0.1+0.03)[\text{m}]$$

$$= 249,600[\text{N}] = 249.6\ [\text{KN}]$$

2.5. 용접설계 강도 계산 문제 5

2.5.1. 기출 문제

- 77회 4교시: 다음과 같은 빔에 최대 모멘트 M=1000kN · m가 작용할 때 용접부 (가)에 필요한 최소목두께를 구하시오.

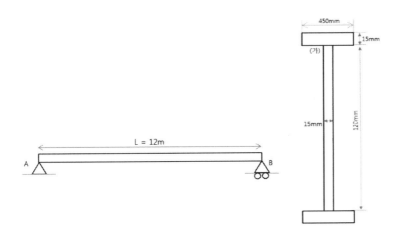

단, 용접부의 허용응력은 130MPa이다.

2.5.2. 문제 풀이

중심축에 대한 단면 2차 모멘트 : I

$$I = 1(\frac{d}{2})2$$

$$Zw = \frac{I}{e} = \frac{(\frac{d}{2})2}{\frac{d}{2}} = \frac{d}{2}$$

모멘트 M = f Zw

용접부의 단위길이당 응력 f $= \frac{M}{Zw} = \frac{2M}{d} = \frac{2 \times 1000[\,KN\,m]}{1.2\,(m^2)} = 1.667\,[N/m]$

주어진 문제에서 용접부의 허용응력 fa = **130** [MPa] 이므로

식 fa $= \frac{용접부의\ 단위길이당\ 응력(f)}{용접부의\ 목두께(a)}$ 을 이용하면

$$a = \frac{f}{f_a} = \frac{1.667 \ [\text{N}/\overline{m}]}{130 \ [\text{MPa}]} = 12.82 \ [\text{mm}]$$

따라서, 용접부(가)에 필요한 최소목두께(a)는 12.82mm 이상이다.

2.6. 용접설계 강도 계산 문제 6

2.6.1. 기출문제

- 78회 3교시 : 직사각형 단면(50x100mm)의 양단 고정보에 그림과 같이 전주용접
하였을 때 견딜 수 있는 필릿용접 치수를 구하시오.

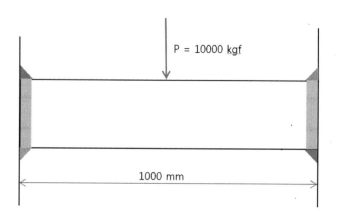

P = 10000 kgf

1000 mm

단, 허용응력은 500kgf/㎠

2.6.2. 문제 풀이

사각단면 둘레 필릿용접부의 사각 중심 수평축에 대한

단면계수 : $Z_w = bd + \dfrac{d^3}{3}$ 이고

고정단의 중심과 양끝 고정단에서 굽힘모멘트가 최대가 되며

그 값은 $M_{max} = \dfrac{Pl}{8}$ 이므로 $M_{max} = f \cdot Z_w$ 에서

$$f = \frac{M_{max}}{Z_w} = \frac{P\,l}{8\left(bd + \dfrac{d^2}{3}\right)} = \frac{10,000\,[N] \times 100\,[cm]}{8\left(5\,[cm] \times 10\,[cm] + \dfrac{5^2\,[cm^2]}{3}\right)} = 2142.857\ [N/cm]$$

$$a = \frac{f}{f_a} = \frac{2142.857\ [N/cm]}{4,900\ [N/cm^2]} = 0.4373\ [cm] = 4.37\ [mm]$$

따라서, 문제에서 주어진 허용응력 500kgf/㎠ 을 만족하는 필렛 용접의 목두께(a) 치수는 최소 4.37[mm]이상 이다.

2.7. 용접설계 강도 계산 문제 7

2.7.1. 기출 문제

- 84회 4교시 : 아래 그림과 같이 필릿용접으로 결합된 용접 구조물에 200kN의 수직하중이 작용하고 있다. 이 용접부의 강도 설계를 위한 용접부의 응력(Stress)을 계산하시오.

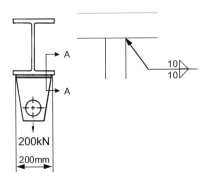

2.7.2. 문제 풀이

구하는 용접부의 응력 σ_t 는

$$\sigma_t = \frac{P}{A} = \frac{P}{2\,t\,l} \quad \text{(여기에 } t = h \, Cos\, 45 \text{ 를 대입하면)}$$

$$\sigma_t = \frac{P}{2\,h\,Cos\,45\,l} = \frac{P}{2 \times 10[mm] \times Cos\,45 \times 200[mm]} = 70.71\ [N/mm2] = 70.71\ MPa$$

따라서, 용접부의 응력(stress)은 약 70.71[MPa]이 작용하는 것으로 계산된다.

2.8. 용접설계 강도 계산 문제 8

2.8.1. 기출 문제

- 92회 4교시 : 허용 응력 = 140 MPa인 강재를 다음과 같이 용접하여 하중 P = 500KN을 받을 수 있도록 하고자 한다. 용접부의 허용 전단응력 = 100 MPa일 때 1) 소요 판재의 치수를 제시하고, 2) 필요한 목두께를 계산하시오.

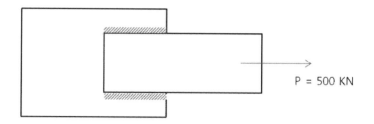

P = 500 KN

2.8.2. 문제 풀이

1) 소요판재의 치수

판재의 허용응력(σ_a) = $\dfrac{\text{하중(P)}}{\text{소요판재의 단면적}(A_0)}$ 에 의하여

$\therefore$ $A_0 = \dfrac{P}{\sigma_a} = \dfrac{500 \times 10^3 \, [P]}{140 \times 10^6 \, [\sigma_a]} = 0.0036 \; [mm^3]$ 이다.

따라서, 두께가 6mm인 경우 용접길이(l)는 약 0.6 [m]

두께가 9mm인 경우 용접길이(l)는 약 0.39 [m]

두께가 10mm인 경우 용접길이(l)는 약 0.36 [m]

2) 필요한 각목 두께

용접부의 허용전단응력(ζ_a)는

$\therefore$ $\zeta_a = \dfrac{\text{하중(P)}}{\text{용접부 전단면적(A)}} = \dfrac{P}{2 \times a \times l} = \dfrac{1}{2 \cos 45} \times \dfrac{P}{t \times l}$

따라서 용접부의 필요한 목두께는 $\therefore$ $a = \dfrac{P}{\zeta_a \times 2 \times l}$

독일 공업규격(DIN 4100)에 의한

최대유효길이($l$max)= 60 × a(각목두께), 최소유효길이($l$min)= 15 × a(각목두께)를 대입하면

최대 유효길이 $l$max = 60 × a 인 경우,

$a = \dfrac{P}{\zeta_a \times 2 \times l} = \dfrac{P}{\zeta_a \times 2 \times 60a}$

$a^2 = \dfrac{P}{\zeta_a \times 2 \times 60} = \dfrac{500 \times 10^3}{100 \times 10^6 \times 2 \times 60}$

$\therefore$ $a = 6.45 \; [mm]$

최소유효길이 $l$min = 15 × a 인 경우,

$$a = \frac{p}{\zeta_a \times 2 \times 1} = \frac{p}{\zeta_a \times 2 \times 15a}$$

$$a^2 = \frac{p}{\zeta_a \times 2 \times 15} = \frac{500 \times 10^3}{100 \times 10^6 \times 2 \times 15}$$

$$\therefore \ a = 12.9 \ [\text{mm}]$$

따라서, 독일 공업규격(DIN 4100)에 의한 목두께 범위는 최소 6.45[mm]~12.9[mm]로 한다.

2.9. 용접설계 강도 계산 문제 9

2.9.1. 기출 문제

- 92회 4교시 : 용접 단면적 = 60 cm², 단면 이차모메트 = 18,000 cm⁴, 수직하중 Q = 400 KN일 때 때 용접부의 최대수직응력 σ_{max} 와 최대 평행 전단응력 ζ_{max} 을 구하시오.

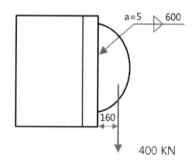

2.9.2. 문제 풀이

1) 용접부의 최대 수직응력

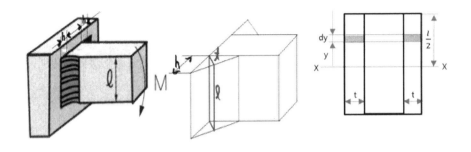

$M = \sigma_{b(max)} Z = \sigma_{b(max)} \dfrac{I}{e}$ 에서

$Z = \dfrac{I}{e} = \dfrac{18,000}{30} = 600 \; [\text{cm}^3] = 0.0006 \; [\text{m}^3]$

$\therefore \sigma_{b(max)} = \dfrac{Me}{I} = \dfrac{M}{Z} = \dfrac{400,000\,[\text{N}] \times 0.16\,[\text{m}]}{0.0006\,[m^3]} = 106.7 \; [\text{MPa}]$

2) 용접부의 최대 평행 전단응력

$\zeta_{(max)} = \dfrac{p}{A} = \dfrac{400,000\,[\text{N}]}{0.0006\,[m^2]} = 666.7 \text{MPa}$

따라서 용접부의 최대굽힘 응력은 106.7 MPa, 최대 평형 전단응력은 666.7 MPa 이다.

2.10. 용접설계 강도 계산 문제 10

2.10.1. 기출 문제

- 104회 4교시 : 필렛 이음에서 용접선과 응력 방향의 관계에 따라 전면필렛 용접과 측면 필렛 용접으로 구분할수 있다. 전면 필렛 용접과 측면 필렛 용접에 대하여 그림으로 도시하여 설명하고 필렛 이음시 각장과 목두께에 대하여 설명하시오.

- 77회 4교시 : 그림과 같은 이음이 있을 때 앞면이음(가)과 측면이음(나)에서의 응력분포선도를 그림을 그리고 설명하시오.

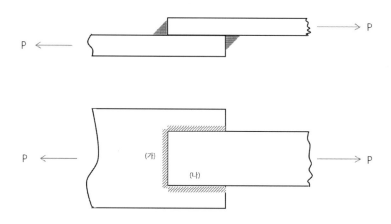

2.10.2. 문제 풀이

상기 그림은 러그(Lug) 끝부분의 용접을 용이하도록 러그 끝단 부분을 잘라낸 후 돌림 용접을 한 형상이다.

앞면이음 (가)는 우측 반대편 필렛 용접부에 응력이 집중되는 관계로 거의 하중이 걸리지 않게 되며, 측면이음 (나)는 양단의 응력이 중심부의 응력보다 높다. (나)용접부에서 양단의 최대응력과 용접선의 중앙부에서의 최소 전단응력의 차이는 용접길이에 비례한다.

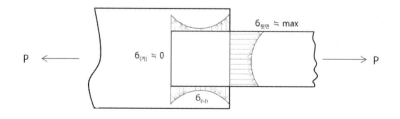

2.11. 용접설계 강도 계산 문제 11

2.11.1. 기출 문제

- 92회 4교시 : 부재에 다른 부재를 그림과 같이 겹침 용접으로 연결하는 경우 겹침 길이 제한이 주어진다.
  1) 정하중 구조물에서 적용되는 길이 제한 값의 범위를 제시하고,
  2) 제한이유를 응력분포도를 그려 설명하시오.

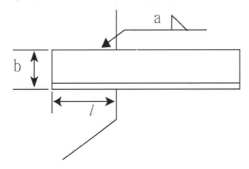

2.11.2. 문제 풀이

독일의 공업규격(DIN 4100)에 의하면

최대유효길이: $l = 60 \times$ a(각목두께), 최소유효길이: $l = 15 \times$ a(각목두께) 이다.

용접에 따른 내부응력 상태는 용접선의 길이가 길어짐에 따라 오히려 용접부 양 끝단에서 현저히 크게 작용하게 되고 이로 인하여 피로강도 등을 저하 시킨다. 따라서 그 길이는 최대 목두께(a)의 60배 이하로 하는 것이 좋으며, 최소길이는 목두께(a)의 15배 이상으로 하는 것이 좋다.

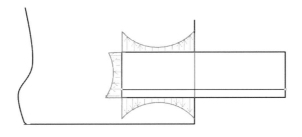

[그림 XI-1] 용접선 길이와 내부응력 상태

2.12. 용접설계 강도 계산 문제 12

2.12.1. 기출 문제

- 92회 4교시 : T형 필렛 용접 단면의 형상은 비드 표면의 모양에 따라 볼록 비드, 오목 비드, 편평비드 등으로 구분할 수 있다. 1) 동하중 구조물에 적합한 용접단면 형상을 그림을 그려 제시하고, 2) 비드 형상에 따른 각 이음의 평균응력과 최대응력을 응력분포도를 이용하여 비교하고 3) 동하중에 따른 적합한 개선이음을 그림으로 설명하시오.

2.12.2. 문제 풀이

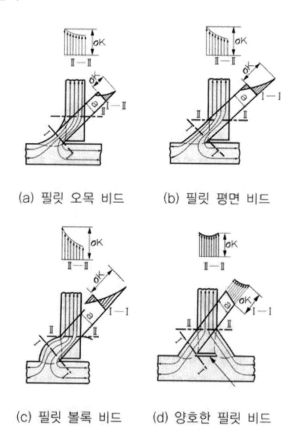

(a) 필릿 오목 비드   (b) 필릿 평면 비드

(c) 필릿 볼록 비드   (d) 양호한 필릿 비드

[그림 XI-2] 필렛용접 비드의 형상 구분

동하중 구조물에 적합한 용접단면 형상은 그림 XI-2(a)와 같은 오목형으로 만들어 응력집중이 일어나지 않도록 한다. 비드 형상에 따른 각 이음의 평균응력과 최대응력을 응력분포도는 그림과 같이 오목 비드부가 가장 작으며, 그 다음이 평면 비드이며, 볼록비드의 경우는 응력집중 형상이 크게 나타남을 알 수 있다.

동하중에 따른 적합한 개선이음은 비드 형상이 오목형이고 완전 용입이 될 수 있도록 해야 한다.

2.13. 용접설계 강도 계산 문제 13

2.13.1. 기출 문제

- 86회 4교시 : 십자형 필릿접합부의 강도 향상을 위한 용접 방법에 대하여 설명하시오.

2.13.2. 문제 풀이

십자형 필릿 용접시 접합부에 미치는 강도 향상을 위해서는 먼저 교차하는 부위에 응력 집중이 되지 않도록 스캘럽(Scallop)을 만들어 주며 추가로 다음과 같이 파단이 발생할 수 있으므로 용접시공에 주위할 필요가 있다.

용접루트에서 용접목두께 방향(보통 필렛내를 60~70°의 각도로 파단되는 것

필렛 용접부의 용입 부족이나 판 아래 층상 편석이 존재하는 경우 필렛 전체가 모재와의 경계면에서 본드 파단(필렛 용접의 박리)

가로 굽힘 변형(수축)에 의한 잔류응력 영향

용접길이 방향의 변형(수축)으로 인한 잔류응력 영향 등으로 볼 수 있다.

해결방안으로는
- 강도에 적합한 목두께로 해야 하며
- 층상편석이 없는 재료의 선택과 깊은 용입의 홍형상을 만들어 시공하며
- 과도한 용착량과 용접길이가 되지 않도록 해야 함

2.14. 추가 공부 사항

2.14.1. 용접 이음 설계시 주요 고려사항

- 가급적 능률이 좋은 아래보기 자세용접을 많이 할 수 있도록 설계
- 용접작업에 지장을 주지 않도록 충분한 공간을 갖도록 설계
- 맞대기 용접에는 이면용접을 할 수 있도록 해서 용입부족 문제를 예방
- 강도가 약한 필릿용접을 가능한 피하고 맞대기용접을 적용토록
- 판두께가 다른경우 1/4이상의 테이퍼를 주어 용접이음
- 용접이음을 1개소로 집중시키거나 너무 접근하여 설계하지 않는다.
- 용접선은 교차되지 않도록 하고, 불가피하게 교차하는 경우 원형노치(스캘롭)로 설계한다.
- 가능한 용접길이가 짧고 용접량이 적은 홈 형상을 선택
- 결함이 생기기 쉬운 용접방법 피한다.
- 반복하중을 받는 이음에서는 특히 이음표면을 평평하게 할 것
- 구조상의 노치부를 피할 것
- 용착금속량을 줄일수 있는 이음모양과 루트간격, 홈 각도를 선택한다.

③ 용접부 이음 설계

3.1. 기출 문제

- 96회 : 다음 그림과 같은 빔을 제작하려고 할 때 웨브(Web)나 후렌지(Flange)의 두께를 반으로 나누어 2개의 웨브 또는 보강판을 갖는 후렌지 형태로 제작하는 것이 강도 측면에서 더 유리하다고 한다. 그 이유를 설명하시오.

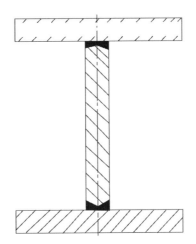

3.2. 문제 풀이

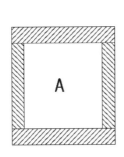

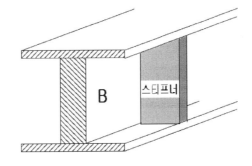

웨브(Web)를 둘로 나누어 A와 같이 배치한 경우는 극관성모멘트 값이 증가되어 비틀림에 의한 강도값을 향상 시킬 수 있으며, 후렌지(Flange)를 둘로 나누어 B와 같이 보강판을 스티프너 형식으로 붙여 줌으로써 교량과 같이 굽힘을 받는 부재의 굽힘강도를 향상 시킬 수 있어 재료도 절약하면서 강도도 향상 시킬 수 있는 장점이 있기 때문이다.

WPS와 용접 변수

4.1. 문제 유형

- ASME Code를 적용하여 용접시공설명서(WPS: Welding Procedure Specification)를 작성하고자 한다. WPS를 작성하기 위한 준비와 필수 변수(Essential variable)의 내용을 설명하시오.

4.2. 기출 문제

- 110회 3교시 : WPS(Welding Procedure Specification, 용접절차사양서), PQR(Procedure Qualification Record, 절차인정기록서), PQT(Procedure Qualification Test, 절차인정시험)에 대해 정의하고, 각각의 양식을 작성하시오.
- 98회 4교시 : 용접절차서에서 비필수 변수의 예를 들고 설명하시오.
- 83회 4교시 : 생산/현장 용접을 위해 절차검증을 하고자 한다.
- 용접절차 사양서(WPS) 초안을 작성할 때 고려해야 할 요소는 무엇인가?
- 일반적인 WPS/PQR 작성절차를 순서적으로 설명하시오.
- 98회 4교시 : 용접절차서에서 비필수 변수의 예를 들고 설명하시오.

4.3. 문제 풀이

4.3.1. WPS 개요

WPS(Welding Procedure Specification)는 규격 및 기술기준에 의해 용접이 될수 있도록 용접 작업자에게 용접 작업 지침을 제공하는 시방서이며, WPS의 목적은 용접품질이 의도된 용도에 알맞은 물성치를 가질수 있는지를 결정하기 위한 것이다. 이를 위해 WPS는 PQT를 통해 그 적합성을 검증 받게 되고, 검증된 WPS를 사용함으로써 금속학적인 성질 과 구조적인 성능에 영향을 줄 수 있는 미지의 변수들을 제거할 수 있다. 그에 따라 사용자와 제작자는 용접으로 인한 문제를 미연에 방지할 수 있다.

사용자의 요구사항에 따라 WPS를 준비하는 것은 공급자의 책임이며, 사용자는 그 WPS가 의도된 용접 품질을 가질 수 있는지에 대하여 검토하여야 한다.

용접에는 금속학적인 성질과 구조적인 성능에 영향을 주는 여러 가지의 변수들이 있다. 용접부 성질과 건전성에 영향을 줄 수 있는 변수들을 크게 나누어 보면 다음과 같이 분류된다.

- 접합 설계(Joint Design)
  - 접합 Type, Dimensions, 접합후면 처리, Backing의 사용등에 대하여 명시한다.
- 모재(Base Metal)
  - 소재 Type and Group, 두께 범위, 직경등에 대하여 명시한다.
- 용접 방법(Welding Process)
  - SMAW, FCAW, SAW 등과 같은 용접 Process와 수동(Manual), 반자동(Semi-automatic), 자동(Automatic)등에 대하여 명시한다.
- 용가재(Filler Metal)
  - 용가재 사양, 구분, 직경, 플럭스 구분등에 대하여 명시한다.
- 자세(Position)
  - 용접 자세와 수직 용접의 경우에는 그 방향(상향 또는 하향)에 대하여 명시한다.
- 예열(Preheat Temperature)과 층간 온도(Interpass Temperature)
  - 최소 예열 온도, 최대 층간 온도 및 예열 유지등에 대하여 명시한다.
- 후열처리(Post Weld Heat Treatment)
  - 후열처리 방법, 온도, 시간등에 대하여 명시한다.
- 보호 가스(Shielding Gas)
  - 가스 조성 및 흐름량등을 명시함
- 전기적 특성(Electrical Characteristic)
  - 전류 범위(또는 Wire 공급 속도), 전류 Type, 극성, 전압 범위 등에 대하여 명시한다.
- 기타(Others)
  - 용접봉 운봉 속도 범위, 금속 이행 Mode, Stringer 또는 Weave 비드등에 대하여 명시한다.

상기에 명시되지 않은 변수들도 추가 가능항다. 사용자의 요구사항을 만족시키기 위하여 WPS는 사전에 인증되는 절차가 필요하게 된다.

4.3.2. WPS 작성하기 절차

1) 설계 기준 및 사양 검토

도면 및 사양서 검토와 더불어 다음의 사항들에 대해 확인이 필요하다.

- 모재 사양(P-No, Group No. 등)
- 용가재 사양(F-No, A-No, Shielding(Gas, 플럭스) 등)
- 적용 용접법(요구 변수들, 이음매 형상, 용접사 기량, 사용 가능한 장비 종류 등)
- 사용 제한 조건들(Code/Customer Requirements, Preheat/PWHT, Corrosion, Notch Toughness 등)

2) P-WPS 작성

예비 용접 시공 설명서(Preliminary Welding Procedure Specification)을 작성한다.

3) Procedure Qualification Test 실시

4) 시험편 준비 및 각인

- 시험편 용접
- 시편 각인 및 기계가공
- 기계 시험 혹은 기타 시험 실시

5) PQR(Procedure Qualification Record) 작성

6) WPS(Welding Procedure Specification) 완성

4.3.3. 용접 변수(Welding Variable)

WPS에 있는 용접 데이터들은 용접부의 품질에 영향을 미치는 정도에 따라 필수변수 (Essential Variable)와 비필수변수(Non-essential Variable), 보조 필수변수(Supplem entary Essential Variable)로 구분할 수 있다. 필수변수의 경우 값을 변경 했을 경우 용접부의 기계적 성질이나 용접사의 기량에 영향을 줄 수 있어 WPS 재승인이 필요하다. 비필수 변수의 경우 변경 되더라도 용접부에 큰 영향은 없지만 WPS는 용접사에게 용접 방법에 대한 방향성을 제시해주기 위한 문서이므로 의도된 용접 품질을 얻기 위해서는 간과해서는 안되는 주요한 변수이기도 하다. 각 변수에 대한 상세 설명은 다음과 같다.

1) 필수 변수(Essential Variables)

필수 변수(Essential Variable)는 규정된 범위를 벗어났을 경우 용접부의 기계적인 성질 또는 용접사의 기량에 크게 영향을 줄 수 있는 변수들을 구분 지어 놓은 것으로서 해당 될 경우에는 절차서 재인증을 필요로 한다. 용접 절차서에서 주요한 필수 변수(Essential Variable)로서는 다음과 같은 사항들이 있다.

- P-number의 변경
- 용접방법의 변경
- 용가재의 변경
- 예열/후열 조건 변경
- 두께 인증 범위 초과

2) 보조 필수 변수(Supplementary Essential Variables)

보조 필수 변수(Supplementary Essential Variables)은 규정된 범위를 벗어났을 경우 용접부의 노치 인성에 영향을 줄 수 있는 변수들을 구분 지어 놓은 것이며, 충격 시험이 요구될 경우에는 필수 변수로서 고려가 되어서 변경 사항이 발생할 경우 절차서 재인증을 필요로 한다.

용접 절차서에서 주요한 보조 필수 변수(Supplementary Essential Variable)로서는 다음과 같은 사항들이 있다.

- 용접방법의 변경
- 상향/하향 용접 진행 방법의 변경
- 입열량의 변경
- 예열/후열 조건 변경

3) 비필수 변수의 정의 및 종류

비필수 변수는 기존 인증 시험에서 적용된 기준이 변경되었을 지라도 용접부의 기계적 성질 등급에 크게 영향을 미치지 않는 변수들을 의미하며, ASME Code에서는 WPS에 대한 재인증을 필요로 하지 않는다. 피복 아크 용접 방법의 주요 비필수 변수는 다음과 같다.

- 이음부 형상(Joint Design) 변경
- 백킹(Backing) 제거
- 루트 간격(Root Spacing) 변경
- 리테이너(Retainer) 추가 또는 제거
- 용가재 직경(직경) 변경
- AWS 구분(Classification) 변경
- 용접 자세(Position) 추가
- 수직 용접(Vertical Welding) 방향 변경
- 예열 유지(Preheat Maintenance) 온도 변경 또는 감소
- 전류 및 전압 범위 변경
- 비드 적층 방법(Stringer or Weave Bead) 변경
- 용접 초기 또는 중간 Cleaning 방법 변경
- 이면 가우징 방법 변경
- 수동/반자동으로부터 자동 용접으로 변경
- 피닝 적용 추가 또는 제거

4) 용접사 인증 절차서의 필수 변수

WPS의 변수 이외에 용접사 인증 절차서에서 주요한 필수 변수(Essential Variable)로서는 다음과 같은 사항들이 있다.

- 용접방법의 변경
- 용가재의 변경
- 백킹의 제거

용접 절차사양서는 요구된 용접부의 품질을 만족시키기 위한 도구로서 용접사가 실제

용접작업에서 사용하는 것이기 때문에 필수 변수(Essential Variable)들 뿐만 아니라 비필수 변수(Non-essential Variable)들에 대해서도 상세하게 명시함으로써 좀 더 정확히 예측 가능한 용접부를 얻을 수 있다.

4.4. 추가 공부 사항

- WPS에서 보조변수들이 필수변수로 적용되는 경우에 대하여 설명하여라.
- Electroslag Welding법으로 Corrosion Resistance Overlay를 적용할 때 필수 변수에 대하여 설명하시오.

5 용접시험과 승인

5.1. 문제 유형

- 용접시험 승인 방법에 대해 상세하게 설명하시오.

5.2. 기출 문제

- 84회 3교시 : KS B ISO 15607 에 따른 용접절차 승인 방법 중 용접시험에 의한 승인방법에 관하여 상세하게 설명하시오.

5.3. 문제 풀이

KS B ISO 15607은 금속 재료 용접 절차시방서 및 승인에 대한 일반 규칙을 정의하기 위하여 2003년에 제1판으로 발행된 ISO 15607을 기초로 하여 작성된 한국 산업 규격이다. 이 규격은 계약, 표준, 규정, 합법적인 요구사항 중 어느 하나에 의해 용접 절차에 대한 문서화된 승인이 요구될 때 적용하게 된다.

5.3.1. KS B ISO 15607에 따른 용접 절차의 정립과 승인

용접 절차의 승인은 실제 생산 작업 전에 수행된다. 예비 용접절차 시방서는 과거 생산에서의 경험과 용접 기술에 대한 전반적인 지식을 이용하여 만들어져야 하고, 각각의 예비 용접절차시방서는 다음 방법 중 하나에 의해 승인된 용접절차 확인 기록서 작성의 기초로서 사용되어야 한다.

- 용접 절차 시험
- 승인 용접 재료
- 용접 실적
- 표준 용접 절차
- 생산 전 용접 시험

시험재는 예비 용접절차 시방서에 따라 용접되어야 하며, 용접절차 확인 기록서는 적절한 표준에서 제시된 규정된 승인 범위와 모든 필수, 비필수 변수로 이루어져야 하고 공인된 검사관이나 검사기관에서 승인하여야 한다.

5.3.2. 용접절차 시험에 의한 승인 개요

용접절차 시험에 의한 승인 방법은 표준화된 시험재의 용접과 시험에 의한 용접 절차의 승인방법을 의미하며, 용접절차 시험은 용접부에서 적용에 중대한 사안이 될 때마다 필요하다.

5.3.3. 용접절차 시험의 시험재 준비 및 용접

시험재는 적절한 열분포가 얻어지도록 충분히 커야 한다. 분기이음과 필렛 용접을 제외한 모든 시험재에 대해서는 모재 두께 t가 용접될 판재이나 파이프와 같아야 한다.

시험재의 길이와 개수는 요구되는 시험을 모두 할 수 있도록 충분해야 한다.

적용 규격에 의하여 충격시험이 열 영향부(HAZ)에서 요구되면 판의 압연 방향을 시험재에 표시하여야 한다. 이음의 종류는 다음과 같이 구분된다.

- 완전 용입 판의 맞대기 이음
- 완전 용입을 가지는 파이프의 맞대기 이음
- 완전 용입 T-이음
- 분기 이음
- 판(Plate)이나 파이프(Pipe)에서 부분 용입 T-이음 또는 필릿 이음

시험편 준비와 용접은 예비용접절차시방서와 생산시의 일반적인 용접조건을 따라서 실시하여야 한다. 시험재 용접과 시험에는 검사관 또는 검사기관이 입회하여야 한다.

5.3.4. 용접절차 시험의 검사 및 시험

1) 완전용입 맞대기 이음

완전 용입 맞대기 이음에서의 시험항목은 다음과 같다.

- 외관 검사 100%
- 방사선 투과 또는 초음파 탐상 시험 100%
- 표면 균열 검출 100%
- 가로 인장 시험 : 2 시험편
- 가로 굽힘 시험 : 4 시험편
- 충격 시험 : 2 세트
- 경도 시험
- 매크로/마이크로 검사 : 1 시험편

2) 완전 용입 T-이음과 분기 이음

완전 용입 T-이음과 분기 이음의 경우에서의 시험항목은 다음과 같다.
- 외관 검사 100%
- 표면 균열 검출 100%
- 초음파 탐상 또는 방사선 투과 시험 100%
- 경도 시험
- 매크로/마이크로 검사 : 2 시험편

3) 부분 용입 판의 T-이음 또는 판/파이프 필릿 용접 이음

부분 용입 판의 T-이음 또는 판/파이프 필릿 용접 이음의 경우에서의 시험항목은 다음과 같다.
- 외관 검사 100%
- 표면 균열 검출 100%
- 경도 시험
- 매크로/마이크로 검사 : 4 시험편

5.3.5. 용접절차 확인 기록서(WPAR) 작성

용접절차 확인기록서는 WPS와 관련된 항목을 포함하여 각 시험재의 시험 결과를 나타내어야 한다. 불합격되는 특징이나 수용할 수 없는 시험결과가 없으면 용접절차 시험재의 결과를 상세히 나타낸 용접절차 확인기록서는 승인되며, 검사관이나 검사기구에서 서명하고 날자를 표시함으로써 효력을 가지게 된다.

용접절차 시험에 따른 용접절차시방서의 승인은 실제 적용에서의 유효성의 조건이 각각 독립적으로 충족되어야 할 것이 요구되며, 규정된 범위를 벗어난 변경을 위해서는 새로운 용접절차 시험이 실시되어야 함을 유념하여야 한다.

5.4. 추가 공부 사항

용접사 승인절차 및 필요한 검사법을 설명하시오.

6 **용접 시험쿠폰과 시험편**

6.1. 문제 유형

- 용접법 시험(Welding Procedure Qualification) 또는 용접사 인증에서 시험쿠폰 과 시험편의 차이점을 비교 설명시오.

6.2. 기출 문제

- 108회 1교시 : 용접사 자격인정시험(welder or welding operator qualification test)의 기계적 시험에 대하여 설명하시오.
- 83회 1교시 : 용접절차검증(Procedure Qualification)에서 시험쿠폰(Test Coupon) 과 시험편(Test piece)의 차이점을 비교 설명하시오.

6.3. 문제 풀이

6.3.1. 시험쿠폰(Test Coupon)

용접 절차서 또는 용접사 인증 절차서 승인 시험에 사용되는 용접 시험재를 일컸는데, 용접 시험재는 판, 파이프, 튜브등의 어떤 형태를 가질 수 있다. 또한, 이 시험재를 이용 하여 맞대기 용접, 필렛 용접, 오버레이 등을 실시할 수 있다. 즉, 시험재는 시험편을 만 들기 전 단계의 과정에 있는 상태를 의미한다.

6.3.2. 시험편(Test Piece)

특정한 파괴 시험을 위하여 시험재로부터 절단되어 준비되는 부분을 의미하는데, 이 시험편을 이용하여 다음과 같은 여러 가지 파괴 시험을 수행하게 된다.
- 굽힘시험
- 인장시험
- 충격시험
- 화학분석
- 매크로 / 마이크로 시험

용접사 인증 시험에서의 방사선 투과시험과 같은 특별한 경우에는 시험재 자체가 시험편의 역할을 하는 경우도 있다. 또한, 소형 파이프의 경우에 시험재 자체를 이용하여 인장 시험을 실시할 수도 있다.

6.4. 추가 공부 사항

6.4.1. Plate 용접부 PQ에서 인장시험편 치수가공

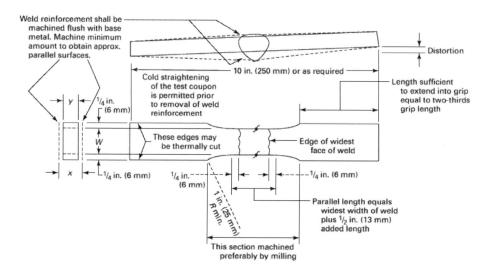

[그림 XI-5] 인장시험용 시편의 가공 치수

7 모재의 구분

7.1. 문제 유형

- WPS에서 모재번호와 그룹번호 구별 이유를 설명하시오.

7.2. 기출 문제

- 105회 2교시 : 용접절차서(WPS)에서 P-Number, Group-Number, A-Number, SFA-Number 및 F-Number에 대하여 설명하시오.
- 96회 1교시 : 용접절차시방서(WPS, Welding Procedure Specification)에서 모재를 모재번호(P−No.)와 그룹번호(Gr−No.)로 구별하는 이유를 설명하시오.

7.3. 문제 풀이

7.3.1. WPS에서 모재번호 P No.

모재번호로 구분하는 가장 큰 이유는 용접 절차 인증(Welding Procedure Qualification)에 대한 횟수를 줄이는 것이 목적이다. 구분하는 주요 요소는 다음과 같다.

- 모재 원소 성분(Composition)
- 용접성(Weldability)
- 기계적 성질(Mechanical Properties)

하지만, 이러한 모재번호 구분이 금속학적인 성질, 후열처리 설계, 기계적 성질, 운전 조건 등을 고려하지 않고 실제 생산에서 대체 사용 가능을 의미하는 것은 아니다. ASME Code에서는 UNS 번호가 같은 경우에는 동일 모재번호(P-No.)로 구분할 수 있도록 허용하고 있다. 모재 원소별로 분류한 모재번호는 표 XI-2와 같이 나누어져 있다.

[표 X-l2] 모재의 P No. 구분

P No.	Base Metal
1	Carbon Manganese Steels, 4 Sub Groups Group 1 up to approx 65 ksi Group 2 Approx 70ksi Group 3 Approx 80ksi
2	Not Used
3	3 Sub Groups:- Typically half moly and half chrome half moly
4	2 Sub Groups:- Typically one and a quarter chrome half moly
5A	Typically two and a quarter chrome one moly
5B	2 Sub Groups:- Typically five chrome half moly and nine chrome one moly
5C	5 Sub Groups:- Chrome moly vanadium
6	6 Sub Groups:- Martensitic Stainless Steels Typically Grade 410
7	Ferritic Stainless Steels Typically Grade 409
8	Austenitic Stainless Steels, 4 Sub groups Group 1 Typically Grades 304, 316, 347 Group 2 Typically Grades 309, 310 Group 3 High manganese grades Group 4 Typically 254 SMO type steels
9A, B, C	Typically two to four percent Nickel Steels
10A,B,C,F,G	Mixed bag of low alloy steels, 10G 36 Nickel Steel
10 H	Duplex and Super Duplex Grades 31803, 32750
10J	Typically 26 Chrome one moly
11A Group 1	9 Nickel Steels
11 A Groups 2 to 5	Mixed bag of high strength low alloy steels.
11B	10 Sub Groups:- Mixed bag of high strength low alloy steels.
12 to 20	Not Used
21	Pure Aluminium
22	Aluminium Magnesium Grade 5000
23	Aluminium Magnesium Silicone Grade 6000
24	Not Used
25	Aluminium Magnesium Manganese Typically 5083, 5086
26 to 30	Not used

31	Pure Copper
32	Brass
33	Copper Silicone
34	Copper Nickel
35	Copper Aluminium
36 to 40	Not Used
41	Pure Nickel
42	Nickel Copper:- Monel 500
43	Nickel Chrome Ferrite:- Inconel
44	Nickel Moly:- Hastelloy C22, C276
45	Nickel Chrome :- Incoloy 800, 825
46	Nickel Chrome Silicone
47	Nickel Chrome Tungstone
47 to 50	Not Used
51, 52, 53	Titanium Alloys
61, 62	Zirconium Alloys

7.3.2. Group No.

비슷한 화학적 특성을 가진 모재의 분류 속에서 그룹번호(Group No.)로 세분하는 것은 용접 절차 인증 횟수를 줄이기 위한 것이 주요 목적이다. 그룹번호는 철계 금속에서 노치 인성(Notch Toughness) 값이 유사한 것들로서 그룹 지은 것이다. 모재번호와 마찬가지로 그룹번호가 동일하다 해서 실제 용접에서 대체해서 사용할 수는 없다.

7.4. 추가 공부 사항

GTAW용접법에서 그룹 번호(Group No.)가 필수변수로 고려되어야 하는 경우에 대하여 설명하시오.

8 용접 시공

8.1. 용접 시공 문제 풀이 1

8.1.1. 기출 문제

- 65회 : 빔(beam) 철골구조물에서 현장용접을 실시할 때의 용접순서를 결정하시오.

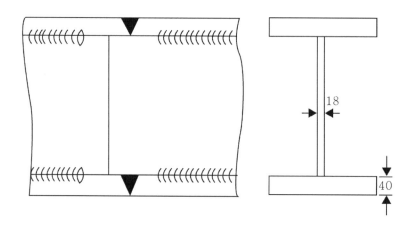

8.1.2. 문제 풀이

구조재의 용접시 순서는 다음의 두가지 관점에서 진행된다.

1) 응력 집중 방향

전단응력을 받는 부재를 가장 먼저 수행하고 그 다음이 인장응력 그리고 마지막으로 압축응력을 받는 부재를 용접한다.

2) 수축응력 고려

수축이 큰 맞대기 용접을 먼저 용접하고 수축이 작은 필렛 용접을 다음순서로 용접 한다.

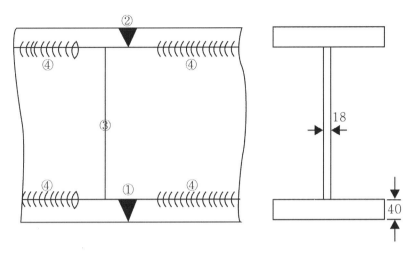

[그림 XI-6] 용접시공 순서

8.2. 용접 시공 문제 풀이 2

8.2.1. 기출 문제

- 87회 : 철구조물 공장에서 아래와 같은 H빔 구조물을 용접하려고 한다. 가장 적당한 용접법을 선정하고 용접시공방법과 용접순서를 기술하시오.
  (단, 빔의길이 : 12,000mm, 빔의 재질 : SM490B)
  A, B, C, D 용접부를 각장 16mm로 양면 필릿 용접으로 용접함.

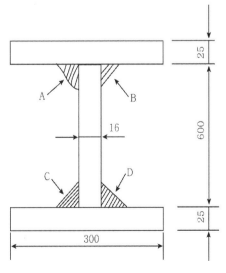

8.2.2. 문제 풀이

H형강의 용접순서는 먼저 아래보기 용접을 적용할 수 있는 용접부에서 시작하여 변형을 방지하기 위해 양쪽을 번갈아 가며 용접을 적용하는 방향, 즉 D-A-B-C 의 순서로 시공이 추천된다.

또한 H형강은 공장에서 대량 생산의 형태로 생산 되는데, 요구되는 각장이 16[mm]인 점을 감안 한다면 최소 대용량인 서브머지드 아크용접기 2대와 자동 이송장치를 갖추고 A-B, C-D를 양쪽을 번갈아 가며 아래보기 필렛 용접으로 시공해야 할 것으로 판단된다.

8.3. 용접 시공 문제 풀이 3

8.3.1. 기출 문제

- **96회** : 다음 그림은 필렛 용접부의 단면을 나타낸 것이다. 각각 (a) ~ (d)에 대하여 경제적인 측면에서 설명하고, 그 중 가장 경제적인 것을 고르고 그 이유를 설명하시오.

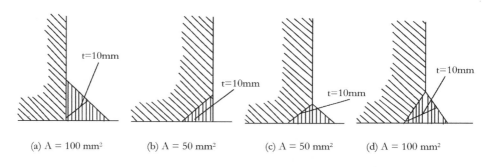

(a) A = 100 mm²   (b) A = 50 mm²   (c) A = 50 mm²   (d) A = 100 mm²

[같은 목두께(t)를 갖는 필렛 용접의 단면적 비교]

8.3.2. 문제 풀이

그림(a) 단면적 100[mm²], 그림(b)는 단면적 50[mm²], 보강 덧붙이가 없는 홈각도 45°가 되는 것으로 그림(a)보다 용접부 단면적이 1/2밖에 되지 않지만 이 경우는 45°의 베벨가공과 모서리부를 가는 용접봉과 낮은 전류를 사용해야 하기 때문에 같은 강도의 필렛 용접 보다 비경제적이다.

그림(c)는 단면적 50[mm²], 한면 개선 홈 이음으로 용접부의 단면적은 그림(a)보다

1/2로 적게되나 이것도 베벨 45°의 베벨가공과 모서리부를 가는 용접봉과 낮은 전류를 사용해야 하기 때문에 같은 강도의 필렛 용접 보다 비경제적이다.

그림(d)는 단면적 57.8[mm^2], 한면 베벨홈 각도를 60°로 하여 앞의 그림에서와 같은 목두께와 다리길이로 보강 덧붙이를 한다면 필렛 용접이음부의 단면적은 57.8 %밖에 되지 않으면서 단면적이 작아도 충분한 강도가 보장되고, 베벨각도가 60°이므로 굵은 용접봉으로 높은 전류를 이용하여 용접 할 수 있으므로 매우 경제적이다.

8.4. 용접 시공 문제 풀이 4

8.4.1. 기출 문제

● 96회 : 그림과 같이 평판에 빔을 용접하는 경우 정하중을 받는 구조물과 동하중을 받는 구조물의 이음 길이 L1이 다르다. 어떻게 다른가를 제시하고, 그 이유를 설명하시오.

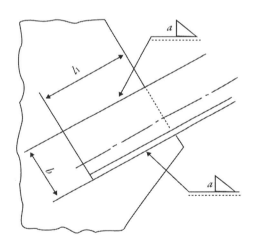

8.4.2. 문제 풀이

안전율(S)은 다음과 같이 정의 한다.

안전율(S) = 허용응력/사용응력 = 극한강도(인장강도)/허용응력

그리고 안전율에 영향을 미치는 인자로는

- 모재 및 용착금속의 기계적 성질
- 재료의 용접성(weldability)
- 하중의 종류(정하중, 동하중 및 진동하중 등)와 온도 및 분위기
- 시공조건 : 용접사의 기능, 용접방법, 용접자세, 이음의 종류와 형상, 작업장소 (공장 및 현장용접의 구별), 용접 후처리와 용접검사 등이다.

허용응력이란 기계나 구조물을 설계할 때 각 부분에 발생하는 응력이 어떤 크기의 값을 기준으로 그 이내이면 안전하다고 인정되는 최대 허용치를 말한다.

허용응력을 결정하는 방법은 2가지로 첫 번째는 용착금속의 기계적 성질을 기본으로 안전율을 고려하여 허용응력을 정하는 방법과 두 번째는 모재의 허용응력에 이음효율을 곱한 값을 기준으로 허용응력을 정하는 방법이 있다.

따라서, 부재의 강도상 하중의 종류에 의한 안전율 값은 정하중 〈 반복하중 〈 교번하중 〈 충격하중 순으로 커져야 하고 같은 목두께로 필렛 용접할 경우 안전을 고려하여 당연히 용접길이 또한 정하중 〈 반복하중 〈 교번하중 〈 충격하중 순으로 증가시켜야 한다.

9 보수용접

9.1. 문제 유형

- 용접 보수계획에 고려되어야 할 사항 및 검사방법에 대해서 설명하시오.

9.2. 기출 문제

- 110회 3교시 : 용접구조물의 경우 제작과정 중의 결함이나 사용 중의 과부하 또는 반복하중 등으로 결함이나 손상이 발생한다. 이 결함이나 손상을 제거하기 위해 실시하는 용접을 보수용접이라 한다. 이와 관련하여 다음 항목에 대해 각각 설명하시오.
  1) 보수용접 전 조치사항
  2) 결함이나 손상의 원인도출 방법
  3) 보수용접 절차 및 보수용접 시 주의사항(보수용접과 생산용접 차이 설명포함)
- 92회 2교시 : 보수 용접에서 보수계획에 포함되어야 할 사항을 설명하시오.
- 81회 3교시 : 압력용기에서 탄소강 강판(Shell)의 두께 50mm인 X형 홈의 서브머지드 아크용접(SAW)이 수행되었다. 이음부에서 비파괴 검사 결과 종방향으로 300mm 길이를 가진 용입부족(Incomplete penetration)이 발생되었다. 이때 용접결함 부위를 그림으로 표시하시고, 상세한 보수절차(Repair procedure)에 대하여 설명하시오.

9.3. 문제 풀이

용접구조물에는 제작 과정 중의 결함, 사용 중의 과부하 또는 반복하중 등으로 인한 결함이나 손상이 발생할 수 있다. 이런 결함이나 손상을 제거하기 위해 실시하는 용접을 보수 용접이라 하며 다음과 같이 구분할 수 있다.

- 생산과정 중의 수정용접
- 용접부 시험 중 확인된 불일치 부분에 대한 수정 용접
- 사용 중에 있는 구조물에 대한 보수용접

용입부족(Incomplete(Joint) penetration)은 루트 면의 개선 형상, 용접봉 굵기, 부적절한 용접기술(용접 전류 낮거나 높은 Speed), 오염물질 등으로 종종 발생한다.

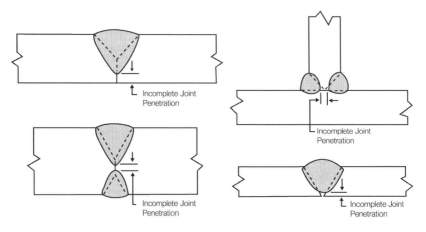

[그림 XI-3] 부분용입(불완전 용입)

용접구조물에는 제작 중, 용접부 시험 중, 혹은 사용 중에 용접부나 모재부에 손상이 발생되면, 먼저 다음과 같은 사항을 확인하여 보수용접 여부를 결정해야 한다.

- 결함의 종류 및 손상 부위의 보수가 가능한가?
- 현재 위치에서 보수가 가능한가? 혹은 분리/운송해야 하는가?
- 보수를 위한 기술적인 고려 사항은 어떤 것이 있는가?
- 보수용접 이외에 다른 해결 방법이 있는가?

이러한 사항들을 확인 후 보수용접을 결정하게 되면 다음과 같은 조치과정을 통해 보수 용접을 수행한다.

- 결함이나 손상의 원인 도출
- 모재와 용가재의 확인
- 보수용접 규정과 관련된 규격 및 계약서 검토 및 확인
- 보수 계획서 수립

보수용접 판정 기준은 관련된 규격을 따르며, 결함 상태에 따라 고객의 요구사항을 확인해야 한다. 주요 관련 규격은 ASME Sec. V, ASME Sec. VIII, ASNT, ASTM, AWS, 및 API 등이 있으며 BS, DIN, JIS 및 KS 도 적용될수 있다.

용입부족의 경우 ASME, AWS 등에서는 부적합으로 결함부위 전면제거 및 보수용접을 요구하고 있으나 API에서는 조건부 결함보수를 적용할 수 있다.

9.3.1. 결함이나 손상의 원인 도출

결함이나 손상의 발생 원인을 규명하기 위해서는 각 재질별로 발생할 수 있는 결함과 손상의 종류 및 발생 기구를 이해하고 있어야 한다. 손상의 원인은 손상의 위치와 방향, 손상부위의 변형 상태, 손상의 크기, 파단면의 분석 등과 함께 금속조직 검사 등의 방법으로 확인한다.

자주 확인되는 손상의 원인에는 다음과 같은 것이 있다.

- 과부하
- 설계 잘못 / 계산상의 결함
- 재료 결함 / 맞지 않는 재료 사용
- 용가재 잘못 선정
- 용접절차서 미 준수 / 작업자 기량 부족 및 부주의
- 열처리 결함
- 기타

결함 또는 손상의 원인을 알아야 보수 후에 동일한 손상이 발생하는 것을 방지 할 수 있다. 손상의 원인 확인 후 조치는 다음과 같은 것들이 있다.

- 설계 변경
- 모재 또는 용자재의 변경
- 용접 순서 또는 적층 순서의 변경 / 용접절차서 재확인
- 추가적인 기계가공 또는 덧살의 가공
- 용접사 교육 / 작업자 기량 향상

9.3.2. 결함의 제거 및 확인

보수용접 없이 용접부 표면결함을 제거 하는 경우, 확인 된 결함부위를 그라인딩 또는 기계가공을 통해 제거하며 아래 사항을 만족해야 한다.

- 결함부가 제거된 부분이 파이프인 경우는 파이프 외경보다 작지 않아야 하며, 판재의 경우는 모재의 두께 규정보다 가늘지 않아야 함
- 관련된 Code에서 요구하는 최소 두께를 만족해야 함

- 적절한 비파괴검사를 통해 결함의 제거 여부를 확인 함
- 보수 용접 완료 후 비파괴 검사보고서를 포함한 보수완료보고서를 작성, 유지 관리 되어야 함

보수용접이 필요한 용접부의 결함을 제거 하는 경우 생산용접의 용접부와 달리 구속도의 차이, 후열처리 가능 여부, 용접자세 등의 제한이 있을 수 있어 보수용접계획 시 고려된 사항을 잘 따라야 한다. 일부 X 개선의 경우에는 루트(Root)에 위치한 용입부족을 제거하기 위해 상단부터 원층까지 국부적으로 가우징 또는 그라인딩으로 제거 후 보수 용접을 해야 하는데, 이때 국부적인 잔류응력이 발생할 수 있다. NDE를 통해 확인된 결함부의 정확한 위치를 확인하여 그라인딩, 기계가공, 또는 가우징을 통해 제거한다. 가우징의 경우는 전극의 탄소분말이 개선부에 미소량이 남아 용접시 경화 및 균열이 발생할 수 있으므로 그라인딩을 등으로 완전히 제거해야 한다. 가우징 사용시 최종 1.6mm 제거는 기계적 수단을 이용하는 것이 좋으며 스테인리스강에는 적용할 수 없다. 결함부위 완전 제거를 위해 결함부 주변까지 충분한 이면 따내기를 실시해야 하며, 육안검사와 함께 비파괴검사를 이용하여 결함의 완전 제거를 확인 해야 한다.

9.3.3. 보수용접 계획 및 절차

보수용접 계획은 경우에 따라 검사기관, 고객 혹은 최종 사용자의 승인을 받아야 한다. 이런 경우는 계약서나 관련 규정에 따라 별도 서류제출 및 관련절차를 거쳐 진행되어야 한다.

보수용접 계획에는 다음과 같은 사항 등을 포함한 보수용 WPS 를 작성해야 하며, 각 항목들은 실제 보수용접에 맞는 세부 내용으로 작성되어야 한다.

- 모재 및 용가재 종류
- 보수용접 시방서
- 용접승인 시험
- 보수용접 수순(층 쌓기와 용접 순서)
- 용접자세 및 전기적 특성
- 필요한 경우 열처리(온도, 유지시간, 가열 및 냉각속도)
- 용접 후 처리 방법(기계가공 혹은 비드 유지)
- 검사 및 감독(시험일자, 방법, 범위, 감독관 입회 등)

모든 보수용접은 승인된 용접사에 의해 승인된 보수용접절차서(Repair WPS)의 규정에 따라 용접을 진행해야 하며, 고객의 요청 혹은 계약서에서 요구하는 조건을 준수하여 아래의 순서로 진행된다.

결함 확인 ➜ 원인 분석 ➜ 결함 제거 ➜ 결함상태 확인 ➜ 용접 홈 가공 ➜ 예열 ➜ 용접시공 ➜ 용접 후열처리(PWHT) ➜ 용접부 품질 평가 확인(NDE) ➜ 보수완료

보수용접에 사용되는 용접봉의 직경은 본 용접시 사용된 용접봉의 직경보다 작아야 하며, 최대 4mm를 초과할 수 없다. 특히 일부 재질(P-5, P-15E)은 예열, 층간온도 및 후열 관리를 철저히 하지 않을 경우 지속적으로 용접결함이 발생하므로 주의해야 한다.

9.3.4. 보수용접 후 건전성 확인

보수용접 후 건전성 비파괴검사로 확인한다. 일반적으로 표면 결함의 여부는 MT/PT를 이용하고, 내부결함은 RT/UT를 이용한다. 보수용접의 경우는 통상 두 가지를 병행해서 건전성 확인을 하게 된다. MT/PT의 경우는 재질에 따라 적용이 달리해야 하며, PT의 경우는 규정에 맞는 침투제(황화물, 불화물은 부식 및 결함의 원인이 되기도 함)를 사용하고 PT 확인 후에 잔류물을 제거해야 한다. RT 의 경우는 두께에 따라 Source 적용 및 안전성을 고려해야 한다.

예로써 50mm 강판의 경우는 X-ray를 사용할 수 있으나 투과성이 낮아 γray 를 사용하는 경우가 많은데 안전성을 충분히 고려해야 한다. UT를 이용하여 보수용접 건전성을 확인 할 수도 있다. UT는 RT에 추가적으로 요구되는 경우가 일반적이며 고객이 요구하거나 계약서상에서 두께 규정에 따라 자동적으로 요구 될 수도 있다. UT의 경우 Calibration이 중요하며 반드시 검사 전에 Prove의 상태 및 Calibration을 통해 장비 확인을 거쳐야 한다. 보수용접부의 최종검사는 보수부위의 100%를 포함하고 보수부위의 각 가장자리로부터 1"이상 확장한 부분까지 검사해야 한다.

[표 XI-3] Qualification Thickness for Test Coupon and Test Repair Groove

Depth of Test Groove	Repair groove Depth	Thickness of Test Coupon	Thickness of Base
t	< t	< 2"	Up to 2"
t	< t	> 2"	Above 2"

9.3.5. 서류화

모든 보수용접과 관련된 사항은 기록, 관리하여야 하며, 계약사항에 따라 검사기관, 설계 담당자, 발주처 등 관련 담당자에게 제출되어야 한다.

보수용접이 항상 좋은 것만은 아니다. 보수용접은 결함의 위치, 비파괴 검사 결과, 강도 계산서 등의 설계, 시공 조건, 용접 후열처리, 충격시험을 통한 인성 검사 및 제반 성능 검사 등의 전반적인 상황을 고려하여 결정해야 한다. 사용된 모재의 특성과 구조물의 사용 특성 및 용접기술에 대한 포괄적인 지식이나 이해 없이 결함제거만을 위한 보수용접은 또 다른 문제를 야기할 수 있기 때문이다.

모든 상황을 고려하여 보수용접이 결정되었다면, 보수용접절차서(Repair Welding Procedure)에는 용접 절차(Welding Sequence), NDE 방법, 예열, 용접 후열처리, 용접사 검증, 용접변수의 모니터링(Monitoring), 필요시 압력 시험(Pressure Test) 등이 구체적으로 기술되어야 한다.

모든 보수용접 사항을 기록, 관리하고 정해진 후속 검사과정을 따라야 진행 및 보고해야 한다. 아울러 올바른 보수용접 방법을 도출하기 위한 충분한 경험을 갖추어야 한다.

9.4. 추가 공부 사항

- 주철의 보수 용접시 주의해야 할 사항은 무엇인지 설명하시오.
- 용접부 결함을 보수하기 위한 판정기준을 결함별로 설명하시오.

10 용접 비용

10.1. 문제 유형

- 용접비용의 정의 및 계산시 필요한 항목과 방법을 설명하시오.

10.2. 기출 문제

- 107회 4교시 : 클래드(Clad) 용접에서 용접 원가의 구성 요소를 나열하고 각각의 원가를 낮출 수 있는 방법을 설명하시오.
- 105회 4교시 : 용접구조물 제작 시 용접비용(Welding Cost)을 예측하기 위한 산출방법에 필요한 항목을 설명하시오.
- 80회 4교시 : 용접비용(Cost) 분석에 대하여 기술하시오.

10.3. 문제 풀이

주어진 장비와 인원, 공장 생산 여건으로 최대한의 생산성을 추구하는 것은 용접관리자에게는매우 중요하고 현실적인 어려움이다. 대부분의 현장에서는 노동, 즉 인건비를 줄이는 데는 노력하지만 재료나 설비 투자 비용 등에는 큰 관심을 두지 않는데, 재료나 설비에 투자하여 투입비용 대비 생산성을 올릴 수 있는 방법을 연구해야 한다. 이러한 방법을 연구하기 위해서는 용접비용의 계산은 필수이다. 다음은 용접비용 관리시 주요 고려사항이다.

- 좀더 경제적인 용접방법(Welding Process) 선정함
- 용접봉의 적절한 선정과 경제적 사용방법, 재료절약 방법 고안
- 적합한 용접 이음부 형상을 설계하여 소요되는 용가재의 용입량을 줄임
- 가조립 및 Fit-up을 신중히 하여 불필요한 수정작업 및 재작업을 방지
- Jig사용에 의한 능률향상
- 적당한 품질관리와 검사방법 채택
- 용접 자동화를 고려

상기 주요항목과 더불어 용접비용은 간단하게(용접재료비 or 용착금속 1 kg당 비용) + (인건비) + (전력요금) + (감가상각비 및 유지보수비)로 계산할 수 있다.

10.3.1. 용착금속 비용

용착금속량 = ρ DV / ρ: 용착금속의 밀도(g/mm³), DV : 용착금속의 부피(mm³)

$$용착금속 \ 1kg당 \ 비용 = \frac{1\,Kg}{용접봉(심선)사용율 \ x \ 용착율} X \ 심선단가(용접봉 \ 단가)$$

SAW일 경우 플럭스 비용, 불활성 가스(Inert Gas) 용접일 경우 가스비용을 추가한다.
(가스비용 = 아크 Time x Gas Flow Rate x 단가)

용착 효율은 전체 사용된 용접금속에 대한 실제 용접부에 용착된 용접 금속의 무게 비를 의미한다. 대표적인 용접 Process에 따른 용착효율은 아래와 같다.

[표 XI-4] 용착효율

용접법	용착효율(%)
SMAW	65
FCAW	82
TIG, MIG	92
SAW	100

$$용착 \ 효율 = \frac{용착금속 \ 중량}{사용된 \ 용접봉 \ 중량} \ x \ 100 \ \%$$

10.3.2. 인건비

인건비 = 작업시간 x 공임단가

$$용접작업시간 = \frac{아크시간(Act \ Time)}{아크시간 \ 효율(Arc \ Time \ Efficiency)}$$

용접에 필요한 시간은 제품의 종류와 모양, 용접길이, 용접봉의 종류와 지름 및 용접 자세에 따라 변동된다. 특히 용접자세가 아래보기인 경우 수직이나 위 보기 자세에 비하여 단위길이를 용접하는데 필요한 시간은 약 1/2이면 족하다 용접소요시간과 용접작업시간의 비, 즉 단위시간 내의 아크발생 시간을 백분율로 표시한 것을 아크 타임이라고 하며 능률이 좋은 공장일 경우 수동용접에서 35~40%, 자동용접에서 0~50%정도이다.

전체용접시간 = 아크시간(아크 Time) + 전처리시간 + 후처리시간을 말하며, 아크시간 효율이라 함은 아크 시간이 전용접 시간중에 점유하는 것을 나타낸다.

10.3.3. 전력요금

전력요금 = (전력량) x (전력요금 단가)로 산출한다.

$$전력요금 = \frac{전류 \times 2차\ 부하\ 전압}{용접기\ 효율} \times 아크시간 \times 전력요금\ 단가$$

용접기의 종합효율은 AC는 50%, DC는 70%로 본다.

10.3.4. 감가상각비 및 유지보수비

$$상각비 = \frac{용접기\ 가격}{상각기간 \cdot 5 \sim 7년)} \qquad 보수비 = \frac{연간보수비}{연간\ 작업시간}$$

보수비는 연간 기계대금의 10%로 보는 것이 좋다.

10.3.5. 그외 용접비용에 영향을 미치는 요소들

1) 용접봉 소모량

용접봉의 소모량은 용접이음부의 단면적에 용접길이와 용착금속의 비중을 곱하여 용착금속의 중량을 구하고 여기에 용접봉의 손실량을 감안하여 산출한다. 즉 용착효율을 알면 용접봉의 소모량을 알 수 있게 된다.

$$We = \frac{Wd}{E} (Kg)$$

여기서,

We : 용접봉 소모량(Kg)

Wd : 용착금속의 중량(Kg) =(A + B + C) x P x L(Kg)

A : 용접이음부의 단면적(cm2)

B : 표면 덧붙임부의 단면적(cm2), 일반적으로 이음부 단면적의 10 ~ 20% 정도

C : 뒷면 따내기부의 단면적(cm2)

P : 용착금속의 비중(연강은 7.85, 오스테나이트계 스테인레스강은 7.93)

L : 용접길이(cm)

E : 용착효율(%), 용착금속중량/용접봉 사용중량의 백분율로 홀더 부분 약
50mm를 버리는 것으로 할 때 아래 보기 자세에서 철분계는 60~65%, 기타
용접봉(셀룰로오스계는 제외)은 50~55% 정도

2) 용착속도

용착속도는 단위시간(분)에 용착되는 용착 금속의 중량(g/분)으로 표시된다. 이는 용착효율과 함께 용접의 효율성을 평가하는 중요한 요소이며, 용착속도는 용접기법, 용접재료, 용접전류 그리고 용접자세에 의해 영향을 받는다.

3) 환산용접길이

용접공사량을 산정할 때 기본적인 양으로써 용접길이를 먼저 계산하는 것이 보통이며, 계산하는 방법은 여러 가지가 있으나 가정 편리하고 합리적인 환산 용접길이를 사용하는 방법은 같은 길이의 이음을 용접할 때라도 판재의 두께, 용접자세, 작업장소 등이 변동되면 용접에 요하는 작업량도 변하기 마련이며 이러한 작업량에 영향을 주는 것을 계수로 표시하여 실제의 용접길이에 곱하도록 하고 있다. 즉 판재의 두께(필렛용접의 경우는 각장), 용접자세, 작업장소 등 일정한 작업조건에서 환산한 것을 환산용접길이라고 한다.

[표 XI-5] 환산용접길이의 환산계수(연강), T: 필렛, V: 맞대기, T.V: 좌측은 평균치

자세/판두께	6이하		7 ~ 10		11 ~ 14		15 ~ 18		19 ~ 22	
아래보기 F	0.8	T 0.64	11	T 0.88	1.6	T 1.28	2.4	T 1.92	3.4	T 2.72
		V 0.96		V 1.32		V 1.92		V 2.88		V 4.08
수직 V, 수평 H	1.2	T 0.96	1.6	T 1.28	2.4	T 1.92	3.6	T 2.58	5.1	T 4.68
		V 1.44		V 1.92		V 2.88		V 4.32		V 6.12
위보기 O	1.6	T 1.28	2.2	T 1.76	3.2	T 1.96	4.8	T 3.84	6.8	T 5.44
		V 1.92		V 2.64		V 3.94		V 5.76		V 8.76

환산용접길이는 직접 공사량을 의미하는 것으로 공사량예상의 기본이 된다. 표 XI-5는 조선소에서 사용되고 있는 환산품의 한 예를 나타내고 있다.

일반적인 용접경비는 재료와 준비 가공비 35~45%, 용접비용 15~20%, 조립비용 10~15% 로 크게 3가지로 분석 할 수 있다. 용접설계의 불량, 홈 가공의 불량 및 용접부재 불량의 경우는 용접시간에 영향을 크게 미치며 비용도 많아지게 된다.

용접비용을 절약하기 위해서는 아래와 같이 설계 및 시공단계 별로 보다 효율적인 용접관리가 필요하다.

- 설계 : 용접선 감소, 개선 단면적 감소, 적정 모재의 선정, 최적 조립 순서 선정
- 재료 : 용접봉의 적절한 선택, 고용착 속도 재료, 적절한 용접기 선택
- 시공 : 아래보기 자세의 극대화, 백 가우징 감소, 자동화 확대, 용접사의 기량향상

10.4. 추가 공부 사항

맞대기 용접에서 모재두께에 따라 추천되는 개선형상을 설명하고, 소요되는 용접비용을 설명하여라.

11 용접품질 향상

11.1. 문제 유형

- 용접설계간 용접품질과 관련된 사항이 무엇인지 확인하고 품질향상 조건에 대하여 설명하시오.

11.2. 기출 문제

- 107회 4교시 : 큰 하중의 반복 작용이 예상되어 피괴 안정성을 중시하는 강도 부재로서 파이프 형태의 단순 지지보를 용접설계하였다. 이 보의 길이 방향 중앙에 원주 용접 하도록 하여 보가 길이방향으로 연결되어 있다. 이 설계에 대한 의견을 쓰고, 그 용접부의 품질 관리상 주요 포인트를 설명하시오.
- 77회 4교시 : 용접품질 향상을 위한 조건을 설명하시오.

11.3. 문제 풀이

11.3.1. 용접품질의 개념

용접에서의 품질보증이란 용접성으로서 평가할 수 있다. AWS 에서는 이를 "특정 구조물에 알맞게 설계되고, 계획된 제작 조건에 따라 만족하게 수행할 수 있는 접합조건 하에서 나타나는 용접금속부의 성능" 이라고 규정하고 있다. 용접 기술자는 아래의 네가지에 대한 판단을 정확히 해야 한다

- 기계, 구조물 및 장치의 설계
- 사용하는 재료의 특성
- 용접 방법, 절차 및 장비
- 용접 이음부의 성질과 건전성을 유지하기 위한 검사

11.3.2. 용접 품질 관리 대상

일반적으로 사람(Man), 기계(Machine), 재료(Material), 작업방법(Method) 즉, 4M 요소가 각기 완전하게 관리 됨으로써 정상적인 생산관리가 이루어진다.

- Man : 교육훈련, 기량관리, 용접사 및 용접 기술자 육성, 건강관리 등
- Machine : 용접기 관리, 치공구 관리, 기계 예방정비, 기계의 성능 확보 등
- Material : 모재 및 용접봉, 보호 관리, 기계 예방정비, 기계의 성능 확보 등
- Method : 용접법, 시험 및 검사 방법, 예열 및 후열처리, 기타

11.3.3. 용접 품질 관리 4 Step

1) 계획(Plan)

용접설계 사양에 따라 용접불량(모재, 용가재)과 용접설비(용접기 & 열처리 장비), 자격있는 용접사, 용접 검사원(육안, NDT, 수압 등), 검사 설비등을 준비하고 용접 시공 계획서를 작성한다.

용접관리의 4 STEP

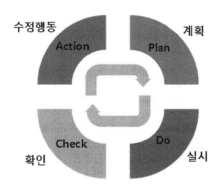

[그림 XI-4] 용접관리 4단계

2) 실시(Do)

용접시공 계획서에 따라 시공이 잘되도록 필요한 수단을 전개한다. 즉, 적절한 시기에 자재투입, 공정에 맞춰 용접사 활용, 작업진행 또한 작업장의 환경과 안전 위생에 관심을 갖고 적절히 조치한다.

3) 결과 확인(Check)

시공전 개선상태, 예열, 용접순서, 적층법, Pass간 온도, 후열처리 등의 중간 점검과 용접 후 비드상태(U/C, Overlap, 불연속, 각장)을 육안으로 점검하고, 용착부의 표면과 내부결함 검사를 위해 MT, RT, UT 등을 실시하고 필요시 수압시험.

4) 조치(Action)

중간단계 점검 및 용접완료 후 NDT, 수압시험 결과에 대하여 관련 사항 및 Code 판정 기준에 벗어난 결함등에 대해 보수 용접(결과는 계획단계에서 피드백 된다)

11.3.4. 용접 품질 향상을 위한 구체적인 대상 관리의 방법

1) 용접 대상 관리의 방법

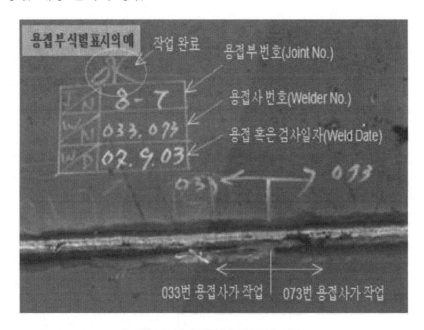

[그림 XI-5] 용접부 식별표시 예시

- 전체 용접부에 대한 도면을 준비
- 전체 용접부에 일련번호 부여
- 용접부에 대한 관리대장(엑셀형식 등)을 작성
- 현장 용접부에 식별번호 및 진행상태 마킹
- 작업 진행에 따라 용접 관리대장을 업데이트

2) 용접 절차 관리의 방법

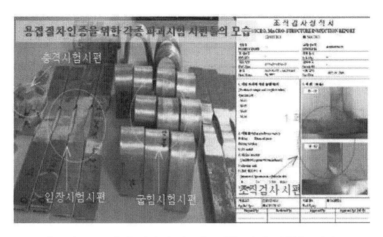

[그림 XI-06] 용접절차 인증을 위한 파괴 시험용 시편

- 전체 용접 대상물에 대한 조건 분석 및 분류
- 생산성을 고려한 최적의 작업 방법, 용접조건 선택
- 선행 프로젝트 등에서 사용된 WPS 수집, 검토
- 해당 현장에서 사용하는 양식에 맞춰 WPS 작성, 승인
- 승인된 용접절차서(WPS) 배포 및 이에 따라 용접 관리

3) 용접 인원 관리의 방법

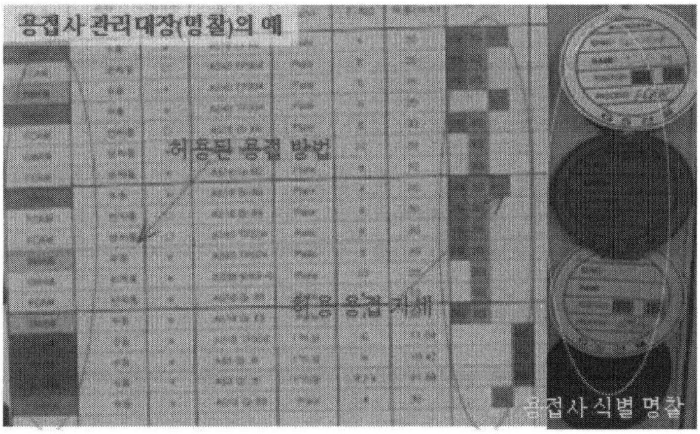

[그림 XI-07] 용접사 관리 대장 예시

- 일반현장은 용접기능사자격 확인 후 시험 면제 가능
- 가장 안 좋은 조건(자세 등)에서 자격 시험 실시
- 시험에 통과한 용접법에 대해서만 자격 부여
- 초보자는 시험 통과 후, 일정 기간 단순 용접에 투입
- 용접사인정서(WQR), 자격증 및 관리대장을 만듦

4) 용접 자재 관리의 방법

- 모재/용접봉의 성질을 확인하고 식별
- 용접봉은 수분을 흡수하지 않도록 하고 건조 후 사용
- 현장에 불출 시는 휴대용 건조통 활용(항상 켜 둘 것)
- 잔봉은 전부 회수하여 다음 용접 시 재건조하여 사용
- 저수소계 용접봉은 2회 이상 재건조 사용 금지

[그림 XI-08] 용접 자재 관리 절차

5) 용접 작업 환경 관리의 방법

- 비, 바람, 습도가 높은 날 가급적 옥외 용접을 피함
- 온도가 매우 낮은 경우 적절한 예열, 후열을 실시
- 대기, 모재 표면온도 −18 ℃ 이하인 경우는 용접 금지

- 작업장을 항상 밝고 청결하게 유지
- 좋은 용접자세가 나올 수 있도록 사전 안전 시설 준비

용접 시 바람막이 활용 모습

[그림 XI-09] 용접 작업 관리 예시

6) 용접 검사의 방법

- 용접 전, 용접 중, 용접 후 검사를 모두 실시
- 용접 전 용접부 단면 형상, 직선도 및 청소상태 등 검사
- 용접 중 적정 재료, 장비, 인원, 절차 사용 여부를 검사
- 용접 후 육안검사 철저 수행 및 용접검사 보고서 작성
- 비파괴 검사가 요구될 경우 검사자자격 반드시 확인

11.3.5. 국내 용접품질관리의 현황, 과제 및 기대 효과

1) 용접기술 국내현황

- 현장 용접 기술관리 소홀 : 인명 사고 지속적 발생
- 용접관리자에 대한 교육이 단편적임.
- 용접기술, 용접설비 등의 해외의존도가 높음.
- 현장 용접 관리인력 부족 : ISO 3834 등 국제기준에 따른 고급 용접기술 및 설비에 대한 지식과 설계능력을 갖춘 용접 관리자 필요성 증대

2) 발전과제

- 현장 용접 품질관리 가능한 용접품질 관리 시스템 구축
- 용접품질관리 시스템 제도화 및 용접관리자 교육기관 운영 활성화
- 용접에 대한 지속적인 홍보, 제도개선을 통해 용접이 현대산업에 필수 핵심 기술임을 알림

3) 품질관리 시스템 도입의 기대효과

- 용접 구조물 안전성 향상
- 용접관련 산업 안전성 향상
- 용접관련 산업 생산성 향상
- 용접 기술 관련 사회 인식 전환
- 중동 및 동남아 지역의 국내 원전 수출 등에도 포지티브 효과
- 용접 관련 산업의 고용 증대 효과

11.4. 추가 공부 사항

용접검사원이 갖추어야 할 소양 및 근무자세

비파괴 검사 & 안전

1 RT와 UT 검사

1.1. 문제 유형

- 방사선 투과 시험과 초음파 탐상시험의 특징(장. 단점)을 비교하여 검출 가능한 용접결함을 제시하시오.

1.2. 기출 문제

- 96회 1교시 : 방사선 투과 시험(RT, Radiography Test)과 초음파 탐상시험(UT, Ultrasonic Test)시 용접부의 결함 형태에 따른 결함 검출 능력을 비교하여 설명하시오.
- 65회 : 판재 단면에 다음과 같은 결함들이 존재하고 있다. 방사선투과시험으로 분명하게 확인할 수 있는 결함을 고르고 이유를 설명하시오.

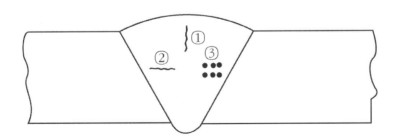

1.3. 문제 풀이

RT 및 UT는 체적비파괴검사법으로 결함의 종류 및 방향성에 따라 결함검출 능력이 다르다. 가령 RT는 방사선 진행방향에 평행한 결함이 검출하기 쉽지만 UT는 초음파의 진행에 수직한 방향의 결함을 검출하기 쉽다. 현장에서 RT는 주조품의 내부 결함 확인 및 용접부의 건전성을 확인하는 용도로 주로 사용되고 UT는 단조품 등의 내부 결함을 확인하는 용도로 적용되고 있지만, 가끔씩은 제품의 특성에 따라 두가지 검사를 병행하기도 한다.

1.3.1. RT 특성

1) RT의 장점

- 내부상태의 검증이 용이
- 내부 슬래그나 기공, 블로우 홀 등의 결함의 크기, 종류의 검출이 용이
- 내부결함의 검출, 조성의 주요 변화에 대한 검출, 검사결과의 영구기록이 가능
- 조사방향의 균열과 구상결함에 유리

2) RT의 단점

- 방사선 노출에 따른 사용자 및 노출자에 안전, 즉 인체의 장애에 별도의 조치가 필요
- 균열 등의 결함 및 미세한 표면결함, 결함의 깊이를 정확히 측정할 수 없음
- 슬래그 개재와 Blow Hole 에 비해 유해한 균열의 검출은 불가능한 경우가 많음
- 비용이 많이 든다. 높은 초기투자와 공간이 필요
- 방사선 기공 및 블로우 홀에 결함에 평행해야 함

1.3.2. UT 특성

1) UT의 장점

침투력이 매우 높아 지극히 두꺼운 단면을 갖는 부품의 깊은 곳에 있는 결함도 용이하게 검출할 수 있음

- 고감도이므로 미세한 결함의 검출이 가능
- 검사를 위해 시험편의 한 면만 이용
- 결함으로부터 즉시 지시를 얻을 수 있고 자동화가 가능

- 내부 불연속의 위치, 크기, 방향 및 모양을 정확하게 측정
- 방사선투과검사법과 비교하여 검사자 및 주변에 장해가 없음
- 휴대용으로 간편
- 조사방향과 직각방향 균열에 유리

2) UT의 단점

- 수동탐상의 경우 숙련된 기술자가 요구
- 광범위한 기술적 지식이 절차서 작성에 요구
- 표면이 매우 거칠거나, 모양이 불규칙한 것, 반사면이 평행하지 않은 부품 등은 탐상이 곤란
- 표면직하의 얕은 결함은 검출이 어려움
- 표준시험편 또는 대비시험편이 요구
- 내부조직의 입도가 크고 기포가 많은 부품 등은 탐상이 곤란
- 접촉매질이 필요

3) RT와 UT 비교

RT두께 적용의 상한이 75mm이지만 UT는 강종에 따라서 수m까지 가능 하고 응답속도가 빠르기 때문에 자동화가 용이하다. RT는 투과법이어서 시험체 양면에 배치할 필요가 있지만 UT는 반사법이기 때문에 시험체 한 면만 접근 가능하면 된다.

- RT 적용범위 : 두꺼운 시험체일 경우 고강도 감사선 및 장시간 노출시간이 필요하고, 각도에 영향을 많이 받으며, Micro Porosity 및 Micro Fissure 는 검출하기 어려움(이동용 장치(300kvp)는 75mm이하 정도만 가능)
- UT 적용범위 : 표면이 거칠거나 기공이 많을 경우 탐상이 어렵고, 내부온도가 고온일 경우 탐상이 어려움

[표 XII-1] RT와 UT의 비교

시 험 방 범		방사선투과시험(직접촬영법)	초음파탐상시험(펄스반사법)
원 리		건전부와 결함부에 대한 투과선량에 따라 필름의 농도차	결함에 의한 초음파의 반사
대상 재질	체적결함	◎	○
	면상결함	○(조사방향에 깊이가 있는 것) △(조사방향에 경사가 있는 것)	◎(초음파빔에 수직) ○(초음파빔에 경사)
결함에 관한 정보	치수 길이	◎ ○	○
	치수 높이	△(조사방향을 변화시키는 방법, 농도차에 의한 방법)	○
	위치(깊이)	△(조사방향을 변화시키는 방법)	◎
적용 예		용접부, 전조품	용접부, 압연품, 단조품,주조품

범례 ◎ : 검출 감도 좋음, ○ : 가능, △ : 현재로서는 곤란, × : 불가능

1.4. 추가 공부 사항

* 용접검사 용어중 불연속부(Discontinutity)와 결함(Defect)에 대하여 설명하여라.
  - 불연속부(Discontinuity) 비파괴 검사에서의 지시가 결함 조직 모양등의 영향에 의해 정상부위와 다르게 나타나는 부분을 지시하는 용어이다. 따라서 현업에서는 비파괴검사를 실시후, 합부를 판정하기전, 정상부위와 다른 모든 지시를 불연속부(Didcnontinuity)라고 지칭한다. 이에 반해 결함(Defect)은 합부 판정을 통하여 규격, 시방서등의 해당 합격 기준을 만족시키지 못하는 크기, 형상, 방향, 위치 또는 특성을 가진 한 개 이상의 불합격 지시를 의미하며, 해당 결함의 제거 및 보수용접등의 후속 품질관리 작업이 수행된다.

2 증감지와 투과도계

2.1. 문제 유형

- 용접부에 대한 방사선 투과검사시 사용되는 증감지와 투과도계(IQI)의 사용 목적을 설명하고, 특성에 대하여 설명하시오.

2.2. 기출 문제

- 90회 : 용접부에 대한 방사선 투과검사시 사용되는 증감지의 사용 목적을 설명하고, 종류별 각 특성에 대하여 설명하시오.
- 83회 : 방사선투과검사(RT)에서 투과도계(상질지시계, IQI)를 사용한다.
    - 투과도계의 사용 목적을 설명하시오.
    - 유공형(Hole Type)을 사용할 때 2-2T Quality의 의미는 무엇인지 설명하시오.

2.3. 문제 풀이

2.3.1. 방사선 투과시험

방사선 투과시험(Radiographic Testing)은 방사선을 시험체에 조사하여 얻은 투과사진 상의 불연속을 관찰하여 규격 등에 의한 기준에 따라 합격여부를 판정하는 방법으로 선원은 X-선, γ-선, 중성자선이 사용된다. 투과 두께의 1~2 %까지 크기의 결함을 확실하게 검출할 수 있다. 방사선 사진을 만드는 기본적인 3요소는 선원/시험체/필름이다.

2.3.1. 증감지

1) 증감지 목적

증감지는 방사선 투과사진을 촬영할 때 필름의 감도를 높이거나 상의 질을 개선하기 위한 것으로 필름에 도달하는 방사선의 에너지를 보다 충분히 활용하기 위해 사용된다. 증감지는 필름과의 접촉상태가 사진의 질을 결정하는 요인이 된다.

[표 XII-2] 증감지 종류에 따른 특징

1) 납증감지	연박증감지(★) 전면 : 0.13㎜ 후면 : 0.3㎜	• 방사선 사진작용의 활성화 • 산란방사선 흡수 • 1차방사선의 증가
	산화납증감지	산화납을 종이에 입힌 형으로 함께 필름이 포장되어 있어 편리하나 흡수효과는 떨어진다.
2) 형광증감지		노출시간을 단축시킬 수 있다. 칼슘텅스테이트, 베륨리드설페이트
3) 금속형광 증감지 (납+형광물질)		납증감지보다는 산란방사선의 제거 효과가 떨어지고 형광증감지 보다는 높다.
4) 기타 금속 증감지 (구리, 금)		금: 감도가 높다.
		구리 : 연박증감지에 비해 흡수 및 증감효과는 적으나 사진의 감도는 높다.

2) 증감지 역할

- 빛 차단
- 필름보호
- X선속의 강도 조절
- X선을 가시광선으로 전환
- 이차선 감소

납증감지
필름

납증감지 카세트

[그림 XII-1] 납증감지

2.3.3. 투과도계(IQI)

투과도계는 방사선투과시험으로 용접부 또는 주물 등의 투과사진을 촬영한 경우 그 사진의 상질이 요구되는 조건을 만족하는지 확인하기 위하여 사용된다. 투과도계는 선형과 유공형으로 나눌 수 있는데 투과도계의 구멍이나 선의 윤곽이 확실하지 않은 경우에는 결함을 제대로 판독할 수 없게 된다.

1) 선형투과도계(KS/JIS형)

선형투과도계는 플라스틱 안에 철심 선을 배열하여 우측부터 순차적으로 그 직경이 가늘어지도록 만든 것이다. 7개의 선이 1조로 되어 있으며 기호 F 다음의 두자리 숫자가 7개의 중앙에 위치한 선의 직경을 나타낸다. 선의 배치는 가는 선이 바깥쪽으로 가게 한다.

선형투과도계는 기본적으로 선원쪽에 놓고, 용접면에서 용접선과 직각이 되도록 2개를 놓는 것이 원칙이다. 특별한 경우 필름쪽에 투과도계를 놓을 수도 있는데, 이때는 납(Pb) 글자 F를 놓아 투과도계가 필름쪽에 있다는 것을 표시한다.

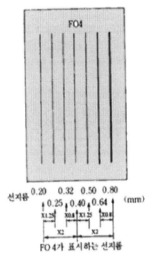

• 투과도계 - 신규 KS 규격용 "2002년"

종 류	선지름 및 선지름의 계열
02X	0.05 0.063 0.08 0.10 0.125 0.16 0.20
04X	0.10 0.125 0.16 0.20 0.25 0.32 0.40
08X	0.20 0.25 0.32 0.40 0.50 0.63 0.80
16X	0.40 0.50 0.63 0.80 1.0 1.25 1.6
32X	0.80 1.0 1.25 1.6 2.0 2.5 3.2
64X	1.6 2.0 2.5 3.2 4.0 5.0 6.3

[그림 XII-2] 선형 투과도계

[그림 XII-3] IQI 위치

2) 유공형 투과도계(ASTM/ASME형)

직경이 T, 2T, 4T의 크기를 갖는 3개의 구멍과 고유번호를 포함한 모양을 갖는 투과
도계를 사용하며 이때 T는 그 투과도계가 갖고 있는 두께를 나타낸다. 각 투과도계는 그
림 XII-3과 같이 각각의 고유번호가 있는데 이는 1,000분의 인치로 나타내는 두께를 표
시한 것이다. 가령 그림 XII-4와 같이 고유번호가 40일 경우 40인치/1,000 이므로 0.04
인치의 두께를 갖는 투과 도계란 뜻이 된다.

유공형 투과도계는 선원쪽에 위치시키고 항상 시험할 부위의 두께와 동일한 위치 놓
아야 한다. 만약 용접부와 모재간에 두께 차이가 있다면 더 두꺼운 용접부에 놓아야 하
는 것이 원칙이나 현실적으로 어려움이 있으므로 용접부와 모재 두께의 차이와 동일한
두께의 얇은 철판을 사용한다.

[그림 XII-4] 유공형 투과도계

3) 투과도계 사용시 주의사항

- 투과도계는 시험하는 시험편과 동일한 재질로 구성되어야 함
- 투과도계의 두께는 시험편 두께의 2% 이하 이여야 함
- 투과도계 구경은 투과도계 두께의 4배, 2배, 1배이며 0.01"(No 10번 이하) 보다
  적어서는 안 됨
- 지시번호는 투과도계에 납글자로 구성되며 지시 고유 번호는 투과도계 두께를 나
  타냄
- 투과도계의 위치는 검사체의 선원쪽 시험면에 놓는 것을 원칙으로 함
- 필름쪽에 투과도계를 위치할 경우에는 필름상에 "F"글자를 넣도록 명시 함

2.4. 추가 공부 사항

- 계조계에 대해 설명하라.
  - 계조계(step wedge)는 JIS Z 3104에서는 I형과 II형이 규정되어 있으며, 각각 두께의 차가 1mm로 3단의 계단형이다. I형은 두께가 1, 2 및 3mm이고, 투과 사진상에서 II형과 구별하기 위하여 1mm 두께의 위치에 지름 1mm의 드릴 구 멍이 있다. II형은 두께가 3, 4 및 5mm의 계단이다. 재료의 두께가 20mm 이 하의 평판 맞대기 용접부를 촬영할 때에 사용한다.

3 방사선 시험으로 확인되는 결함

3.1. 문제 유형

- 방사선시험 필름 상에 나타나는 결함에 대하여 설명 하여라.

3.2. 기출 문제

- 108회 1교시 : 강 용접부에 발생하는 (1)융합불량(lack of fusion) (2)용입부족 (incomplete penetration) 결함을 방사선투과시험으로 판독할 때, 각 결함의 판독결과를 그림으로 비교하여 설명하시오.
- 86회 : 방사선시험 필름 상에서 작은 동그라미 흰점의 결함이 보이는 경우 2가지 예를 들고 그 원인 및 방지대책을 설명하시오.

3.3. 문제 풀이

3.3.1. 비파괴 검사의 정의 및 목적

비파괴검사란 NDT(Non-Destructive Testing), 또는 NDE Non-Destructive Examination)이라고도 하며 재료나 시험체의 원형과 기능을 전혀 변화시키지 않고 건전성여부, 성질, 상태, 내부 구조 등을 알아내는 모든 검사를 말한다.

비파괴 검사는 신뢰성의 향상과 제조기술의 개선 그리고 제조공정에서 비파괴검사를 통해 불량품을 조기에 발견하고 조치함으로써 공수와 시간을 절약하게 되어 원가의 절감효과를 가져온다.

3.3.2. 방사선투과 검사 원리

방사선투과 검사를 수행하기 위해서는 기본적으로 방사선원, 필름, 시험체가 있어야 한다. 그 원리는 방사선원에서 나온 방사선이 검사 대상재를 투과한 후 필름을 감광하게 되고 이를 판단하는 것이다. 필름을 감광 시키는 투과 방산선량은 방사선원의 에너지 및 시험체의 밀도와 두께에 따라 달라지며, 투과된 방사선량에 따라 필름의 감광 정도가 달라지게 된다. 이를 현상하여 필름에 나타난 밝고 어두운 정도를 비교하여 시험체 내부의 상태를 알아볼 수 있다.

일반적으로 강재의 방사선투과 검사시, 내부에 이물질이 존재하는 경우에는 이물질의 밀도가 거의(텅스텐등을 제외하고) 강재의 밀도보다 작아서 이물질(불연속) 부분을 투과한 방사선의 양이 강재를 투과한 방사선량에 비해 많기 때문에 투과사진상에서 검게 나타나고 기공 등은 기체가 들어 있는 상태이므로 검고 둥근 형태로 나타난다. 또한 텅스텐 혼입/용락 등은 밀도가 높아 흰색으로 나타난다.

3.3.3. 방사선투과 검사 결함 분류

KS B 0845에서 강용접 이음부에서 나타날 수 있는 결함을 크게 4종으로 나누고 있다.
- 제1종 : 둥근 블로우홀 및 이와 유사한 결함
- 제2종 : 가늘고 긴 슬래그 혼입, 파이프, 용입불량, 융합불량 및 이와 유사한 결함
- 제3종 : 갈라짐 및 이와 유사한 결함
- 제4종 : 텅스텐 혼입

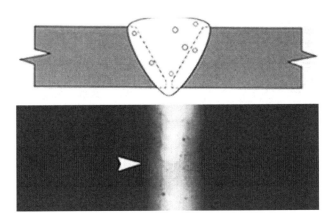

[그림 XII-5] 기공, 블로우홀의 개요 및 방사선 투과 시험 결과

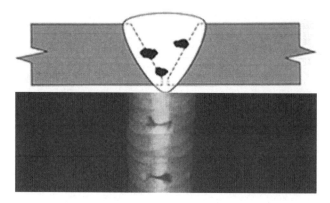

[그림 XII-6] 슬러그 혼입의 개요 및 방사선 투과 시험 결과

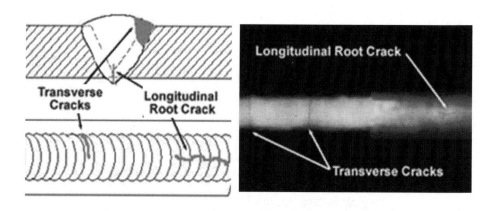

[그림 XII-7] 균열의 종류 및 방사선 투과 시험 결과

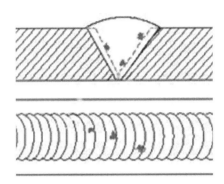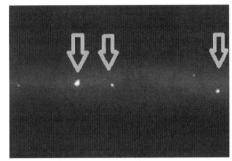

[그림 XII-8] 텅스텐 혼입의 개요 및 방사선 투과 시험 결과

3.3.4. 작은 동그라미의 흰점 결함

KS B 0845 강용접이음부에서 나타날 수 있는 결함을 분류하면 텅스텐혼입은 제4종 결함이다. 아크를 일으키기 위해 모재 쪽으로 텅스텐 전극을 가까이 하게 되는데 이때 용접사의 부주의로 전극이 모재에 접촉하여 떨어진 경우 용착금속 안에 텅스텐이 혼입 되게 된다.

텅스텐은 밀도가 강(Steel)에 비해 높아 방사선을 많이 흡수하고, 결과적으로 필름까 지 도달하는 X-선의 양이 적어 필름상에 흰색으로 나타난다. 또한 용락도 마찬가지로 모 재에 두께변화를 주어 결함이 흰색으로 나타날 수 있다.

또 다른 관점에서 작은 흰점이 발생할 수 있는 경우는 용접부 표면에 스패터가 생길 경우에 이 부분의 노출이 작게 되어 흰점으로 나타날 수 있다.

3.4. 추가 공부 사항

- RT 필름상의 용융불량에 대하여 설명하여라.
  - 용융부족은 균열 또는 선형슬래그의 영상보다 일반적으로 더 직선적이며 더 검 게 RT필름상에 나타나기도 한다.

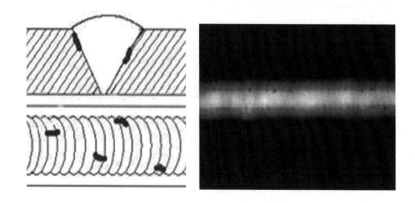

[그림 XII-9] 용융불량의 개요 및 방사선 투과 시험 결과

- 용융불량은 용착금속과 주위의 용접 비드 또는 융합면 사이에 융합되지 않는 용접불연속 지시로 정의할 수 있다. 즉 융합량이 특정한 용접부에 대해 지정된 양보다 적은 것이다.

- 때로는 균열과 비슷하게 다뤄지며 용융불량은 슬래그 개재물과 함께 나타날 때도 있다. 용접부위에서 완전히 제거되지 않은 슬래그는 후속 용접에서 완전한 융합을 방해 할 수도 있다.

- 용융불량의 원인으로 부적절한 운봉, 부적절한 용접 조인트, 너무 큰 용접봉 사용, 용접부 표면의 오염물, 너무 빠른 용접속도 등으로 이러한 원인에 대한 대처를 적절히 하여야 용접불량을 줄일 수 있다. 이는 적절한 위빙(Weaving), 두께나 용접자세에 따라 적정한 개선 각도 및 루트 갭(Gap) 유지, 개선각 및 루트 갭(Gap)에 따라 최적의 용접봉 크기를 선정, 용접부 표면 전처리, 자세에 따른 적정한 용접속도 유지 등의 요소관리 등의 방법이 있다.

X선과 γ (감마선)의 적용기준

4.1. 문제 유형

- 방사선투과시험에서 사용되는 X선과 γ 선(감마선)의 적용기준 및 특성을 비교하여 설명하시오.

4.2. 기출 문제

- 96회 : 용접부에 대한 방사선 투과시험 적용시 사용되는 X(엑스)선과 γ(감마) 선의 공통점과 차이점에 대해 설명하시오.
- 81회 : 방사선투과시험에서 사용되는 광원 중 χ선과 선(감마선)에 대해 공통점과 차이점을 비교하여 설명하시오.

4.3. 문제 풀이

4.3.1. X선과 γ 선 일반

방사선 투과 시험에 사용되는 선원은 X-선과 γ선의 두 선원의 차이는 아래와 같다.

1) X선

X선은 고속전자의 흐름을 물질에 충돌시켰을 때 생기는 파장이 짧은 전자기파로 보통 X선관이라고 하는 일종의 진공방전관(眞空放電管)을 이용해 고전압 하에서 가속한 전자를 타깃(Target:표적)이라는 금속판에 충돌시켜 발생시킨다.

2) γ선

반면 γ선은 방사성 물질에서 방출되는 방사선인데, 빛이나 X선과 마찬가지로 전자기파이지만 X선에 비해 에너지가 크고 파장이 짧다. 파장의 경계는 분명하지 않으나, 약 0.01nm 이하의 것을 말한다. γ선의 가장 큰 특징은 투과력이 X선보다 훨씬 강하다는 것인데, 이온화작용·사진작용·형광작용은 훨씬 약하다. γ선의 응용부문은 X선과 거의 같지만, X선보다 큰 투과력이 요구되는 경우에 유효하며, 암의 치료, 금속재료의 내부결함 탐지 등, 의학·공업 부문에 널리 응용된다.

4.3.2. X선과 γ 선 특성

- γ-선은 핵이 분열하거나 붕괴시 발생하는 것이고, X-선은 고전압 전자관에서 인공적으로 만들어짐

- X-선의 에너지는 X-선관에 적용되는 전압에 의해 좌우되며, 강도는 전류 또는 전류량에 해 결정된다. 반면 γ선 에너지는 동위원소의 종류에 의해 결정되고, 강도는 큐리 강도에 따라 결정됨.

- X-선과 γ선은 동일 종류의 전자기 방사선이며, 무게나 질량이 없는 에너지 파형이다. 이것은 육안 또는 감각으로 탐지 할 수 없으며 인체에 대단히 해로운 작용을 일으키므로 안전관리가 중요시됨

- γ선을 발생하는 동위원소는 하나 또는 그 이상의 특수한 에너지를 방출하며 이때 에너지는 동위원소 마다 일정한 값을 갖는다. 그러나 큐리로 측정되는 방사선량은 선원의 크기에 따라 달라질 수 있음

- 에너지는 Kev나 Mev로 측정되고, 침투능력을 결정함

- X-선의 경우에는 X-선관에 적용되는 전압에 의해 에너지가 좌우(가감) 되므로 X-선의 강도는 X-선관에 적용되는 전류 또는 전류량에 비례함

- 매우 짧은 파장이나 매우 높은 주파수를 가짐

- 주어진 방사성 동위원소는 일정한 에너지를 방출함

[표 XII-3] X선과 γ 선 특성 비교

특징	X-선	γ 선
투과력	약하다	크다
감도	좋다	떨어진다
분해능	좋다	떨어진다
에너지 조정	용이하다	제한적이다
현장이동	비교적어렵다	용이하다
전원공급	필요하다	필요없다
Trouble	잦다	적다
안전관리	쉽다	어렵다
가격	고가	낮다

4.4. 추가 공부 사항

- RT시험에서 ASME와 KS의 합부기준

5 **피폭 선량계**

5.1. 문제 유형

- 방사선 종사자의 개인 피폭 선량계의 종류와 그 원리 및 장단점에 대하여 설명하시오.

5.2. 기출 문제

- 83회 : 용접부를 방사선 비파괴검사 시 검사 작업자가 반드시 착용하여야 하는 열형광선량계(TLD Badge)에 대하여 설명하시오.

5.3. 문제 풀이

인체에 방사선 피폭을 받으면 방사선 장해가 생긴다. 그러나 방사선이 인체에 미치는 영향은 복잡하여 피폭선량과 인체의 부위에 따라 다르며, 또한 선량이 적어서 장해가 표면적으로 나타나지 않더라도 유전적 영향을 미칠 우려가 있으므로 방사선을 취급할 때에는 피폭선량이 가능한 한 적어지도록 주의가 필요하다. 방사선 안전의 두가지 주된 관점은 방사선 피폭의 감시와 개인방호이다.

방사선은 인간의 감각으로 감지할 수 없으므로 여러 종류의 계측기기를 이용하게 된다. 측정의 방법이 다양하기 때문에 종사자는 측정 목적, 방사선의 종류와 에너지, 방사선 작업내용 등의 특성을 고려하여 최적의 개인 선량계를 선택하여야 한다.

5.3.1. TLDs(Thermoluminescent Dosimeters)

이온결정에 방사선을 조사하면 자유전자가 발생하고 그 일부가 포획중심에 붙잡혀 장시간 보존된다. 결정의 온도를 높이면 포획된 자유 전자가 중심을 이탈하여 전자가 재결합 할 때 빛이 방출되며 이 빛의 양을 관측한다.

[그림 XII-10] TLDs(Thermoluminescent Dosimeters)

1) 장점

- 감도가 높고 미소선량 측정 및 대선량 측정 가능, 소형 반복사용가능
- 판독시간이 짧고 열 빛과 습도에 영향이 적으며 재사용이 가능
- 손이나 손가락, 눈과 같이 신체의 특정부위에 대한 피폭선량 측정이 가능

2) 단점

- 잠상퇴화가 크고 고가.

5.3.2. 필름뱃지(Film Badge)

[그림 XII-11] 필름뱃지 내부(왼쪽 그림)와 외부(오른쪽 그림)

감도가 다른 두장의 필름이 피폭량에 따른 감광 정도에 의해 수 mR에서 2R까지 측정 금속 필터에 의해 방사선의 종류를 구별할 수 있다. 사용 후 필름의 흑화도를 측정하여 피폭선량을 구하고, 냉암소에 보관한다.

1) 필름뱃지 장점

* 감도가 비교적 양호, 소형으로 휴대용이 가격 저렴, 선질 상태를 알 수 있음

2) 필름뱃지 단점

* 방향 의존성이 크고 현상작업을 요하고 잠상퇴행이 있고 표준필름과 비교가 필요함

5.3.3. 포켓도시메타

포켓 도시메타는 피폭된 선량을 즉시 알고자할 때 바로 그 피 폭 선량을 측정할 수 있는 개인피폭관리용 선량계로서, 가스를 채워넣은 전리함으로 기체의 전리작용에 의한 전하의 방전을 이용하고 있다.

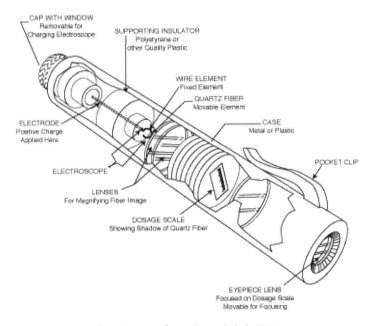

[그림 XII-12] 포켓 도시미터 구조

1) 포켓도시메타 장점

- 선질특성이 좋고 직접 피폭선량을 알 수 있으며 긴급 조작시 유리
- 감도가 비교 적 양호

2) 포켓도시메타 단점

- 충격이나 온도에 약하고 측정범위가 좁음

5.3.4. 최근 추세

기존에는 법적인 주 선량계로 열형광선량계(TLD)와 필름배지(Film Badge)를 사용하였으나 최근 법령이 개정되어 법적 주선량계로 다음과 같이 3가지로 확대되었다.
- 감광 또는 흑화작용 등 화학작용을 이용한 선량계 : Film Badge
- 형광 또는 섬광 등 여기작용을 이용한 선량계 : 열형광선량계(TLD)
- 분자구조결함 등 결함유발을 이용한 선량계 : 유리선량계

5.4. 추가 공부 사항

- 조사선량, 흡수선량, 등가선량에 대하여 설명하고 허용작업시간(Allowable Working Time)을 산출하는 방법에 대하여 기술하시오.

5.4.1. 방사선량 구분

[표 XII-4] 방사선량의 구분

조사선량	어떤 공간에 존재하는 방사선의 세기를 고려하는 단위이다. 그 이유는 해당 공간에 사람이 들어가면 그에 따른 방사선을 받기 때문이다.
흡수선량	방사선 에너지가 물체에 흡수되는 정도를 고려한 단위이다. 그 이유는 동일한 방사선 세기의 조건하에서 일정 시간을 머물게 되면 그에 비례하여 물체(또는 인체)에 흡수되기 때문이다.
등가선량	방사선의 종류에 따라 인체의 장기별 피해를 고려한 단위이다. 그 이유는 방사선의 종류와 인체의 장기에 따라 방사선에 대한 감수성이 다르기 때문이다.
유효선량	인체 조직 전체에서의 피해를 고려한 단위이다. 장기별 등가선량을 모두 합하여 위험도를 한 사람의 개체 수준에서 고려한 값이다.

5.4.2. 선량한도

[표 XII-5] 선량한도(원자력법 시행령 제2조 5항)

구분		방사선작업 종사자	수시 출입자 및 운반 종사자	일반인
유효선량 한도		연간 50mSv를 넘지 않는 범위에서 5년간 100mSv	연간 12mSv	연간 1mSv
등가선량 한도	수정체	연간 150mSv	연간 15mSv	연간 15mSv
	손, 발 및 피부	연간 500mSv	연간 50mSv	연간 50mSv

5.4.3. 허용작업시간

$$\text{Working time} = \frac{\text{Permissable occupational dose per week}}{\text{Exposure dose rate}}$$

$$= \frac{1000\,\mu Sv \cdot wk^{-1}}{100\,\mu Sv \cdot h^{-1}}$$

$$\left(= \frac{100\,mR \cdot wk^{-1}}{10\,mR \cdot h^{-1}} \right)$$

$$= 10\,h \cdot wk^{-1}$$

6 방사선 피폭의 영향

6.1. 문제 유형

- 방사선투과검사시 피폭이 인체에 미치는 영향과 방어를 하기 위한 3대 원칙에 대하여 설명하시오. 그리고 방사선의 단위에 대해서도 설명하시오.

6.2. 기출 문제

- 90회 : 용접부를 방사선 투과 검사시 방사선이 인체에 미칠 수 있는 영향과 방사선 피폭을 최소화하기위한 3원칙에 대하여 설명하시오.

6.3. 문제 풀이

6.3.1. 방사선 일반

방사선에는 χ선, γ선, α선, β선 이 있으며 방사선에 피폭되면 인체에 방사선 장애가 나타난다. 그러나 방사선이 인체에 미치는 영향은 복잡하여 피폭선량과 인체의 부위에 따라 다르다. 선량이 작아 표면으로 나타나지 않더라도 유전적인 영향을 미칠 우려가 있어 방사선 취급시 세심한 주의가 요구된다.

6.3.2. 주요 용어 및 단위

- Bq : 1초 동안에 1개의 원자핵이 붕괴시 방출되는 방사선의 세기
- 1Ci= 3.7×10^{10} dps = 3.7×10^{10} Bq
- Gy : 방사선 흡수단위이며 1kg 당 1Jule의 에너지의 흡수가 있을 때 선량
- 1Gy = 100rad 1rad= 0.01Gy
- Sv(Sievert) : 방사선의 선량당량(Dose Equivalent)를 나타내는 단위
- 선량당량 : 방사선 방호 목적에 사용되는 양으로써 흡수선량 외에 생물학적 효과에 관계되는 선질계수와 기타 필요한 보정계수를 곱한 방사선량 이다.
- 유효선량: 인체내 조직간 선량분포에 따른 위험정도를 하나의 양으로 나타내 위

하여 각 조직의 선량분포에 따른 선량에 해당조직의 조직가중치를 곱하여 이를
모든 조직에 대해 합산한 양을 말한다. 단위는 Sv이다. SI단위로 Sv(Sievert)를
사용 1Sv= 100rem

- RBE : 종류가 다른 방사선의 생물학적 효과를 비교하기 위한 요인

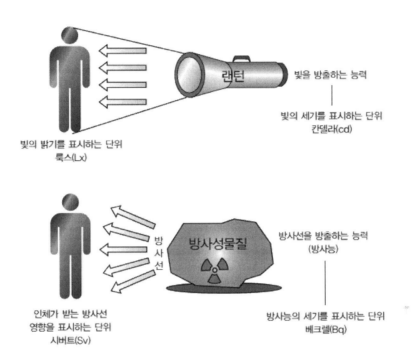

[그림 XII-13] 룩스와 시버트

- R(뢴트겐) : 방사선의 조사선량단위, 이온화 효과에 의한 X선이나 γ선을 측정 하
  는데 쓰이는 단위
- RAD : 방사선의 흡수선량단위, 물질이 이온화 방사선에 의해 발생하는 에너지의 양
- Rem : 모든 종류의 방사선에 의해 인체에 생물학적 효과를 나타내는 단위

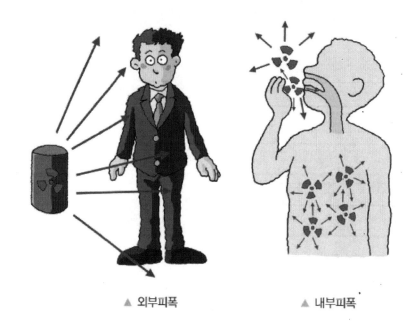

▲ 외부피폭   ▲ 내부피폭

[그림 XII-14] 방사선 피복

6.3.3. 외부 피폭 예방의 3원칙

1) 거리

방사선의 강도는 거리 제곱에 반비례하고 감소함으로 선원과의 거리를 멀리할 수록 피폭량을 감소시킨다.

2) 시간

방사선을 취급하는 작업시간을 단축 할 수록 피폭량을 감소 시 킬 수 있다.

3) 차폐

거리와 시간에 제한을 받는 경우 작업종사자와 선원사이에 차폐물을 설치하여 피폭량을 감소시킨다.

[그림 XII-15] 방사선 종류와 차폐/투과력 차이

6.3.4. 방사선 피폭의 영향

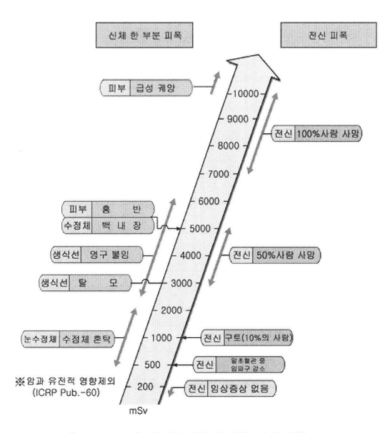

[그림 XII-16] 방사선 피폭에 따른 인체 영향도

1) 개인의 신체 영향

- 피부 장해– 탈모, 홍반, 수포
- 조혈장기 장해–백혈구 및 적혈구의 감소
- 생식선 장해– 단기간 또는 장기간의 불임
- 눈의 장해– 각막의 방사선 감수성은 피부와 같은 정도이며 결막염이나 각막염을 일으킬 수 있음
- 기타 장기의 장해 및 백혈병 폐암, 유방암, 감상선 암

2) 유전적 영향

- 유전자 자체가 변화하는 돌연변이와 염색체 이상

6.4. 추가 공부 사항

- 방사능물질의 반감기에 대하여 설명하시오.

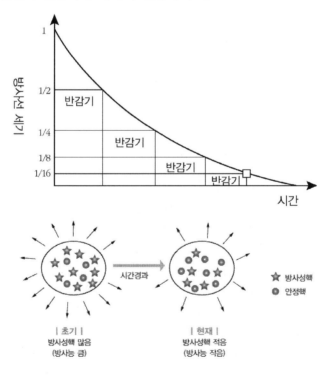

[그림 XII-17] 방사선 반감기

7 초음파 검사

7.1. 문제 유형

- 용접부의 초음파검사의 원리와 이점을 설명하고, 에코 높이의 신뢰성에 영향을 주는 요인을 설명하시오.

7.2. 기출 문제

- 105회 4교시 : 탄소강(Carbon steel)과 스테인리스강(Stainless steel)에서 용접부의 금속조직에 대한 차이점과 탄소강 용접부와 비교하여 스테인리스 용접부에서 초음파탐상검사(UT) 시 어려운 이유를 설명하시오.
- 104회 1교시 : 초음파탐상시험에서 불감대(Dead Zone)에 대하여 설명하시오.
- 101회 3교시 : 초음파 탐상시험에 대하여 다음을 설명하시오.
  1) 표준시험편 STB-1의 용도
  2) 용접부 초음파 탐상시험 시 기공과 균열을 구분하는 방법
- 81회 : 초음파 용접에서는 주로 주파수를 몇 Hz이상으로 하여 적용하는가?
- 72회 : 용접부의 초음파검사의 원리와 이점을 설명하고, 에코 높이의 신뢰성에 영향을 주는 요인을 설명하시오.

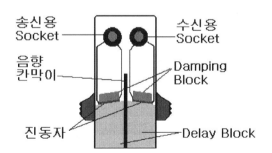

[그림 XII-18] 초음파 검사용 T/R 탐촉자 구조

7.3. 문제 풀이

7.3.1. UT 일반

주파수가 약 20kHz 이상의 높은 음은 인간의 귀로 들을 수 없기 때문에 초음파라고 하며, 이 초음파가 가지고 있는 물리적 성질을 이용하여 금속 등의 재료 및 그 접합부재 중에 존재하는 결함을 검출하는 것을 초음파 탐상시험(Ultrasonic Testing)이라고 합니다.

초음파 탐상은 통상 1~10MHz의 초음파펄스를 시험체에 입사시켜 내부에 결함이 있으면 그곳에서 입사 초음파의 일부가 반사되어 참촉자에서 수신되는 현상을 이용해서 결함의 위치와 크기 등을 비파괴적으로 조사하는 것이다.

그림 XII-19에서와 같이 시험체의 표면에 초음파를 송/수신하는 탐촉자를 접촉시켜 재료 내부에 초음파를 송신한 다음 내부에서 반사되어 오는 초음파를 수신하여 물체 내부의 결함 유무를 판단하는 원리를 나타낸 것이다. 결함의 위치는 송신된 초음파가 수신될 때까지의 시간으로부터 측정하고, 결함의 크기는 수신되는 초음파의 에코높이 또는 결함 에코가 나타나는 범위로부터 측정한다.

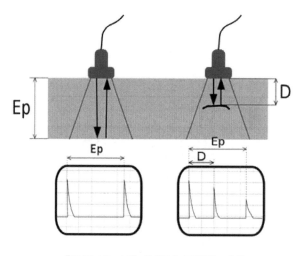

[그림 XII-19] 초음파 검사의 개요

7.3.2. UT의 이점

* 시험체 내의 거의 모든 불연속 검출이 가능하다. 특히, Lamination, 균열 등과

같은 면상결함 검출능력 우수함

- 미세한 결함에 대하여 감도가 높다. 고주파수를 사용하므로 감도가 높아 미세 결함 검출 가능힘
- 투과력이 높아 두꺼운 시험체의 검사가 가능하며, 단조강의 경우는 두께가 수m가 되어도 검사가능함
- 불연속(내부결함)의 위치, 크기, 방향 등을 어느 정도 정확하게 측정할 수 있음
- 검사결과가 CRT 화면에 즉시 나타나므로 자동탐상 및 빠른 검사가 가능함
- 펄스에코법, 공진법(투과법은 양면 필요)을 사용하면, 시험체의 한쪽 면만으로도 검사 가능
- 검사원 및 주변인에 대하여 무해함
- 이동성 양호 함

7.3.3. UT의 단점

- 수동검사의 경우 검사자의 경험이 요구됨
- 검사가 불가한 불감대가 존재
- 초음파의 전달 효율을 높이기 위해 접촉매질이 필요
- 내부조직에 따른 영향이 큼
- 결함과 초음파 빔의 탐상방향에 따른 영향이 큼

7.4. 추가 공부 사항

7.4.1 UT의 주요 용어에 대해 설명하시오.

1) 가청음파

진동수가 20~20,000Hz인 소리로 사람이 들을 수 있는 소리임

2) 초음파

주파수가 가청음파인 20,000Hz(20㎑)보다 커서 인간의 청각을 이용해 들을 수 없는 음파임, 초음파시험은 보통 2~5㎒를 가장 많이 사용함

3) 압전효과

초음파는 진동자의 진동에 의해서 발생하는데 이 진동자의 압전 현상에 의해 일어난다. 즉 진동자에 직류를 보낼 때 팽창하게 되며 극성을 바꿔 전류를 보내면 진동자는 오히려 수축함. 이때 발생하는 음파가 시험체 내에서 어떤 반사원에 의해 반사되어 돌아오면 진동자는 이 반사음파에 의해 다시 진동하게 됨. 이 진동에 의해서 진동자는 음파발생시 와는 반대로 전기적 에너지를 발생시킨다. 이러한 현상을 "압전현상"이라 함

4) 반사 신호 감쇠

초음파 빔의 감쇠란 수신 탐촉자에 들어오는 초음파 빔의 강도가 초기 송신 초음파 강도에 비해 현저히 낮아지는 것임. 그 원인은 초음파가 진행하는 매질이 완벽하게 균일하지 못하기 때문에 입자의 경계면에서 음향임피이던스의 차로 산란(개재물, 기공, 입계불순물)이 발생하고, 진행중에 열로 변환 되기도 함. 또 접촉매질과 피검체의 표면 거칠기로 인한 전달 손실이 한 원인됨. 감쇠계수는 초음파 전달매질의 특성과 주파수에 의존함

7.4.2 카이저 효과(Kaiser Effect)와 펠리시티(Felicity Effect)

8 MT와 PT

8.1. 문제 유형

- 용접부 표면 결함평가 방법인 자분탐상시험(MT)와 침투탐상검사(PT)의 시험원리 및 장단점을 비교설명 하시오.

8.2. 기출 문제

- 105회 1교시 : 침투탐상검사에서 용접부의 결함관찰을 위하여 형광침투탐상검사 (Fluorescent Penetration Inspection)와 염색침투탐상검사(Dye Penetration Inspection)를 사용한다. 이들에 대한 검사방법의 차이점을 설명하시오.
- 101회 1교시 : 침투탐상검사(Liquid Penetrant Testing)의 원리를 설명하고, 검사절차를 단계별로 설명하시오.
- 92회 3교시 : 용접부 표면결함평가 방법인 자분탐상검사(MT)와 침투탐상검사 (PT)의 시험원리 및 장단점을 비교설명 하시오.

8.3. 문제 풀이

8.3.1. 자분탐상시험(Magnetic Particle Testing)

자분탐상검사는 결함 등과 같은 불연속부가 있는 강자성체를 자화 시켰을 때, 불연속부 가까이의 공간에 자속이 누설하는 것을 검출하여 불연속부의 존재 및 위치를 찾아내는 방법이다.

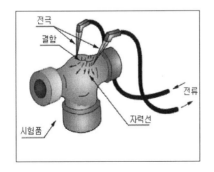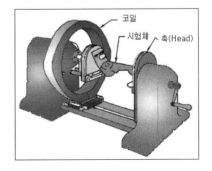

[그림 XII-20] 프로드법(좌)과 축통전법(우)

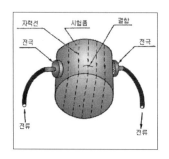 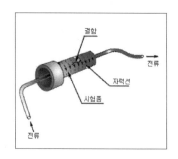

[그림 XII-21] 직각통전법(좌)과 전류관통법(우)

그 원리는 철강재료와 같은 강자성체를 자화시키면 시험체 중에 자속 흐름이 생기고, 이러한 자속의 흐름을 방해하는 결함이 표면에 존재하면 이 부분에서 그림 XII-22와 같이 이 자속의 일부가 외부공간으로 누설된다. 시험체의 표면에 강자성체의 분말 입자를 도포시키면 그 자분이 자화되어 이미 형성된 결함부 자극에 흡착된다. 이 누설자속부에 그 입자들이 흡착하여 형성된 지시모양을 관찰함으로서 결함의 존재여부, 길이, 형상 등을 알아 낼 수 있다.

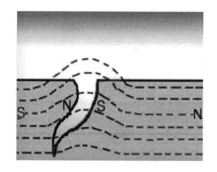 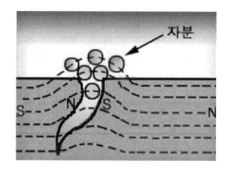

[그림 XII-22] 자분 탐상시험 개략도

자분탐상검사는 결함의 방향에 따라 원형자화와 직선(선형)자화가 있으며 대부분의 경우 동시에 사용된다. 주로 사용되는 장치는 시험품을 고정하여 HEAD 방향의 원형자화(X축 자화)와 COIL 방향의 직선자화(Y축 자화)를 동시에 시행하는 X-Y축 자화방식을 선택하고 있으므로 결함은 거의 전 방향에 대해 검출이 가능하다.

8.3.2. 침투탐상시험(Liquid Penetrant Testing)

침투탐상검사는 현장에서 흔히 PT(Penetration Test)라고도 부르는데, 이는 염색침투탐상검사(Dye Penetration Test)의 약자를 줄여서 부르는 용어이며, 비파괴검사의 원론적인 개념에서는 침투하는 액제의 종류가 다양하기에 단지 PT 하나만을 얘기하는 것은 아니다.

하지만 이하에서는 가장 일반적인 PT를 기준으로 설명한다.

구조물이나 압력부 제품이 파괴되는 경우, 그 파괴의 출발점이 되는 원인결함은 여러 가지 일수 있으나, 그 중 표면결함은 비록 작은 것이라도 비교적 짧은 시간에 큰 균열로 성장하여 구조물이나 제품에 심각한 영향을 주어 파괴에 이르게 할 수 있다. 침투탐상검사는 표면결함, 특히 균열과 같이 시험체 표면이 조금이라도 열려있는 결함을 검출 목적으로 하는 검사방법이다.

[그림 XII-23] 침투 탐상 시험

침투탐상검사 방법은 침투특성이 좋은 침투액을 시험체 표면에 적용하여 불연속부에 침투시키고, 현상제를 도포하여 불연속부에 침투해 있던 침투액을 모세관 현상에 의해 표면으로 스며 나오게 하여 육안으로 보이지 않는 미세한 폭을 가진 불연속도 확대시켜 발견하기 쉬운 상태에서 검출하는 우수한 방법이다. 침투탐상검사는 금속, 비금속에 관계없이 거의 모든 재료에 적용되지만 목재, 벽돌과 같이 미세한 구멍이 많고 흡수성이 좋은 다공질 재료에는 적용이 곤란하다. 또한 탐상제에 의한 부식 및 변색 등을 일으키는 시험체에는 적용이 불가하다.

1) 침투탐상시험(PT)의 장점

- 시험방법이 가장 간단함
- 고도의 숙련을 요하지 않음
- 제품의 크기, 형상 등에 구애를 받지 않음
- 국부적인 시험이 가능
- 미세한 균열의 탐상도 가능
- 비교적 가격이 저렴
- 철, 비철 플라스틱 및 세라믹 등 거의 모든 제품에 적용

2) 침투탐상시험(PT)의 단점

- 시험할 표면이 개구부이어야 함
- 시험표면이 너무 거칠거나 기공이 많으면 허위지시를 만듬
- 시험표면이 침투제 등과 반응하여 손상을 입는 제품은 검사할 수 없음
- 주변 환경 특히 온도에 민감하게 제약을 받음
- 후처리가 요구됨
- 침투제가 오염되기 쉬움

3) 시험체 표면온도

- 시험품과 침투액의 온도를 15-50℃로 기준하여 침투시간을 정하고 있음
- 높은 온도에서는 침투제가 증발건조 됨으로 사용상 제한을 받음
- 기준온도보다 낮은 온도에서 시험할 경우에는 침투제를 적용하는 동안 침투제와 시험편 모두 가열시켜 줘야 함
- 기준온도 보다 낮으면 침투액의 점성이 증가하여 침투능력이 저하되고 적용시간에 관계없이 결함 탐상감도가 저하되므로 별도의 절차서를 작성하여 적용하여야 함

8.3.3. 자분탐상시험과 침투탐상시험의 비교

[표 XII-6] 자분탐상시험과 침투탐상시험 비교

구 분			자분탐상시험	침투탐상시험
원 리			결함 누설 자장에 의한 자분의 부착	간극에 의한 액체의 침투현상
대상 재질	금속	강자성체	O	O
		비 자 성	X	O
	비금속 재료		X	O
대상 결함	개구		◎	◎
	비 개구		◎	X
	표면직하의 결함		O	X
결함 정보	길이		O	O
	선형 결함의 높이		△	△
	결함의 종류 판정		O	O
주요한 적용 예			철강재료: 주 단품, 각, 환봉, 관, 판, 용접부, 기계부 축 등	철강, 비철재료: 대상은 자분 탐상시험과 같다.

범례 ◎:검출 감도 좋음, ○:가능, △:현재로서는 곤란, ✕:불가능

8.4. 추가 공부 사항

8.4.1. 자분탐상시험에서 극간법과 Prod법

[그림 XII-24] MT: Yoke Method

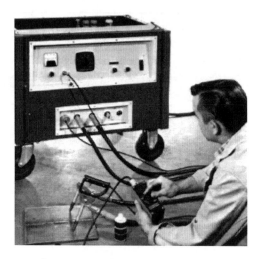

[그림 XII-25] MT: Prod Method

8.4.2. 침투탐상시험(PT) 순서

1) Dye Pentrant Testing

Preclean inspection area. Spray on Cleaner/Remover. Wipe off with cloth.

Apply Penetrant. Allow short penetration period.

Spray Cleaner/Remover on wiping towel and wipe surface clean.

Spray on thin, uniform film of Developer.

Inspect. Defects will show as bright red lines in white developer background.

Fluorescent Penetrant Testing

Preclean inspection area. Spray on Cleaner/Remover. Wipe off with cloth.

Apply Penetrant. Allow short penetration period.

Spray Cleaner/Remover on wiping cloth and wipe surface clean.

Apply a thin film of developer. Allow short developing period. For rough surfaces, daub on Dry Developer.

Inspect under black light Cracks and lack of bond will show as glowing lines, porosity will show as spots.

⑨ 육안 검사

9.1. 문제 유형

- 용접부에 대한 육안검사의 항목을 열거하고 그 중요성에 대하여 설명하시오.

9.2. 기출 문제

- 108회 1교시 : 용접부의 육안검사 절차서에 포함되어야 할 항목 5 가지를 쓰고 설명하시오.
- 104회 3교시 : 용접 시공 시 용접 전 육안 검사에서 검토해야 하고 확인해야 하는 사항에 대하여 설명하시오.
- 90회 3교시 : 파이프 이음용접부에 대한 육안검사의 항목을 열거하고 설명하시오.

9.3. 문제 풀이

비파괴검사는 결함을 사전에 검출하여 이를 제거토록 함으로써 국내 산업체의 설비 및 구조물의 예상치 못한 파괴를 사전에 방지하여 산업체 재산 보호는 물론 궁극적으로 설비의 고장 및 파괴에 의한 인명손상을 방지할 수 있으며, 제품의 품질을 향상시켜 우리나라 제품의 경쟁력을 드높일 수 있는 방법이다. 여러 비파괴 검사방법 중 실제 현장에서는 육안검사를 가장 자주 사용하게 된다.

9.3.1. 육안검사

육안검사(Visual Examination)는 시험체의 표면(형상, 색, 거칠기, 결함의 유무 등)을 직접 또는 확대경을 사용하여 육안으로 조사하는 시험이며 기호는 VT이며 외관만을 시험하므로 외관시험이라고도 한다. 육안검사의 목적은 아래와 같이 구분된다.

- 소재, 제작품, 구조물 등이 설계 및 제작사양에 맞게 생산되었는지 검사
- 사용전/중 검사로 수명기간 동안 결함에 의한 지장 유무 검사
- 제품 또는 구조물이 파괴 및 파손된 원인 분석과 재발 방지책 수립

9.3.2. 육안검사 기기

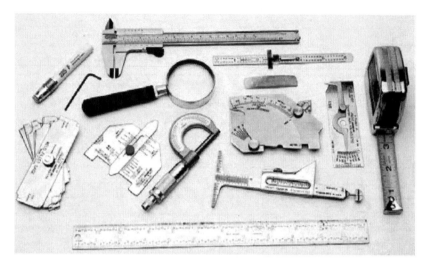

[그림 XII-26] 육안 검사 기기

1) Bore Scope, Fiber Scope, Video Image Scope

발전설비, 장비, 부품, 기계 등 모든 검사 대상재를 분해, 해체함이 없이 육안 접근 이 불가능한 부위를 원격 조정하여 관찰봉을 삽입하여 검사부위를 직접 모니터를 통하여 관찰 할 수 있게 해주는 장비

- 내부의 검사 하고자 하는 부위의 방향 선택이 가능(직각, 경사각, 수직, 임의각)
- 튜브의 직경이 작아(약10㎝이내) 좁은 부위의 검사 부위도 관찰이 가능
- 검사부위를 원격으로 모니터 관찰이 가능하고 기록을 위한 저장이 가능

2) 확대경

검사표면에 대한 정밀 검사로 사용목적에 따라 선택하여 사용할 수 있다.
- 확대능력, 확대강도
- 관찰거리
- 관찰구역
- 색상보정능력
- 확대능력, 확대강도, 관찰거리 관찰

3) 표면 비교 관찰기

표준표면과 검사대상 표면을 비교 관찰하는 방법이다. 검사자는 한 개의 관찰 구역에서 표준표면과 검사 표면의 두 개 관찰면을 비교 관찰 할 수 있다.

4) 길이측정 확대경

측정 자가 부착된 확대경으로 mm, inch등으로 검사부위를 확대하여 길이를 측정할 수 있다.

9.3.3. 칫수 형상 결함

칫수 형상 결함은 실제 용접부의 크기, 모양, 형상 등이 도면, 사양서에 명시된 것과 상이한 것을 말한다. 이들 결함은 다음과 같다.

1) 맞대기 용접부 덧붙임(Reinforcement)

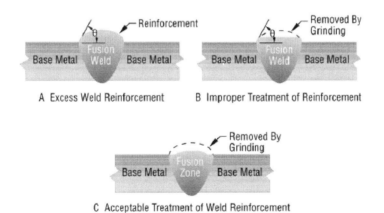

[그림 XII-27] 맞대기 이음의 덧붙임

덧붙임은 루트부 및 용접면이 모재 밖으로 용접금속을 덧붙인 것으로 ASME나 ANSI 규격 등에서 그 허용 치수를 규정하고 있다. 예를 들어 2 inch 초과하는 양쪽용접의 경우 용접폭의 1/8배 또는 1.4 in 중 큰 치수를 적용한다.

2) 콘캐비티(Concavity)

필렛용접부의 오목한 정도의 합격여부는 유효 목두께(Effective Throat)가 주어진 용접크기로부터 계산한 이론 목두께와 크기와 같거나 커야 한다.

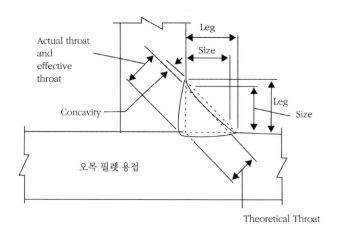

[그림 XII-28] 용접부 콘캐비티

3) 콘벡서티(Convexity)

AWS D1.1의 규격에 의하면, 콘벡서티는 다리길이가 같을 경우 필렛용접 다리길이에 0.03 inch를 더한 값의 0.1배 이하이면 합격이다.

[그림 XII-29] 용접부 콘벡서티

4) 언더컷(Under Cut)

모재와 용융금속의 경계면에 용접선 방향으로 용융금속이 채워지지 않은 홈을 말한다.

[그림 XII-30] 필렛 용접부 근처의 언더컷

언더컷은 용접속도가 너무 빠르거나, 전류가 너무 높은 경우 또는 용접봉 각도가 큰 경우 발생한다. 언더컷의 허용한도는 보통 깊이로 1/32 inch 또는 모재 두께의 10% 미만이어야 한다.(곡률반경이 작아서 노치효과가 더욱 문제다.)

5) 아크 스트라이크(Strike)

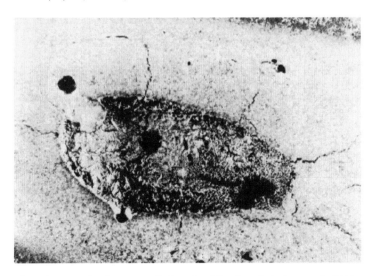

[그림 XII-31] 아크 스트라이크에 의한 마르텐사이트 조직 형성

아크 스트라이크는 용접이음의 용융부위 밖에서 아크를 발생시킬 때, 또는 용접봉과 모재가 순간적으로 접촉하여 극히 단시간에 아크가 발생하였을 때 아크열에 의하여 모재가 작게 파인 홈 형태의 결함을 생성한다. 이 홈은 노치가 되고 단시간에 발생한 아크 때문에 급열 및 주위 모재로 급격히 열을 빼앗겨 급랭되어 단단하고 취약한 구조로 균열이 발생하거나 균열발생의 기점이 된다. 아크 스트라이크는 육안검사(VT) 관찰될 수 있는 것으로 모재 표면에 아크 스트라이크가 있어서는 안 된다.

9.4. 추가 공부 사항

- 용접부 덧붙임(Reinforcement) 각도에 따른 피로강도의 영향

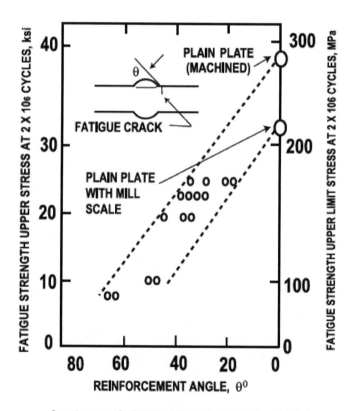

[그림 XII-32] 용접부 덧붙임과 피로 강도의 관계

음향방출시험(A.E, Acoustic Emission Test)

10.1. 문제 유형

- A.E(Acoustic Emission)의 시험법과 다른 비파괴시험과의 차이점에 대해서 설명하시오.

10.2. 기출 문제

- 102회 1교시 : 용접구조물의 결함을 검출하기 위한 비파괴검사방법 중 음향방출시험(Acoustic emisson test)의 장단점을 설명하시오.
- 87회 : 음향방출(A·E - Acoustic Emission)법에 의한 용접부 비파괴검사에 대한 원리와 응용예에 대하여 설명하시오.

10.3. 문제 풀이

음향방출은 재료내부에 국부적으로 생성된 변형에너지가 급격히 해소되면서 발생하는 탄성파를 응용한 기술이다. 어떤 물체가 외력 또는 내부의 힘에 의해 변형이나 파괴가 일어나게 되면 재료 내부에 축적되어 있던 변형에너지(Strain Energy)는 파면 형성 에너지, 열에너지, 격자 변형 에너지, 그리고 탄성파와 같은 여러 형태의 에너지로 변환된다. 이때 외부에서의 계측 장치의 힘에 의해서 가시적으로 검출된 탄성파를 "AE신호"라 한다. 고압용기, 배관 등의 온라인 모니터링뿐만 아니라 용접, 응력부식 균열 발생 및 재료 특성평가에 널리 이용되었다.

10.3.1. AE Test의 특성

AE는 하중 등의 작용에 의해 고체에 어떤 응력이 발생하거나 균열 형성시 탄성파를 발생 시킨다. AE의 발생원인은 인위적인 송신 탐촉자 등으로 발생되는 것이 아니고 하중 등의 작용에 의한 국부파괴나 변형의 결과로서 발생하는 것으로 AET시 측정 항목은 다음과 같다.

- AE(균열 및 파손)의 발생위치
- 발생 AE의 특성 : 발생원인 규명
- 최대이력응력
- 파괴진행 정도 및 속도

AE는 고체 내부에서 어떤 원인으로 AE가 발생하지 않으면 정보를 얻을 수 없고 UT에 비해 수동적인 방법이 많은 단점이 있으나 상시 또는 장기적인 모니터링을 하므로 현재 어디서 어떠한 파괴가 진행되고 있는지 실시간(Real Time)으로 관찰이 가능하다.

10.3.2. UT와 AE Test의 비교

1) UT

UT는 송신 탐촉자에서 초음파를 입사시켜 그 투과파 또는 반사파를 수신하여 그 과정에서 초음파의 변화상태 도달시간을 측정하여 내부 결함이나 균열을 측정한다. 그리고 결정입도나 탄성계수, 잔류응력과 같은 재료의 물성을 측정 하거나 재료의 두께 측정에도 사용 된다. 이 방법의 특징은 송신자에서 고체내에 발사하는 초음파를 알고 있으며, 대부분의 장소에서 초음파의 발수신이 가능하다.

2) AE Test

AE는 하중 등의 작용에 의해 고체에 어떤 응력이 발생하거나 균열 형성시 탄성파가 생기게 되고 이를 AE라고 한다. 발생원인은 인위적인 송신 탐촉자 등으로 발생되는 것이 아니며, 하중 등의 작용에 의한 국부파괴나 변형의 결과로서 발생하기 때문에 AE 측정을 통해 균열을 발생 위치와 발생원인을 규명하고, 파괴진행 정도 및 속도를 예측 할 수 있다.

10.3.3. AET의 장점

기계/구조물이 응력을 받고 있는 상태에서 결함의 발생/성장을 실시간으로 탐지가 가능하다. 그렇기 때문에 압력용기/배관의 사용중단 시간을 최소화하면서 재보증 검사가 가능하고, 접근이 어려운 위치의 결함탐지와 위치표정(Source Location)이 가능하여 신속하고 저렴하게 문제되는 부분을 결정하여 다른 방법으로 보다 정밀한 검사를 행할 수 있다.

[표 XII-8] AET와 다른 NDT의 비교

AE	다른 NDT
• 결함의 운동감지	• 기존에 형성된 결함 검출
• 한번에 전구조물 검사	• 부분적으로 여러번 검사
• 탐촉자 부착 공간만 필요	• 모든 검사부위에 접근할 수 있는 공간이 필요
• 형상의 영향 적게 받음	• 형상의 영향 많이 받음
• 공정 진행에 영향 적음	• 공정진행에 영향 많음

　　음향방출시험 목적을 최적으로 달성하기 위해 올바른 센서를 선택하는 것이 바람직하다. 고려해야 하는 센서 변수는 크기, 감도, 주파수 응답, 표면이동 응답과 환경 및 재료 양립성과 같은 것이 있다. 다채널 음향방출 시험이 수행될 때, 서로 유사한 특성을 갖는 한 조의 센서를 선택하는 것이 좋다.

표면복제법(Replication Method)

11.1. 문제 유형

- 표면 복제법의 특징을 설명하고 현업 활용도를 설명하시오.

11.2. 기출 문제

- 107회 2교시 : 용접부 비파괴 검사 방법 중 복제 현미경 기술(Replica Microscopy Technique)에 대하여 표면처리, 검사 절차, 장점, 응용 분야, 평가 방법을 열거하고 설명하시오.
- 92회 3교시 : 발전설비 및 석유화학설비에서 운전 중인 고온배관 용접부 열화 상태를 관찰하는 방법으로 금속조직을 다른 물질에 복제시켜 조직의 상태를 관찰, 분석 등 수명평가 방법으로 표면복제법(replication method)이 많이 사용되고 있다.
  - 시험의 원리
  - 사용목적
  - 시험절차
  - 수명평가방법에 대하여 기술하시오.

11.3. 문제 풀이

발전설비 및 석유화학 설비에 사용되는 재질은 용접성을 높이기 위해 저탄소를 주로 사용하는데, 이러한 재질은 외적으로 식별될 수 있는 물성치의 변화가 적기 때문에 현업에서는 많은 경우 금속조직의 변화를 관찰하여 손상의 정도를 평가한다. 그러나 실제 고온, 고압 하에서 운전되는 발전, 석유화학 설비에서 직접 시료를 채취한다는 것은 매우 어려운 일이며, 이동식 연마기와 현미경을 이용한다 해도 설비구조의 복잡성 및 여건이 여의치 않아 해상능력이 떨어지는 경우가 많다. 이러한 이유 때문에 금속조직을 다른 물질에 복제 시켜 그 물질을 실험실에서 간접적으로 관찰 분석할 수 있는 표면복제법을 적용하고 있다. 실제적으로 레플리카(Replica)는 광학현미경으로 X50~X500, 주사현미경(SEM)으로 X100~X10,000 이상까지 관찰이 가능하다.

11.3.1. 레플리카(Replica) 채취순서

조직의 관찰 및 복제를 위해서는 우선 표면이 깨끗해야 하며 미세흠집이라도 판별에 영향을 끼칠 수 있으므로 이를 방지하기 위하여 시험 표면을 다음과 같은 순서로 연마한다.

1) 황삭(Rough Grinding)

그라인더(Grinder)로 약 15~20mm의 범위를 0.3~2.0mm 깊이로 연마하여 오염층을 충분히 제거하여야 한다.

2) 연삭(Fine Grinding)

#100, #220, #400, #600, #800, #1200 등 연마지를 이용하여 연마한다. 각 Mesh(#)마다 전 단계 연마자국이 없어질 때까지 직각 방향으로 연마하며, 한 공정이 끝날 때마다 Heavy 에칭(Etching)을 한 후 알코올로 세척 후 다음 공정을 실시한다.

3) 폴리싱(Polishing)

6μ, 1μ 까지 Alumina입자나 Diamond입자를 사용하여 연마(Polishing)하며, 연마(Polishing)후 연마분을 충분히 제거한다. 또한, 연마(Polishing) 속도가 너무 빠르면 피트(Pit)를 유발시킬 수 있으므로 주의해야 한다. 이때, 최후의 연마(Polishing) 방향은 배관(Pipe)의 경우는 길이 방향의 직각이 되도록 한다.

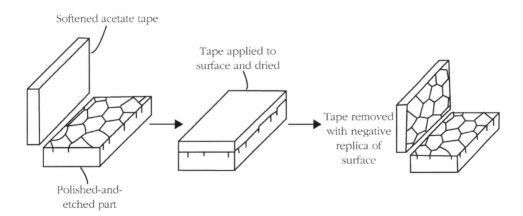

[그림 XII-33] 레플리카 시험법 개요

4) 에칭(Etching)

에칭(Etching)은 레플리카(Replica) 채취시 가장 중요한 작업으로 금속표면조직의 불안정한 입계(Grain Boundary)를 선택적으로 부식시킴으로써 결정립의 모양을 관찰할 수 있게 하는 과정이다.

연마된 표면을 표면재질에 따라 규정된 에칭(Etching)시약으로 30초간 적시어 표면을 부식시킨 후 준비된 에탄올로 닦아낸다. 과도하게 에칭되는 것을 방지하기 위해 휴대용 현미경으로 표면을 관찰하면서 결정립의 모양이 드러날 때까지 1)항의 작업을 20초씩 반복한다. 이때 표면 부식의 정도에 따라 Cavity 관찰여부가 결정되므로 세심한 주의가 요구된다.

[표 XII-9] 조직실험 대상 재질별 대표적인 에칭(Etching)시약

재 질	에칭 시약	성 분
Carbon Steel	Nital	Ethanol(96%) 98ml, Nitric Acid 2ml
Low Alloy	Picric Acid	Ethanol 100ml, Picric Acid 1g, HCl 5ml, HNO₃ 5ml
Stainless steel & High Alloy	왕수	HCl 30ml, HNO₃ 20ml, Acetic Acid 20ml
	글리셀지아	HCl 30ml, HNO₃ 20ml, Glycerol 20ml
Cu Alloy	Nitric Acid	Nitric Acid 10ml, Dist.Water 90ml

에칭(Etching)이 완료된 후 표면을 에탄올로 깨끗하게 세척하고 휴대용 현미경으로 조직을 확인하여 입계 및 Creep Void등 조직의 판별이 가능한 경우 레플리카(Replica)를 채취하며 그렇지 못할 경우 상기 연마(Polishing) 및 에칭(Etching)과정을 반복한다.

참고로 정상적인 탄소강 및 스테인리스강의 조직은 다음의 그림 XII-34와 같다

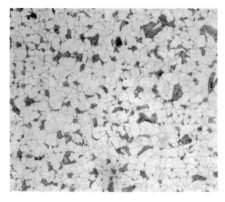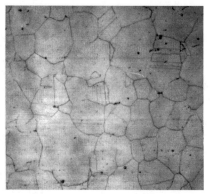

[그림 XII-34] 대표적인 탄소강 정상조직(좌)과 스테인레스강 정상조직

5) 레플리카(Replica) 채취단계

- 유리그릇에 레플리카(Replica) 필름(Film)이 잠길 정도의 아세톤을 담고 적절한 크기로 절단된 레플리카(Replica) 필름의 모서리를 핀셋으로 집어 1~2초 정도 아세톤에 적심

- 아세톤에 적신 레플리카(Replica) 필름을 에칭(Etching)된 금속표면에 덮는다. 이때 금속과 필름 사이에 기포가 발생하지 않도록 주의하면서 필름의 한쪽부터 단계적으로 덮음

- 필름의 모서리를 손톱으로 눌러보아 손톱자국이 나지 않을 정도로 필름이 건조된 후 필름의 표면을 메직펜을 이용하여 투명한 부분이 발생하지 않도록 검게 칠함

- 핀셋을 이용 레플리카(Replica) 필름이 손상되지 않도록 한쪽 모서리부터 조심스럽게 벗겨냄

- 금속에 접했던 부분이 위로 향하게 슬라이드글라스 위에 필름을 놓은 후 레플리카(Replica)가 생성된 필름의 가운데 부분이 손상되지 않도록 주의하면서 테두리를 테이프로 붙여서 평편하게 하고 다른 슬라이드글라스로 위를 덮어 필름의 손상을 방지함

- 테이프의 표면에 레플리카(Replica) 채취부위를 기록하여 슬라이드글라스에 붙임

6) 조직사진 촬영

- 조직사진이 필요한 경우 광학현미경을 사용하여 조직사진을 촬영한다.

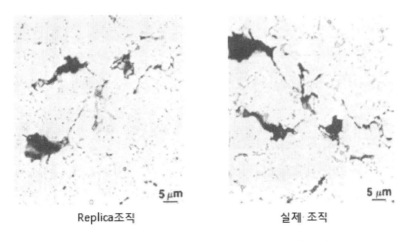

Replica조직   실제 조직

[그림 XII-35] 크립(Creep)에 의해 손상된 조직

11.4. 추가 공부 사항

11.4.1. 설퍼프린트 시험방법(Sulfur Print Test)

1) 목적

보통 황(S)함량이 0.1 %미만의 강재의 단면에 황산을 바른 사진인화지를 밀착시켜 황(S) 편석부가 흑갈색으로 변화는 설퍼프린트(Sulfur Print)를 얻어, 강재의 황(철황화물, 망간황화물, 산화황화물 등) 분포상태를 조사하는 것을 말한다.

용강은 용탕내 용해된 가스가 응고과정에서 배출되고 잔존하는 정도에 따라 킬드(Killed)강, 세미킬드(Semi-Killed)강 그리고 림드(Rimmed)강으로 구분된다. 특히 산소와 FeO 및 각종 불순물은 층상의 편석으로 설퍼밴드(Sulfur Band)를 형성하게 되고, 이는 설퍼프린트 기법에 의해 검출되어 황의 분포를 확인할 수 있다.

설퍼프린트 시험방법은 거시적이고 정성적인 시험방법으로 강이 함유한 정확한 황(S)의 함량을 평가할 수 없음에도 불구하고, 킬드(Kiiled)강 및 림드(Rimmed)강의 구분 시 유용하게 적용할 수 있다.

2) 시험순서

- 먼저 검사시편을 #1500~#2000 정도로 연마후 수세
- 설퍼프린트용 인화지를 검사부에 맞게 재단하여 황산(1~5 %) 수용액에 담궈 충분히 황산용액을 침투(약 5분후 종이에 끼워놓거나 탈지면 등으로 수분을 제거)
- 검사면에 인화지를 밀착시키고 기포를 제거(약 1~3분간 밀착시간을 유지)
- 검사면에서 떼어낸 인화지는 수세 후, 사진용 티오황산 나트륨(15~40 %) 수용액 상온에서 5~10분간 정착시킨 후 30분이상 흐르는 물에 수세/건조
- 건조된 인화지에서 황의 분포상태 확인

3) 황의 분포상태

(1) 정편성(Sn)

- 보통 일반강에서의 분포상태이며, 중심부가 더 짙게 착색되어 있다.(황의 함량: 중심 > 외주부분)

정편성(Sn)	역편성(Si)

(2) 역편성(Si)

- 외주부가 더짙게 착색되어 있다.(황의 함량: 중심 〈 외주부분)

- 상기사항 이외에 중심편석(Sc), 점상편석(Sp). 선상편석(S_L), 그리고 주상편석(Sco)형태들을 검출할 수 있다.

12 안 전

12.1. 문제 유형

- 용접 작업 중 발생 가능한 사고요인 및 안전대책을 설명하시오.

12.2. 기출 문제

- 108회 2교시 : 산업현장에서 용접작업 시 화재 및 가스폭발의 사고예방을 위하여 용접기술자가 작업 전에 꼭 확인해야 할 사항 및 용접사가 갖추어야 할 보호구에 대하여 각각 5 가지를 쓰고 설명하시오.
- 107회 1교시, 96회 1교시 : 피복아크용접(SMAW) 작업 시 감전사고를 방지하기 위한 대책을 설명하시오.
- 98회 1교시 : 용접 매연의 허용 농도 기준을 쓰시오.
- 96회 1교시 : 아크에서 발광되는 광선의 종류와 인체에 미치는 영향에 대해 설명하시오.
- 96회 1교시 : 교류아크 용접기를 사용하는 용접작업시 감전 방지대책에 대하여 설명하시오.
- 89회 2교시 : 용접매연(Fume)의 발생인자를 나열하고 그 감소방안에 대해서 설명하시오.
- 84회 4교시 : 인화성 물질 있는 지름이 4,000mm, 길이가 5,000mm, 두께가 20mm인 스테인레스강으로 만든 용기 내부에 추가설치물 부착공사를 위한 절단과 용접작업을 하려고 한다. 용접 중 화재 및 폭발을 방지하기 위한 안전조치 작업절차를 설명하시오.
- 87회 1교시 : 용접시 Fume의 인체에 미치는 영향을 고려하여 미국에서는 1973년도부터 Iron Oxide($Fe_2 O_3$)의 TWA-TLV(Time Weighted Average-Threshold Limit Value)를 10mg/m^3(ppm)으로 규정하였는데 그 의미를 설명하시오.
- 84회 1교시 : CO_2 용접하는 경우, 발생하는 유해 가스의 종류를 3가지 쓰시오.

12.3. 문제 풀이

안전이란 물적 또는 인적 위험에 의해 발생하는 사고의 위험이 없는 상태라고 정의할
수 있다. 오늘날 고도로 발달하는 산업구조와 더불어 사고 발생율도 증가하고 있으며,
사고로 귀중한 인간의 생명과 신체가 무참히 손상되고 막대한 재산 손실이 초래되는 경
우가 빈번하다. 따라서 불완전한 행동이나 행동이나 조건이 선행되어 작업을 저해하거
나, 능률을 떨어지게 하고, 직접 또는 간접으로 인명 재산상 손실은 가져오는 재해를 미
리 막기 위한 안전활동이 절실히 요구된다.

12.3.1. 용접작업의 안전

아크 용접사는 눈에 대한 장해, 화상, 감전 등의 재해를 받기가 아주 쉽다. 용접작업
중의 안전사고는 상당히 빈번하므로, 충분한 지식과 경험으로 작업에 임하여 자신과 동
료의 재해 및 시설물의 파손 등을 사전에 예방해야 할 것이다. 용접 작업시 주로 발생하
는 재해 요소는 다음과 같다.

- 전기충격(전격, 감전) 에 의한 것
- 아크빛에 의한 것
- 용접 Fume 에 의한 것
- 스패터 및 슬래그의 비산에 의한 것
- 화재, 폭발에 의한 것

12.3.2. 전기충격(전격)에 의한 재해(감전)

- 인체에 흐르는 전류치 = (인체에 걸리는 전압) / (인체의 전기 저항치)
- 전압이 높을수록, 인체의 저항치가 낮을수록 위험

1) 전류별 영향

전압이 낮을 때는 교류가 직류보다 위험(전압이 높아지면 직류가 위험), 100V 이하의
직류, 40V 이하의 교류에서는 사망자가 없음

[표 XII-10] 전류가 인체에 미치는 영향

10mA : 견디기 힘든 고통	20mA : 근육수축
50mA : 사망의 우려	100mA : 치명적

60mA 정도의 전류가 심장을 통해서 인체에 흐르면 심장박동을 멈추게 되는데, 이때는 인공호흡 시켜야 한다. 인체의 뇌에 4분정도 산소가 공급되지 않으면 뇌사상태가 됨

[표 XII-11] 인공호습 시작 시간에 따른 소생률

호흡정지 후 인공호흡을 시작할 때까지의 시간(분)	소생률(%)
1	98
2	92
3	72
4	50
5	25

용접기에 의한 사망사고의 95 %는 Holder의 통전부 접촉에 의한 사고이다. 접촉사고의 위험요소는 다음과 같다.
- 용접봉 끝이 신체에 접촉되었을 때
- 케이블의 일부가 노출되었을 때
- 용접기의 정련이 불충분할 때
- 젖은 전원스위치의 개폐시

용접 작업시 감전사고 예방책은 다음과 같다.
- 용접기의 내부에 함부로 손을 대지 않음
- 절연홀더의 절연부분이 노출 파손되면 바로 보수하거나 교체해야함
- 홀더나 용접봉은 절대로 맨손으로 취급하지 않아야 함
- 용접이 끝났거나 장시간 중지하는 경우 반드시 스위치를 차단시킴
- 땀, 물등 습기찬 작업복, 장갑, 구두등을 착용하지 않음
- 가죽장갑, 앞치마, 발덮개등 규정된 보호구를 반드시 착용함
- 맨홀등과 같이 밀폐된 구조물안이나 앞쪽에 막혀 잘 보이지 않는 장소에서 작업시에는 자동 전격방지기를 부착하여 사용하고 보조자(안전관리자) 또는 2명이상이 교대로 작업함

- GTAW의 전극(텅스텐)을 교체하는 경우, FCAW 및 GMAW의 와이어를 용접기에 교체하는 경우 항상 전원스위치를 차단하고 작업해야 함
- GTAW GMAW의 수냉식 토치에서 냉각수가 새어나오면 수리완료시 까지 용접기 사용을 금함
- 용접하지 않을 때는 용접봉은 홀더에서 제거하고, GTAW의 경우 전극봉을 제거 하거나 노즐뒤쪽으로 밀어넣어야 함

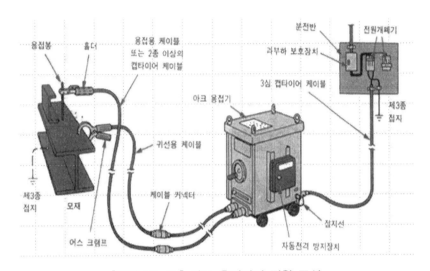

[그림 XII-36] 아크 용접기의 전원 구성

12.3.3. 아크 빛에 의한 재해

[그림 XII-37] 용접시 발생하는 광선

　　용접간 발생하는 아크는 다량의 자외선과 소량의 적외선을 포함하고 있어 안구에 전광성 안염, 전안염 등의 장애를 일으킨다. 급성의 경우 24~48시간내에 회복이 가능하나 장시간 노출시 만성 결막염을 일으킨다. 아크에 노출된 피부는 화상을 입을 수 있는바 아래와 같은 용접간 방지대책 및 안전방안이 요구된다.

- 차광면, 차광 칸막이 사용
- 피부노출 금지(손목 긴 장갑사용)
- 눈병(전광성 안염)시 조치
- 냉수로 세척 → 냉습포로 찜질 → 의사의 세안

12.3.4. 용접 Fume에 의한 재해

　　아크의 높은 열(3,000~6,000℃)에 의해 용융한 금속표면에서 발생하는 금속증기 또는 플럭스의 증기가 대기 중에 방출되고 이것이 급격히 냉각, 고화하는 동시에 금속은 산화하여 미세한 고체의 입자가 되어 연기상으로 상승, 확산하는 것을 Fume라고 한다. 일반적으로 분산매가 기체이고 분산상이 고체 소립자인 매연이라고도 표현할 수 있으며 용접시 Gas와 함께 발생한다.

　　용접매연 1개의 입자는 0.05 ~ 0.3 μm로 다수가 응집하여 2차입자를 형성할 수 있으며 상태에 따라 무기성 Aerosol과 광물성 분진으로 나눈다. 조성은 용접재료, 용접방법에 따라 다르나 Fe_2O_3, MnO_2, Al_2O_3, TiO_2, SiO_2, K_2O, Na_2O, MgO, CaO 등의 금속산화물로 구성되어 있다. 강의 용접에서는 산화철(Fe_2O_3)이 주성분이다.

　　참고로 IIW에서 권고하는 허용농도는 저수소계 10 mg/m^3, 비수소계 20 mg/m^3 이다.

　　용접매연의 인체 유입결로 및 인체에 미치는 영향은 다음과 같다.

$$비강 → 후두 → 기관지 → 폐포$$

　　호흡에 의한 용접매연의 흡입은 다음의 경로로 체내에 들어온다.

　　혈액 등에 용해되기 쉬운 성분은 용해된 후 인체의 각부 세포조직에 운반되어 특유의 중독을 일으키고 잘 용해되지 않는 물질은 기도의 폐포에 침착하여 진폐 등을 유발시킨다. 주요 증상은 다음과 같다.

1) 금속열

금속증기 또는 금속산화물의 입자를 흡입함으로써 일어나는 발열성 질환임, 38 ~ 40℃ 고열, 12시간 이내에 회복, 후유증 없음

2) 진폐

난용성 분진의 흡입에 의해 그 입자가 폐포에 침착해 일어나는 폐기능이 점차로 저하하는 증상

3) 가스 중독증

용접열에 의해 발생하는 유해 Gas가 원인이다. SMAW에서는 CO, 이산화질소, 오존, 불화물계 Gas가 발생하지만 양적으로 대부분 문제가 없다. 그러나 공기유통이 불량한 곳에서는 산소결핍에 의한 두통, 호흡곤란 등의 증세를 보일 수 있음

12.3.5. 스패터 및 슬래그의 비산에 의한 재해

대부분의 용접이나 절단 작업 시 높은 온도의 열원이 존재하며 용접시 불꽃, 전기아크, 고온의 금속, 스파크 및 스패터 등이 점화원으로 작용할 수 있다. 화재의 위험성은 용접 작업장 주위에 방호되지 않고 노출되어 있는 가연성 물질에 의해 증가되기 쉬우며 용접작업시 스패터가 수 m 의 거리까지 비산하여 스패터에 의해 인화되어 발생 할수 있다. 우레탄폼 따위의 석유화학제품은 스패터의 낙하와 동시에 불꽃 연소가 된다. 그리고 인화성 물질인 석유, 벤젠 또는 락카, 신나 등의 용기에 스패터가 날아들면 순간적인 착화와 연소 발생할 수있으므로 각별한 주의가 요구된다.

따라서 용접작업장의 경우 화재를 방지하는 방법으로 위에서 설명한 인화성 물질 등은 작업장소에서 가능한 멀리 보관하고, 정기적으로 정리 정돈을 실시하고 스패터의 비산 방지대책으로 아연도금강판이나 방염시트 등으로 방화벽을 설치하여 사용하면 화재의 위험을 낮출수 있다.

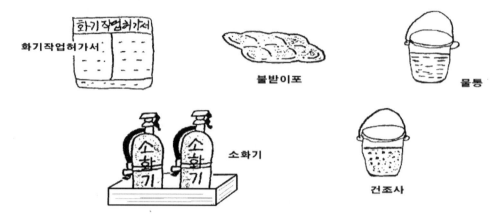

[그림 XII-38] 아크 용접시 필요한 안전 준비물

근본적으로 가연성의 분진, 화약류, 다량의 연소성 물질, 기타, 위험물이 있는 곳에서는 용접금지 되며 용접작업 전 사전 확인 및 사고 예방에 만전, 특히 현장작업 시에는 더욱 주의가 필요하다. 참고로 산업안전 보건 관리공단에서는 아크 용접작업시 다음의 준비물을 비치하도록 규정하고 있다.

- 화기작업 허가서
- 작업장소의 해당부서장 승인
- 안전관리부(실)의 승인
- 바닥에 깔아둘 불받이포
- 소화기(제3종 분말소화기, 2개)

12.3.6. 화재 폭발에 의한 재해

용접작업시에는 주위의 가연물(기름, 나무조각, 도료, 걸레, 내장재, 전선 등), 폭발성 물질 또는 가연성 가스와 과열된 피용접물, 불꽃, 아크 등에 의해 인화, 폭발, 화재를 일으킬 염려가 있으므로 작업전에 이들 가연물을 멀리 격리해야 한다. 만약 이러한 조치가 안될 경우에는 불꽃 비산방지 조치, 기타 폭발화재 등이 일어나지 않도록 조치하고 근처에 소화기를 준비하도록 한다. 특히 드럼통, 탱크, 배관 등의 용접수리 작업시 내부에 인화성 액체나 가연성 가스, 증기가 존재하므로 용접전 다음사항 확인하여야 한다.

- 구조물내 모든 가연성 물질, 폐기물, 쓰레기 등의 제거
- 가열될 경우 가연성이나 독성물질을 발생할 수 있는 물질의 청소
- 압력축적을 막기 위해 구조물내 환기
- 용접부위에 국소적으로 물을 넣거나 불활성기체로 내부청소
- 밀폐장소에서의 작업은 유독성 오염물질의 누적, 불활성이나 질식성 가스로 인한 산소결핍, 산소과잉 발생으로 인한 폭발 가능성 등이 생길 수 있다.

또한 작업자가 밀폐공간에서 작업시 반드시 사전허가를 받는 시스템을 확립하고 다음 사항들을 주의하여야 한다. 다음은 산업안전보건공단(KOSHA)에서 규정하는 기술지침 이다.

- 밀폐공간에 연결되는 모든 파이프, 덕트, 전선 등은 작업에 지장을 주지 않는 한 연결을 끊거나 막아서 작업공간내로 유출되지 않도록 함
- 먼저 가연성, 폭발성 기체나 유독가스가 용기내부 존재 여부 및 산소결핍여부를 반드시 점검한다. 또한 작업 중에도 주기적으로 이를 점검함
- 필요 시 증기로 세척하거나 중화제로 유독물질 및 인화성 물질을 제거 또는 닦아냄
- 용기내부로 연결되어 있는 파이프, 전선, 덕트 등을 작업에 지장을 주지 않는 한 연결을 끊거나 막아서 작업장내로 유입되지 않도록 함
- 절단 및 용접에 필요한 가스실린더나 전기동력원은 밀폐공간 외부의 안전한 곳에 비치함
- 작업중 지속적으로 환기가 이루어 지도록 함(작업자 안전)
- 충분한 환기가 어려워 산소농도 18%이상 유지하기 어려운 경우 공기호흡기 등 호흡용 보호구를 착용함(작업자 안전)
- 밀폐공간에 출입하는 작업자는 안전대, 생명줄 그리고 보호구를 포함하여 적절한 개인보호장비를 갖춤(작업자 안전)
- 밀폐공간 외부에는 안전관리자 1명을 배치하여 상기 준수사항을 확인점검하고 작업간 작업자와 육안이나 대화로 안전 유무를 확인하고, 작업자의 출입을 돕거나 사고발생시 구조활동에 참여함

12.3.7. 용접 작업자의 보호구

보호구의 종류는 다음과 같다.
- 차광안경 : 불빛차단, 불티보호

- 방진안경 : 그라인더 철분, 모래차단
- 안전모와 Head Shield : 아크 빛, 스패터 차단
- 방진, 방독 마스크(Mask) : 중독성 용접물 작업, 먼지, 가스차단
- 귀덮개, 귀마개 : 소음차단(제관, 조선, 단조, 판금작업 등)
- 기타 : 보호장갑, 앞치마, 안전화 등

차광안경	방진안경
안전모	방진마스크
귀덮개	안전화

[그림 XII-39] 용접 작업자의 보호구

차광유리의 전류와의 관계기준은 다음의 표에 정리한다.

[표 XII-12] 차광유리

차광도 번호	사용방법
6 ~ 7	중정도의 Gas용접 및 절단, 30A 미만의 아크용접 및 절단에 사용
8 ~ 9	고도의 Gas용접 및 절단, 100A 미만의 아크용접 및 절단에 사용
10 ~ 11	100A 이상 300A 마만의 아크용접 및 절단에 사용
13 ~ 14	300A 이상의 아크용접 및 절단에 사용

용접시 착용하는 보호안경, 헬멧, 핸드실드 등에는 '필터렌즈(Filter Lense)'가 부착되는데, 필터렌즈의 차광도는 아크 전류세기 및 용접방법에 따라 AWS에서 다음 표와 같이 분류하고 있다.

[표 XII-13] 용접법에 따른 차광번호

용접법	번호	용접법	번호
연 납 땜	2	비철계 TIG/MIG	11
경 납 땜	3 ~ 4	철계 TIG/MIG	12
산 소 절 단	3 ~ 6	피복아크용접 (4Φ이하)	12 ~ 14
가 스 용 접	4 ~ 8	원자수소용접	10 ~ 14
피복아크용접 (4Φ이하)	10	탄소아크용접	14

차광번호가 클수록 차광 정도 즉 농도가 크다.

12.4. 추가 공부 사항

12.4.1. 개로전압 및 전격방지기

무부하 전압(No Load Voltage, Open Circuit Voltage, 개로전압)이란 토치나 용접건에 전류가 흐르지 않을 때 출력단자의 전압, 즉 무부하때의 용접기 출력단자의 전압을 말한다. 아크스타트와 안정성 확보를 위해, 높은 무부하전압이 필요하나, 감전 등 안전상의 문제 때문에 높은 전압을 규제하고 있다. 교류용접기의 경우 70~80v정도로 높으며 직류용접기의 경우 40~60v정도로 약간 낮다. 이에 교류용접기의 경우 감전의 위험이 있으므로 전격방지기를 부착하여 작업자의 안전을 확보하여야 한다.

전격방지기의 작동원리는 용접작업을 하지 않을때는 보조 변압기에 의해 용접기의 2차 무부하 전압이 20~30v이하로 유지되고, 용접을 진행하면, 즉 용접봉이 모재와 접촉한 순간에 릴레이(Relay)가 작동하여 용접작업이 가능하도록 한다. 용접이 끝난 경우, 즉 아크의 단락과 동시에 자동적으로 릴레이가 차단되어 2차 무부하 전압이 20~30v이하로 되어 전격을 방지할수 있다

13 용접 흄(Hume)

13.1. 문제 유형

- 용접시 유해인자 흄에 대하여 논하시오.

13.2. 기출 문제

- 98회 1교시 : 용접 매연의 허용 농도 기준을 쓰시오.
- 89회 2교시 : 용접매연(Fume)의 발생인자를 나열하고 그 감소방안에 대해서 설명하시오.
- 87회 1교시 : 용접시 Fume의 인체에 미치는 영향을 고려하여 미국에서는 1973년도부터 Iron Oxide($Fe_2\,O_3$)의 TWA-TLV(Time Weighted Average-Threshold Limit Value)를 $10mg/m^3$(ppm)으로 규정하였는데 그 의미를 설명하시오.
- 84회 1교시 : CO_2 용접하는 경우, 발생하는 유해 가스의 종류를 3가지 쓰시오.

13.3. 문제 풀이

13.3.1. 개요

용접 안전과 환경에서 용접시 유해인자는 크게 흄, 유해광선, 소음으로 크게 분류된다. 이 중 흄은 다량 흡입했을 경우 인체에 대한 장해는 비교적 단시간 내에 발생되는 급성증상과 장시간에 걸쳐 누적되어 나타나는 만성증상으로 구별 되는데 다음에서 용접 흄의 상세내용에 대하여 설명한다.

13.3.2. 용접 흄의 분류

1) 급성증상

작업 중부터 그 밤사이에 전신의 나른함과 관절의 통증, 오한, 호흡이나 맥박 증가, 구토, 두통, 붉은 점, 검은 담, 발한이 나타나고 오랜 시간에 걸쳐 회복된다. 급성증상은 아연함량 높은 도료를 도포한 모재를 용접할 때, 저수소계 스테인리스강용 피복아크용 접봉을 사용할 때 발생 빈도가 높다.

2) 만성증상

산화철 분진을 흡수해서 생기는 철증과 유사하며, 폐의 이상조직의 발달을 볼 수 없는 양성의 진폐이다. 흉부X선 사진으로 보이지만 많은 경우 지작 증상이 없어 폐기능 검사에 의해 장해 정도를 확인 가능하다.

13.3.3. 용접 흄의 특성

- 용접 전류와 전압 증가에 따라 흄 발생량이 증가함
- 흄 입자가 매우 작아서 용접작업장의 먼지가 훨씬 많이 폐로 들어오기 쉬움
- 흄은 용접봉에서 85% 나머지 15%정도는 모재에서 발생함
- 페인트, 도금된 강 용접시 다양한 유해인자가 발생되므로 가능하면 적절한 방법으로 제거하고 용접함
- 용접 흄은 발생단계에서 연기처럼 발생함으로 머리와 코의 위치가 연기로부터 떨어지도록 작업 습관을 가지며 밀폐공간 작업은 유용하지 않음

13.3.4. 흄 생성기구

금속의 증발과 공기중에서의 냉각, 응축 및 산화로 설명한다. 즉, 아크 중에 서 금속이 녹아 증발하고 그 중 일부가 공기중의 산소와 만나 산화물을 형성 하고 냉각되고 응축하여 다시 고체 알갱이가 되는데 다음의 4가지 생성기구 들의 조합으로 설명할 수 있다.

- 증발과 응축
- 산소에 의한 증기화의 가속
- 입자의 물리적 방출
- 스패터의 발생

13.3.5. 작업장 내 발생가능한 가스 물질

가스의 주요 발생원은 보호가스, 피복제나, 플럭스의 분해산물, 아크와 공기 구성성분의 반응, 자외선의 방출로 인해 생성된 가스이다. 불소, 오존, 질소산화물, 일산화탄소, 포스겐과 포스핀, 유기분해가스 등을 용접 흄 및 용접과 관련된 화합물이라 할 수 이다.

13.3.6. 결론

이상에서와 같이 인체에 유해한 용접 흄 장해를 방지하기 위해서는 용접시 가스의 흡입을 피하도록 주의하고, 흄 흐름이 입 가까이에 오지 않도록 하는 것이 중요하며, 송기마스크를 사용하거나 환기 등의 조치가 필요하다. 또한 작업자의 인식, 용접재료의 선택 및 용접 자동화, 환기시설의 설치, 방진 마스크 착용에 대한 사전 예방관리를 통하여 용접 안전관리가 선행되고 실시되어야 하며, 작업자 개인의 관심도 중요하겠지만 회사차원에서 제도적인 안전관리 정착에 대한 관심이 더욱 중요할 것이다.

부 록

1 용어 정리

1.1. Weldability(용접성)

- 용접성이란 용접시공의 쉽고 어려움의 정도뿐만 아니라 모재를 어떤 용접법으로 용접할 때 만족한 접합부를 얻을 수 있는지 이음성능과 그 구조물의 사용목적을 만족할 수 있는지 여부를 나타내는 정도를 의미한다. 즉, 용접시공 중 혹은 시공 후에 있어서 용접부의 품질과 건전성을 확보하기 위한 용접의 난이도로도 표현할 수 있음
- 용접이음(접합)성능: 결함이 없는 용접부를 형성하기 위한 용접시공이 가능한가의 여부를 나타내며, 온도변화에 따른 모재의 성질변화나 용접결함의 정도 등과 그의 대책법과 관계되는 성능을 말함
- 사용 성능: 용접구조물의 내구성과 안전성들 나타내며, 모재 및 용접부의 기계적 성질, 노치인성, 산화 및 부식 등에 대한 저항력 등을 말함

1.2. Hardenability(경화능)

강을 열처리하여 담금질 할 때 경화하기 쉬운 정도, 즉 저온상(마르텐사이트 조직)을 얻기 쉬운 정도를 말한다. 경화능이 높다는 것은 강재의 냉각시 표면 뿐만 아니라 내부에서도 마르텐사이트가 잘 형성된다는 뜻으로 경화능은 강재의 화학적 조성과 오스테나이트의 결정입도에 의하여 결정된다.

1.3. 질량효과(Mass Effect)

강재의 크기에 따라 담금질 효과가 달라지는 것을 말하는데, 열처리시 강재의 표면은 경화되기 쉬우나 내부는 온도 손실이 적어 잘 경화되지 못하게 된다. 즉, 강재의 크기가 클수록 질량 효과가 커져 내부를 경화 시키기 어렵게 된다.

질량효과의 정도는 강재의 지름에 비례하는데, 담금질성을 개선시키는 위해서는 합금 원소를 첨가하면 되는데, B > Mn > Mo > P > Cr > Si > Ni > Cu의 순으로 영향력이 크다.

1.4. Mould Effect

맞대기 이음에서 루트 패스(Pass)는 이음의 면 가공의 영향을 및 용입 깊이(비례)에 따라 균열이 발생할 수 있는데 이를 Mold Effect라고 한다. 따라서 용접 홈 설계시 넓이:깊이 비를 염두에 두고, 루트간격이 너무 좁고 용입이 깊으면 균열감도가 높아질 수 있으니 이를 고려하여야 한다.(루트간격이 넓을수록 유리하나, 후판 용접시 용접비용이 기하급수적으로 높아질 수 있으니 경제성도 고려하여야 한다.) 보통 1:1 ~ 1:1.4정도일 때 균열이 크게 발생하지 않는다. 용접부의 깊이와 폭의 비율을 의미하는 Form Factor 와 같은 개념으로 이해하면 된다.

1.5. 금속간 화합물(Intermetallic Compand)

금속간 화합물이란, 성분 금속의 원자들이 비교적 간단한 정수비로 결합되고 각 성분 금속의 원자가 결정격자 내에서 특정한 위치를 차지하고 있는 합금을 금속간 화합물이라 한다. 보통 합금을 이루는 고용체와는 달리 결정구조와 물리화학적인 성질이 원래의 성분원소와 다르며, 자기만의 일정한 녹는점을 가진다. 일반적으로 이종 금속사이의 결합력이 고용체보다 크기 때문에 단단하지만 부서지기 쉬우며 반도체의 특성을 지니는 것이 많다.

두 종류의 금속이 결합하여 새로운 구조를 만들 때, 동종금속간의 결합력이 이종금속간의 결합력보다 더 크면, 각 금속은 분리, 집합되어 결정이 되어 공정상태를 이룬다.

이종금속간의 결합력이 더 강한 경우, 처음금속과는 다른 결정구조가 안전한 상태가 되어 금속간 화합물이 생긴다.

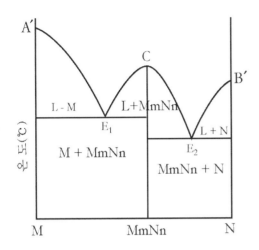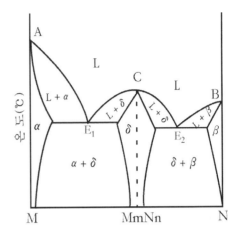

[그림 1] 금속간 화합물

그림 1은 두금속이 전혀 고용되지 않고 금속간 화합물(MmNn)을 형성함을 보여주고 있다.

금속간 화합물은 안정된 물질이므로 상태도에서 하나의 물질로 존재하는 것처럼, 직선으로 나타난다. 우측 그림 금속간 화합물이 두 금속을 고용하는 경우 δ 구역과 같이 금속간 화합물 영역이 넓어지고 중간상(Intermediate Phase)을 형성한다.

금속간 화합물은 모든 원자들이 주위에 있는 원자들과 결합하므로 고용체의 경우보다 강하게 결합되어 있고, 또한 안정한 상태에 있다. 따라서 다음과 같은 독특한 특징이 있다.

- 금속간 화합물은 화학적으로 매우 강하게 결합되어 있으므로 경도가 매우 높다.
- 보통의 경우 높은 온도에서도 쉽게 분해되지 않는다.

이와 같은 금속간 화합물의 특징을 이용하여 합금의 강도나 경도 등의 기계적 성질을 개선하고, 기존의 금속에서 얻을 수 없었던 고내열성, 내마모성을 가지는 새로운 구조의 금속물질을 얻을 수 있다.

1.6. 초전도재료(Superconductive Material)

금속의 전기저항은 열진동(격자진동)하고 있는 양이온에 의해 자유전자의 이동이 방해되기 때문에 생긴다. 이 격자진동은 저온이 되는 만큼의 열에너지 감소에 의해 그 운동성이 저하되게 된다. 일반적으로 금속재료를 극저온으로 냉각하면 특정온도에서 갑자기 전기저항이 zero가 되는 상태를 초전도상태(Superconductive State)라고 한다.

최근 상온에서 전기저항 없이 전류를 흘리고 외부자기장을 배척하는 등의 초전도재료를 자기부상열차 등에 적용하고 있다.

[그림 2] 초전도 재료

1.7. 초소성(Superplasticity)

금속재료가 작은 응력 하에서도 떡가래처럼 늘어나는 현상으로 재료자체의 내부요인이 외부요인과 무리 없이 균형을 이룬 결과로 발생한 현저한 연성을 뜻한다.

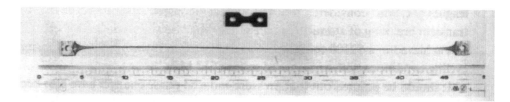

A dramatic demonstration of superplasticity in Cu–Al alloy (8000% elongation)

[그림 3] 초소성 물질

1.8. 수소저장용 합금(Hydrogen Storing Alloy)

수소 저장용 합금이란 상온 상압부근에서 수소를 가역적으로 저장 방출할 수 있는 합금으로 수소가스와 반응하여 금속 수소화물이 되고, 저장된 수소는 필요에 따라 금속 수소화물에서 방출시켜 이용하고 수소가 방출되면 금속 수소화물은 원래의 수소 저장용

합금으로 돌아가는 특성을 가진 합금을 말한다.

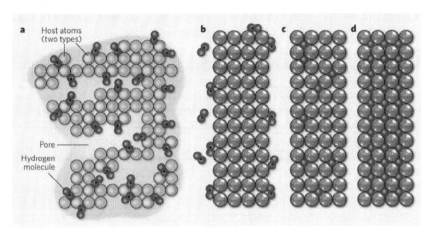

[그림 4] 수소저장 원리

이들 합금은 Ti를 기본으로 하는 금속이나 희토류 원소를 포함하는 종류의 합금들이 수소의 흡수 능력이 매우 크다.

1.9. 안전율

기계나 구조물의 안전을 유지하는 정도로서 파괴강도(인장강도 = Tensil Strengh)를 그 허용응력으로 나눈 값(항상 1보다 크다)으로 나타낸다. 사용응력과 재료의 허용응력과의 사이에 적당한 균형을 유지할 수 있는 관련인자로 안전율(Safety factor)을 이용한다.(정하중의 경우 안정율을 약 3으로 규정하고 있다.)

안전율 S = 인장강도 / 허용응력

1.10. 허용응력

기계나 용접구조물을 설계할 때 각 부분에 발생되는 응력이 어떤 크기의 값을 기준으로 하여 그 이내이면 안전하다고 인정되는 최대 허용치를 허용응력이라 한다. 보통 구조물의 설계시 적용 모재의 기계적 성질, 용접성, 하중 등을 고려하여 재료 인장강도의 1/3 ~ 1/4값 또는 항복강도의 1/5 값 중 작은 값을 안전율로 설정한다.

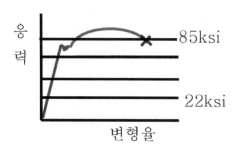

[그림 5] Stres-Strain 곡선

일례로 ASME section II Part D에 의하면 Type P91(V-Modified 9Cr)의 경우 최소인장강도는 85ksi이지만, 실제 설계 적용시 허용응력은 max 22ksi로 설계 적용한다.

1.11. 마모의 종류

마모란 어느 작용력을 가해 재료 표면층을 구성하는 미소부분이 연속적으로 박리하는 현상으로, 그 종류는 다음과 같다.

1.11.1. Adhesive Wear(응착마모)

2개의 면이 마찰하는 경우, 그 면사이에 그 재료보다 경한 입자가 존재할 때 절삭에 의한 마모, 또는 한면에 경한 돌기가 다른 면을 절삭하는 것에 의한 진행되는 마모현상으로 Ball Mill의 볼, 라이너와 분쇄물 등의 사이에서 발생.

1.11.2. Abrasive Wear(연마모)와 Cutting(절삭마모)

2개의 면이 마찰하는 경우, 그 면사이에 그 재료보다 경한 입자가 존재할 때 절삭에 의한 마모, 또는 한면에 경한 돌기가 다른면을 절삭하는 것에 의한 진행되는 마모현상으로 Ball mill의 볼, 라이너와 분쇄물등의 사이에서 발생.

1.11.3. Corrosion Wear(부식마모)

산 또는 염기성의 용액으로 분체를 운반하는 펌프의 임펠라, 라이너, 윤활제등에 의해 부식작용을 받는 습동면 등 금속표면이 화학반응을 일으켜 변질되고 그것에 부체나 재료의 돌기부가 접촉하여 생기는 마모.

1.11.4. Surface Fatigue(표면피로)

치차의 맞물리는 면, 볼 베어링의 볼 등 면압이 높을 때 접촉면 직하의 전단응력 위치로부터 박리가 생기는 마모

1.11.5. Erosion(에로젼)

가스터빈, 증기터빈의 노즐, 슬러리 수송의 파이프, 샌드블라스트의 노즐 등 분체가 재료에 충돌했을 때 생기는 마모.

1.12. Weld Cycle(용접회로)

용접기에서 발생한 전류가 전극케이블을 지나서 다시 용접기로 되돌아오는 One Cycle를 뜻한다.

(예시: 용접기 → 전극케이블 → 용접봉 홀더 → 피복아크 용접봉 → 아크 → 모재→접지 케이블 → 용접기)

1.13. 역류(Contra Flow)

산소 절단 혹은 용접 과정에서 고압의 산소가 밖으로 배출되지 못하고 산소($3\sim4kgf/cm^2$)보다 압력이 낮은 아세틸렌($0.1\sim0.2kgf/cm^2$)쪽으로 흐르는 현상을 말한다. 토치 내부의 청소가 불량할 때 토치 내부의 막힌 경우 또는 산소의 압력의 과다하거나 아세틸렌(C_2H_2) 공급량이 부족한 경우에 발생한다. 폭발의 위험이 있으므로 다음의 조치를 신속히 취하여야 한다.

- 팁을 깨끗이 청소
- 산소를 차단
- 아세틸렌을 차단
- 아세틸렌 발생기 사용시 발생기와 안전기를 차단

1.14. 역화(Back Fire)

불꽃이 순간적으로 팁에 흡입되고 '빵'하면서 꺼졌다가 다시 나타나는 현상으로 팁 끝의 과열, 가스압력 부적당, 팁의 조임 불량하거나 팁 끝이 모재에 닿아 순간적으로 막히거나, 과열된 경우에 발생할 수 있다.

1.15. 인화(Flash Back)

가스 절단 혹은 용접시에 팁끝이 순간적으로 막히면 가스분출이 나빠지고 토치의 가스 혼합실까지 불꽃이 그대로 도달되어 토치가 빨갛게 달구어지는 현상으로 다음의 조치가 요구된다.

- 토치의 아세틸렌 밸브를 차단
- 산소밸브를 차단

1.16. Pipe Seam용접이란

주로 파이프를 제작 시 Plate 또는 열연코일을 강관형태로(기다란 원통형으로) 성형 후 용접시 축방향(길이방향)의 용접이음매를 말한다. 일명 조관 용접이라고도 한다.

대표적인 상용 용접법으로는 SAW 용접으로 대표되는 EFW(Electric Fusion Welding)와 ERW(Electric Resistance Welding)이 있다.

[그림 6] 배관의 심(Seam) 용접

1.16.1. EFW Pipe

가접 - 내면용접 - 외면용접의 순서로 용접적용하며, 용접속도는 ERW에 비해 느리지만 아주 두꺼운 소재, 대형구경의 Pipe제작에 적용 가능하다.

1.16.2. ERW Pipe

중소구경의 강관 제조하는데 가장일반적으로 적용되는 용접방법으로 고주파 전류가 흐를 때 발생하는 저항열을 이용하여 용접대상단면을 용융시켜 접합부를 용접한다.

고주파전류는 접촉자(Contact Tip)을 통하여 강관소재에 통전되고 전류가 강관소재 단면을 통하여 흐를 때 발생하는 저항열에 의해 소재가 가열되며, 특히 접촉자에 이르러서는 접촉저항 발열까지 더하여 용접단면을 가열시킨 후 용접단면을 압착시켜 용접 이음부을 형성한다. 참고로 소구경의 경우 접촉자(Contact Tip)대신 유도코일을 적용한다. 자동화 대량생산에 유리한다.

1.17. 원주(Girth) 용접이란

주로 파이프를 설치시 적용되는 용접법으로 파이프라인(Pipeline) 공사의 경우 수십에서 수백Km의 송유거리를 6~12m정도의 파이프를 이어나가면서 설치하게 되는데, 이때 파이프와 파이프끼리의 축방향과 교차하는 방향의 용접이음매를 원주(Girth) 용접이라 한다.

[그림 7] 배관의 원주(Girth) 용접

1.18. GTAW Hot Wire

현장에서는 Hot TIG라고도 불리지만 Hot TIG는 상품명이므로 정확한 명칭은 Hot Wire GTAW로 볼 수 있다. GTAW는 제한된 입열로 용착 속도가 타 용접법 대비 낮은데, Hot Wire는 이를 개선 시키기 위해 개발된 방법으로 공급되는 와이어(Wire)에 전류를 연결하여 저항 가열로서 와이어(Wire)를 예열하여 용탕에 투입한다. 와이어(Wire)는 아크 없이도 거의 용융 온도에 가깝게 가열되어 용탕에 투입되고, 용융 속도는 아크 전류와 관계 없이 증감이 가능하다. 따라서 필요한 만큼 용착 금속을 얻을 수 있는 특성이 있다. 소구경 배관의 내부 육성 용접 등에 많이 적용된다.

1.18.1. 장점과 단점

Hot Wire의 장점은 GTAW의 장점인 스패터, 슬래그 발생이 없고, 전극 교환 필요도 필요 없으며, 저온 균열 위험성 낮아 예열 온도를 낮게 할 수 있는 특징을 유지하면서도 생산성을 향상 시킬 수 있다. 그리고 자동화가 용이하고, 용접 속도가 빠르고, 용착률이 높으면서도 다른 용접방법에 비해 Dilution이 작고 전자세 용접이 가능하다. 하지만 장비가 고가인 단점이 있다.

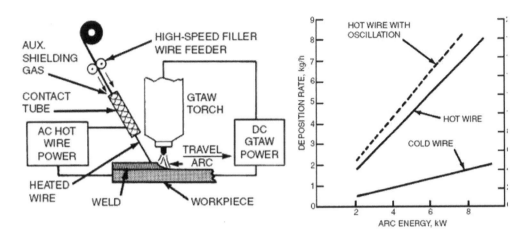

[그림 8] Hot Wire 용접법 및 용착률 비교

1.18.2. 와이어(Wire) 가열

가열 전원으로는 직류 전원도 가끔 사용되나 아크 Blow 방지를 위해 주로 저전압 교류가 사용된다. 최근에는 연속적인 전류 대신 펄스전류로 와이어(Wire)를 가열할 수 있는 방법이 실용화 되어 있다. 펄스 전류 사용시 다음의 2가지 큰 장점이 있다.

1) 와이어(Wire)에서 아크 발생 방지

와이어(Wire)의 전압 변화를 측정하여 와이어(Wire) 전압이 0V, 즉 와이어(Wire)가 모재에 접촉 되었을 경우에만 와이어(Wire)를 통전 시킨다. 모재로부터 와이어(Wire)가 떨어지면 와이어(Wire)에 흐르는 전원을 끊어 와이어(Wire)와 모재간 아크가 발생하지 않게 된다.

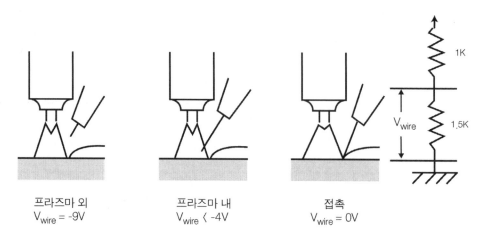

<table>
<tr><td>프라즈마 외
V_{wire} = -9V</td><td>프라즈마 내
V_{wire} < -4V</td><td>접촉
V_{wire} = 0V</td></tr>
</table>

[그림 9] 와이어(Wire) 위치와 전압 변화

2) 아크 블로우(Blow) 방지

와이어(Wire) 통전시 아크의 자기 블로우(Blow)가 발생 할 수 있지만, 펄스 전류를 사용시 통전 휴지기간 중에는 아크 블로우(Blow)가 발생하지 않으므로 아크를 목표로 하는 곳에 위치 시켜 모재를 용융시킬 수도 있다.

펄스전류 사용시 펄스전류는 통전 중지기간 중에는 발생하지 않고(전체 기간의 70~80%), 아크는 목표한 곳에 위치하여 통상과 같이 모재를 용융 시킨다. 그리고 와이어(Wire) 삽입 위치에 대한 아크의 영향도도 감소 한다.

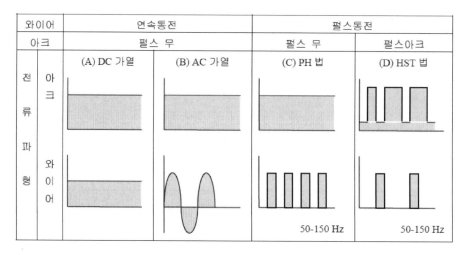

[그림 10] Hot-Wire의 전류 파형

1.19. Deep Drawing

평평한 철판을 다이(Die)블록위에 놓고 펀치로 눌러 다이에 유입시켜 이음매가 없는 중공용기를 성형하여 제품을 얻는 방안 중 프레싱된 깊이가 원지름을 초과하는 경우를 Deep Drawing이라 한다

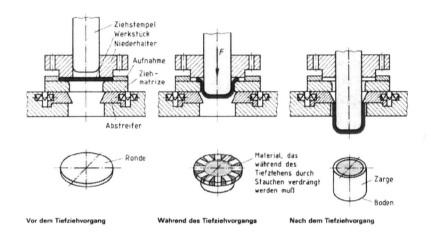

[그림 11] Deep Drawing

1.20. Hot Stamping

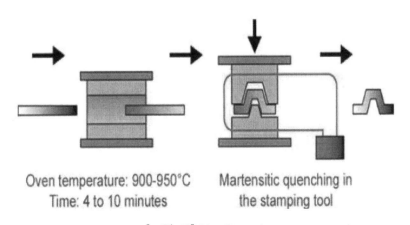

[그림 12] Hot Stamping

기존 상온 성형법과 달리 강을 고온으로 가열하여 뜨거운 상태의 철강소재를 도장을 찍듯 프레스로 성형한 뒤 냉각시키는 공법으로 고온성형과 담금질을 유도하는 급랭의 연속공정이다.

Hot Stamping을 통해 성형후 강도가 1.5~2배정도 증가하는 초고강도부품을 얻는 신 성형 공정법이다. 자동차용 강판에 적용되어 Hot Stamping 제품이 가지는 초고강도 특 징에 의해 차량의 충돌 및 전복시 탑승자의 안정, 차량의 경량화를 구현하고 있다.

1.21. 마이크로 솔더링(Mocro Soldering)

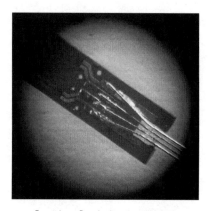

[그림 13] 마이크로 솔더링

종래의 솔더링(Soldering) 기술과 기본적으로는 동일하지만, 접합부가 mm크기 이하 의 것을 대상으로 하는 솔더링을 말한다. 반도체와 도체의 접속 또는 반도체 상호간의 전기적 접속을 목적으로 적용되거나 반도체나 IC의 패키징(Packaging)에 이용된다.

1.22. CMT(Cold Metal Transfer) 용접법

1.22.1. 개요

CMT는 저온 상태에서 금속 전이를 뜻하는 Cold Metal Transfer의 머리 글자를 인용 해 만든 새로운 저온 용접법이다. CMT는 고온과 저온이 교대로 반복되는 특성을 가지고 있으며, 송급 와이어가 용접 방법과 연동하여 움직이는 신기술로서 스패터가 전혀 없는 우수한 용접 품질을 얻을 수 있는 방법이다.

1.22.2. CMT 용접의 특징

CMT 방식은 와이어 송급 및 아크길이 제어를 통해 단락이행을 제어하는 방식으로, 와이어 공급이 Process Control과 직접 연동되어 디지털 Process Control에 의해 단락이 감지되면 와이어가 역행함으로써 용적이행을 돕는다. 전류가 흐르지 않은 단락 상태에서 용적이 이행되고 와이어가 단락이 일어 나는 순간 다시 와이어 송급이 진행된다.

0.3mm 두께의 초박판을 MIG, MAG 로봇 용접 및 브레이징이 가능하며 스패터가 전혀 없으며, 저입열 용접으로 변형이 발생하지 않으며 안정된 아크유지가 가능하다.

1.22.3. 용적이행과 와이어 송급의 관계

그림 XIII-14는 CMT Process의 용적이행형태의 순서를 나타낸 것으로 아크가 발생되고 용적이행이 시작시기까지 와이어 송급이 일어나며, 용적이행이 끝나는 시기에 와이어가 역행하며, 단락이행이 완료 후에 와이어 송급이 이루어지고 아크가 재발생 한다.

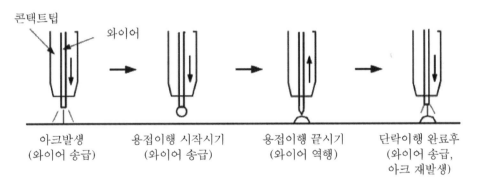

[그림 14] 용적이행과 와이어 송급 관계

1.22.4. 일반 GMAW와 CMT Process의 비교

CMT Process는 저온과 저온의 교번으로 아크 발생 시 아크 자체의 열이 유입 되는 순간이 매우 짧아져 이로 인해 입열량이 감소시키고 용적이행이 가능하도록 하여 급가열, 응고로 인한 변형에 최소화가 가능한 Process로 강과 알루미늄의 이종 접합이 가능하므로 자동차, 우주항공, 구조물 등의 분야에도 적용 확대가 기대된다.

[표 1] CMT Process의 특성

구분	단락발생	단락주파수	입열량	비고
GMAW	전류상승	30 ~ 60 Hz	높다	
CMT	기계적인 와이어 후퇴	60 ~ 120 Hz	낮다	

1.23. 연강-티타늄 클래드강의 용접법

1.23.1. 개요

티타늄은 철과 희석되는 경우 티타늄-철의 취화금속화합물이 되며, 인성저하나 균열이 발생하게 된다. 그래서 연강과 티타늄은 용접이 불가능하기 때문에 스테인레스 클래드강 용접법과는 이음방법이 다르게 적용되어야 한다.

다음에서 이에 대한 용접시공 방법에 대하여 설명하고자 한다.

1.23.2. 용접시공 방법

티타늄-클래드강 용접시공방법은 연강측에 완전한 용접으로 시공하는 방법과 티타늄재에 완전한 용접 시공을 하는 방법으로 크게 2가지로 구분할 수 있다.

1) 연강측을 완전한 용입용접시공 방법

압력용기 등에서 연강측 용접부에 강도가 크게 요구되는 경우 또는 방사선 검사가 필요한 경우에 적용되는 용접법은 상기의 용접법 종류의 그림 XIII-15의 ②③④⑤와 같다.

2) 티타늄재에 완전한 용접시공 방법

티타늄재에 완전한 용접 시공은 상기의 용접법 종류의 그림 XIII-15의 ③④⑤ 방법 의 뒷댐판을 사용하며 방사선 탐상법이 요구될 경우 사용되는 이음이다. 이 방법은 인서트된 연강과 모재를 용접시 용입불량 등의 결함이 발생 하기 쉬우므로 주의해야 한다. 또한 티타늄재를 용접할 경우에 대기 가스를 차단시킬 필요가 있는데 여기서는 Back Up Shielding 은 필요하지 않고 용융부와 그 근처 모재 주위를 보호하는 Primary Shielding 과 용융 후 냉각되는 용융부와 열영향부 산화방지를 위한 Secondary Shielding 에 각별히 주의를 해야 한다.

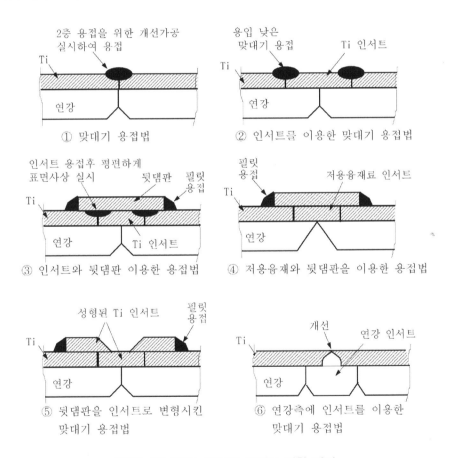

[그림 15] 티타늄합금의 용접부 접합 방법

1.23.3. 결론

티타늄은 융점이 높고 탄소강 및 스테인리스강에 비해 밀도, 열팽창계수 및 탄성계수 등이 작은 특성이 있어 철과 희석되는 경우 티타늄-철의 취화금속 화합물이 되며, 인성 저하나 균열이 발생하기 때문에 연강과 티타늄은 용접이 불가능하기 때문에 이상에서와 같이 스테인레스 클래드강 용접법과는 이음 방법이 다르게 적용된다. 또한 티타늄재 용 접시에는 용융 후 냉각되는 용접부 와 열영향부에 산화문제가 생기지 않도록 약 200℃ 로 냉각될 때까지 대기로 부터 보호가 필요하므로 Secondary Shielding에 특히 주의를 기울여야 한다.

1.24. 알루미늄과 동의 이종 용접

1.24.1. 이종 용접 개요

화학성분이 다르거나 또는 야금학적으로 다른 합금원소를 함유한 재료간의 용접을 이 종(Dissimilar Metals) 용접이라고 한다. 이 이종용접이 가능하기 위해서는 여러 제약 조건이 있다. 우선 두 금속이 서로 완전히 고용을 할 수 있으면 용접을 쉽게 할 수 있다.
그리고 공정이나 포정, 편정 반응을 나타내는 금속들도 이종 용접이 가능하다. 하지만 두 금속이 금속간 화합물을 쉽게 만들면 일반적으로 용접이 곤란하며, 특히 상온 고용도 가 작고 취약한 화합물을 만드는 것은 직접 용융용접이 불가하다.

1.24.2. Al-Cu 이종 용접

Cu는 Al의 가장 주요한 합금원소의 하나로 고용경화 효과가 크지만 실제 서로에 대한 고용도는 크지 않고, 오히려 금속간 화합물을 잘 만들기 때문에 두 금속을 직접 용융 용 접 하기는 어렵다. 그렇기 때문 특별한 접합 방법이 필요한데 그 방법은 다음과 같다.

1) 용융부가 생기지 않도록 하거나 국부적인 용접법

금속간 화합물 생성을 최소화 시킬 수 있는 방법으로 초음파 용접, 마찰 용접, 폭발 용접, 고상 용접, FSW 등의 방법이 있다.

2) 용융부가 생겨도 용접 과정에서 배출되는 용접법

Al과 Cu를 플래시 용접하게 되면 Al과 Cu가 모두 용융 되지만, Upset 과정에서 금속 간 화합물이 배출되어 건전한 용접부를 얻을 수 있다.

3) 양쪽 피용접재가 직접 접촉하지 않는 별도의 금속 삽입 용접법

은납과 같은 Al과 친화성이 크고 유해한 화합물을 만들지 않는 금속으로 동표면을 피복하고 GTA 용접으로 브레이즈 용접한다. 솔더링은 Zn기 삽입금속(Zn-3~5% Al)을 사용하여 저온에서 단시간에 무플럭스 침지 초음파 용접을 실시 한다.

1.25. 크레이터(Creator)

크레이터(Crater)는 아크 용접에서 아크를 끊을 때 비드 끝부분이 오목하게 들어가면서 균열이 발생하는 현상으로 용접간 고전류 및 고온에 노출된 부위에서 용접전류를 갑자기 끊어 버리면 급냉 되어 용접조직 및 비드 형상이 급격히 변화 되어 고온 균열의 원인이 되는 용접결함이다. 기량이 있는 용접사는 갑자기 아크를 끊지 않고 운봉을 멈춘 채로 크레이터가 생기지 않게 이 부분을 채워주거나 아크를 끄고 다시 몇번 아크를 일으켜 연속적으로 또는 단계적으로 전류를 감소시켜 크레이터 처리를 한다. 또는 용접을 엔드판(End Plate)까지 진행 후 운봉속도를 높여 용접비드를 다시 가열해 주는 방법도 있다.

[그림 16] 크레이터 균열

그림 17은 GMAW 용접전원의 컨트롤 판넬(Control Panel)의 모습이다. 근래 생산되는 용접기의 전원은 크레이터 처리(Crater Treatment: Crater Fill Option) 기능이 있

어 컨트롤 판넬에서 크레이터 전류값을 설정할 수 있다. 이때 설정 값은 대략 용접전류 및 전압의 60~70% 정도이다.

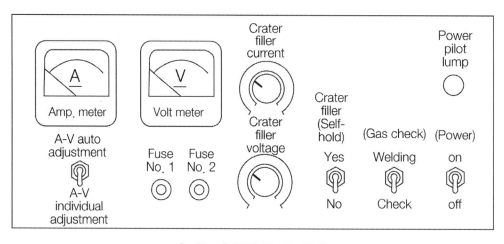

[그림 17] 용접 컨트롤 판넬

2 면접 기출 문제

이하의 내용은 최근에 2차 면접 시험에서 실제로 제시된 문제를 수험자의 기억에 의존하여 정리한 것이기에 일부 표현에 정확도가 떨어질 수 있으나, 기술사시험을 준비하는 여러분께 도움이 될 것으로 기대하기에 취합하여 소개한다.

2.1. 금속재료

- Fe_3C-C선도에서 Normalizing, 템퍼링 온도를 설명하고, 각 열처리의 냉각시 노냉/공냉 적용여부 및 야금학적 이유를 설명하여라.
- 주철 용접이 어려운 이유에 대하여 설명하시오.
- TMCP강이란 무엇이며 용접간 주의사항은 무엇인가?
- 각 강종의 CCT곡선을 개략적으로 도시하고 설명하시오.
- 러시아와 아프리카에서 용접작업을 행하려고 한다. 천이온도가 낮은 지역이 어디이며 그 이유는 무엇인가?
- 안정화 열처리를 설명해 보시오.
- STS에 Ni 용접봉을 사용하는 경우가 있는데 어떤 경우에 사용하는지 설명하시오.
- 웰드디케이 & 나이프라인 어텍에 대하여 설명하시오.
- 스테인리스강을 대분류하고 대표적인 재질을 설명하여라.
- 페라이트계와 마르텐사이트계가 일상 생활에서 쓰이는 용도가 무엇인가?
- 스테인리스강 옥외 용접시 바람 풍속이 얼마(m/sec)일 때 방풍막 설치등 용접조건을 개선하는가? 또한 풍속에 따른 용접부의 품질을 상대비교하여 아래 표의 빈칸을 채우시오.

	Nitrogen 침투	델타 페라이트 함량	균열여부
풍속(0 m/s)	적다	5FN정도로 상승	균열없음.
풍속(2 m/s)	많다	2FN	균열있음.

- 고온환경에 노출되는 이종용접부의 설계시 주의사항은 무엇인가?
- 핵연료 피복관 재질은 무엇이고, 왜 그 재질은 사용하나. 적용 용접방법은 무엇인가?
- 2.25Cr-1Mo 예열온도는 몇도인가?
- 인장강도 합격 기준은 무엇이고, 인장 시험시 항복강도 결정 방법은 어떻게 되나?
- 고온 강재 용접시 특징에 대해 설명하라.

- Ti 용접부 양부를 외관적으로 쉽게 판단할 수 있는 방법은?
- Duplex S.S에서 주로 발생하는 부식 형태는 무엇이며, PRE 지수는 뭔가?
- Upper Bainite와 Lower Bainite 조직의 차이가 뭔가?
- 충격인성이 왜 중요한지 설명하라.

2.2. 용접재료

- 용접봉을(종류별) 염기도 순으로 나열하여라.
- 산성계 용접봉의 용접성은 어떠한지 설명하여라.
- FCAW Wire 종류 설명하여라.
- SAW 플럭스-전극 기호를 보고 어떤 용접법에 적용되는 것이지, E의 의미가 무엇인지 설명하여라.
- 이종금속 용접부를 개략적으로 도시하고 초층과 후속층에 사용하는 대표적인 용접봉은 무엇인가? 그 이유에 대하여 설명하여라.
- 용접봉 기호의 의미가 무엇인가? (E7016, E5016, E4315등. 숫자가 뜻하는 의미는?
- 염기성 피복용접봉과 산성 피복용접봉의 용접성차이를 설명해보세요.

2.3. 용접방법(Process)

- 용접기 정격 사용량을 계산하고 소손여부를 판단하여라.
- 압력용기 용접 Process를 설명하여라.
- 현장에서 주로 어떤 Process를 적용하는지 설명하여라.
- 산소절단시 예열된 모재와 산소와의 화학 반응으로 절단이 된다고 했는데 이때의 반응식은?
- 수중절단에 대하여 설명하여라.
- 수하특성을 설명하고 적용되는 용접Process를 예시하여라.
- 용착효율이 높은 용접법순으로 나열하여라.
- SMAW보다 용착효율이 낮은 용접 프로세스가 있는데 혹시 알고 있는가?
- GTAW와 PAW중 용착효율이 어느쪽이 더 높은가? FCAW중 용착효율이 가장 좋은 작업방안은 무엇인가?
- GMAW용접법에서 수소량을 얼마로 관리하는가?
- 알루미늄 용접에서 GMAW 적용시 요구되는 이행 Mode는 무엇인지 설명하시오.

- 자동 용접과 기계 용접의 차이는 무엇인가?
- PAW용접에서 수냉토치의 수냉 물성분에 대해 아는데로 설명하여라.
- PAW Cutting에서 Cutting Beam이 휘어지는 경우가 발생하였다. 원인이 무엇인가? 그리고 PAW Cutting, Gas Cutting, Laser Beam Cutting시 소음, Fume발생량 비교 설명하여라.
- 원자력에서 레이저빔용접과 전자빔용접중 적용한다면 어느 것이 좋다고 생각되는지 판단하고 설명하여라.
- Heavy Wall Vessel 용접에 사용할 수 있는 용접법은 무엇인가?
- Heavy Wall Vessel의 Narrow Gap용접에서 Slag를 어떻게 제거하는지 설명하라.
- 열교환기에서 Seal Welding과 Strength Welds의 차이는 무엇인가?
- TIG 용접봉의 텅스텐 봉중에서 순수 텅스텐 봉의 전극에 대해 설명하라.
- 레이져 용접에서 플라스틱 용접이 가능한가?
- GMAW CV 모드에 대해 설명하라.
- CTWD가 길어지면 아크길이가 변하는가?
- Stud 용접에 대해서 설명하시오.
- 초음파 용접과 Horn의 종류에 대해 설명하시오.
- 브레이징 작업시 가장 중요사항은?
- Ti 용접에서 Shielding 방법은?
- FCAW를 현장에서 사용 못하게 하는 이유는?
- Flux의 역할에서 SMAW와 SAW에서의 공통점과 다른점은 무엇인가?

2.4. WPS & PQR

- WPS란 무엇인가?
- 필수변수, 추가적인 필수변수, 비필수변수에 대하여 설명하라.
- P-NO가 바뀌면 PQ를 다시하는가? 그 이유는 무엇인가?
- WPS에 나타나 있는 것들에 대하여 설명하여라.
- WPS에 입열량이 있는가? 그 이유는 무엇인가?
- 용접사 인증시험중 5G 시험 방법, 시편 용접시 용접순서에 대하여 설명하여라.
- 예열과 층간온도에 대하여 그리고 층간온도는 왜 MAX 로 관리 하는가?
- 예열과 입열량과의 관계에 대하여 설명하여라.
- 두께가 두꺼운 P.No.1재질에 대하여 예열을 실시하는 이유는 무엇인가?

- 예열이 너무 높으면 용접품질에 어떤 영향을 주는가?
- 층간 관리온도/입열 문제에 대하여 야금학적 관점에서 설명하여라.
- 현업에서 용접사들이 주로 위배하는 항목들은 무엇이며 관리방안에 대하여 설명하여라.

2.5. 용접 결함

- 확산성 수소란 무엇이며 그 함량 측정법에 대하여 설명하여라.
- 언더비드 균열의 원인과 방지법에 대하여 설명하여라.
- 크레이터 균열의 발생원인과 크레이터균열이 생기지 않는 용접봉이 무엇인지 설명하여라.
- 크레이터 균열은 어느 용접 Process에서 잘 발생할 수 있으며 그 방지대책은 무엇인가?
- 용접균열지수 식에서 H 밑에 들어가는 숫자는 무엇을 의미하는가?
- 추운 날씨시 용접시 고려해야 될 사항이 뭐고, 그 방지를 위해 어떻게 해야 하는가? 예열이 필요하다면 예열 폭을 얼마나 해야 하는가?
- 저온균열 발생 원인이 뭐고, Ultra Low Hydrogen의 기준은 얼마인가?
- 언더컷 처리 방법은 어떻게 되고 언더컷 합격 기준은 무엇인가?
- SAW에서 기공이 발생되는 메카니즘에 대해 말하세요.
- 알루미늄 용접 결함에 대해 설명하시오.
- 필렛용접에서 단일비드 폭이 40mm 정도로 넓게 나오면 어떻게 조치해야 하나?
- 비드가 과대 할때 발생할 수 있는 문제점은 무엇인가?

2.6. 검사

- 탄소 0.4% 아공석강을 Normalizing과 Annealing하였을 때 조직사진상의 차이점을 설명하시오.
- 수소 균열에 의한 파면은 어떤 형상인가?
- 취성 파괴 단면 형상에 대하여 설명하여라.
- Beach Mark에 대하여 설명하여라.
- PMI란 무엇이며 실시이유에 대하여 설명하시오.
- PMI는 어떠한 원리로 측정된 것인지 현장 사용 경험과 함께 설명하여라.
- 고온 고압 압력용기 제작간 현업에서 RT대신 UT를 적용을 요청하는 이유에 대하

여 설명하시오.

- RT에서 X선과 r선의 차이점에 대해 설명하세요. 현장 환경에 어떤 영향을 주는지와 각 방사선에 따른 상질에 대하여 비교 설명하시오.
- 압력용기 노즐용접부등 T Joint에 RT를 요구하는 경우 실제 적용이 가능한가? 그 이유를 설명하여라.
- 클래딩 자재의 품질평가방법은 무엇인가? 접합부의 접합상태 확인방법에 대하여 설명하여라.
- 코인체크가 무엇인가?
- 용접완료 후 육안 검사를 해야 할 항목은 무엇인가?
- 자동차 body spot용접의 용접 양부를 비파괴검사법으로 검사할 수 있는 방법을 알고 있는가?

2.7. 기타

- 용접기술 분야에서 우리나라의 위상을 이야기해보시오. 또한 최근 국제용접교류에 대해 아는지 이야기하시오.
- 공장에 질소 배관이 있을텐데 어디에 쓰는지 설명하시오.
- 용착량을 계산해본적이 있는가? 용착량계산 프로그램이 Expert 프로그램인지 엑셀 프로그램인지 설명하시오.
- 보수용접과 신품용접시 차이점이 무엇이고, 템퍼비드법은 어떻게 하는 것인가.
- 증기발생기 유튜브 재질은? 가동중 접근이 불가한데 보수할 때 쓰는 용접방법에 대해 설명하여라.
- 용접생산설계를 설명하라
- 용접강도설계는 어떻게 하는가?
- IIW, AWS에 대해 아는 것에 대해 설명하시오
- Vessel 제작시 주의사항에 대해 설명하시오?
- 볼펜 크기의 Steel 재질의 작은 물건을 주문 받았을 때(약 1,000개 생산. , 당신은 어떻게 처리하겠는가? 주문을 받는 과정부터 전 과정에 대해 설명하시오.
- 건설현장에서의 용접관리 중점사항이 무엇이었는지?
- 용접후 응력을 제거 하는 방법에 대해 설명하시오.
- 현재 황사나 산성비가 문제가 되고 있는 데 용접에 대하여 고려 할 것은 무엇이 있는지 설명하라.
- 용접을 하고 난 후 인장 응력이 작용을 하면 문제가 되는 데, 용접 기술 중에 응력

이 발생되지 않는 용접 신기술에 대해서 설명하라.

- 비드 Profile을 관리해서 피로강도를 향상시킨다면 그 이유는 무엇인가?
- 해양구조물에서 CTOD를 적용하는데 설명해보라.
- 국내 용접교육의 현실에 대해 아는지. 용접관련해서 체계적인 정규교육이 이루어지고 있다고 생각하는지 말해보라.

저자약력

– 이진희 –
• 공학박사, 용접/금속재료기술사

– 윤강중 –
• 금속공학 석사, 용접/금속재료기술사

– 유일 –
• 금속공학 석사, 용접/금속재료기술사

– 조희철 –
• 용접기술사

– 원영휘 –
• 공학박사

〈개정증보판〉 실전 용접기술사

초판 1쇄 발행 2017년 04월 15일
초판 3쇄 발행 2021년 07월 15일
저　　　자 이진희 외
발 행 인 이범만
발 행 처 **21세기사** (제406-00015호)
　　　　　경기도 파주시 산남로 72-16 (10882)
　　　　　Tel. 031-942-7861　　　Fax. 031-942-7864
　　　　　E-mail : 21cbook@naver.com
　　　　　Home-page : www.21cbook.co.kr
　　　　　ISBN 978-89-8468-729-5

정가 80,000원

이 책의 일부 혹은 전체 내용을 무단 복사, 복제, 전재하는 것은 저작권법에 저촉됩니다.
저작권법 제136조(권리의침해죄)1항에 따라 침해한 자는 5년 이하의 징역 또는 5천만 원 이하의
벌금에 처하거나 이를 병과(併科)할 수 있습니다. 파본이나 잘못된 책은 교환해 드립니다.

용접기술사 강의교육

| 교육개요 |

탄탄한 이론과 실무를 겸비한 최고 수준의 전문 강사진이 총 6,000여장의 Power Point
강의 자료와 다양한 현장 동영상 자료 및 실무 자료를 통해 체계적인 학습을 지원함

| 교육장소 |

한국폴리텍대학(서울 강서캠퍼스), 동아대학교(부산 승학캠퍼스)

| 교육내용 |

용접 야금학
강종별 용접성
용접 기법
용접부 검사
용접 결함과 변형
용접 절차서 및 설계

| 교육일정 |

매년 4월과 9월에 개강
세부일정은 한국멕케이용재㈜ 및 종합기술정보망 테크노넷 홈페이지 공지사항에 게재 예정

| 수강료 |

130만원 (재수강시 50만원)

| 신청방법 |

수강장소, 이름, 소속, 이메일 및 연락처를 아래 이메일로 발송
technonet@mckaykorea.com , technonet@naver.com
(Tel : 070-8290-6401~7)

교육 주관 한국멕케이용재㈜, 종합기술정보망 테크노넷
교육 후원 한국폴리텍대학(강서캠퍼스), 동아대학교(승학캠퍼스)

• 강좌는 사전 접수에 의해 개설 여부가 결정됩니다.
• 사전 접수된 분들에게 개별적으로 세부 안내를 공지할 예정입니다.
• 세부 일정은 강사분의 일정에 따라 변동 가능합니다.

H'II 한국멕케이용재㈜
www.mckaykorea.com

TechnoNet
www.technonet.co.kr

금속재료기술사 강의교육

| 교육개요 |

우리 산업 전반의 기반 기술인 금속재료 공학을 충실하게 이해하고 현장의 실무 경험을 체계화하여
전문 기술인력이 될 수 있도록 최고 수준의 강사진들이 전문 교재 및 실무 자료를 통해 여러분의 학습과 자격증 취득을 지원합니다.

| 교육장소 |

동아대학교 승학캠퍼스

| 교육내용 |

금속재료 일반
재료 강도학, 파괴역학
열처리 및 상변태
금속가공 및 성형
강종별 특성
비파괴검사와 용접

| 교육일정 |

매년 5월과 10월에 개강

| 수강료 |

130만원 (재수강 시 50만원 / 용접기술사 수강생 100만원)

| 신청방법 |

수강장소, 이름, 소속, 이메일 및 연락처를 아래 이메일로 발송
technonet@mckaykorea.com , technonet@naver.com
(Tel : 070-8290-6401~7)

교육 주관 한국멕케이용접㈜, 종합기술정보망 테크노넷
교육 후원 동아대학교(승학캠퍼스)

- 강좌는 사전 접수에 의해 개설 여부가 결정됩니다.
- 사전 접수된 분들에게 개별적으로 세부 안내를 공지할 예정입니다.
- 세부 일정은 강사분의 일정에 따라 변동 가능합니다.

HILI 한국멕케이용접㈜
www.mckaykorea.com

TechnoNet
www.technonet.co.kr

Plant Code 실무교육

교육개요

플랜트 산업 전반의 설계와 시공의 근간이 되는 Code의 체계적인 이해와 현장적용을 위한
실무 Guide교육을 통해 설계와 시공 단계의 하자를 줄이고 대외적인 기술경쟁력을 확보하기 위해
관련 분야의 전문가들이 직접 강의함.

교육장소

한국폴리텍대학(서울 강서캠퍼스), 동아대학교(부산 승학캠퍼스)

교육내용

ASME Sec, VIII Div.1 Pressure Vessel : **8시간**
ASME Sec, IX WPS/PQR : **8시간**
API 610, Pump : **8시간**
API 650, Above Ground Storage Tank : **8시간**
NACE Code Clinic, MR-0175/ISO 15156, NACE MR-0103 : **8시간**
ASME/ANSI B31.3, Process Piping : **8시간**
ASME/ANSI B31.1, Power Piping : **8시간**
API 571 부식 손상 기구 : **8시간**
ASME Sec. I Power Boiler : **8시간**

교육일정

매년 5월과 10월에 개강
세부일정은 한국멕케이용접㈜ 및 종합기술정보망 테크노넷 홈페이지 공지사항에 게재 예정

수강료

과목 당 **30만원** (VAT별도)

신청방법

소정양식 [플랜트코드 실무교육] 작성 후 아래 이메일로 발송

technonet@mckaykorea.com technonet@naver.com

교육 주관 한국멕케이용접㈜, 종합기술정보망 테크노넷
교육 후원 한국폴리텍대학(강서캠퍼스), 포항금속소재산업진흥원

• 강좌는 사전 접수에 의해 개설여부가 결정됩니다.
• 사전 접수된 분들에게 개별적으로 세부 안내를 공지할 예정입니다.
• 세부 일정은 강사분의 일정에 따라 변동 가능합니다.

H'I.I 한국멕케이용접㈜
www.mckaykorea.com

TechnoNet
www.technonet.co.kr

한국멕케이용접㈜

한국멕케이용접㈜는 Oil & Gas 분유의 클래딩 배관 제작 및 시공사업을 선도하며 세계적인 품질 경쟁력으로 종합적인 고객 만족과 고객 가치 창출에 기여하는 것을 최우선 목표로 합니다. 시장을 선도하는 클래드 파이프 & 피팅류 소재 제작 및 오버레이, 하드페이싱 용접 전문 원천 기술력을 지닌 글로벌 기업으로 도약하겠습니다.

사업분야

1. 클래드 파이프 & 클래드 피팅류
2. 오버레이 용접시공
3. 하드페이싱 용접시공
4. 클래드 배관 및 특수 재질 배관 시공
5. 특수 용접 재료
6. Miller RH35 인덕션 히팅 장비
7. Jetline 자동용접 시스템
8. WPS 개발

오시는길 | 제1공장 경상북도 포항시 남구 대송로 101번길 57
제2공장 경상북도 경주시 강동면 강동신단로 1길 102

홈페이지 | www.mckaykorea.com

H'I.I
한국멕케이용접㈜